"十二五"江苏省高等学校重点教材

JIANZHU SHIGONG ZUZHI YU JINDU KONGZHI

建筑施工组织与进度控制

肖凯成　杨　波　主编
顾艳阳　李艳霞　赵　娇　副主编

化学工业出版社
·北京·

本教材以实际项目作为教学蓝本，突出了教材的实践性和综合性。通过任务的引领使学生在真实的条件下进行项目训练，强化专业技能。该教材从内容组织到项目选择，完全符合建筑施工组织的工作过程，符合国家相关规范、标准和技术规定的要求，同时还符合项目教学的实施过程要求。充分体现了项目载体、任务驱动、能力强化、知识运用、学生主体的行动导向以及工学结合的教学改革特点。

本书适用于高职高专建筑工程技术、工程监理等土建类专业，也可用于成人教育土建类相关专业，同时对现场技术人员编制单位工程施工组织设计具有指导意义，对学生今后参加各类资格证书考试也能提供一定的帮助。

图书在版编目（CIP）数据

建筑施工组织与进度控制/肖凯成，杨波主编．—北京：化学工业出版社，2016.8（2022.8 重印）
“十二五”江苏省高等学校重点教材
ISBN 978-7-122-27310-9

Ⅰ.①建…　Ⅱ.①肖…　②杨…　Ⅲ.①建筑工程-施工组织-高等职业教育-教材②建筑工程-施工进度计划-高等职业教育-教材　Ⅳ.①TU72

中国版本图书馆 CIP 数据核字（2016）第 130591 号

责任编辑：李仙华　　装帧设计：张　辉
责任校对：王素芹

出版发行：化学工业出版社（北京市东城区青年湖南街 13 号　邮政编码 100011）
印　　装：涿州市般润文化传播有限公司
787mm×1092mm　1/16　印张 16¾　字数 424 千字　2022 年 8 月北京第 1 版第 2 次印刷

购书咨询：010-64518888　　售后服务：010-64518899
网　　址：http：//www.cip.com.cn
凡购买本书，如有缺损质量问题，本社销售中心负责调换。

定　　价：48.00 元

前言

“建筑施工组织与进度控制”是工程监理专业的专业核心课程，其课程目标是培养学生进行施工进度控制及编制施工组织设计的能力。在已出版的同类高职高专《建筑工程进度控制》教材中，大都仍是沿袭着学科体系下按知识逻辑结构编排教材内容，以“绪论”、“流水作业原理”、“网络计划技术”、“建设工程进度计划实施中的监测与调整方法”、“建设工程施工阶段的进度控制”、“单位工程施工组织设计”编写。

编者在2006年8月编写了“建筑施工组织与进度控制”课程的校本教材，并作为历届的工程监理专业相关课程教材。在多年的教学实践中，编者始终致力于高等职业教育教学研究，以工作过程为逻辑主线，与教学过程相对接的行动导向教学是当前教学改革的大方向。因此本次教材编写将充分体现以工作过程为导向、学生为主体、做中学的特点，以工作过程中的典型工作任务为教材架构主线，并设计源于企业实际又高于实际的训练项目，具体思路有以下几点：

(1) 教材结构编排：以建筑工程进度控制与施工组织工作中相对独立的工作任务为基础，由“编制单位工程设计阶段进度计划、编制单位工程施工准备工作与开工报告、编制单位工程施工阶段进度计划、编制单位工程施工组织设计”构成教材四个学习情境，每一学习情境下按“项目分析—工作过程—相关知识—任务提出—任务实施—小结—综合训练—能力训练题”链路编排教材内容，在任务下以框架结构为对象类型设计若干个工作任务，每一任务下按“任务提出—任务实施”编排内容，引导学生如何着手完成工作任务。

(2) 教材依据实际工程资料，融入建筑行业现行施工规范、建筑施工组织设计规范、施工操作规程，从实际工程中提炼符合学习规律的项目任务以支撑教材四大部分，力求处理好理论知识和经验知识的关系，强化理论知识的同时注重经验知识的应用，拓展学生知识应用的广度和深度，培养学生进行施工组织设计的工作能力，实现知识与技能的有机结合。

(3) 教材编写团队将在后续进行课程微信公众号的开发，主要用于解决课程知识难点和能力训练题解答，针对教材的知识难点，例如横道图、网络图，制作对应的施工模拟动画或施工录像，直观地展示各施工过程的施工工艺顺序，有利于学生对难点的理解，弥补了现场施工过程过长，学生难于全面了解的缺陷，同时附录中配备了真实项目供教师和学生参考及学生进行课后训练的图纸。

本教材由常州工程职业技术学院肖凯成教授、杨波老师担任主编，常州工程职业技术学院顾艳阳、李艳霞、赵娇老师担任副主编，常州常建建设监理有限公司总监夏群和常州戚铁建设工程有限公司高级工程师王平参与了编写。本教材在编写过程中还得到了常州常建建设监理有限公司总经理皇甫国方和常州三维项目管理有限公司高级工程师顾书同的大力支持，并参考了相关专家和学者的著作，在此表示深深的感谢。

限于编者经验和水平，教材中难免有不足之处，诚恳地希望读者多提宝贵意见。

本书提供有 PPT 电子课件以及《建设工程监理规范》（GB/T 50319—2013）、附录四进度控制案例的参考答案，可登录 www. cipedu. com. cn 免费获取。

编者

2016 年 4 月

目录

学习情境一 编制单位工程设计阶段进度计划

学习指南：

建设工程设计阶段是工程项目建设过程中的一个重要阶段，同时也是影响工程项目建设工期的关键阶段之一，在实施设计阶段监理过程中，监理工程师必须采取有效措施对建设工程设计进度进行控制，以确保建设工程总进度目标的实现。本项目通过“编制框架结构单位工程设计阶段进度控制计划”这个任务，让读者在完成两个任务的过程中了解有关设计阶段进度控制工作程序，了解设计阶段进度控制措施。

知识目标：

了解设计阶段进度控制工作程序；掌握设计阶段进度控制目标体系、设计阶段进度控制计划。

技能目标：

能编制框架结构单位工程设计阶段进度控制计划。

素质目标：

具有崇尚科学、探究科学的学习态度和思想意识。

项目分析

建设工程设计阶段进度控制的主要任务是出图控制，也就是通过采取有效措施使设计者如期完成初步设计、技术设计、施工图设计等各阶段的设计工作，并提交相应的设计图纸及说明。为此，监理工程师审核设计单位的进度计划和各专业的出图计划，并在设计实施过程中，跟踪检查这些计划的执行情况，定期将实际进度与计划进度进行比较，进而纠正或修订进度计划。若发现进度拖后，监理工程师应督促设计单位采取有效措施加快进度。

工作过程

按照任务分析的内容，进行工作步骤的描述。

1. 确定设计准备工作时间目标
2. 确定初步设计、技术设计工作时间目标

3. 确定施工图设计工作时间目标

一、编制设计阶段进度控制目标体系

建设工程设计阶段进度控制的最终目标是按质、按量、按时间要求提供施工图设计文件。确定建设工程设计进度控制总目标时，其主要依据有建设工程总进度目标对设计周期的要求、设计工期定额、类似工程项目的设计进度、工程项目的技术先进程度等。

为了有效地控制设计进度，还需要将建设工程设计进度控制总目标按设计进展阶段和专业进行分解，从而形成设计阶段进度控制目标体系。

设计进度控制分阶段目标

建设工程设计主要包括设计准备、初步设计、技术设计、施工图设计等阶段，为了确保设计进度控制总目标的实现，应明确每一阶段的进度控制目标。

1. 设计准备工作时间目标

设计准备工作阶段主要包括：规划设计条件的确定、设计基础资料的提供以及委托设计等工作，它们都应有明确的时间目标。设计工作能否顺利进行，以及能否缩短设计周期，与设计准备工作阶段时间目标的实现关系极大。

(1) 确定规划设计条件　规划设计条件是指在城市建设中，由城市规划管理部门根据国家有关规定，从城市总体规划的角度出发，对拟建项目在规划设计方面所提出的要求。规划设计条件的确定按下列程序进行：

1) 建设单位持建设项目的批准文件和确定的建设用地通知书，向城市规划管理部门申请确定拟建项目的规划设计条件。

2) 城市规划管理部门提出规划设计条件征询意见表，以了解有关部门是否有能力承担该项目的配套建设（如供电、供水、供气、排水、交通等），以及存在的问题和要求等。建设单位按照城市规划管理部门的要求，分别向有关单位征询意见，由各有关单位签注意见和要求，必要时由建设单位与有关单位签订项目协议。

3) 将征询意见表返回城市规划管理部门，经整理确定后，再向建设单位发出规划设计条件通知书。如果有人防工程，还须另发人防工程设计条件通知书。规划设计条件通知书一般包括下列内容：工程位置及附图，用地面积，建设项目的名称，建筑面积、高度、层数，建筑高度限额及容积率限额，绿化面积比例限额，机动车停车场位和地面车位比例，自行车场车位数，其他规划设计条件，注意事项等。

(2) 提供设计基础资料　建设单位必须向设计单位提供完整、可靠的设计基础资料，它是设计单位进行工程设计的主要依据。设计基础资料一般包括下列内容：经批准的可行性研究报告，城市规划管理部门发给的“规划设计条件通知书”和地形图，建筑总平面布置图，原有的上下水管道图、道路图、动力和照明线路图，建设单位与有关部门签订的供电、供气、供热、供水、雨污水排放方案或协议书，环保部门批准的建设工程环境影响审批表和城市节水部门批准的节水措施批件，当地的气象、风向、风荷、雪荷及地震级别，水文地质和工程地质勘察报告，对建筑物的采光、照明、供电、供气、供热、给排水、空调及电梯的要求，建筑构配件的适用要求，各类设备的选型、生产厂家及设备构造安装图纸，建筑物的装饰标准及要求，对“三废”处理的要求，建设项目所在地区其他方面的要求和限制（如机场、港口、文物保护等）。

（3）选定设计单、商签设计合同　设计单位的选定可以采用直接指定、设计招标及设计方案竞赛等方式。为了优选设计单位，保证工程设计质量，降低设计费用，缩短设计周期，应当通过设计招标选定设计单位，而设计方案竞赛的主要目的是用来获得理想的设计方案，同时也有助于选择理想的设计单位，为以后的工程设计打下良好的基础。

当选定设计单位之后，建设单位和设计单位就设计费用及委托设计合同中的一些细节进行谈判、磋商，双方取得一致意见后即可签订建设工程设计合同。在该合同中，要明确设计进度及设计图纸的提交时间。

施工图设计应根据批准的初步设计文件（或技术设计文件）和主要设备订货情况进行编制，它是工程施工的主要依据。

施工图设计是工程设计的最后一个阶段，其工作进度将直接影响建设工程的施工进度，进而影响建设工程进度总目标的实现。因此，必须确定合理的施工图设计交付时间，确保建设工程设计进度总目标的实现，从而为工程施工的正常进行创造良好的条件。

2. 设计进度控制分专业目标

为了有效地控制建设工程设计进度，还可以将各阶段设计进度目标具体化，进行进一步分解。例如可以将初步设计工作时间目标分解为方案设计时间目标和初步设计时间目标；将施工图设计时间目标分解为基础设计时间目标、结构设计时间目标、装饰设计时间目标及安装设计时间目标等。这样，设计进度控制目标便构成了一个从总目标到分目标的完整的目标体系。

二、设计阶段进度控制

（一）设计阶段进度控制的意义

1. 设计进度控制是建设工程进度控制的重要内容

建设工程进度控制的目标是建设工期，而工程设计作为工程项目实施阶段的一个重要环节，其设计周期又是建设工期的组成部分。因此，为了实现建设工程进度总目标，就必须对设计进度进行控制。

工程设计工作涉及众多因素，包括规划、勘察、地理、地质、水文、能源、市政、环境保护、运输、物资供应、设备制造等。其本身又是多专业的协作产物，它必须满足使用要求，同时也要讲究美观和经济效益，并考虑施工的可能性。为了对上述诸多复杂的问题进行综合考虑，工程设计要划分为初步设计和施工设计两个阶段，特别复杂的工程还要增加技术设计阶段。所以工程项目的设计周期往往很长，有时需要经过多次反复才能定案。因此，控制工程设计进度，不仅对建设工程总进度的控制有着很重要的意义，同时通过确定合理的设计周期，也能够使工程设计的质量得到保证。

2. 设计进度控制是施工进度控制的前提

在建设工程实施过程中，必须是先有设计图纸，然后才能按图施工。只有及时供应图纸，才可能有正常的施工进度；否则，设计就会拖施工的后腿。在实际工作中，由于设计进度缓慢和设计变更多，使施工进度受到牵制的情况是经常发生的。为了保证施工进度不受影响，应加强设计进度控制。

3. 设计进度控制是设备和材料供应进度控制的前提

实施建设工程所需要的设备和材料是根据设计而来的，设计单位必须提出设备清单，以便进行加工订货或购买。由于设备制造需要一定的时间，因此，必须控制设计工作的进度，才能保证设备加工的进度。材料的加工和购买也是如此。

这样，在设计和施工两个环节之间就必须有足够的时间，以便进行设备与材料的加工订货和采购。因此，必须对设计进度进行控制，以保证设备和材料供应的进度，进而保证施工进度。

（二）设计阶段进度控制工作程序

建设工程设计阶段进度控制的主要任务是出图控制，也就是通过采取有效措施使工程设计者如期完成初步设计、技术设计、施工图设计等各阶段的设计工作，并提交相应的设计图纸及说明。为此，监理工程师要审核设计单位的进度计划和各专业的出图计划，并在设计实施过程中，跟踪检查这些计划的执行情况，定期将实际进度与计划进度进行比较，进而纠正或修订进度计划。若发现进度拖后，监理程师应督促设计单位采取有效措施加快进度。图1-1 是考虑三阶段设计的进度控制工作流程图。

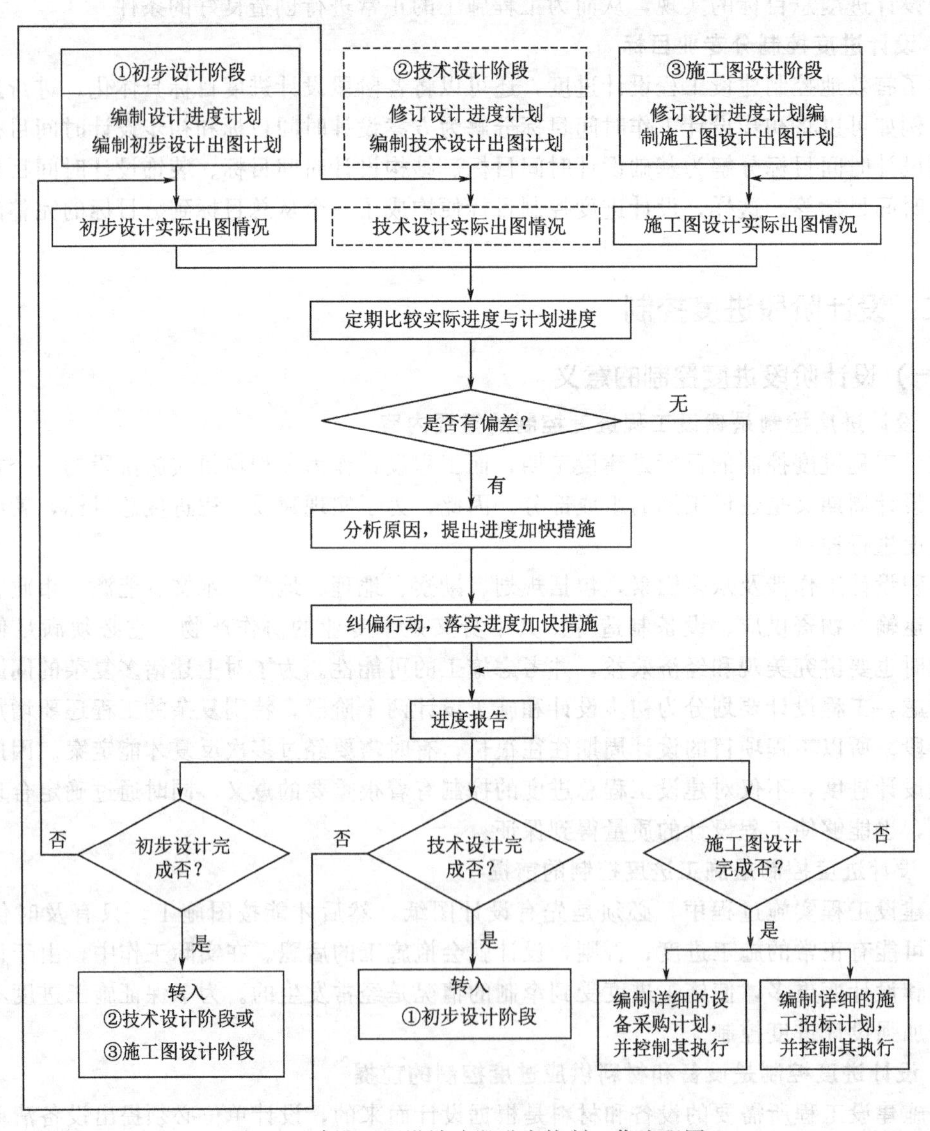

图 1-1 建设工程设计阶段进度控制工作流程图

三、设计阶段进度控制措施

（一）影响设计进度的因素

建设工程设计工作属于多专业协作配合的智力劳动，在工程设计过程中，影响其进度的因素有很多，归纳起来。主要有以下几个方面：

（1）建设意图及要求改变的影响　建设工程设计是本着业主的建设意图和要求而进行的，所有的工程设计必然是业主意图的体现。因此，在设计过程中，如果业主改变其建设意图和要求，就会引起设计单位的设计变更，必然会对设计进度造成影响。

（2）设计审批时间的影响　建设工程设计是分阶段进行的，如果前一阶段（如初步设计）的设计文件不能顺利得到批准，必然会影响到下一阶段（如施工图设计）的设计进度。因此，设计审批时间的长短，在一定条件下将影响到设计进度。

（3）设计各专业之间协调配合的影响　如前所述，建设工程设计是一个多专业、多方面协调合作的复杂过程，如果业主、设计单位、监理单位等各单位之间，以及土建、电气、通信等各专业之间没有良好的协作关系，必然会影响建设工程设计工作的顺利实施。

（4）工程变更的影响　当建设部门采用CM法实行分段设计、分段施工时，如果在已施工的部分发现一些问题而必须进行工程变更，也会影响设计工作进度。

（5）材料代用、设备选用失误的影响　材料代用、设备选用的失误将会导致原有工程设计失效而重新进行设计，这也会影响设计工作的进度。

（二）设计单位的进度控制

为了履行设计合同，按期提交施工图设计文件，设计单位应采取有效措施，控制建设工程设计进度。

（1）建立计划部门，负责设计单位年度计划的编制和工程项目设计进度计划的编制。

（2）建立健全设计技术经济定额，并按定额要求进行计划的编制与考核。

（3）实行设计工作技术经济责任制，将职工的经济利益与其完成任务的数量和质量挂钩。

（4）编制切实可行的设计总进度计划、阶段性设计进度计划和设计进度作业计划。在编制计划时，加强与业主、监理单位、科研单位及承包商的协作与配合，使设计进度计划积极可靠。

（5）认真实施设计进度计划，力争设计工作有节奏、有秩序、合理搭接地进行。在执行计划时，要定期检查计划的执行情况，并及时对设计进度进行调整，使设计工作始终处于可控状态。

（6）坚持按基本建设程序办事，尽量避免进行“边设计、边准备、边施工”的“三边”设计。

（7）不断分析、总结设计进度控制工作经验，逐步提高设计进度控制工作水平。

（三）监理单位的进度控制

监理单位受业主的委托进行工程设计监理时，应落实项目监理班子中专门负责设计进度控制的人员，按合同要求对设计工作进度进行严格监控。

对于设计进度的监控应实施动态控制。在设计工作开始之前，首先应由监理工程师审查设计单位所编制的进度计划的合理性和可行性。在进度计划实施过程中，监理工程师应定期检查设计工作的实际完成情况，并与计划进度进行比较分析。一旦发现偏差，就应在分析原因的基础上提出纠偏措施，以加快设计工作的进度；必要时，应对原进度计划进行调整或修订。

在设计进度控制中，监理工程师要对设计单位填写的设计图纸进度表（表 1-1）进行核查分析，并提出自己的见解，从而将各设计阶段的每一张图纸（包括其相应的设计文件）的进度都纳入监控之中。

表 1-1 设计图纸进度表

<table>
<tr><td>工程项目名称</td><td colspan="3"></td><td>项目编号</td><td></td></tr>
<tr><td>监理单位</td><td colspan="3"></td><td>设计阶段</td><td></td></tr>
<tr><td>图纸编号</td><td></td><td>图纸名称</td><td></td><td>图纸版次</td><td></td></tr>
<tr><td colspan="2">图纸设计负责人</td><td colspan="2"></td><td>制表日期</td><td></td></tr>
<tr><td>设计步骤</td><td colspan="3">监理工程师批准的计划完成时间</td><td colspan="2">实际完成时间</td></tr>
<tr><td>草图</td><td colspan="3"></td><td colspan="2"></td></tr>
<tr><td>制图</td><td colspan="3"></td><td colspan="2"></td></tr>
<tr><td>设计单位自审</td><td colspan="3"></td><td colspan="2"></td></tr>
<tr><td>监理工程师审核</td><td colspan="3"></td><td colspan="2"></td></tr>
<tr><td>发出</td><td colspan="3"></td><td colspan="2"></td></tr>
<tr><td colspan="6">偏差原因分析：</td></tr>
<tr><td colspan="6">措施及对策：</td></tr>
</table>

(四) 建筑工程管理方法

建筑工程管理（CM，construction management）方法是近年来在国外推行的一种系统工程管理方法，其特点是将工程设计分阶段进行，每阶段设计好之后就进行招标施工；并且在全部工程竣工前，可将已完部分工程交付使用。这样，不仅可以缩短工程项目的建设工期，还可以使部分工程分批投产，以提前获得收益，建筑工程管理方法与传统的项目实施程序的比较如图 1-2 所示。

CM 的基本指导思想是缩短工程项目的建设周期，它采用快速路径（easr-track）的生产组织方式，特别适用于那些施工周期长，工期要求紧迫的大型复杂建设工程。建设工程采用 CM 承发包模式，在进度控制方面的优势主要体现在以下几个方面：

(1) 由于采取分阶段发包，集中管理，实现了有条件的"边设计、边施工"，使设计与施工能够充分地搭接，有利于缩短建设工期。

(2) 监理工程师在建设工程设计早期即可参与项目的实施，并对工程设计提出合理化建议，使设计方案的施工可行性和合理性在设计阶段就得到考虑和证实，从而减少施工阶段因修改设计而造成的实际进度拖后。

(3) 为了实现设计与施工以及施工与施工的合理搭接，建筑工程管理方法将项目的进度安排看作一个完整的系统工程，一般在项目实施早期即编制供货期长的设备采购计划，并提前安排设备招标、提前组织设备采购，从而可以避免因设备供应工作的组织和管理不当而造成的工程延期。

(4) 当采用建筑工程管理方法时，监理工程师不仅要负责设计方面的管理与协调工作，同时还具有施工方面的监理职能。因此，监理工程师必须采取有效措施，使工程设计与施工

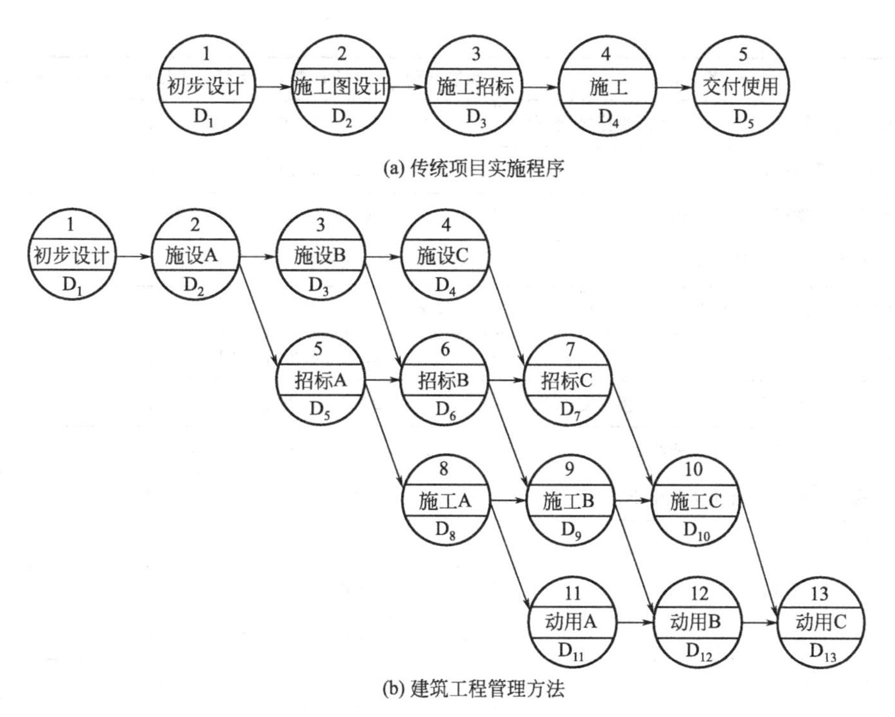

图 1-2　建筑工程管理方法与传统项目实施程序比较

能协调地进行，避免出现因设计进度拖延而导致施工进度受影响的不正常情况，最终确保建设工程进度总目标的实现。

任务　编制框架结构单位工程设计阶段进度控制计划

☞ 任务提出

根据×××二期项目工程编制框架结构单位工程设计阶段进度控制计划。

☞ 任务实施

内容及格式可参考案例，×××二期项目工程设计阶段进度控制计划见表 1-2。

表 1-2　×××二期项目工程设计阶段进度控制计划

序号	任务名称	职能部门	开始日期	计划完成日期	实际完成日期	备注
1	提供施工图启动函	×××		2016.04.13		
2	建筑与方案对接	×××		2016.04.13		
3	建筑专业住宅评审	×××		2016.04.15		
4	建筑专业提第一次作业图	×××		2016.04.16		
5	提供勘探报告电子稿	×××		2016.04.16		
6	各专业评审及反提条件	×××		2016.04.18		
7	各专业反提条件	×××		2016.04.19		
8	结构上部模型计算和模板绘制	×××	2016.04.16	2016.04.24		
9	结构上部梁柱绘制	×××	2016.04.20	2016.04.24		
10	结构上部楼梯和墙身绘制	×××	2016.04.24	2016.04.28		

续表

序号	任务名称	职能部门	开始日期	计划完成日期	实际完成日期	备注
11	结构上部图纸和计算书整理，楼栋之间翻图	×××	2016.04.26	2016.04.29		
12	结构上部图纸校审	×××	2016.04.30	2016.05.03		
13	结构上部图纸提供甲方内审	×××	2016.05.01	2016.05.02		
14	甲方提供结构上部内审意见	×××	2016.05.03	2016.05.04		
15	结构地库顶板模型计算和模板绘制	×××	2016.04.18	2016.04.27		
16	结构地库顶板梁柱绘制	×××	2016.04.23	2016.04.27		
17	结构地库图纸和计算书整理，楼栋之间翻图	×××	2016.04.27	2016.04.30		
18	结构主楼部分基础计算和绘制	×××	2016.04.23	2016.04.26		
19	结构地库部分基础计算和绘制	×××	2016.04.27	2016.05.01		
20	提供勘探报告正式稿	×××	2016.05.01	2016.05.02		
21	结构地库图纸提供甲方内审	×××	2016.05.03	2016.05.04		
22	甲方提供地库内审意见	×××	2016.05.05	2016.05.06		
23	结构地库图纸校审	×××	2016.05.02	2016.05.05		
24	修改意见并完成施工图	×××	2016.05.07	2016.05.09		
25	施工图出图	×××		2016.05.10		

注：规划等相关节点时间或相关部门提供的资料等如有延后，施工图完成时间需双方协商合理顺延。

小　结

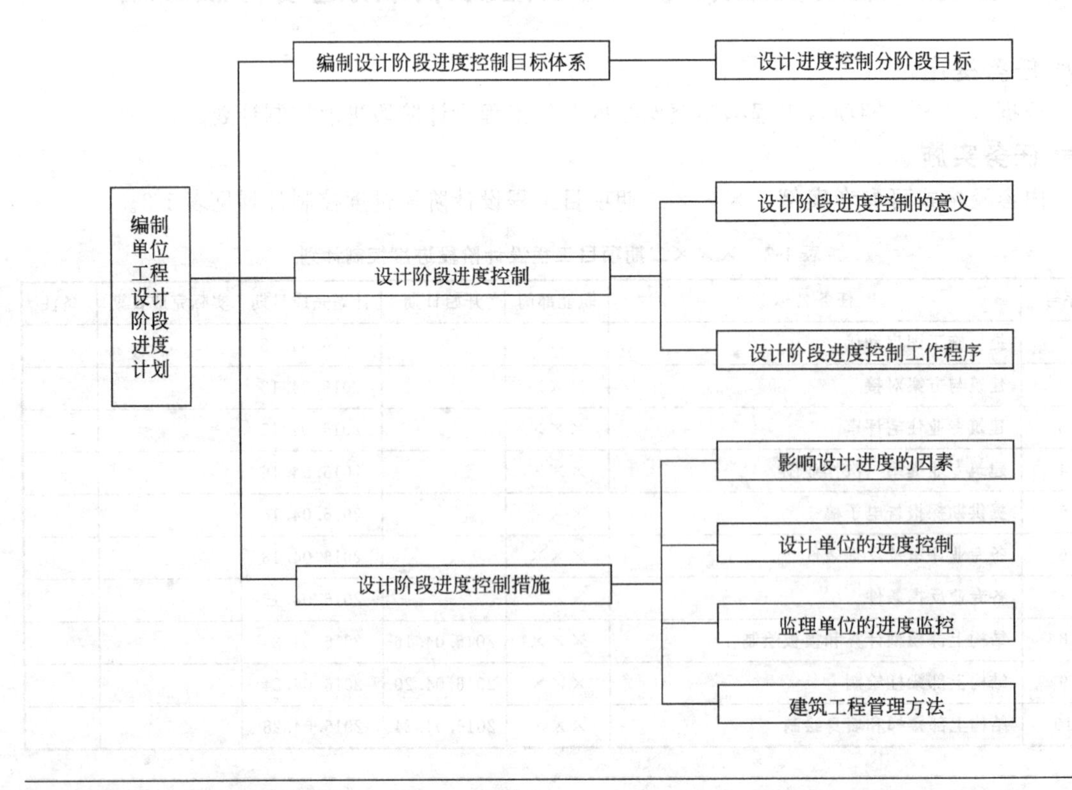

综合训练

训练目标：编制单位工程设计阶段进度控制计划。

训练准备：见附录二中柴油机试验站辅助楼及浴室图纸。

训练步骤：

（1）编制设计阶段进度控制计划；

（2）工程概况。

能力训练题

一、单项选择题

1. 建设工程进度控制的总目标是（　　）。

A. 建设工期　　B. 建设成本　　C. 建设资源　　D. 建设质量

2. 在工程施工实践中，必须树立和坚持一个最基本的工程管理原则，即在确保（　　）的前提下，控制工程的进度。

A. 工程质量　　B. 投资规模　　C. 设计标准　　D. 经济效益

3. 在国际上，设计进度计划主要是各设计阶段的设计图纸（包括有关说明）的（　　）。

A. 出图计划　　B. 专业协调计划　　C. 数量计划　　D. 交底计划

4. 设计方应尽可能使设计工作的进度与（　　）等工作进度相协调。

A. 项目选址　　B. 可行性研究　　C. 物资采购　　D. 竣工验收

5. 设计方进度控制的任务是依据（　　）对设计工作进度的要求，控制设计工作进度。

A. 可行性研究报告　　B. 设计标准和规范　　C. 设计任务委托合同　　D. 设计总进度纲要

6. 当监理工程师接受建设单位的委托对建设工程实施全过程监理时，为了有效地控制建设工程进度，监理工程师最早应在（　　）阶段协助建设单位确定工期总目标。

A. 前期决策　　B. 设计准备　　C. 建设准备　　D. 施工准备

7. 工程项目总进度计划应在（　　）阶段编制。

A. 施工准备　　B 设计　　C. 设计准备　　D 前期决策

8. 为了有效地控制建设工程进度，监理工程师要在设计准备阶段（　　）。

A. 进行环境及施工现场条件的调查和分析

B. 编制设计阶段工作计划及详细的出图计划

C. 进行工期目标和进度控制的决策工作

D. 审查工程项目建设总进度计划并控制其执行

9. 监理工程师受建设单位委托对某建设工程设计和施工实施全过程监理时，应（　　）。

A. 审核设计单位和施工单位提交的进度计划，并编制监理总进度计划

B. 编制设计进度计划，审核施工进度计划，并编制工程年、季、月实施计划

C. 编制设计进度计划和施工总进度计划，审核单位工程施工进度计划

D. 审核设计单位和施工单位提交的进度计划，并编制监理总进度计划及其分解计划

10. （　　）阶段进度控制是建设工程进度控制的重点。

A. 设计　　B. 施工　　C. 决策　　D. 准备

11. 建设准备阶段的工作中心是（　　）。

A. 施工准备　　B. 勘察设计　　C. 工程实施　　D. 可行性研究

12. 以下属于建设工程设计阶段进度控制的任务是（　　）。

A. 编制施工总进度计划、单位工程施工进度计划并控制其执行

B. 收集有关工期的信息，进行工期目标和进度控制决策

C. 编制工程项目建设总进度计划

D. 编制详细的出图计划并控制其执行

13. 建筑总平面布置图应该由谁提供（　　）。

A. 建设单位　　B. 设计单位　　C. 监理单位　　D. 施工单位

14.（　　）是工程设计的最后一个阶段，其工作进度将直接影响建设工程的施工进度，进而影响建设工程进度总目标的实现。

A. 规划设计　　B. 初步设计　　C. 技术设计　　D. 施工图设计

15. 为了履行设计合同，按期提交施工图设计文件，设计单位应采取有效措施，控制建设工程设计进度，坚持按基本建设程序办事，尽量避免进行“三边”设计，“三边”设计不包括（　　）。

A. 边勘察　　B. 边设计　　C. 边准备　　D. 边施工

二、多项选择题

1. 业主方进度控制的任务是控制整个项目实施阶段的进度，包括控制（　　）。

A. 设计准备阶段的工作进度　　B. 物资采购工作进度

C. 征地拆迁工作进度　　D. 项目动用前准备阶段的工作进度

E. 设计工作进度

2. 在建设工程设计准备阶段，进度控制的主要任务包括（　　）。

A. 编制工程项目总进度计划　　B. 编制设计准备工作计划

C. 编制设计总进度计划　　D. 分阶段组织施工招标

E. 进行施工现场条件调研和分析

3. 阶段性设计进度计划包括（　　）。

A. 施工图设计工作进度计划　　B. 初步设计工作进度计划

C. 设计准备工作进度计划　　D. 设计作业进度计划

E. 设计总进度计划

4. 设计单位的计划系统包括（　　）。

A. 设计总进度计划　　B. 设计作业进度计划

C. 阶段性设计进度计划　　D. 设计准备阶段进度计划

E. 施工准备阶段进度计划

5. 影响设计进度的因素包括（　　）。

A. 建设意图及要求改变的影响　　B. 设计审批时间的影响

C. 设计各专业之间协调配合的影响　　D. 工程变更的影响

E. 材料代用、设备选用失误的影响

学习情境二 编制单位工程施工准备工作与开工报告

学习指南：

施工准备工作是为了保证工程顺利开工和施工活动正常进行而必须事先做好的各项工作。它不仅存在于开工之前，而且贯穿在整个工程建设的全过程中，因此，应当自始至终坚持“不打无准备之仗”的原则来做好这项工作，否则就会丧失主动权，甚至使施工无法开展。本项目通过“编制框架结构单位工程施工准备工作”、“编制框架结构单位工程开工报告”两个任务，使读者了解施工准备相关知识和如何编制工程开工报告。

知识目标：

了解施工准备工作的分类及内容、施工准备工作的要求、原始资料的调查、相关信息与资料的收集，掌握技术资料准备内容、资源准备内容、施工现场准备内容、季节性施工准备内容、施工准备工作计划与开工报告。

技能目标：

能根据相关知识编制框架结构单位工程施工准备工作、框架结构单位工程开工报告。

素质目标：

具有举一反三的学习能力；具有分析问题能力；具有严肃认真的学习态度。

项目分析

施工准备工作的主要任务是为建设工程的施工创造必要的技术和物资条件，统筹安排施工力量和施工现场。施工准备的工作内容通常包括：技术准备、物资准备、劳动组织准备、施工现场准备和施工场外准备。为落实各项施工准备工作，加强检查和监督，应根据各项施工准备工作的内容、时间和人员，编制施工准备工作计划。当工程具备开工条件后，必须由施工单位提出开工报审表，由监理单位和建设单位同意后报质量监督部门和安全监察部门审查；审查通过后，再由施工单位提出开工报告，由监理单位审核同意、建设单位认可后方可开工。

工作过程

按照任务分析的内容，进行工作步骤的描述。

1. 确定设计准备工作时间目标

2. 确定初步设计、技术设计工作时间目标

3. 确定施工图设计工作时间目标

相关知识

对一项工程所涉及的自然条件和技术经济条件等施工资料进行调查研究与收集整理，是施工准备工作的一项重要内容，也是编制施工组织设计的重要依据。尤其是当地施工单位进入一个新的城市或地区，对建设地区的技术经济条件、场地特征和社会情况等不太熟悉，此项工作就显得尤为重要。调查研究与收集资料的工作应有计划、有目的地进行，事先要拟建详细的调查提纲。其调查的范围、内容要求等应根据拟建工程的规模、性质、复杂程度、工期以及对当地的了解程度确定。调查时，除向建设单位、勘察设计单位、当地气象台站及有关部门和单位收集资料和有关规定外，还应到实地勘测，并向当地居民了解相关情况。对调查、收集到的资料应注意整理归纳、分析研究；对其中特别重要的资料，必须复查其数据的真实性和可靠性。

一、单位工程原始资料

（一）对建设单位与设计单位的调查

对建设单位与设计单位调查的项目见表 2-1。

表 2-1　对建设单位与设计单位调查项目

序号	调查单位	调查内容	调查目的
1	建设单位	① 建设项目设计任务书、有关文件 ② 建设项目性质、规模、生产能力 ③ 生产工艺流程、主要工艺设备名称及来源、供应时间、分批和全部到货时间 ④ 建设期限、开工时间、交工先后顺序、竣工投产时间 ⑤ 总概算投资、年度建设计划 ⑥ 施工准备工作的内容、安排、工作进度表	① 施工依据 ② 项目建设部署 ③ 制订主要施工方案 ④ 规划施工总进度 ⑤ 安排年度施工计划 ⑥ 规划施工总平面 ⑦ 确定占地范围
2	设计单位	① 建设项目总平面规划 ② 工程地质勘察资料 ③ 水文勘察资料 ④ 项目建筑规划，建筑、结构、装修情况，总建筑面积、占地面积 ⑤ 单项(单位)工程个数 ⑥ 设计进度安排 ⑦ 生产工艺设计及特点 ⑧ 地形测量图	① 规划施工总平面图 ② 规划生产施工区、生活区 ③ 安排大型临建工程 ④ 概算施工总进度 ⑤ 规划施工总进度 ⑥ 计算平整场地土石方量 ⑦ 确定地基、基础的施工方案

（二）自然条件调查分析

自然条件调查分析包括对建设地区的气象资料、工程地形地质、工程水文地质、周围民宅的坚固程度及其居民的健康状况等项目进行调查。其目的是为制订施工方案、分项技术组织措施、冬雨期施工措施、施工平面规划布置等提供依据；为编制现场“七通一平”计划，如地上建筑物的拆除、高压电线路的搬迁、地下构筑物的拆除和各种管线的搬迁等工作提供

依据；为减少施工公害，如打桩工程在打桩前，对居民的危房和居民中的心脏病患者采取保护性措施。自然条件调查包括的项目见表 2-2。

表 2-2　自然条件调查项目

序号	调查单位	调查内容	调查目的
1		气象资料	
(1)	气温	① 全年各月平均温度 ② 最高温度、月份、最低温度、月份 ③ 冬天、夏季室外计算温度 ④ 霜、冻、冰雹期 ⑤ 小于－3℃、0℃、5℃的天数，起止日期	① 防暑降温 ② 全年正常施工天数 ③ 冬期施工措施 ④ 估计混凝土、砂浆强度增长
(2)	降雨	① 雨季起止时间 ② 全年降水量、一日最大降水量 ③ 全年雷暴天数、时间 ④ 全年各月平均降水量	① 雨期施工措施 ② 现场排水、防洪 ③ 防雷 ④ 雨天天数估计
(3)	风	① 主导风向及频率(风玫瑰图) ② 大于或等于 8 级风的全年天数、时间	① 布置临时设施 ② 高空作业及吊装措施
2		工程地形、地质	
(1)	地形	① 区域地形图 ② 工程位置地形图 ③ 工程建设地区的城市规划 ④ 控制桩、水准点的位置 ⑤ 地形、地质的特征 ⑥ 勘察文件、资料等	① 选择施工用地 ② 合理布置施工总平面图 ③ 计算现场平整土方量 ④ 障碍物及数量 ⑤ 拆迁和清理施工现场
(2)	地质	① 钻孔布置图 ② 地质平面图(各层土的特征、厚度) ③ 土质稳定性(滑坡、流砂、冲沟) ④ 地基土强度的结论，各项物理力学指标(天然含水量、孔隙比、渗透性、压缩性指标、塑性指数、地基承载力) ⑤ 软弱土、膨胀土、湿陷性黄土分布情况；最大冻结深度 ⑥ 防空洞、枯井、土坑、古墓、洞穴，地基土破坏情况 ⑦ 地下沟通管网、地下构筑物	① 土方施工方法的选择 ② 地基处理方法 ③ 基础、地下结构施工措施 ④ 障碍物拆除计划 ⑤ 基坑开挖方案
(3)	地震	抗震设防烈度的大小	对地基、结构影响，施工注意事项
3		工程水文地质	
(1)	地下水	① 最高、最低水位及时间 ② 流向、流速、流量 ③ 水质分析 ④ 抽水试验、测定水量	① 土方施工基础施工方案的选择 ②降低地下水位方法、措施 ③判定侵蚀性质及施工注意事项 ④ 使用、饮用地下水的可能性
(2)	地面水 (地面河流)	① 临近的江河、湖泊及距离 ② 洪水、平水、枯水时期，其水位、流量、流速、航道深度，通航可能性 ③ 水质分析	① 临时给水 ② 航运组织 ③ 水工工程
4	周围环境 及障碍物	① 施工区域现有建筑物、构筑物、沟渠、水流、树木、土堆、高压输变电线路等 ② 临近建筑坚固程度及其中人员工作、生活、健康状况	① 及时拆迁、拆除 ② 保护工作 ③ 合理布置施工平面 ④ 合理安排施工速度

(三) 收集相关信息与资料

1. 技术经济条件调查分析

技术经济条件调查包括对地方建筑生产企业、地方资源交通运输，水、电及其他能源，主要设备、三大材料和特殊材料，以及它们的生产能力等项的调查。调查的项目见表2-3～表2-9。

表2-3　地方建筑材料及构件生产企业情况调查

序号	企业名称	产品名称	规格质量	单位	生产能力	生产方式	出厂价格	运距	运输方式	单位运价	备注

注：1. 名称按照构件厂、木工厂、金属结构厂、商品混凝土厂、砂石厂、建筑设备厂、砖、瓦、石灰厂等填列；

2. 资料来源：当地计划、经济、建筑主管部门；

3. 调查明细：落实物质供应。

表2-4　地方资源情况调查

序号	材料名称	产地	储藏量	质量	开采(生产)量	开采费	出厂价	运距	运费	供应的可能性

注：1. 材料名称按照块石、碎石、砾石、砂、工业废料(包括冶金矿渣、炉渣、电站粉煤灰)；

2. 调查目的：落实地方物质准备工作。

表2-5　地区交通运输条件调查

序号	项目	调查内容	调查目的
1	铁路	① 临近铁路专用线、车站至工地的距离及沿途运输条件 ② 站场卸货路线长度，起重能力和储存能力 ③ 装载单个货物的最大尺寸、重量的限制 ④ 支费、装卸费和装卸力量	① 选择施工运输方式 ② 拟定施工运输计划
2	公路	① 主要材料产地至工地的公路等级，路面构造宽度及完好情况，允许最大载重量 ② 途径桥涵等级，允许最大载重量 ③ 当地专业机构及村镇提供的附近装卸、运输 能力，汽车、畜力、人力车的数量及运输效率，运费、装卸费 ④ 当地有无汽车修配场、修配能力和至工地距离、路况 ⑤ 沿途架空电线高度	
3	航运	① 货源、工地至临近河流、码头渡口的距离，道路情况 ② 洪水、平水、枯水期和封冻期通航的最大船只及吨位，取得船只的可能性 ③ 码头装卸能力，最大起重量，增设码头的可能性 ④ 渡口的渡船能力，同时可载汽车、马车数，每日次数，能为施工提供的能力 ⑤ 运费、渡口费、装卸费	

表 2-6 供水、供电、供气条件调查

序号	项目	调查内容
1	给水排水	① 与当地现有水源连接的可能性，可供水量，接管地点、管径、管材、埋深、水压、水质、水费，至工地距离，地形地物情况 ② 临时供水源：利用江河、湖水的可能性，水源、水量、水质，取水方式，至工地距离，地形地物情况，临时水井位置、深度、出水量、水质 ③ 利用永久排水设施的可能性，施工排水去向、距离、坡度，有无洪水影响，现有防洪设施、排洪能力
2	供电与通信	① 电源位置，引入的可能，允许供电容量、电压、导线截面、距离、电费、接线地点，至工地距离，地形、地物情况 ② 建设单位、施工单位自有发电、变电设备的规格型号、台数、能力、燃料、资料及可能性 ③ 利用邻近电信设备的可能性，电话、电报局至工地距离，增设电话设备和计算机等自动化办公设备和线路的可能性
3	供气	① 蒸汽来源，可供能力、数量，接管地点、管径、埋深，至工地距离，地形地物情况，供气价格，供气的正常性 ② 建设单位、施工单位自有锅炉型号、台数、能力、所需燃料、用水水质、投资费用 ③ 当地单位、建设单位提供压缩空气、氧气的能力，至工地距离

注：1. 资料来源：当地城建、供电局、水厂等单位及单位；

2. 调查目的：选择给水排水、供电、供气方式，作出经济比较。

表 2-7 三大材料、特殊材料及主要设备调查内容

序号	项目	调查内容	调查目的
1	三大材料	① 钢材订货的规格、钢号、强度等级、数量和到货时间 ② 木材料订货的规格、等级、数量和到货时间 ③ 水泥订货的品种、程度等级、数量和到货时间	① 确定临时设施和堆放场地 ② 确定木材加工计划 ③ 确定水泥储存方式
2	特殊材料	① 需要的品种、规格、数量 ② 试制、加工和供应情况 ③ 进口材料和新材料	① 制订供应计划 ② 确定储存方式
3	主要设备	① 主要工艺设备的名称、规格、数量和供货单位 ② 分批和全部到货时间	① 确定临时设施和堆放场地 ② 拟定防雨措施

表 2-8 建设地区社会劳动力和生活设施的调查

序号	项目	调查内容	调查目的
1	社会劳动力	① 少数民族地区的风俗习惯 ② 当地能提供的劳动力人数、技术水平、工资费用和来源 ③ 上述人员的生活安排	① 拟定劳动力计划 ② 安排临时设施
2	房屋设施	① 必须在工地居住的单身人数和户数 ② 能作为施工用的现有的栋数、每栋面积、结构特征、总面积、位置、水、暖、电、卫、设备状况 ③ 上述建筑物的适宜用途，用作宿舍、食堂、办公室的可能性	① 确定现有房屋为施工服务的可能性 ② 安排临时设施
3	周围环境	① 主要副食品供应，日用品供应，文化教育，消防治安等机构能为施工提供的支援能力 ② 临近医疗单位至工地的距离，可能就医情况 ③ 当地公共汽车、邮电服务情况 ④ 周围是否存在有害气体、污染情况，有无地方病	安排职工生活基地，解除后顾之忧

表 2-9 参加施工的各单位调查

序号	项目	调查内容
1	工人	① 工人数量、分工种人数,能投入本工程施工的人数 ② 专业分工及一专多能的情况;工人队组成形式 ③ 定额完成情况、工人技术水平、技术等级构成
2	管理人员	① 管理人员的总数,所占的比例 ② 技术人员数,专业情况,技术职称,其他人员数
3	施工机械	① 机械名称、型号、能力、数量、新旧程度、能投入本工程施工的完好率情况 ② 总装备程度(马力/全员) ③ 分配、新购情况
4	施工经验	① 历年曾施工的主要项目、规模、结构、工期 ② 习惯施工方法,采用过的施工方法,构件加工、生产能力及质量 ③ 工程质量合格情况,科研、革新成果
5	经验指标	① 劳动生产力,年完成能力 ② 质量、安全、降低成本情况 ③ 机械化程度 ④ 工业化程度设备,机械的完好率、利用率

注:1. 来源:参加施工的各单位;

2. 目的:明确施工力量、技术素质,规划施工任务分配、安排。

2. 其他相关信息与资料的收集

其他相关信息与资料包括:现行的由国家有关部门指定的技术规范、规程及有关技术规定,如《建筑工程施工质量验收统一标准》(GB 50300—2013);相关专业工程施工质量验收规范,如《建筑施工安全检查标准》(JGJ 59—2011);有关专业工程安全技术规范规程,如《建筑工程项目管理规范》(GB/T 50326—2006),《建筑工程文件归档规范》(GB/T 50328—2014),《建筑工程冬期施工规程》(JGJ 104—2011),各专业工程施工技术规范等;企业现有的施工定额、施工手册、类似工程的技术资料及平时施工实践活动中所积累的资料等。收集这些相关信息与资料,是进行施工准备工作和编制施工组织设计的依据之一,可为其提供有价值的参考。

二、单位工程技术资料准备

技术资料准备即通常所说的"内业"工作,它是施工准备的核心,指导着现场施工准备工作,对于保证建筑产品质量,实现安全生产,加快工程进度,提高工程经济效益等都具有十分重要的意义。任何技术差错和隐患都可能危及人身安全、引起质量事故,造成生命财产的巨大损失。因此,必须重视并做好技术资料准备工作。其主要内容包括熟悉和会审图纸,编制中标后施工组织设计,编制施工预算等。

(一) 熟悉和会审图纸

施工图全部(或分阶段)出图以后,施工单位应依据建设单位和设计单位提供的初步设计或扩大初步设计(技术设计)、施工图设计、建筑总平面图、土方竖向设计和城市规划等资料文件,调查、收集原始资料和其他相关信息与资料。组织有关人员对设计图纸进行学习和会审,使参与施工的人员掌握施工图的内容、要求和特点,同时发现施工图中的问题,以便在图纸会审中统一提出;解决施工图中存在的问题,确保工程施工顺利进行。

1. 熟悉图纸阶段

（1）熟悉图纸工作的组织　由施工单位该工程项目经理部组织有关工程技术人员认真熟悉图纸，了解设计总图、建设单位要求以及施工应达到的技术标准，明确工程流程。

（2）熟悉图纸的要求：

1）先精后细。就是先看平面图、立面图、剖面图，了解整个工程的概况，对总的长、宽尺寸，轴线尺寸，标高、层高、总高情况有大致了解。然后再看细部做法，核对总尺寸与细部尺寸、位置、标高是否相符；门窗表中的门窗型号、规格、形状、数量是否与结构相符等。

2）先小后大。就是先看小样图，后看大样图。核对在平面图、立面图、剖面图中标注的细部做法，与大样图的做法是否相符；所采用的标准构件图籍编号、类型、型号，与设计图纸有无矛盾，索引符号有无漏标之处，大样图是否齐全等。

3）先建筑后结构。就是先看建筑和结构图，把建筑图与结构图相互对照，核对其轴线尺寸、标高是否相符，有无矛盾，查对有无遗漏尺寸，有无构造不合理之处。

4）先一般后特殊。就是先看一般的部位和要求，后看特殊的部位和要求。特殊部位一般包括地基处理方法、变形缝的设置、防水处理要求和抗震、防火、隔热、防尘、特殊装修等技术要求。

5）图纸与说明结合。就是要在看图时对照设计总说明和图中的细部说明，核对图纸和说明有无矛盾，规定是否明确，要求是否可行，做法是否合理等。

6）土建和安装结合。就是看土建图时，有针对性地看一些安装图，核对与土建有关的安装图有无矛盾，预埋件、预留洞、槽的位置、尺寸是否一致，了解安装对土建的要求，以便考虑在施工中的协作配合。

7）图纸要求与实际情况结合。就是核对图纸有无不符合施工实际之处，如建筑物相对位置、场地标高、地质情况等是否与设计图纸相符；对一些特殊的施工工艺，施工单位能否做到等。

2. 自审图纸阶段

（1）自审图纸的组织　由施工单位该项目经理部组织各工种人员对本工种的有关图纸进行审查，掌握和了解图纸中的细节；在此基础上，由总承包单位内部的土建与水、暖、电等专业，共同核对图纸，消除差错，协商施工配合事项；最后，总承包单位与外分包单位（如桩基施工单位、装饰工程施工单位、设备安装施工单位等）在各自审查图纸的基础上，共同核对图纸中的差错，协商有关施工配合问题。

（2）自审图纸的要求：

1）审查拟建工程的地点、建筑总平面图同国家、城市或地区规划是否一致，以及建筑物或构筑物的设计功能和使用要求是否符合环卫、防水及美化城市方面的要求。

2）审查设计图纸是否完整齐全以及设计图纸和资料是否符合国家有关技术规范要求。

3）审查建筑、结构、设备安装图纸是否相符，有无“错、漏、碰、缺”，内部结构和工艺设备有无矛盾。

4）审查地基处理与基础设计同拟建工程地点的工程地质和水文地质等条件是否一致，建筑物和构筑物与原地下构筑物及管线之间有无矛盾。深基础的防水方案是否可靠，材料设备能否解决。

5）明确拟建工程的结构形式和特点，复核主要承重结构的承载力、刚度和稳定性是否满足要求，审查设计图纸中的形体复杂、施工难度大和技术要求高的分部分项工程或新结构、新材料、新工艺，在施工技术和管理水平上能否满足质量和工期要求，选用的材料、构配件、设备能否解决。

6）明确建设期限，分期分批投产或交付使用的顺序和时间，工程所用的主要材料、设备的数量、规格、来源和供货日期。

7）明确建设单位、设计单位和施工单位等之间的协作、配合关系，以及建设单位可以提供的施工条件。

8）审查设计是否考虑了施工的需要，各种结构的承载力、刚度和稳定性是否满足设置内爬、附着、固定式塔式起重机等使用的要求。

3. 图纸会审阶段

（1）图纸会审的组织　一般工程由建设单位组织并主持会议，设计单位交底，施工单位、监理单位参加。重点工程或规模较大及结构、装修较复杂的工程，如有必要可邀请各主管部门、消防、防疫与协作单位参加。

会审的程序是：设计单位做设计交底，施工单位对图纸提出问题，有关单位发表意见，与会者讨论、研究、协商，逐条解决问题至达成共识，组织会审的单位汇总成文，各单位会签，形成图纸会审记录（见表 2-10），会审记录作为与施工图纸具有同等法律效力的技术文件使用。

表 2-10　图纸会审记录

会审日期：　　年　　月　　日　　　　　　　　　　编号：

<table>
<tr><td rowspan="2">工程名称</td><td colspan="3" rowspan="2"></td><td>共　页</td></tr>
<tr><td>第　页</td></tr>
<tr><td>图纸编号</td><td colspan="2">提出问题</td><td colspan="2">会审结果</td></tr>
<tr><td></td><td colspan="2"></td><td colspan="2"></td></tr>
<tr><td>会审单位
（公章）</td><td>建设单位</td><td>监理单位</td><td>设计单位</td><td>施工单位</td></tr>
<tr><td>参加会审
人　员</td><td></td><td></td><td></td><td></td></tr>
</table>

（2）图纸会审的要求　审查设计图纸及其技术资料时，应注意以下问题：

1）设计是否符合国家有关方针、政策和规定。

2）设计规模、内容是否符合国家有关的技术规范要求，尤其是强制性标准的要求，是否符合环境保护和消防安全的要求。

3）建筑设计是否符合国家有关的技术规范要求，尤其是强制性标准的要求，是否符合环境保护和消防安全的要求。

4）建筑平面布置是否符合核准的按建筑红线划定的详图和现场实际情况；是否提供符

合要求的永久水准点或临时水准点位置。

5）图纸及说明是否齐全、清楚、明确。

6）结构、建筑、设备等图纸本身及相互之间是否有错误和矛盾，图纸与说明之间有无矛盾。

7）有无特殊材料（包括新材料）要求，其品种、规格、数量能否满足需要。

8）设计是否符合施工技术装备条件，如需采取特殊技术措施时，技术上有无困难，能否保证安全施工。

9）地基处理及基础设计有无问题，建筑物与地下构筑物、管线之间有无矛盾。

10）建（构）筑物及设备的各部位尺寸、轴线位置、标高、预留孔洞及预埋件、大样图及做法说明有无错误和矛盾。

（二）编制中标后施工组织设计

中标后施工组织设计是施工单位在施工准备阶段，指导拟建工程从施工准备到竣工验收乃至保修回访的技术经济、组织的综合性文件，也是编制施工预算、实行项目管理的依据，是施工准备工作的主要文件。它是在投标书施工组织设计的基础上，结合所收集的原始资料和相关信息资料，根据图纸及会审纪要，按照编制施工组织设计的基本原则，综合建设单位、监理单位和设计意图的具体要求进行编制的，以保证工程好、快、省、安全、顺利地完成。

施工单位必须在约定的时间内完成中标后施工组织设计的编制与自审工作，并填写施工组织设计报审表，报送项目监理机构。总监理工程师应在约定的时间内，组织专业监理工程师进行审查，提出审查意见后，由总监理工程师审定批准；需要施工单位修改时，由总监理工程师签发书面意见，退回施工单位修改后再报审，总监理工程师应重新审定。已审定的施工组织设计由项目监理机构报送建设单位。施工单位应按审定的施工组织设计文件组织施工，如需对其内容做较大变更，应在实施前将变更内容书面形式报送监理机构重新审定。对规模大、结构复杂或属新结构、特种结构的工程，专业监理工程师提出审查意见后，由总监理工程师签发审查意见，必要时与建设单位协商，组织有关专家会审。

（三）编制施工预算

施工预算是施工单位根据施工合同价款、施工图纸、施工组织设计或施工方案、施工定额等文件进行编制的企业内部经济文件，它直接受施工合同中合同价款的控制，是施工前的一项重要准备工作。它是施工企业内部控制各项成本支出、考核用工、签发施工任务书、限额领料，基层进行经济核算、经济活动分析的依据。在施工过程中，要按施工预算严格控制各项指标，以促进降低工程成本和提高施工管理水平。

三、施工资源准备

（一）劳动力组织准备

工程项目是否按工程目标完成，很大程度上取决于承担这一工程的施工人员的素质。劳动力组织准备包括施工管理层和作业层两大部分，这些人员的合理选择和配备，将直接影响到工程质量与安全、施工进度和工程成本。因此，劳动组织准备是开工前施工准备的一项重要内容。

1. 项目组织机构建设

对于实行项目管理的工程，建立项目组织机构就是建立项目经理部。高效率的项目组织机构的建立，是为建筑单位服务的，是为项目管理目标服务的。这项工作实施得合理与否很大程度上关系到拟建工程能否顺利进行。施工企业建立项目经理部，要针对工程特点和建设单位要求，根据有关规定进行精心组织安排，认真抓实、抓细、抓好。

（1）项目组织机构的设置应遵循以下原则：

1）用户满意原则。施工单位要根据建设单位要求组建项目经理部，让建设单位满意放心。

2）全能配套原则。项目经理要会管理、善经营、懂技术。能担任公关，且要具有较强的适应能力、应变能力和开拓进取的精神。项目经理部成员要有施工经验和创造精神，且工作效率高；项目经理部既要合理分工又要密切协作，人员配置应满足施工项目管理的需要，如大型项目，管理人员必须具有一级项目经理资质，管理人员中的高级职称人员不应低于10%。

3）精干高效原则。施工管理机构要尽量压缩管理层次，因事设职，因职选人，做到管理人员精干、一职多能、人尽其才、恪尽职守，以适应市场变化要求。避免松散、重叠、人浮于事。

4）管理跨度原则。管理跨度过大，易造成鞭长莫及且心有余而力不足的情况；管理跨度过小，人员增多，易造成资源浪费。因此，施工管理机构各层面设置是否合理，要看确定的管理跨度是否科学，也就是应使每一个管理层面都保持适当工作幅度，以使其各层面管理人员在职责范围内实施有效的控制。

5）系统化管理原则。建设项目是由许多子系统组成的有机整体，系统内部存在大量的“结合”部，各层次的管理职能的设计要形成一个相互制约、相互联系的完善体系。

（2）项目经理部的设立步骤如下：

1）根据企业批准的“项目管理规划大纲”，确定项目经理部的管理任务和组织形式；

2）确定项目经理的层次，设立职能部门与工作岗位；

3）确定人员、职责、权限；

4）由项目经理根据“项目管理目标责任书”进行目标分解；

5）组织有关人员确定规章制度和目标责任考核、奖惩制度。

（3）项目经理部的组织形式应根据施工项目的规模、结构复杂程度、专业特点、人员素质和地域范围确定，并应符合下列规定：

1）大中型项目宜按矩阵式项目管理组织设置项目经理部；

2）远离企业管理层的大中型项目宜按事业部式项目管理组织设置项目经理部；

3）小型项目宜按直线职能式项目管理组织设置项目经理部。

2. 组织精干的施工队伍

（1）组织施工队伍，要认真考虑专业工程的合理配合，技工和普工的比例要满足合理的劳动组织要求。按组织施工方式的要求，确定建立混合施工队组或是专业施工队组及其数量。组建施工队组，要坚持合理、精干的原则，同时制定出该工程的劳动力需用量计划。

（2）集结施工力量，组织劳动力进场。项目经理部确定之后，按照开工日期和劳动力需要量计划，组织劳动力进场。

3. 优化劳动组合与技术培训

针对工程施工要求，强化各工种的技术培训，优化劳动组合，主要抓好以下几个方面的工作：

（1）针对工程施工难点，组织工程技术人员和工人队组中的骨干力量，进行类似工程的考察学习。

（2）做好专业工程技术培训，提高对新工艺、新材料使用操作的适应能力。

(3) 强化质量意识，抓好质量教育，增强质量观念。

(4) 工人队组实行优化组合、双向选择、动态管理，最大限度地调动职工的积极性。

(5) 认真全面地进行施工组织设计的落实和技术交底工作。施工组织设计、计划和技术交底的目的是把施工项目的设计内容、施工计划和施工技术等要求，详尽地向施工队组和工人讲解交代。这是落实计划和技术责任制的有效方法。

施工组织设计、计划和技术交底要在单位工程或分部（项）工程开工前及时进行，以保证项目严格地按照设计图纸、施工组织设计、安全操作规程和施工验收规范等要求进行施工。

施工组织设计、计划和技术交底的内容包括：项目的施工进度计划、月（旬）作业计划；施工组织，尤其是施工工艺、质量标准、安全技术措施、降低成本措施和施工验收规范的要求；新结构、新材料、新技术和新工艺的实施方案和质量保证措施；图纸会审中所确定的有关部位的设计变更和技术核定等事项。交底工作应按照管理系统逐级进行，由上而下至工人队组。交底的方式有书面形式、口头形式和现场示范形式等。

施工队组、工人接受施工组织设计、计划和技术交底后，要组织其成员进行认真的分析研究，弄清关键部位、质量标准、安全措施和操作要领。必要时应进行示范，并明确任务，做好分工协作，同时建立健全岗位责任制和保证措施。

(6) 切实抓好施工安全、防火安全和文明施工等方面的教育。

4. 建立健全各项管理制度

工地的各项管理制度是否建立、健全，直接影响其各项施工活动能否顺利进行。有章不循，其后果是严重的，而无章可循更是危险的。为此必须建立、健全工地的各项管理制度。其内容通常包括：项目管理人员岗位责任制度；项目技术管理制度；项目质量管理制度；项目安全管理制度；项目计划、统计与进度管理制度；项目成本核算制度；项目材料、机械设备管理制度；项目现场管理制度；项目分配与奖励制度；项目例会及施工日志制度；项目分包及劳务管理制度；项目组织协调制度；项目信息管理制度。项目经理部自行制定的规章制度与企业现行的有关规定不一致时，应报送企业或其授权的职能部门批准。

5. 做好分包安排

对于本企业难以承担的一些专业项目，如深基础开挖和支护、大型结构和设备安装等项目，应及早做好分包或劳务安排，与有关单位协调，签定分包合同或劳务合同，保证按计划施工。

6. 组织好科研攻关

凡工程中采用带有实验性质的一些新材料、新产品、新工艺的项目，应在建设单位、主管部门的参加下，组织有关设计、科研、教学单位共同进行科研工作。要明确相互承担的实验项目、工作步骤、经费来源和职责分工。所有科研项目必须经过技术鉴定后，再用于施工。

(二) 物资准备

施工物资准备是指施工中必须有的劳动手段（施工机械、工具）和劳动对象（材料、配件、构件）等的准备，是一项较为复杂而又细致的工作。建筑施工所需的材料、构（配）件、机具和设备品种多且数量大，能否保证按计划供应，对整个施工过程的工期、质量和成本，有着举足轻重的作用。各种施工物资只有运到现场并有必要的储备后，才具备开工条件。因此，要将这项工作作为施工准备工作的一个重要方面来抓。施工管理人员应尽早计算出各阶段对材料、施工机械、设备、工具等的需用量，并说明供应单位、交货地点、运输方式等，特别是对预制构件，必须尽早地从施工图中摘录出构件规格、质量、品种和数量，制表造册，向预制加工厂订货并确定分批交货清单、交货地点及时间，对大型施工机械、辅助机械及设备要精确计算工作日，并确定进场时间，做到进场后立即使用，用毕后立即退场，提高机械利用率，节省机械台班费及停留费。

施工物资准备的具体内容包括材料准备、构（配）件及设备加工订货准备、施工机具设备准备、生产工艺设备准备、运输准备和强化施工物资价格管理等。

1. 材料准备

（1）根据施工方案中的施工进度计划和施工预算中的工料分析，编制工程所需材料用量计划，作为备料、供料和确定仓库、堆积面积及组织运输的依据；

（2）根据材料需用量计划，做好材料的申请、订货和采购工作，使计划得到落实；

（3）组织材料按计划进场，按施工平面图的相应位置堆放，并做好合理的储备、保管工作；

（4）严格验收、检查、核对材料的数量和规格，做好材料试验和验收工作，保证施工质量。

2. 构（配）件及设备加工订货准备

（1）根据施工进度计划及施工预算所提供的各种构配件及数量，做好加工翻样工作，并编制相应的需用量计划；

（2）根据需用量计划，向有关厂家提出加工订货计划要求，并签定订货合同；

（3）组织构配件和设备按计划进场，按施工平面布置图做好存放及保管工作。

3. 施工机具设备准备

（1）各种土方机械，混凝土、砂浆搅拌设备，垂直及水平运输机械，钢筋加工设备，木工机械，焊接设备，打夯机、排水设备等应根据施工方案，对施工机具配备的要求、数量及施工进度安排，编制施工机具需用量计划。

（2）拟由本企业内部负责解决的施工机具，应根据需要量计划组织落实，确保按期供应。

（3）对施工企业缺少且需要的施工机具，应与有关方面签定订购和租赁合同，以保证施工需要。

（4）对于大型施工机械（如塔式起重机、挖土机、桩基设备等）的需求量和时间，应向有关方面（如专业分包单位）联系，提出要求，在落实后签订有关分包合同，并为大型机械按期进场做好相关现场准备工作。

（5）安装、调试施工机具，按照施工机具需要量计划，组织施工机具进场，根据施工总平面图将施工机具安置在规定的地方或仓库。对施工机具进行就位、搭棚、接电源、保养、调试工作。对所有施工机具都必须在使用前进行检查和试运转。

4. 生产工艺设备准备

订购生产用的生产工艺设备，要注意交货时间应与土建进度密切配合。这是因为某些庞大设备的安装往往要与土建施工穿插进行，如果土建全部完成或封顶后，安装会有困难，并将直接影响建设工期。准备时按照施工项目工艺流程及工艺设备的布置图，提出工艺设备的名称、型号、生产能力和需用量，确定分期分批进场时间和保管方式，编制工艺设备需用量计划，为组织运输、确定堆场面积提供依据。

5. 运输准备

（1）根据上述四项需用量计划，编制运输需用量计划，并组织落实运输工具；

（2）按照上述四项需用量计划明确的进场日期，联系和调配所需运输工具，确保材料、构（配）件和机具设备按期进场。

6. 强化施工物资价格管理

（1）建立市场信息制度，定期收集、披露市场物资价格信息，提高透明度。

（2）在市场价格信息指导下，“货比三家”，选优进货；对大宗物资的采购要采取招标采购方式，在保证物资质量和工程质量的前提下，降低成本、提高效益。

四、单位工程施工现场准备

施工现场是施工的全体参加者为了夺取优质、高速、低耗的目标，而有节奏、均衡、连续地进行战术决战的活动空间。施工现场的准备工作，主要是为了给施工项目创造有利的施工条件，是保证工程按计划开工和顺利进行的重要环节。

（一）现场准备工作的范围及各方职责

施工现场准备工作由两个方面组成：一是建设单位应完成的施工现场准备工作；二是施工单位应完成的施工现场准备工作。建设单位与施工单位的施工现场准备工作均就绪时，施工现场就具备了施工条件。

1. 建设单位施工现场准备工作

建设单位要按合同条款中约定的内容和时间完成以下工作：

（1）办理土地征用、拆迁补偿、平整施工场地等工作，使施工场地具备施工条件，在开工后继续负责解决以上事项的遗留问题；

（2）将施工所需水、电、电信线路从施工场地外部接至专用条款约定地点，保证施工期间的需要；

（3）开通施工场地与城乡公共道路的通道，以及专用条款约定的施工场地内的主要道路，满足施工运输的需要，保证施工期间的畅通；

（4）向承包人提供施工场地的工程地质和地下管线资料，对资料的真实和准确性负责；

（5）办理施工许可证及其他施工所需证件、批件和临时用地、停水、停电、中断道路交通、爆破作业等的申请批准手续（证明承包人自身资质的证件除外）；

（6）确定水准点与坐标控制点，以书面形式交给承包人，进行现场交验；

（7）协调处理施工场地周围的地下管线和邻近建筑物、构筑物（包括文物保护建筑）、古树名木的保护工作，承担有关费用。

上述施工现场准备工作，承发包双方也可在合同专用条款内约定交由施工单位完成，其费用由建设单位承担。

2. 施工单位现场准备工作

施工单位现场准备工作即通常所说的室外准备，施工单位应按合同条款中约定的内容和施工组织设计的要求完成以下工作：

（1）根据工程需要，提供和维修非夜间施工使用的照明、围栏设施，并负责安全保卫；

（2）按专用条款约定的数量要求，向发包人提供施工场地办公和生活的房屋及设施，发包人承担由此发生的费用；

（3）遵守政府有关部门对施工场地交通，施工噪声以及环境保护和安全生产等的管理规定，按规定办理有关手续，并以书面形式通知发包人，发包人承担由此发生的费用，因承包人责任造成的罚款除外；

（4）按专用条款约定做好施工场地地下管线和邻近建筑物、构筑物（包括文明保护建筑）、古树名木的保护工作；

（5）保证施工场地清洁符合环境卫生管理的有关规定；

（6）建立测量控制网；

（7）工程用地范围内的“七通一平”，其中平整场地工作应由其他单位承担，但建设单位也可要求施工单位完成，费用依然由建设单位承担；

（8）搭设现场生产和生活用的临时设施。

（二）拆除障碍物

施工现场内的一切地上、地下障碍物，都应在开工前拆除。这项工作一般是由建设单位来完成，但也有委托施工单位来完成的。如果由施工单位来完成这项工作，一定要事先摸清现场情况，尤其是在城市的老区中，由于原有建筑物和构筑物情况复杂，而且往往资料不全，在拆除前需要采取相应的措施，防止发生事故。

对于房屋的拆除，一般只要把电源切断后即可进行拆除。若房屋较大、较坚固，采用爆破的方法时，必须经有关部门批准，需要由专业的爆破作业人员来承担。

架空电线（电力、通信）、地下电缆（包括电力、通信）的拆除，要与电力部门或通信部门联系并办理有关手续后方可进行。

自来水、污水、煤气、热力等管线的拆除，都应与有关部门取得联系，办好手续后由专业公司来完成。

场地内若有树木，需报园林部门批准后方可砍伐。

拆除障碍物留下的渣土等杂物都应清除出场外。运输时，应遵守交通、环保部门的有关规定，运土的车辆要按指定的路线和时间行驶，并采取封闭运输车或在渣土上直接洒水等措施，以免渣土飞扬而污染环境。

（三）建立测量控制网

建筑施工工期长，现场情况变化大，因此，保证控制网的稳定、正确，是确保建筑施工质量的先决条件，特别是在城区建设，障碍多、通视条件差，给测量工作带来一定的难度，施工时应根据建设单位提供的由规划部门给定的永久性坐标和高程，按建筑总图上的要求，进行现场控制网点的测量，妥善设立现场永久性标桩，为施工全过程的投测创造条件。控制网一般采用方格网，这些网点的位置应视工程范围的大小和控制精度而定。建筑方格网多由10～20m的正方形或矩形组成，如果土方工程需要，还应测绘地形图，通常这项工作由专业测量队完成，但施工单位还需根据施工的具体需要做一些加密网点等补充工作。

在测量放线时，应校验和校正经纬仪、水准仪、钢尺等测量仪器；校核红线桩与水准点，指定切实可行的测量方案，包括平面控制、标高控制、沉降观测和竣工测量等工作。

建筑物定位放线，一般通过设计图中平面控制轴线来确定建筑物位置，测定并经自检合格后提交有关部门和建设单位或监理人员验线，以保证定位的准确性；沿红线的建筑物放线后，还要由城市规划部门验线以防止建筑物压红线或超红线，为正常顺利地施工创造条件。

（四）“七通一平”

“七通一平”包括在工程用地范围内，接通施工用水、用电、道路、电信及煤气，施工现场排水及排污畅通和平整场地的工作。

1. 平整场地

清除障碍物后，即可进行场地平整工作。按照建筑施工总平面图、勘测地形图和场地平整施工方案等技术文件的要求，通过测量，计算出填挖土方工程量，设计土方调配方案，确定平整场地的施工方案，组织人力和机械进行平整场地的工作；应尽量做到挖填方量趋于平衡，总运输量最小，便于机械施工和充分利用建筑物挖方填土，并应防止利用地表土、软润土层、草皮、建筑垃圾等做填方。

2. 路通

施工现场的道路是组织物资进场的动脉，拟建工程开工前，必须按照施工总平面图的要求，修建必要的临时性道路。为节约临时工程费用，缩短施工准备工作时间，尽量利用原有道路设施或拟建永久性道路解决现场道路问题，形成畅通的运输网络，使现场施工用道路的布置能够确保运输和消防用车等的行驶畅通。临时道路的等级，可根据交通流量和所用车种决定。

3. 给水通

施工用水包括生产、生活和消防用水，应按施工总平面图的规划进行安排，施工给水应尽可能与永久性的给水系统结合起来。临时管线的铺设，既要满足施工用水的需要量，又要施工方便，并且尽量缩短管线的长度，以降低工程的成本。

4. 排水通

施工现场的排水也十分重要，特别在雨期，如场地排水不畅，会影响施工和运输的顺利进行。高层建筑的基坑深、面积大，施工往往要经过雨期，应做好基坑周围的挡土支护工作，防止坑外雨水向坑内汇流，并作好基坑底部雨水的排放工作。

5. 排污通

施工现场的污水排放，直接影响到城市的环境卫生，并且由于环境保护的要求，有些污水不能直接排放，需进行处理以后方可排放。因此，现场的排污也是一项重要的工作。

6. 电及电信通

电是施工现场的主要动力来源，施工现场用电包括施工生产用电和生活用电。由于建筑工程施工供电面积大、起动电流大、负荷变化多和手持式用电机具多，施工现场临时用电要考虑安全和节能措施。开工前，要按照施工组织设计的要求，接通电力和电信设施，电源首先应考虑从建设单位给定的电源上获得，若其供电能力不能满足施工用电需要，则应考虑在现场建立自备发电系统，确保施工现场动力设备和通信设备的正常运行。

7. 蒸汽及煤气通

施工中如需要通蒸汽、煤气，应按施工组织设计的要求进行安排，以保证施工的顺利进行。

（五）搭设临时设施

现场生活和生产用的临时设施，应按照施工平面布置图的要求进行，临时建筑平面图及主要房屋结构图都应报请城市规划、市政、消防、交通、环境保护等有关部门审查批准。

为了施工方便和行人的安全及文明施工，应用围墙将施工用地围护起来，围墙的形式、材料和高度应符合市容管理的有关规定和要求，并在主要出入口设置标牌挂图，标明工程项目名称、施工单位、项目负责人等。

所有生产及生活用临时设施，包括各种仓库、搅拌站、加工厂作业棚、宿舍、办公用房、食堂、文化生活设施等，均应按批准的施工组织设计的要求组织搭设，并尽量利用施工现场或附近原有设施（包括要拆除但可暂时利用的建筑物）和在建工程本身供施工使用的部分用房，尽可能减少临时设施的数量，以便节约用地、节省投资。

五、季节性施工准备

建筑工程施工绝大部分工作是露天作业，受气候影响比较大，因此在冬期、雨期及夏季施工中，必须从具体条件出发，正确选择施工方法，做好季节性施工准备工作，以保证按期、保质、安全地完成施工任务，取得较好的技术经济效果。

（一）冬期施工准备

1. 组织措施

(1) 合理安排施工进度计划，冬期施工条件差，技术要求高，费用增加，因此要合理安排施工进度计划，尽量安排保证施工质量且费用增加不多的项目在冬期施工，如吊装、打桩、室内装饰装修等工程；而费用增加较多又不容易保证质量的项目则不宜安排在冬期施工，如土方、基础、外装修、屋面防水等工程。

(2) 进行冬期施工的工程项目，在入冬前应组织专家，结合工程实际及施工经验等编制冬期施工方案；编制可依据《建筑工程冬期施工规程》(JGJ 104—2011)。编制的原则是确保工程质量，使增加的费用为最少；所需的热源和材料有可靠的来源，并尽量减少能源消耗；确实能缩短工期。冬期施工方案应包括：施工程序，施工方法，现场布置，设备、材料、能源、工具的供应计划，安全防火措施，测温制度和质量检查制度等。方案确定后，要组织有关人员学习，并向队组进行交底。

(3) 组织人员培训。进入冬期施工前，对掺外加剂人员、测温保温人员、锅炉司炉工和火炉管理人员，应专门组织技术业务培训，学习本工作范围内的有关知识，明确职责，经考试合格后，方准上岗工作。

(4) 与当地气象台（站）保持联系，及时接收天气预报，防止寒流突然袭击。

(5) 安排专人测量施工期间的室外气温、暖棚内气温、砂浆温度、混凝土温度并做好记录。

2. 图纸准备

凡进行冬期施工的工程项目，必须复核施工图纸，查对其是否能够适应冬期施工要求。如墙体的高厚比、横墙间距等有关的结构稳定性，现浇改为预制以及工程结构能否在寒冷状态下安全过冬等问题，均应通过图纸会审解决。

3. 现场准备

(1) 根据实物工程量提前组织有关机具、外加剂和保温材料、测温材料进场；

(2) 搭建加热用的锅炉房、搅拌站、敷设管道，对锅炉进行试火试压，对各种加热的材料、设备要检查其安全可靠性；

(3) 计算变压器容量，节能电源；

(4) 对工地的临时用水排水管道及白灰膏等材料做好保温防冻工作，防止道路积水成冰，及时清扫积雪，保证运输顺利；

(5) 做好冬期施工混凝土、砂浆及掺外加剂的试配试验工作，提出施工配合比；

(6) 做好室内施工项目的保温，如先完成供热系统，安装好门窗玻璃等，以保证室内其他项目能顺利施工。

4. 安全与防火

(1) 冬期施工时，要采取防滑措施。

(2) 大雪后必须将架子上的积雪清扫干净，并检查马道平台，如有松动下沉现象，务必及时处理。

(3) 施工时如接触汽源、热水，要防止烫伤；使用氯化钙、漂白粉时，要防止腐蚀皮肤。

(4) 亚硝酸钠有剧毒，要严加保管，防止突发性误食中毒品。

(5) 对现场火源要加强管理；使用天然气、煤气时，要防止爆炸；使用焦炭炉、煤炉或天然气、煤气时，要注意通风换气，防止煤气中毒。

(6) 电源开关、控制箱等设施要加锁，并设专人负责管理，防止漏电、触电。

（二）雨期施工准备

(1) 合理安排雨期施工。为避免雨期窝工造成的损失，一般情况下，在雨期到来之前，应多安排完成基础、地下工程、土方工程、室外及屋面工程等不宜在雨期施工的项目；多留些室内工作在雨期施工。

(2) 加强施工管理，做好雨期施工的安全教育。要认真编制雨期施工技术措施（如：雨期前后的沉降观测措施，保证防水层雨期施工质量的措施，保证混凝土配合比、浇筑质量的措施，钢筋除锈的措施等），认真组织贯彻实施。加强职工的安全教育，防止各种事故发生。

(3) 防洪排涝，做好现场排水工作。工程地点若在河流附近，上游有大面积山地丘陵，应有防洪排涝准备。施工现场雨期来临前，应做好排水沟渠的开挖，准备好抽水设备，防止场地积水和地沟、基槽、地下室等浸水，对工程施工造成损失。

(4) 做好道路维护，保证运输畅通。雨期前检查道路边坡排水，适当提高路面，防止路面凹陷，保证运输畅通。

(5) 做好物资的储存。雨期到来前，应多储存物资，减少雨期运输量，以节约费用。要准备必要的防雨器材，库房四周要有排水沟渠，防止物资淋雨浸水而变质，仓库要做好地面防潮和屋面防漏雨工作。

(6) 做好机具设备等的防护工作。雨期施工，对现场的各种设施、机具要加强检查，特别是脚手架、垂直运输设施等，要采取防倒塌、防雷击、放漏电等一系列技术措施；现场机具设备（焊机、闸箱等）要有防雨措施。

（三）夏季施工准备

(1) 编制夏季施工项目的施工方案。夏季施工条件差、气温高、气候干燥，针对夏季施工的这一特点，对于安排在夏季施工的项目，应编制夏季施工的施工方案并采取相应的技术措施，如对于大体积混凝土在夏季施工，必须合理选择浇筑时间，作好测温和养护工作，以保证大体积混凝土的施工质量。

(2) 现场防雷装置的准备。夏季经常有雷雨，工地现场应有防雷装置，特别是高层建筑和脚手架等，应按规定设临时避雷装置，并确保工地现场用电设备的安全运行。

(3) 施工人员防暑降温工作的准备。夏季施工，还必须做好施工人员的防暑降温工作，调整作息时间，从事高温工作的场所及通风不良的地方应加强通风和降温措施，做好安全施工。

六、施工准备工作计划与开工报告

（一）施工准备工作计划

施工准备工作的主要任务是为建设工程的施工创造必要的技术和物资条件，统筹安排施工力量和施工现场。施工准备的工作内容通常包括：技术准备、物资准备、劳动组织准备、施工现场准备和施工场外准备。为落实各项施工准备工作，加强检查和监督，应根据各项施工准备工作的内容、时间和人员，编制施工准备工作计划（见表 2-11）。

由于各项施工准备工作不是分离的、孤立的，而是互相补充、互相配合的，为了提高施工准备工作的质量，加快施工准备工作的速度，除了用表 2-11 编制施工准备工作计划外，还可采用编制施工准备工作网络计划的方法，以明确各项准备工作之间的逻辑关系，找出关键线路，并在网络计划图上进行施工准备工期的调整，缩短准备工作的时间，使各项工作有领导、有组织、有机化和分期分批地进行。

表 2-11 施工准备工作计划

序号	施工准备项目	简要内容	负责单位	负责人	开始日期	完成日期	备注

(二)开工条件

1. 国家计委关于基本建设大中型项目开工条件的规定

(1)项目法人已经设立;项目组织管理机构和规章制度健全;项目经理和管理机构成员已经到位;项目经理已经过培训,具备承担项目施工工作的资质条件。

(2)项目初步设计及总概算已经批复。若项目总概算批复时间至项目申请开工时间超过两年以上(含两年),或自批复至开工期间,动态因素变化大,总投资超出原批概算10%以上的,须重新核定项目总概算。

(3)项目资金和其他建设资金已经落实,资金来源符合国家有关规定,承诺手续完备,并经审计部门认可。

(4)项目施工组织设计大纲已经编制完成。

(5)项目主题工程(或控制性工程)的施工单位已经通过招标选定,施工承包合同已经签定。

(6)项目法人与项目设计单位已签定设计图纸交付协议。项目主体工程(或控制性工程)的施工图纸至少可以满足连续三个月施工的需要。

(7)项目施工监理单位已通过招标选定。

(8)项目征地、拆迁的施工场地"四通一平"(即供电、供水、运输、通信和场地平整)工作已经完成,有关外部配套生产条件已签定协议。项目主体工程(或控制性工程)施工准备工作已经做好,具备连续施工的条件。

(9)项目建设需要的主要设备和材料已经订货,项目所需建筑材料已落实来源和运输条件,并已备好连续施工三个月的材料用量。需要进行招标采购的设备、材料,其招标组织机构已落实,采购计划与工程进度相衔接。

国务院各主管部门负责对本行业中央项目开工条件进行检查。各省(自治区、直辖市)计划部门负责对本地区地方项目开工条件进行检查。凡上报国家计委申请开工的项目,必须附有国务院有关部门或地方计划部门的开工条件检查意见。国家计委将按照本规定对申请开工的项目进行审核,其中大中型项目的批准开工前,国家计委将派人去检查落实开工条件,凡未达到开工条件的,不予批准新开工。

小型项目的开工条件,各地区、各部门可参照本规定制定具体的管理方法。

2. 工程项目开工条件的规定

依据《建设工程监理规范》(GB 50319—2013),工程项目开工前,施工准备工作具备了以下条件时,施工单位应向监理单位报送工程开工报审表及开工报告、证明文件等,由总监理师签发,并报建设单位。

(1)施工许可证已获政府主管部门批准;

(2)征地差遣工作能满足工程进度的需要;

(3) 施工组织设计已获总监理工程师批准；

(4) 施工单位现场管理人员已到位，机具、施工人员已进场，主要工程材料已落实；

(5) 进场道路及水、电、通风等已满足开工要求。

(三) 开工报告

1. 开工报审表

可采用《建筑工程监理规范》(GB 50319—2013) 中规定的施工阶段工作的基本表式见表 2-12、表 2-13。

表 2-12　开工报审表

<table>
<tr><td>建设单位</td><td></td><td>工程地点</td><td colspan="3"></td></tr>
<tr><td>工程名称</td><td></td><td>总造价</td><td colspan="3"></td></tr>
<tr><td>建筑面积</td><td>m²</td><td>结构类型</td><td></td><td>层数</td><td></td></tr>
<tr><td>拟开工日期</td><td>年 月 日</td><td>实际开工日期</td><td colspan="3">年　月　日</td></tr>
<tr><td>开工条件具备情况</td><td colspan="5">① 施工场地三通一平是否具备、各种手续是否已办妥(　　)
② 施工组织设计已完成，并获批准(　　)
③ 施工图纸和工程地质勘察报告已经审查符合规范要求(　　)
④ 建筑红线是否获规划局批准，施工放线已经检验(　　)
⑤ 机械设备是否已进场就位(　　)
⑥ 施工用材料是否备齐并检验合格(　　)
⑦ 工人安全三级教育是否已进行，各工种已进行施工安全、技术交底(　　)
⑧ 现场安全防护措施是否充分(　　)
⑨ 已进行质量教育及技术交底(　　)

(施工单位)项目技术负责人：
年　月　日</td></tr>
<tr><td>施工单位意见</td><td colspan="5">(公章)

项目负责人：
年　月　日</td></tr>
<tr><td>监理单位意见</td><td colspan="5">(公章)

项目负责人：
年　月　日</td></tr>
<tr><td>建设单位意见</td><td colspan="5">(公章)

项目负责人：
年　月　日</td></tr>
</table>

表 2-13　开工报审表

<table>
<tr><td>工程名称</td><td></td><td>监督编号</td><td></td><td>工程造价</td><td>万元</td></tr>
<tr><td>建筑面积</td><td>________m²
其中地下：________m²</td><td>建筑层数</td><td>层
地下　　层</td><td>结构类型</td><td></td></tr>
<tr><td>建设单位</td><td></td><td>监理单位</td><td colspan="3"></td></tr>
<tr><td>勘察单位</td><td></td><td>设计单位</td><td colspan="3"></td></tr>
<tr><td>施工单位</td><td></td><td>联系电话</td><td colspan="3"></td></tr>
<tr><td>工程地点</td><td></td><td>开工日期</td><td colspan="3"></td></tr>
<tr><td colspan="6">开 工 报 告 应 提 交 的 资 料</td></tr>
<tr><td>序号</td><td colspan="5">文件名称</td></tr>
<tr><td>1</td><td colspan="5">建设单位提供的《建设工程项目安全生产条件登记表》</td></tr>
<tr><td>2</td><td colspan="5">施工许可证(原件、复印件各一份)</td></tr>
<tr><td>3</td><td colspan="5">设计交底、图纸会审纪要(原件一份)</td></tr>
<tr><td>4</td><td colspan="5">经建设单位审查的工程项目监理班子人员登记表及监理中标通知书(原件、复印件各一份)</td></tr>
<tr><td>5</td><td colspan="5">经总监理工程师审查的工程项目主要施工管理人员登记表、特种作业人员持证上岗花名册(原件、复印件各一份)</td></tr>
<tr><td>6</td><td colspan="5">见证取样检测协议书(原件一份)</td></tr>
<tr><td>7</td><td colspan="5">总监理工程师批准的《开工报审表》(原件一份)</td></tr>
<tr><td>8</td><td colspan="5">总监理工程师批准的《施工组织设计方案报审表》(原件一份，含深基坑、人工挖孔桩的工程，需提交经论证的专项方案)</td></tr>
<tr><td>9</td><td colspan="5">《某市建设工程市级文明工地创建申报表》和创建市级文明工地策划书</td></tr>
<tr><td>10</td><td colspan="5">某市优良工程创建活动备案登记表</td></tr>
<tr><td colspan="3">项目经理意见：

项目经理：　　　　施工单位公章</td><td colspan="3" rowspan="2">监理意见：

总监理工程师：　　　　监理单位公章
年　月　日</td></tr>
<tr><td colspan="3">企业技术负责人意见：

企业技术负责人：</td></tr>
<tr><td colspan="6">建设工程质量安全监督站签收：

签收时间：
年　月　日</td></tr>
</table>

2. 开工报告

开工报告见表 2-14。

表 2-14　开工报告

<table>
<tr><td>建设单位</td><td></td><td>施工单位</td><td></td></tr>
<tr><td>监理单位</td><td></td><td>工程名称</td><td></td></tr>
<tr><td>工程地点</td><td></td><td>工程类别</td><td></td></tr>
<tr><td>工程数量</td><td></td><td>工程造价</td><td></td></tr>
<tr><td colspan="4">工程内容及开工条件简要说明：
施工总平面图及编制、三通一平已完成；各项计划已编制完成并已做好交底；临时设施已全部搭设完成；人员、设备已到位；工程已具备开工条件</td></tr>
<tr><td colspan="4">逾期或提前开工原因：</td></tr>
<tr><td colspan="2">计划开工日期：　年　月　日</td><td colspan="2">计划竣工日期：　年　月　日</td></tr>
<tr><td colspan="2">施 工 单 位</td><td colspan="2">监理</td></tr>
<tr><td colspan="2">单位公章：
工程负责人：
年　月　日</td><td colspan="2">单位公章：
监理工程师：
年　月　日</td></tr>
</table>

任务一　编制框架结构单位工程施工准备工作

☞ 任务提出

根据附录一的“总二车间扩建厂房图纸”和“总二车间扩建厂房合同”编制单位工程施工准备工作计划。

☞ 任务实施

内容及格式可参考案例，单位工程施工准备工作计划表见表 2-15。

表 2-15　单位工程施工准备工作计划表

序号	项目	内容	承办及审定单位
1	施工组织设计编制	确定施工方案和质量技术安全等措施	甲方、监理、公司、项目经理部
2	建立施工组织机构	成立项目经理部，确定各班组及组内成员	公司、项目经理
3	现场定位放线	点线复核，建立平面布置和建筑物的定位和控制细部	项目经理部
4	现场平面布置	按总平面图布置水、电及临时设施	项目经理部
5	主要机具进场	机械设备进场就位	公司、工程处、项目经理部
6	主要材料进场	部分急用材料进场	项目经理部
7	劳动力进场与教育	组织劳动力陆续进场，进行三级安全技术教育	项目经理部
8	施工方案编制与交底	编写详细的施工方案，并向有关人员和班组仔细交底	项目经理部
9	编写施工预算	计算工程量，人工，材料限额量，机械台班	项目经理部

续表

序号	项目	内容	承办及审定单位
10	材料计划	原材料和各种半成品需量计划	项目经理部
11	图纸会审	全部施工图	甲方、经理、公司、项目经理部
12	砂浆，混凝土配合比	各种标号的砂浆、混凝土配合比设计；项目经理部进行质量安全交底，明确质量等级特殊要求，加强安全劳动保护	实验室
13	进度计划交底	明确总进度安排及各部门的任务和期限	项目经理部
14	质量安全交底	明确质量等级特殊要求，加强安全劳动保护	项目经理部

任务二　编制框架结构单位工程开工报告

☞ 任务提出

根据附录一的“总二车间扩建厂房图纸”和“总二车间扩建厂房合同”编制单位工程开工报告。

☞ 任务实施

内容及格式可参考案例，开工报告见表 2-16。

表 2-16　开工报告

建设单位：×××有限公司

<table>
<tr><td>工程名称</td><td colspan="3">总二车间扩建厂房</td><td>工 程 地 点</td><td colspan="3">×××厂</td></tr>
<tr><td>施工单位</td><td colspan="3">×××建设工程有限公司</td><td>监 理 单 位</td><td colspan="3"></td></tr>
<tr><td>建筑面积</td><td>m²</td><td>结 构 层 数</td><td>2层</td><td>中 标 价 格</td><td>50万元</td><td>承包方式</td><td>包工包料</td></tr>
<tr><td>定额工期</td><td>87日历天</td><td>计划开工日期</td><td>2月3日</td><td>计划竣工日期</td><td>4月30日</td><td>合同编号</td><td></td></tr>
<tr><td>说
明</td><td colspan="7">1. 施工现场已基本达到“三通一平”
2. 现场临时设施已搭建到位
3. 项目部班子已组成，各工种、施工班组人员已落实到位
4. 材料已进场
5. 施工大、中型机械已进场就绪
6. 施工组织设计已审批</td></tr>
<tr><td colspan="8">上述准备工作已就绪，定于 2006 年 2 月 3 日正式开工，希建设(监理)单位于 2006 年 1 月 25 日前进行审核，特此报告
施工单位：×××建设工程有限公司
项目经理：×××
(公章)
年　月　日</td></tr>
<tr><td colspan="8">审核意见：
总监理工程师(建设单位项目负责人)：
(公章)
年　月　日</td></tr>
</table>

小　结

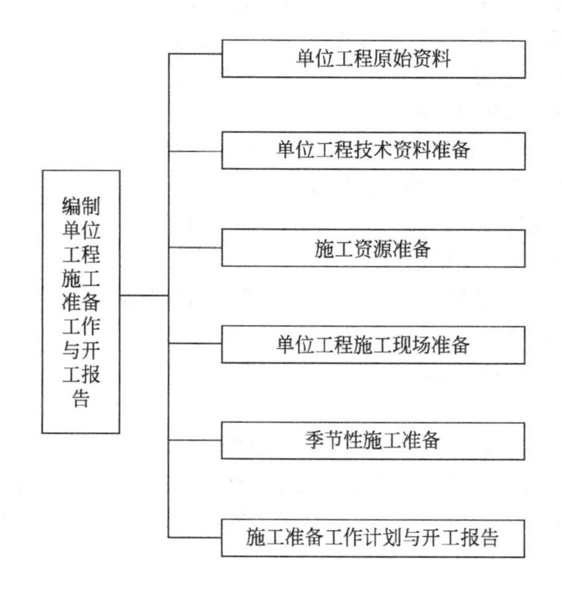

综合训练

训练目标： 编制单位工程施工准备工作与开工报告。

训练准备： 见附录二中"柴油机试验站辅助楼及浴室图纸"。

训练步骤：

(1) 收集单位工程原始资料；

(2) 准备单位工程技术资料；

(3) 准备施工资源；

(4) 编制单位工程施工准备工作计划；

(5) 编制单位工程开工报告。

能力训练题

一、单项选择题

1. 施工准备工作是（　　）。

A. 施工前的准备　　B. 施工中的准备　　C. 施工过程中的准备　　D. 施工全过程的准备

2. （　　）是施工准备工作的核心内容。

A. 施工现场准备工作　　B. 技术资料准备工作

C. 资源准备工作　　D. 季节性施工准备工作

3. 对机械设备与建筑材料的调查是属于施工准备工作中的哪个方面？（　　）

A. 原始资料的调查与研究　　B. 技术资料的准备

C. 施工现场的准备　　D. 资源的准备

4. 技术资料准备的内容不包括（　　）。

A. 图纸会审　　B. 施工预算　　C. 建立测量控制网　　D. 编制施工组织设计

5. 施工图纸会审一般由（　　）组织并主持。

A. 监理单位　　B. 设计单位　　C. 建设单位　　D. 施工单位

6.（　　）单位不参加图纸会审。

A. 建设方　　B. 设计方　　C. 施工方　　D. 质量监督方

7. 施工组织设计必须在工程开工前编制完成作为（　　）的重要内容。

A. 技术资料准备　　B. 组织准备　　C. 现场准备　　D. 物资准备

8.（　　）是施工企业内部经济核算的依据。

A. 设计概算　　B. 施工图预算　　C. 施工预算　　D. 施工定额

9. 建设单位与施工单位签订合同时，工程造价依据是（　　）。

A. 施工图预算　　B. 概算　　C. 施工预算　　D. 工程结算

10. 下列（　　）不属于施工现场准备。

A. 三通一平　　B. 测量放线　　C. 搭设临时设施　　D. 地方材料准备

11. 施工现场内障碍物拆除一般由（　　）负责完成。

A. 施工单位　　B. 政府拆迁办　　C. 建设单位　　D. 监理单位

12. 建筑红线由（　　）测定。

A. 建设单位　　B. 设计院　　C. 城市规划部门　　D. 质监站

13. 做好"三通一平"工作是施工现场准备工作的主要内容，其中"一平"是指（　　）。

A. 道路平坦　　B. 抄平放线　　C. 资源平衡　　D. 平整场地

14. "三通一平"通常不包括（　　）。

A. 电通　　B. 话通　　C. 路通　　D. 水通

15. 现场搭设的临时设施，应按照（　　）要求进行搭设。

A. 建筑施工图　　B. 结构施工图

C. 建筑总平面图　　D. 施工平面布置图

二、多项选择题

1. 做好施工准备工作的意义在于（　　）。

A. 遵守施工程序　　B. 降低施工风险　　C. 提高经济效益　　D. 创造施工条件

E. 保证工程质量

2. 施工准备工作按范围的不同分为（　　）。

A. 全场性准备　　B. 单项工程准备　　C. 分部工程准备　　D. 开工前的准备

E. 开工后的准备

3. 施工准备工作的内容一般可以归纳为以下几个方面（　　）。

A. 原始资料的调查研究　　B. 资源准备　　C. 施工现场准备　　D. 技术资料准备

E. 资金准备

4. 施工现场准备工作主要包括（　　）。

A. 搭设临时设施　　B. 拆除障碍物　　C. 建立测量控制网　　D. "三通一平"

E. 材料准备

5. 季节性施工准备工作主要包括（　　）。

A. 春季施工准备　　B. 雨期施工准备　　C. 冬期施工准备　　D. 夏季施工准备

E. 特殊季节准备

学习情境三 编制单位工程施工阶段进度计划

学习指南：

确定建设工程进度目标，编制一个科学、合理的进度计划是监理工程师实现进度控制的首要前提。但是在工程项目的实施工程中，由于外部环境和条件的变化，进度计划的编制者很难事先对项目在实施过程中可能出现的问题进行全面的估计。气候的变化、不可预见事件的发生以及其他条件的变化均会对工程进度计划的实施产生影响，从而造成实施进度偏离计划进度。如果实施进度与计划进度的偏差得不到及时纠正，势必影响年进度总目标的实现。为此，在进度计划的执行过程中，必须采取有效的监测手段对进度计划的实施过程进行监控，以便及时发现问题，并运用行之有效的进度调整方法来解决问题。本项目通过“编制框架结构单位工程施工进度计划”、“编制调整后的框架结构单位工程延期时的进度计划”两个任务，了解施工阶段进度控制的内容、施工进度计划编制，熟练掌握流水施工原理、网络计划技术、施工阶段进度控制目标的确定、施工进度计划实施中的检查与调整、工程延期等基础知识。

知识目标：

了解施工阶段进度控制的内容、施工进度计划编制，熟练掌握流水施工原理、网络计划技术、施工阶段进度控制目标的确定、施工进度计划实施中的检查与调整、工程延期等基础知识。

技能目标：

能根据相关知识编制框架结构单位工程施工进度计划、编制调整后的框架结构单位工程延期时的进度计划。

素质目标：

具有举一反三的学习能力，具备认真仔细的工作态度，树立创新意识，强化节约意识，强化规范操作意识，强化安全意识，提高理论联系实际能力。

项目分析

编制施工进度计划，首先要把工程施工过程进行划分，也就是要清楚工程施工时的先后顺序，列出各个分部工程及分部工程中的分项工程，原则上只要列出占据关键线路上的分项工程即可；其次要先编制各个分部工程施工进度计划，然后进行整合即为整个工程的进度计划。在编制分部工程施工进度计划时要做到：

1. 在工程预算书中找出与分项工程相对应的工程量。
2. 计算劳动量，得出分项工程具体的施工天数。
3. 根据工程作业条件、工程量，确定施工段。
4. 计算流水节拍和流水步距。
5. 计算分部工程工期。
6. 绘制分部工程施工进度计划横道图和网络计划图。
7. 检查与调整施工进度计划。

工作过程

熟悉图纸、熟悉施工说明，了解建设单位、施工单位的情况，了解现场情况和合同内容等，结合施工方案。具体编写内容如下。

1. 编制分部工程施工进度图（含横道图和网络图）
2. 编制单位工程施工进度计划（含横道图和网络图）
3. 编制资源需要量计划

相关知识

一、流水施工原理

工程进度计划是反映工程施工时各施工过程的施工先后顺序、相互配合的关系以及它们在时间和空间上的施工进展情况。流水作业法是表现工程进度的有效方法。在建筑安装施工中，由于建筑产品固定性、个体性和施工流动性的特点，和一般工业生产的流水作业相比，建筑工程流水施工具有不同的特点和要求。

（一）工程施工展开的基本方式

如果要建造 m 栋相同房屋，在施工时可以采用依次施工、平行施工和流水施工等展开方式。例如有四栋房屋的基础，其每栋的施工过程及工程量等内容见表 3-1。

表 3-1　施工过程及工程量

施工过程	工程量/m^3	产量定额/(m^3/工日)	劳动量/工日	班组人数	延续时间/d	工种
基础挖土	210	7	30	30	1	普工
浇混凝土垫层	30	1.5	20	20	1	混凝土工
砌筑砖基	40	1	40	40	1	瓦工
回填土	140	7	20	20	1	灰土工

1. 依次施工

依次施工是指在前一栋房屋完工后才开始后一栋房屋的施工，即按着次序一栋一栋房屋的施工。这种方法的特点是同时投入的劳动力和物质资源较少，总资源消耗量均衡，但施工工作队（组）的工作是有间歇的，工地上的同一种资源的消耗量也是有间歇性的，工期较长（见图 3-1）。

（1）特点：工期长（$T=16$d），劳动力、材料、机具投入量小；专业工作队不能连续施

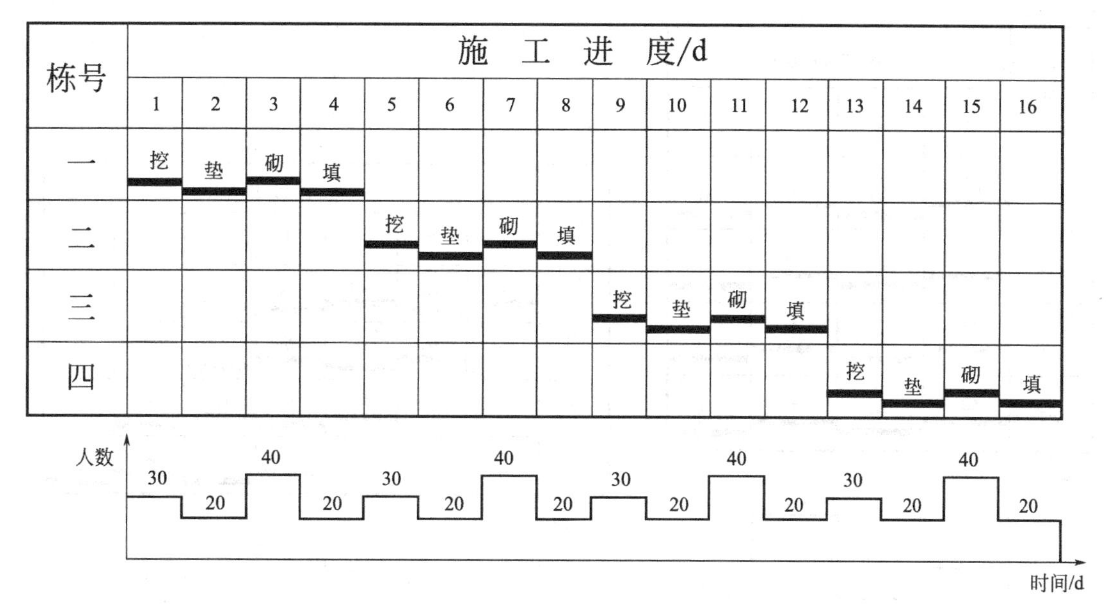

图 3-1 依次施工（按栋施工）

工（宜采用混合队组）。

（2）适用于：场地小、资源供应不足、工期不紧时，组织大包队施工。

2. 平行施工

平行施工是指所有 m 栋房屋同时开工，同时竣工。按这种施工展开方式工期很短，但施工工作队（组）人数大大增加，使资源消耗量大大集中，给施工带来不良的经济效果（见图 3-2）。

（1）特点：工期短；$T=4$d；资源投入集中；仓库等临时设施增加，费用高。

（2）适用于：工期极紧时的人海战术。

3. 流水施工

流水施工是指在各施工过程连续施工的条件下，把各栋房屋的建造过程最大限度地相互搭接起来，陆续开工，陆续竣工。流水施工保证了施工队（组）的工作和物资消耗的连续性、均衡性，它保留了依次施工和平行施工的优点，消除了该两种方法的缺点（见图 3-3）。

（1）特点：工期较短；$T=7$d；资源投入较均匀；各工作队连续作业；能连续、均衡地生产。

（2）实质：充分利用时间和空间。

（二）流水施工进度计划的表示方法

流水图按绘制方法的不同有下列两种形式。

1. 横道图

横道图又称横线图，如图 3-4 所示。它是利用时间坐标上横线条的长度和位置来表示工程中各施工过程的相互关系和进度。在横道图中，左边部分列出各施工过程（或工程对象）的名称，右边部分用横线来表示施工过程（或工程对象）的进度，反映各施工过程在时间和空间上的进展情况。在图的下方，相应画出每天所需的资源曲线。

横道图具有绘制简单、一目了然、易看易懂的优点，是应用最普遍的一种工程进度计划的表达形式。

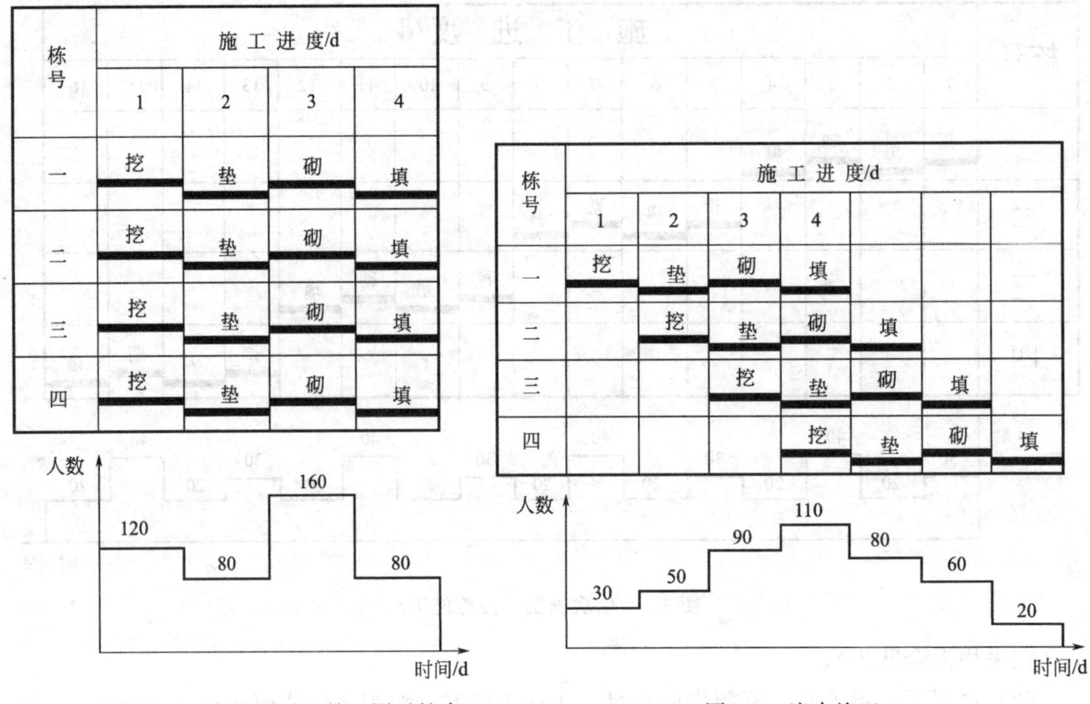

图 3-2　平行施工（各栋同时开始，同时结束）

图 3-3　流水施工

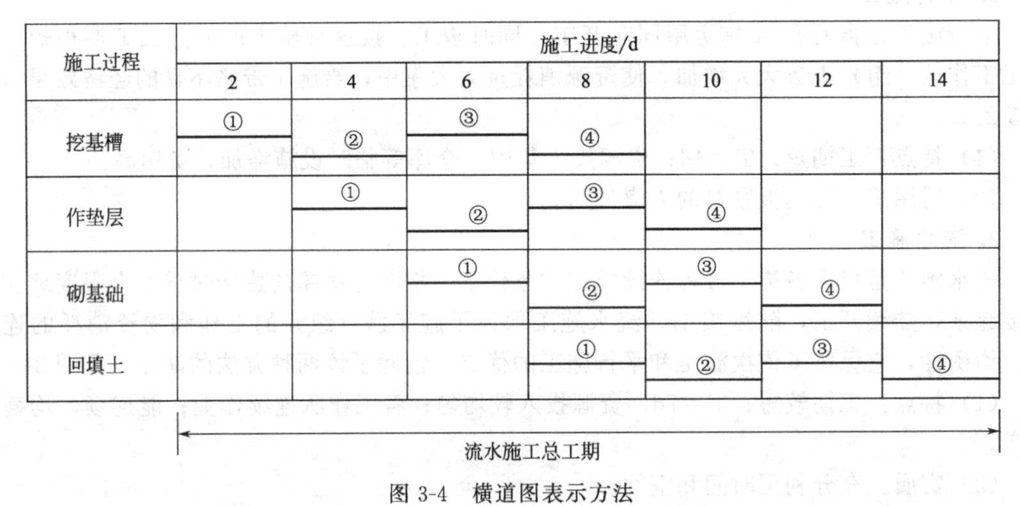

图 3-4　横道图表示方法

2. 斜线图

斜线图又称为垂直图，如图 3-5 所示。它是将横道的水平进度线改为斜线表达的一种方法。它能够直观地反映出工程对象中各施工过程的先后顺序和配合关系。在斜线图中，斜线的斜率表示某施工过程的速度，斜线的数目为参与流水施工过程的数目。斜线图一般只用于表达各项工作连续的施工。

（三）流水施工参数

1. 工艺参数

工艺参数主要是指在组织流水施工时，用以表达流水施工在施工工艺方面进展状态的参数，通常包括施工过程和流水强度两个参数。

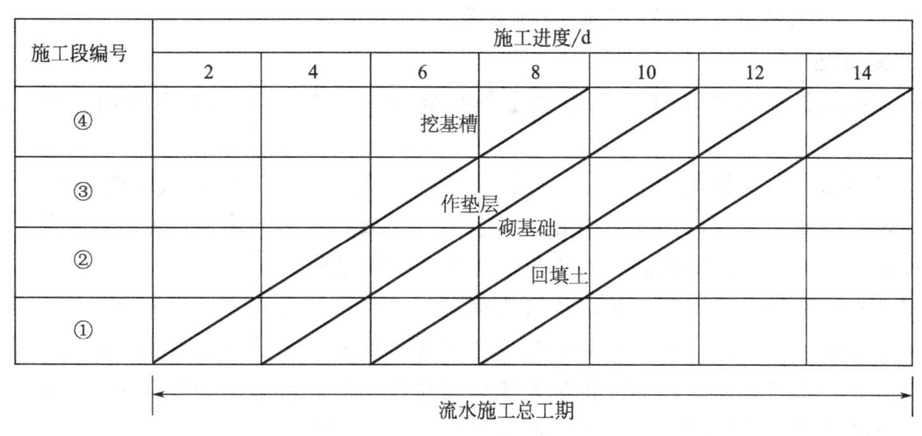

图 3-5　斜线图表示方法

（1）施工过程　组织建设工程流水施工时，根据施工组织及计划安排需要而将计划任务分成的子项称为施工过程。施工过程划分的粗细程度由实际需要而定，当编制控制性施工进度计划时，组织流水施工的施工过程可以划分得粗一些，施工过程可以是单位工程，也可以是分部工程。当编制实施性施工进度计划时，施工过程可以划分得细一些，施工过程可以是分项工程，甚至可以是将分项工程按照专业工种不同分解而成的施工工序。

施工过程的数目一般用 n 表示，它是流水施工的主要参数之一。根据其性质和特点不同，施工过程一般分为三类，即建造类施工过程、运输类施工过程和制备类施工过程。

1）建造类施工过程。是指在施工对象的空间上直接进行砌筑、安装与加工，最终形成建筑产品的施工过程。它是建设工程施工中占有主导地位的施工过程，如建筑物或构筑物的地下工程、主体结构工程、装饰工程等。

2）运输类施工过程。是指将建筑材料、各类构配件、成品、制品和设备等运到工地仓库或施工现场使用地点的施工过程。

3）制备类施工过程。是指为了提高建筑产品生产的工厂化、机械化程度和生产能力而形成的施工过程。如砂浆、混凝土、各类制品、门窗等的制备过程和混凝土构件的预制过程。

由于建造类施工过程占有施工对象的空间，直接影响工期的长短，因此，必须列入施工进度计划，并在其中大多作为主导施工过程或关键工作。运输类与制备类施工过程一般不占有施工对象的工作面，影响工期时，才列入施工进度计划之中。例如，对于采用装配式钢筋混凝土结构的建设工程，钢筋混凝土构件的预制过程就需要列入施工进度计划之中；同样，结构安装中的构件吊运施工过程也需要列入施工进度计划之中。

（2）流水强度　流水强度是指流水施工的某施工过程（专业工作队）在单位时间内所完成的工程量，也称为流水能力或生产能力。例如，浇筑混凝土施工过程的流水强度是指每工作班浇筑的混凝土立方数。

流水强度可用公式（3-1）计算求得：

$$V=\sum_{i-1}^{X}R_iS_i \tag{3-1}$$

式中　R_i——投入该施工过程中的第 i 种资源量（施工机械台数或施工班组人数）；

S_i——投入该施工过程中第 i 种资源的产量定额；

V——某施工过程（队）的流水强度；

X——投入该施工过程中资源的种类数。

2. 空间参数

空间参数是指流水施工在空间布置上所处状态的参数。它包括工作面、施工段和施工层。

(1) 工作面 A（工作前线 L） 工作面是指施工人员和施工机械从事施工所需的范围。它的大小表明了施工对象可能同时安置多少工人操作或布置多少施工机械同时施工，它反映了施工过程（工人操作、机械施工）在空间上布置的可能性。

组织流水施工时，工作面的形成方式有两种：一种是前导施工过程的完成就为后续施工过程的施工提供了工作面；另一种是前后施工工程工作面的形成存在着相互制约和相互依赖的关系，彼此须相互开拓工作面。例如组织多层建筑物的流水施工时就存在这一情况。

工作面的形成方式不同，直接影响到流水施工的组织方式。

工作面的大小可以采用不同的单位来计量，有关数据可参照表 3-2。

表 3-2 主要工种工作面参考数据表

工作项目	每个技工的工作面	说明
砖基础	7.6m/人	以 1½砖计 2 砖乘以 0.8;3 砖乘以 0.55
砌砖墙	8.5m/人	以 1 砖计 2 砖乘以 0.71;3 砖乘以 0.57
毛石墙基	3m/人	以 60cm 计
毛石墙	3.3m/人	以 40cm 计
混凝土柱、墙基础	8m/人	机拌、机捣
混凝土设备基础	7m/人	机拌、机捣
现浇钢筋混凝土柱	2.45m/人	机拌、机捣
现浇钢筋混凝土梁	3.2m/人	机拌、机捣
现浇钢筋混凝土墙	5m/人	机拌、机捣
现浇钢筋混凝土楼板	5.3m²/人	机拌、机捣
预制钢筋混凝土柱	3.6m/人	机拌、机捣
预制钢筋混凝土梁	3.6m/人	机拌、机捣
预制钢筋混凝土屋架	2.7m/人	机拌、机捣
预制钢筋混凝土平板、空心板	1.91m²/人	机拌、机捣
预制钢筋混凝土大型屋面板	2.62m²/人	机拌、机捣
混凝土地坪及面层	40m²/人	机拌、机捣
外墙抹灰	16m²/人	
内墙抹灰	18.5m²/人	
卷材屋面	18.5m²/人	
防水水泥砂浆屋面	16m²/人	
门窗安装	11m²/人	

(2) 施工段数 m 施工段数是指为了组织流水施工，将施工对象划分为劳动量相等或大致相等的施工区段的数量。划分施工段在于使不同工种的工作队同时在工程对象的不同工

作面上进行施工，这样能充分利用空间，为组织流水施工创造条件。一般来说，每一个施工段在某一段时间内只有一个施工过程的工作队使用。

施工段可以是固定的，也可以是不固定的。本书介绍的施工段是固定的。

划分施工段时应考虑以下因素：

1）尽量使主要施工过程在各施工段上的劳动量相等或相近；

2）施工段分界要同施工对象的结构界限（温度缝、沉降缝、单元界限等）取得一致，有利于结构的整体性；

3）施工段数要适中，不宜过少（如一个施工段）；更不宜过多，过多了因工作面缩小，势必要减小施工过程的施工人数，减慢施工速度，延误工期；

4）对施工过程要有足够的工作面和适当的施工量，以避免施工过程移动过于频繁，降低施工效率；

5）当房屋有层高关系，分段又分层时，应使各施工过程能够连续施工。这就要求施工过程数 n 与施工段数 m 的关系相适应，如果每一施工过程由一个专业工作队（组）来完成时，每层的施工过程数 n 与施工段数 m 之间的关系如下所述。

$$\min\{m\} \geqslant n$$

如：一栋二层砖混结构房屋，主要施工过程为砌墙、安板（即 $n=2$），分段流水的方案如图 3-6 所示（条件：工作面足够，各方案的人、机数不变）。

方案	施工过程	施工进度/d																特点分析
		1	2	3	4	5	6	7	8	9	10	11	12	13	14	15	16	
$m=1$ ($m<n$)	砌墙		一层				瓦工间歇				二层							工期长；工作队间歇不允许
	安板						一层				吊装间歇				二层			
$m=2$ ($m=n$)	砌墙	一.1		一.2		二.1		二.2										工期较短；工作队连续；工作面不间歇理想
	安板				一.1		一.2	二.1		二.2								
$m=4$ ($m>n$)	砌墙	一.1	一.2	一.3	一.4	二.1	二.2	二.3	二.4									工期短；工作队连续；工作面有间歇(层间)允许，有时必要
	安板		一.1	一.2	一.3	一.4	二.1	二.2	二.3	二.4								

图 3-6　分段流水的施工方案

结论：专业队组流水作业时，应使 $m \geqslant n$，才能保证不窝工，工期短。

注意： m 不能过大。否则材料、人员、机具过于集中，影响效率和效益，且易发生事故。

(3) 施工层数 J　施工层数是指在施工对象的竖向方向上的划分的操作层数。它是根据设计要求和施工操作的要求而划分的。如混凝土工程可以按一个楼层为一个施工层，砌筑工程可以按一步架高为一个施工层。

3. 时间参数

为了准确地表达流水施工的组织，必须用时间参数来描述各施工过程在时间上的特征。时间参数包括流水节拍、流水步距、间歇时间、平行搭接时间、流水施工工期等。

(1) 流水节拍　流水节拍是指在组织流水施工时，某个专业工作队在一个施工段上的施工时间。其大小与该施工过程劳动力、机械设备和材料供应的集中程度有关。流水节拍反映了施工速度的快慢和施工的节奏性。

流水节拍的确定方法主要有定额计算法、按工期倒排法和经验估计法。

1) 定额计算法　定额计算法是根据该施工段上的工程量、该施工过程的劳动定额以及能够投入的劳动力、机械台数和材料量来确定。在满足工作面或工作前线的要求下，按公式 (3-2) 或式 (3-3) 计算。

$$t_{ji}=\frac{Q_{ji}}{S_jR_jN_j}=\frac{P_{ji}}{R_jN_j} \tag{3-2}$$

或

$$t_{ji}=\frac{Q_{ji}H_j}{R_jN_j}=\frac{P_{ji}}{R_jN_j} \tag{3-3}$$

式中 t_{ji}——第 j 个专业工作队在第 i 个施工段的流水节拍；

Q_{ji}——第 j 个专业工作队在第 i 个施工段要完成的工程量或工作量；

S_j——第 j 个专业工作队的计划产量定额；

H_j——第 j 个专业工作队的计划时间定额；

P_{ji}——第 j 个专业工作队在第 i 个施工段需要的劳动量或机械台班数量；

R_j——第 j 个专业工作队所投入的人工数或机械台数；

N_j——第 j 个专业工作队的工作班次。

2) 工期倒排法　对于有总工期要求的工程，为了满足总工期的要求，可采用工期倒排法来确定流水节拍。该方法的步骤是：

① 首先将施工对象划分为几个施工阶段，按总工期的要求估计每一个施工阶段所需要的施工时间。如将一个施工对象划分为基础工程阶段、主体施工阶段和装修工程阶段。

② 确定每一施工阶段的施工过程和施工段数。

③ 确定每一施工过程在不同的施工段上的施工持续时间，即流水节拍。

④ 检查确定的流水节拍是否符合劳动力和机械设备供应的要求，工作面是否足够等，不合则调整，直到定出合理的流水节拍。

3) 经验估计法　经验估计法是根据以往的施工经验，对某一施工过程在某一施工段上的作业时间估计出三个时间数据，即最短时间（最乐观时间）、最长时间（最悲观时间）和正常时间，然后求加权平均值，该加权平均值即为流水节拍。其计算公式为：

$$K=\frac{a+4b+c}{6} \tag{3-4}$$

式中 K——某施工过程在某施工段上的流水节拍；

a——某施工过程在某施工段上的最短估计时间；

b——某施工过程在某施工段上的正常估计时间；

c——某施工过程在某施工段上的最长估计时间。

在确定流水节拍时，必须以满足总工期要求为原则，同时要考虑到资源的供应、工作面的限制等。按上述方法求出的流水节拍至少要取半天的整数倍。

(2) 流水步距　流水步距是指组织流水施工时，相邻两个施工过程（或专业工作队）相继开始施工的最小间隔时间。流水步距一般用 $K_{j,j+1}$ 来表示，其中 j（$j=1, 2, \cdots, n-1$）为专业工作队或施工过程的编号。它是流水施工的主要参数之一。

流水步距的数目取决于参加流水的施工过程数。如果施工过程数为 n 个，则流水步距总数为 $n-1$ 个。

流水步距的大小取决于相邻两个施工过程（或专业队）在各个施工段上的流水节拍及流水施工的组织方式。确定流水步距时，一般应满足以下基本要求：

1）各施工过程按各自流水速度施工，始终保持工艺先后顺序；

2）各施工过程的专业工作队投入施工后尽可能保持连续作业；

3）相邻两个施工过程（或专业工作队）在满足连续施工的条件下，能最大限度地实现合理搭接。

确定的流水步距必须保证施工过程的工艺先后顺序，满足各施工过程的连续施工，保证两相邻施工过程在时间上最大限度地、合理地搭接。

（3）间隙时间 Z。

1）工艺间歇时间 Z_1　工艺间歇时间是指由于施工工艺或质量安全的要求，在相邻两个施工过程之间必须留有的时间间歇。工艺间歇时间是除了考虑两相邻施工过程流水步距之外的间隔时间。如浇筑混凝土之后必须养护一段时间，才能继续后道工序；门窗底漆涂刷后，必须干燥一定的时间，才能涂刷面漆等。这些由于工艺的原因引起的时间间歇为工艺时间间歇。

2）组织间歇时间 Z_2　组织间歇时间是指由于组织方面的因素考虑的时间间隔。如浇筑混凝土之前必须检查钢筋及预埋件等所需的时间；基础工程施工完毕后必须进行弹线和其他准备工作所需的时间。

3）层间间歇时间 Z_3　在相邻两个施工层之间，前一施工层的最后一个施工过程，与后一个施工层相应施工段上的第一个施工过程之间的技术间歇或组织间歇。

（4）平行搭接时间 C　在组织流水施工时，有时为了缩短工期，在工作面允许的条件下，如果前一个施工队组完成部分施工任务后，能够提前为后一个施工队组提供工作面，使后者提前进入前一个施工段，两者在同一施工段上平行搭接施工，这个搭接时间称为平行搭接时间。在组织流水施工时，能搭接的施工过程尽量搭接。

在组织具体的流水施工时，工艺间歇、组织间歇和平行搭接可以一起考虑，也可以分别考虑，但它们的内涵不一样，必须灵活运用，这对于顺利地组织流水施工具有特殊的作用。

（5）流水施工工期 T　流水施工工期是指从第一个专业工作队投入流水施工开始，到最后一个专业工作队完成流水施工为止的整个持续时间。由于一项建设工程往往包含有许多流水组，故流水施工工期一般均不是整个工程的总工期。

（四）流水施工的基本组织方式

流水施工按流水组织方法分为流水段法和流水线法。流水线法是对线形工程组织流水施工的一种方法。线形工程是延伸很长的工程，如管道、道路工程等。流水段法是指将施工对象划分为若干个施工过程并有节奏地进入施工段施工的组织方法。本书主要介绍流水段法。

根据流水节拍的特征，流水施工可以分为节奏施工和非节奏施工（其分类情况如图 3-7 所示）。节奏流水施工是指由在各施工段上施工时间相等的施工过程组成的流水施工。非节奏流水施工是指由在各施工段上持续时间不等的施工过程组成的流水施工。节奏流水施工计划中施工过程的进度线是一条斜率不变的直线；而非节奏流水施工进度中施工过程的进度线是一条由斜率不同的几个线段组成的折线。

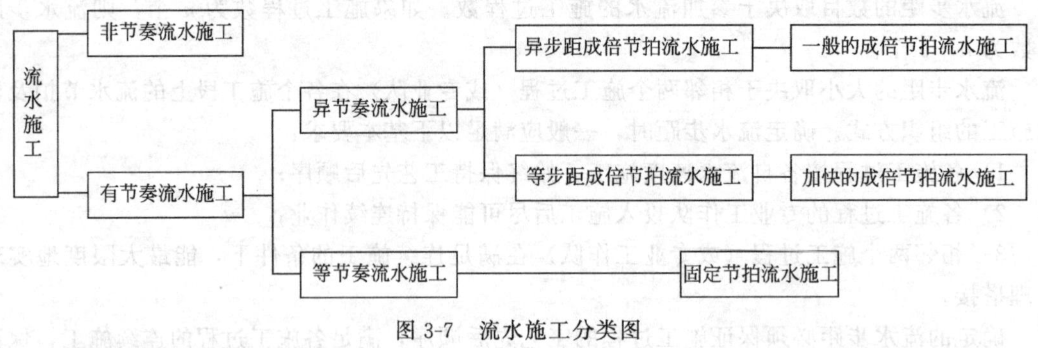

图 3-7 流水施工分类图

1. 固定节拍专业流水

固定节拍专业流水，是指在组织流水施工时，参与流水施工的各施工过程在各施工段上的流水节拍全部相等。即各施工过程的流水节拍均为常数，故也称为全等节拍流水。图 3-8 是固定节拍专业流水的进度图表。从图中可以看出，固定节拍专业流水具有以下基本特点：

施工过程本身在各施工段上的流水节拍相等，即：

$$K_i^1=K_i^2=K_i^3=\cdots=K_i^m=K_i$$

各施工过程的流水节拍彼此相等，即：

$$K_1=K_2=K_3=\cdots=K_n=K$$

当没有（或不考虑）搭接和间歇时，各施工过程的流水步距等于流水节拍，即：

$$K=B$$

各专业工作队在各施工段上能够连续作业，施工段之间没有空闲时间，所以固定节拍专业流水是最理想的一种流水方式；施工队组数等于施工过程数。

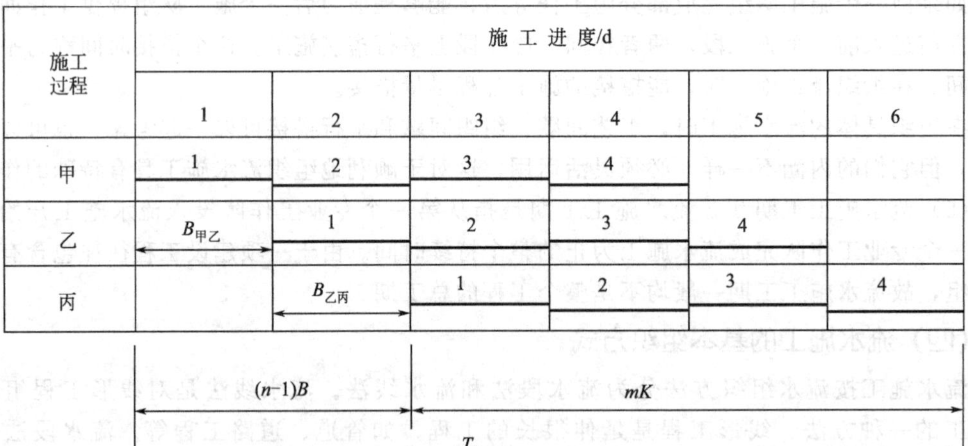

施工过程	施工进度/d					
	1	2	3	4	5	6
甲	1	2	3	4		
乙	$B_{甲乙}$	1	2	3	4	
丙		$B_{乙丙}$	1	2	3	4

$(n-1)B$　　mK

T_P

图 3-8 无搭接、无间歇情况下的固定节拍专业流水

（1）无搭接和间歇时间情况下的固定节拍流水

这种情况下的组织形式如图 3-8 所示。这时：

$$K_1=K_2=K_3=\cdots=K_n=K=B$$

其流水工期 T：

$$T=\sum_{i=1}^{n-1}B_{i,i+1}+t_n$$

其中：

$$B_{i,i+1}=B=K$$

$$t_n=mK_n=mK$$

则：

$$T=\sum_{i=1}^{n-1}K+mK=(n-1)K+mK=(m+n-1)K \tag{3-5}$$

式中 T——流水工期；

n——施工过程数；

m——施工段数；

K——流水节拍。

对于线型工程（道路、管道施工等），施工段只是一虚拟的概念。通常被理解为负责完成施工过程的工作队的进展速度（km/班、m/班）。其流水工期为：

$$T=(n-1)K+\frac{1}{V}K \tag{3-6}$$

由于 K 通常取一个工作班，$K=1$

$$T=(n-1)+\frac{L}{V}=\Sigma B+\frac{L}{V} \tag{3-7}$$

式中 ΣB——各施工过程之间的流水步距之和；

L——线型工程总长度，km 或 m；

V——工作队施工速度，km/班、m/班。

（2）有搭接和间歇情况下的固定节拍流水

这种情况下的组织形式如图 3-9 所示，图中第Ⅱ施工过程与第Ⅲ施工过程之间间歇 2d，即 $Z_{Ⅱ,Ⅲ}=2d$，在第Ⅰ施工过程与第Ⅱ施工过程之间搭接 1d，即 $C_{Ⅰ,Ⅱ}=1d$。

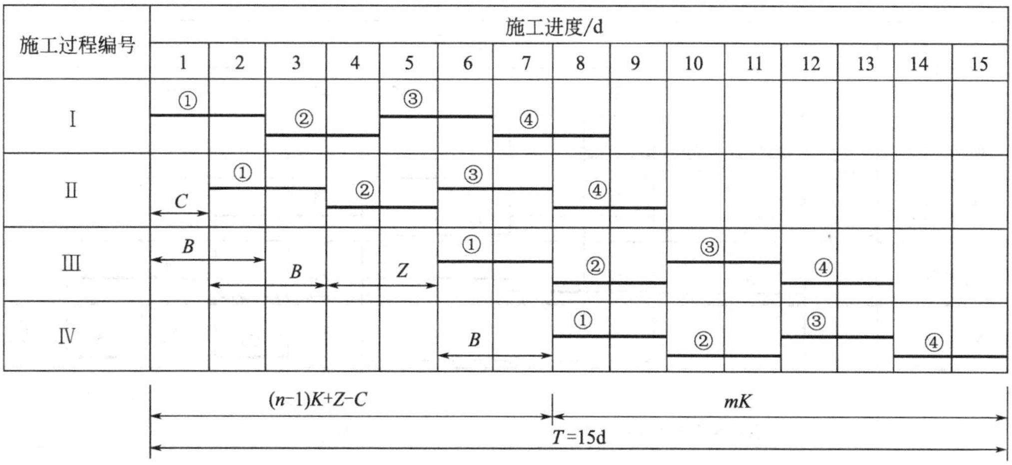

施工过程编号	施工进度/d														
	1	2	3	4	5	6	7	8	9	10	11	12	13	14	15
Ⅰ	①		②		③		④								
Ⅱ	C	①		②		③		④							
Ⅲ	B		B		Z	①		②		③		④			
Ⅳ						B		①		②		③		④	

(n−1)K+Z−C　　mK

T=15d

图 3-9　有搭接和间歇情况下的固定节拍专业流水

流水施工工期计算公式为：

$$T=(m+n-1)K+\Sigma Z-\Sigma C \tag{3-8}$$

如上例，已知 $m=4$，$n=4$，$K=2d$，$Z_{Ⅱ,Ⅲ}=2d$，$C_{Ⅰ,Ⅱ}=1d$，则：

$$\Sigma Z = Z_{\text{Ⅱ},\text{Ⅲ}} = 2\text{d}$$

$$\Sigma C = C_{\text{Ⅰ},\text{Ⅱ}} = 1\text{d}$$

$$T = (m+n-1)K + \Sigma Z - \Sigma C = (4+5-1)\times 2 + 2 - 1 = 15(\text{d})$$

2. 异节奏专业流水

在组织流水施工时，常常会遇到这样的情况：某施工过程需求尽快完成，或者某施工过程工程量小，这一施工过程的流水节拍就小；如果某施工过程受资源投入的限制或工作面的限制，这一施工过程的流水节拍就大。这样，各施工过程的流水节拍不一定相等，这时根据各施工过程流水节拍互成倍数的关系来组织流水施工。

异节奏流水又可分为异步距异节拍流水和等步距异节拍流水两种。

(1) 异步距异节拍（一般成倍节拍）流水。

异步距异节拍流水具有如下特点：

1) 同一施工过程在各施工段上的流水节拍相等；

2) 不同施工过程的流水节拍互成倍数；

3) 各施工过程保证连续施工；

4) 施工队组数等于施工过程数。

【例 3-1】 某住宅小区准备兴建四幢大板结构职工宿舍，某施工过程分为：基础工程、结构安装、室内装修和室外工程。当一幢房屋为一个施工段，并且所有施工过程都安排一个工作队或一名安装机械时，各施工过程的流水节拍如下表所示。计算流水参数，并绘制出流水进度表。

施工过程	基础工程	结构安装	室内装修	室外工程
流水节拍/周	5	10	10	5

【解】 根据以上特点分析，这是一个成倍节拍专业流水，按照异步距异节拍组织流水，其进度计划如图 3-10 所示。

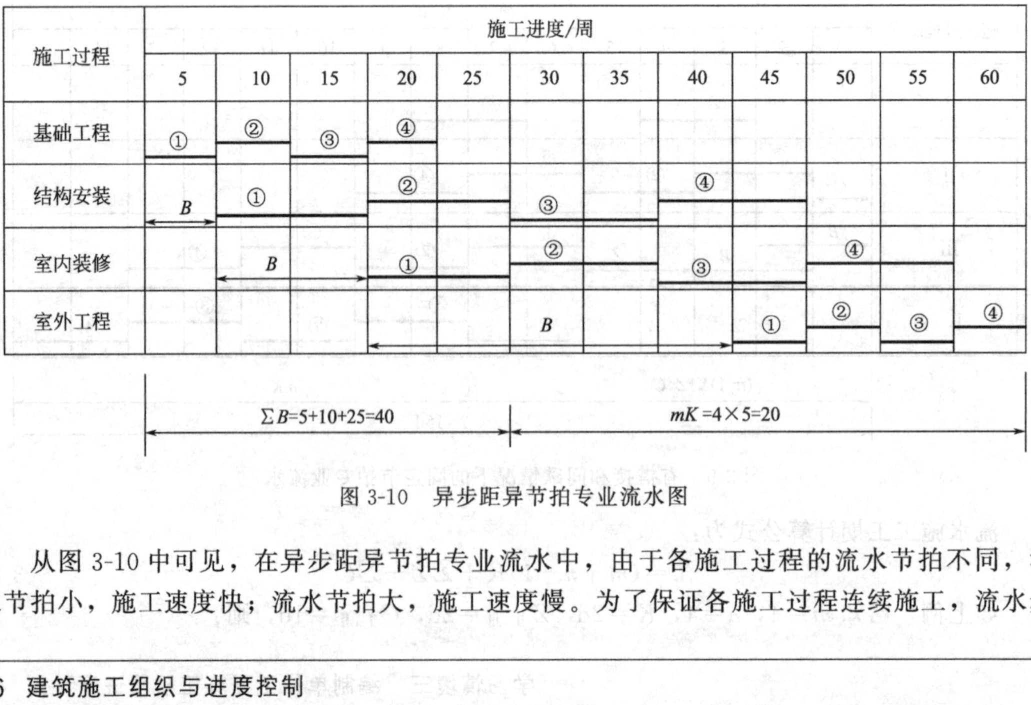

施工过程	施工进度/周											
	5	10	15	20	25	30	35	40	45	50	55	60
基础工程	①	②	③	④								
结构安装	B	①		②		③		④				
室内装修		B		①		②		③		④		
室外工程						B			①	②	③	④

ΣB=5+10+25=40　　mK=4×5=20

图 3-10　异步距异节拍专业流水图

从图 3-10 中可见，在异步距异节拍专业流水中，由于各施工过程的流水节拍不同，流水节拍小，施工速度快；流水节拍大，施工速度慢。为了保证各施工过程连续施工，流水步距应不一样。在应用式（3-9）计算流水工期时，关键是求出各施工过程的流水步距 $B_{i,i+1}$（$i=1, 2, \cdots, n-1$）。

对于异步距异节拍专业流水施工工期的计算可按下式计算：

$$T=\sum_{i=1}^{n-1} B_{i,i+1}+t_n+\Sigma Z-\Sigma C \tag{3-9}$$

式中　ΣZ——间歇时间总和；

ΣC——平行搭接时间总和；

t_n——第 n 个施工过程施工持续总时间，大小为 $t_n=mK_n$；

$\Sigma B_{i,i+1}$——各施工过程之间流水步距总和，它的计算方法是：

$$B_{i,i+1}=\begin{cases} K_i, & \text{当 } K_i \leqslant K_{i+1} \\ mK_i-(m-1)K_{i+1}, & \text{当 } K_i > K_{i+1} (i=1,2,\cdots,n-1) \end{cases} \tag{3-10}$$

式中　K_i——第 i 个施工过程的流水节拍；

K_{i+1}——第 $i+1$ 个施工过程的流水节拍。

现在利用上面的公式来计算上例的流水参数。利用公式（3-10）来计算流水步距：

上例中 $K_1=5$，$K_2=10$，$K_3=10$，$K_4=5$

$K_1 < K_2$，$B_{1,2}=K_1=5$（周）

$K_2=K_3$，$B_{2,3}=K_2=10$（周）

$K_3>K_4$，$B_{3,4}=mK_3-(m-1)K_4=4\times10-3\times5=25$（周）

再由式（3-9）求流水工期为：

$$T=\sum_{i=1}^{n-1} B_{i,i+1}+t_n+\Sigma Z-\Sigma C=\sum_{1}^{3} B_{i,1+1}+t_4+\Sigma Z-\Sigma C$$
$$=(5+10+25)+4\times5+0-0=60(\text{周})$$

在计算出流水施工的流水参数之后，正确地绘制出异步距异节拍专业流水的施工进度表（见图 3-10）。

（2）等步距异节拍（加快成倍节拍）专业流水。

通过分析图 3-10 的进度计划，要想加快工期，提高施工进度，如果结构安装增加一台吊装机械，室内装修增加一个装修工作队，则它们的施工能力将增加一倍；如果在一个施工段上安排两台安装机械或两个装修工作队，流水节拍将由 10 周缩短为 5 周。这样，四个施工过程就可以组成一个流水节拍为 5 天的固定节拍专业流水施工，这种流水施工组织必须根据具体工程的客观情况和施工条件来决定。一般来说，如果一幢房屋占地面积不大或工作面较小，一个施工段上安排两台机械可能出现相互干扰、降低施工效率等不利情形，这时候按固定节拍组织流水施工不可行，因此，我们在组织流水施工时，既要缩短施工工期，又要保证施工的顺利进行，如上述情况我们就可以施工机械和施工工作队交叉安排在不同的施工段上。假如将两台结构安装机械和两个装修工作队作下面这样的组织：

安装机械甲：　一、三施工段

安装机械乙：　二、四施工段

装修工作队甲：一、三施工段

装修工作队乙：二、四施工段

经过这样组织后的施工进度计划如图 3-11 所示。

通过分析图 3-11 进度表，可以发现等步距异节拍专业流水具有以下特点：

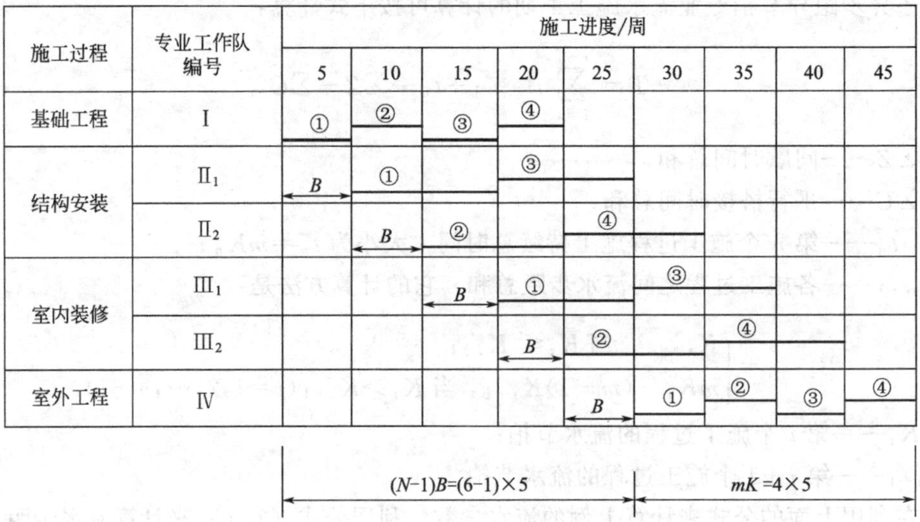

施工过程	专业工作队编号	施工进度/周								
		5	10	15	20	25	30	35	40	45
基础工程	Ⅰ	①	②	③	④					
结构安装	$Ⅱ_1$	B	①		③					
	$Ⅱ_2$		B	②		④				
室内装修	$Ⅲ_1$			B	①		③			
	$Ⅲ_2$				B	②		④		
室外工程	Ⅳ					B	①	②	③	④

$(N-1)B=(6-1)\times 5$　　$mK=4\times 5$

图 3-11　等步距异节拍专业流水进度表

1）同一施工过程在各施工段上的流水节拍相等；

2）各施工过程之间的流水节拍互成倍数；

3）一个施工过程由一个或多个工作队（组）来完成，施工队组数大于施工过程数；

4）各工作队（组）相继进入流水施工的时间间隔（流水步距）相等，且等于各施工过程流水节拍的最大公约数；

5）各工作队（组）都能连续施工，施工段没有空闲；

6）等步距异节拍专业流水可看成是由 N（完成所有施工过程所需工作队之和）个工作队组成的，类似于流水节拍为 K_0（所有施工过程流水节拍的最大公约数）的固定节拍专业流水。

因此，等步距异节拍专业流水的工期可按下式计算：

$$T=\sum_{i=1}^{N-1} B_{i,i+1}+t_N+\sum Z-\sum C=(m+N-1)K_0+\sum Z-\sum C \tag{3-11}$$

式中　N——各施工过程所需施工工作队总和：

$$N=\sum_{i=1}^{n} N_i \tag{3-12}$$

其中：

$$N_i=\frac{K_i}{K_0} \quad (i=1,2,\cdots,n)$$

需要指出，当施工段存在层间关系时，为了保证工作队施工过程连续，按等步距异节拍专业流水组织施工，施工段必须满足下列条件：

当没有层间间歇时，应使每层的施工段数大于等于施工队（组）的总数，即：

$$m\geqslant N=\sum_{i=1}^{n} N_i \tag{3-13}$$

当有层间间歇时，

$$m \geqslant \sum_{i=1}^{n} N_i + \frac{\sum Z_3}{K_0} \tag{3-14}$$

式中　$\sum Z_3$——每层间间歇时间之和。

【例 3-2】 某两层现浇钢筋混凝土主体工程，划分为三个施工过程即：支模板、绑扎钢筋和浇混凝土。已知各施工过程的流水节拍为：支模板 $K_1=3\text{d}$，绑扎钢筋 $K_2=3\text{d}$，浇混凝土 $K_3=6\text{d}$。要求层间技术间歇不少于 2d；且支模后需经 3d 检查验收，方可浇混凝土。按加快成倍节拍组织流水施工，求流水参数，并绘制流水进度表。

【解】 根据题意，本工程采用加快成倍节拍组织流水施工。

a. 确定流水步距。

$$K_0 = \text{最大公约数}\{3,3,6\}=3(\text{d})$$

b. 确定各施工过程所需工作队数。

由式（3-12）可知：

$$N_1=\frac{K_1}{K_0}=\frac{3}{3}=1$$

$$N_2=\frac{K_2}{K_0}=\frac{3}{3}=1$$

$$N_3=\frac{K_3}{K_0}=\frac{6}{3}=2$$

总工作队数 N：

$$N=\sum_{i=1}^{n} N_i = N_1+N_2+N_3=4$$

c. 确定每层的施工段数。

由题意，已知 $\sum Z=2+3=5$（d）

$$m \geqslant \sum_{i=1}^{n} N_i + \frac{\sum Z}{K_0}=6$$

由式（3-11）得：

为满足各工作队连续施工的要求，又使施工段数不至于过多，所以取 $m=6$，每层的施工段数为 6，本工程共有施工段数 $mJ=2\times6=12$（其中 J 表示工程层数）。

d. 计算工程流水工期。

由式（3-11）得：

$$\begin{aligned} T &= (N+mJ-1)K_0+\sum Z-\sum C \\ &= (4+12-1)\times3+3-0=48(\text{d}) \end{aligned}$$

绘制流水施工进度表，如图 3-12 所示。

（3）非节奏流水施工。

非节奏流水施工是指由各施工过程的各施工段上流水节拍不完全相同的一种流水施工方式。它是组织流水施工的一种较普遍的形式，与其他流水施工组织形式相比较，非节奏流水施工具有以下一些特点：

1）同一施工过程在不同的施工段上的流水节拍不尽相同；

2）不同施工过程在同一施工段上的流水节拍亦不尽相同，各个施工过程之间的流水步距不完全相等且差异较大；

施工过程	施工队组	施工进度/d															
		3	6	9	12	15	18	21	24	27	30	33	36	39	42	45	48
扎筋	1	1.1	1.2	1.3	1.4	1.5	1.6 Z1	2.1	2.2	2.3	2.4	2.5	2.6				
支模	1		1.1	1.2	1.3	1.4	1.5	1.6	2.1	2.2	2.3	2.4	2.5	2.6			
浇混凝土	1			Z2	1.1		1.3		1.5		2.1		2.3		2.5		
	2					1.2		1.4		1.6		2.2		2.4		2.6	

图 3-12　某二层钢筋混凝土主体工程施工进度表

3）各工作队（组）连续施工，但有的施工段之间可能有空闲时间；

4）施工队组数等于施工过程数。

非节奏流水施工作为施工过程（或工作队）连续施工的组织形式，同样可以用式（3-9）来计算流水工期，即：

$$T=\sum_{i=1}^{n-1} B_{i,i+1}+t_n+\Sigma Z-\Sigma C$$

$$t_n=K_n^1+K_n^2+\cdots+K_n^m=\sum_{j=1}^{m} K_n^j$$

对于非节奏流水施工，t_n可由式（3-9）求解。ΣZ 和 ΣC 也能够简单地求解。关键是求解各施工过程之间的流水步距 $B_{i,i+1}$。因求解流水步距方法的不同，常用的计算方法有分析计算法和临界位置法。下面重点介绍分析计算法。

【例 3-3】 某工厂需要修建 4 台设备的基础工程，施工过程包括基础开挖、基础处理和浇筑混凝土。因设备型号与基础条件等不同，使得 4 台设备（施工段）的各施工过程有着不同的流水节拍（单位：周），见表 3-3。试组织流水施工。

【解】 通过图 3-13，以施工过程基础开挖、基础处理为例来分析分析计算法的特点。从图 3-13 中可以看出，施工过程基础开挖、基础处理之间的流水步距 $B_{\text{Ⅰ},\text{Ⅱ}}=2\text{d}$，所确定的流水步距必须满足：

① 在任何施工段上，施工过程基础开挖完成后施工过程基础处理才能进行，以保持施工过程基础开挖、基础处理之间的工艺顺序；

② 施工过程基础开挖、基础处理的施工时间能最大限度地搭接；

③ 施工过程基础开挖、基础处理都能连续施工。

通过表 3-4 来分析施工过程基础开挖、基础处理在各施工段上的时间关系。在第一段基础开挖施工段上，施工过程基础开挖完成的时间为 2d，施工过程基础处理可能的开始时间为 0，但为了保证施工过程基础开挖、基础处理的工艺顺序，施工过程基础处理必须等施工过程基础开挖完成后才能开始，这样，施工过程基础处理必须等 2d 才能开始；同理，在第

2 施工段上，施工过程基础开挖完成的时间为 5d，施工过程基础处理必须在完成第 1 施工段之后才能开始，施工过程基础处理可能的开始时间为 4d，但为了保持施工过程基础开挖、基础处理的工艺顺序，施工过程基础处理必须等待 1d 才能开始第 2 施工段的施工，依此类推，求出各施工段上施工过程基础处理的等待时间。为了保证各施工过程的连续施工和最大限度搭接施工的要求，取等待时间中的最大值，即为施工过程基础开挖、基础处理之间的流水步距 $B_{\text{I},\text{II}}=2\text{d}$。

表 3-3 基础工程流水节拍表

施工过程	施工段			
	设备 A	设备 B	设备 C	设备 D
基础开挖	2	3	2	2
基础处理	4	4	2	3
浇筑混凝土	2	3	2	3

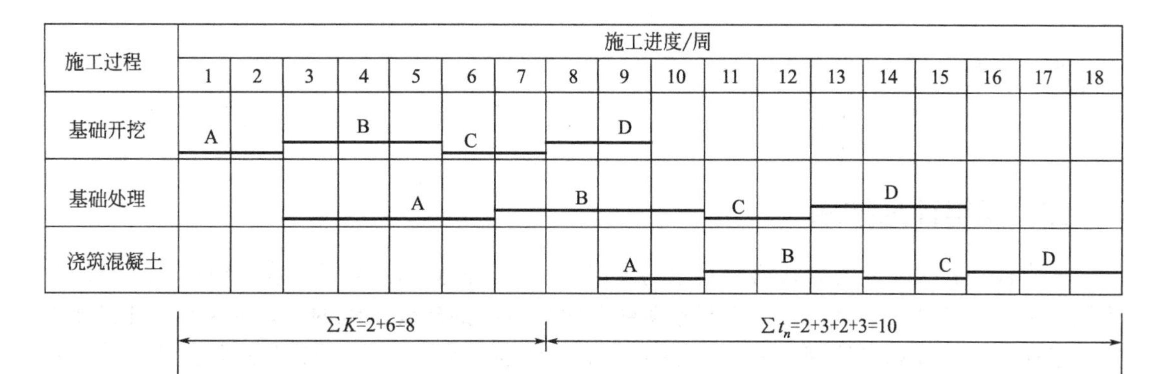

图 3-13 设备基础工程流水施工进度计划

表 3-4 施工各段时间分析

施工段	基础开挖完成时间/d	基础处理完成时间/d	基础处理等待时间/d
1	2	0	2
2	2+3=5	4	1
3	5+2=7	4+4=8	−1
4	7+2=9	8+2=10	−1

从上面的分析中，可以归纳和发现分析计算法的计算思路和计算步骤。为了计算方便，通常列表进行，见表 3-5。

第一步：将各个工作队在每个施工段上的流水节拍填入表格；

第二步：计算各工作队由加入流水起到完成各施工段止的施工时间总和（即累加），填入表格；

第三步：从前一个工作队由加入流水起到完成某施工段止的施工持续时间总和，减去后一工作队由加入流水起到完成某前一施工段工作止的施工时间和（即相邻斜减），得到一组差数；

表 3-5　非节奏流水施工流水步距计算表

步骤	施工过程 \ 施工段(流水节拍)	0	1	2	3	4	第四步
第一步	Ⅰ	0	2	3	2	2	最大的时间间隔
	Ⅱ	0	4	4	2	3	
	Ⅲ	0	2	3	2	3	
第二步	Ⅰ	0	2	5	7	9	
	Ⅱ	0	4	8	10	13	
	Ⅲ	0	2	5	7	10	
第三步	Ⅰ—Ⅱ		2	1	−1	−3	2
	Ⅱ—Ⅲ		4	6	5	6	6

第四步：找出上一步斜减差数中的最大值，这个值就是这两个相邻工作队之间的流水步距 B。

该非节奏流水施工工期为：

$$T=\sum_{i=1}^{3} B_{i,i+1}+t_4+\Sigma Z-\Sigma C=2+6+10+0-0=18(\mathrm{d})$$

二、网络计划技术

网络计划技术是随着现代科学技术的发展和生产的需要而产生的。在 20 世纪 50 年代中后期，美国杜邦公司的摩根·沃克与赖明顿兰德公司内部建设小组的詹姆斯·E·凯利合作开发了充分利用计算机管理工程项目施工进度计划的一种方法，即关键线路法（CPM——critical path method）。美国海军军械局在北极星导弹计划中，由于工作有六万之多，为了协调和统一三百八十个主要承包商，在关键线路的基础上，提出了一种新的计划方法，能使各部门确定要求，由谁承担以及完成的概率，即计划评审法（PERT——program evaluation and review technique），并迅速在全世界推广。其后随着科学技术的不断发展，相继产生了图形评审技术（GERT）、搭接网络、流水网络、随机网络计划技术（QGERT）、风险型随机网络（VERT）等新技术。

我国从 20 世纪 60 年代初期，在著名数学家华罗庚教授的倡导和指导下，根据网络计划技术的特点，结合我国的国情，运用系统工程的观点，将各种大同小异的网络计划技术统称为“统筹方法”。并提出了“统筹兼顾、通盘考虑、统一规划”的基本思想。具体地讲，对某工程项目要想编制生产计划或施工进度计划，首先要调查分析研究，明确完成工程项目的工序和工序间的逻辑关系，绘制出工程施工网络图，然后分析各工序（或施工过程）在网络图中的地位，找出关键线路，再按照一定的目标优化网络计划，选择最优方案，并在计划实施的过程中进行有效的监督和控制，力求以较小的消耗取得最大的经济效果，尽快地完成好工程任务。

在国内，随着网络计划技术的推广应用，特别是 CPM 和 PERT 的应用越来越广泛，应用的项目也越来越多。在一些大、中型企业，大型公共设施项目等工程中网络计划技术得到了广泛的应用，甚至成为衡量检验企业管理水平的一条准则，与传统的经验管理相比，应用网络计划技术特别是在大中型项目中带来了可观的经济效益。因而，1992 年国家颁布了

《工程网络技术规程》(JGJ/T 1001—91)，使工程网络计划技术在计划编制和控制管理的实际应用中有了一个可以遵循的、统一的技术标准。网络计划技术在我国得到了广泛的应用和推广，取得了较好的经济成效，同时，在应用网络计划技术的过程中，不仅善于吸收国外先进的网络计划技术，而且不断总结应用经验，使网络计划技术本身在我国得到了较快的发展。建筑业在推广应用网络计划技术中，广泛应用的时间坐标网络计划方式，取网络计划逻辑关系明确和横道图清晰易懂之长，使网络计划技术更适合于广大工程技术人员的使用要求，提出了“时间坐标网络”(简称时标网络)。并针对流水施工的特点及其在应用网络计划技术方面存在的问题，提出了“流水网络计划方法”，并在实际中应用，取得了较好的效果。网络图有很多种分类方法，按表达方式的不同划分为双代号网络图和单代号网络图；按网络计划终点节点个数的不同划分为单目标网络图和多目标网络图；按参数类型的不同划分为肯定型网络图和非肯定型网络图；按工序之间衔接关系的不同划分为一般网络图和搭接网络图等。

下面分别阐述单、双代号网络图，时间坐标网络图的绘制、计算和优化的基本概念和基本方法。

(一) 网络图

网络图是由一系列箭线和节点组成，用来表示工作流程的有向、有序及各工作之间逻辑关系的网状图形。一个网络图表示一项任务。这项任务又由若干项工作组成。

1. 网络图的表达方式

网络图有双代号网络图和单代号网络图两种。双代号网络图又称箭线式网络图，它是以箭线及其两端节点的编号表示工作；同时，节点表示工作的开始或结束以及工作之间的连接状态。单代号网络图又称节点网络图，它是以节点及其编号表示工作，箭线表示工作之间的逻辑关系。网络图中工作的表示方法如图 3-14 和图 3-15 所示。

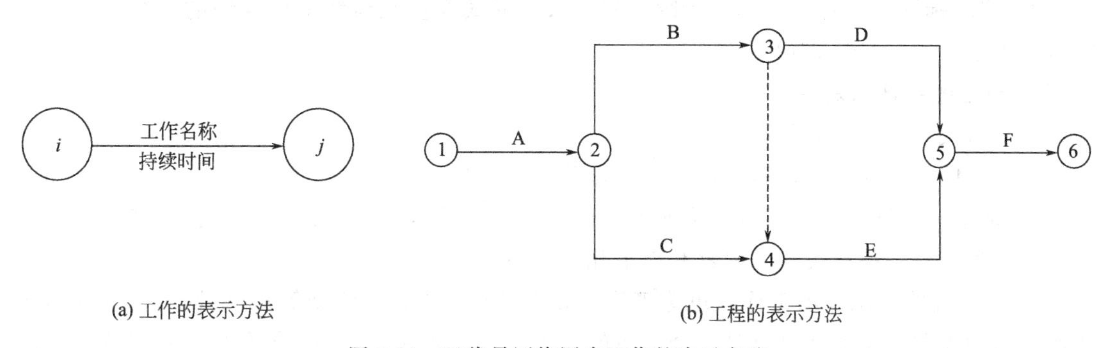

(a) 工作的表示方法

(b) 工程的表示方法

图 3-14 双代号网络图中工作的表示方法

(a)

(b)

图 3-15 单代号网络图中工作的表示方法

2. 网络计划的分类

（1）按网络计划工程对象分类。

1）局部网络计划　以一个分部工程或分项工程为对象编制的网络计划称为局部网络计划。如以基础、主体、屋面及装修等不同施工阶段分别编制的网络计划就属于此类。

2）单位工程网络计划　以一个单位工程为对象编制的网络计划称为单位工程网络计划。

3）综合网络计划　以一个建筑项目或建筑群为对象编制的网络计划称为综合网络计划。

（2）按网络计划时间表达方式分类。

根据计划时间的表达不同，网络计划可分为时标网络计划和非时标网络计划。

1）时标网络计划　工作的持续时间以时间坐标为尺度绘制的网络计划称为时标网络计划，如图 3-16 所示。

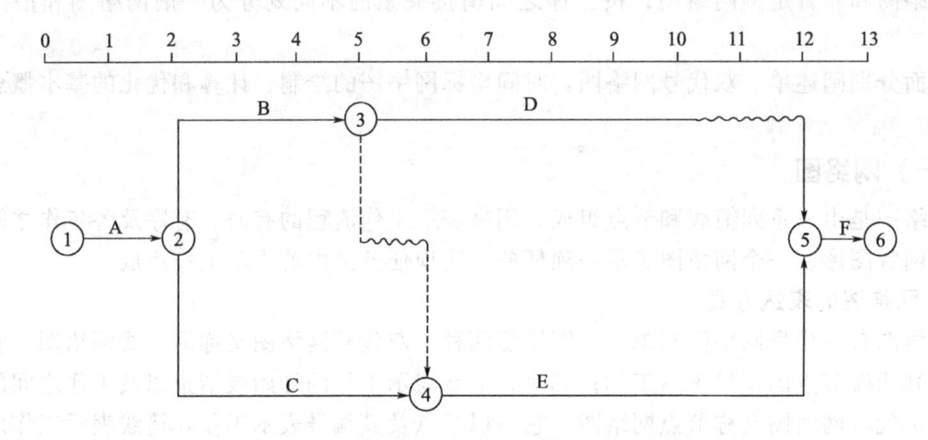

图 3-16　双代号时标网络图（圆心对准刻度）

2）非时标网络计划　工作的持续时间以数字形式标注在箭线下面绘制的网络计划称为非时标网络计划，如图 3-14 所示。

3. 网络图的基本知识

（1）双代号网络图的基本符号。

双代号网络图的基本符号是箭线、节点及节点编号。

1）箭线　网络图中一端带箭头的实线即为箭线。在双代号网络图中，它与其两端的节点表示一项工作。箭线表达的内容有以下几个方面：

① 一根箭线表示一项工作（也称工序、施工过程、项目、活动等）。根据网络计划的性质和作用的不同，工作既可以是一个简单的施工过程，如挖土、垫层等分项工程或者基础工程、主体工程等分部工程；也可以是一项复杂的工程任务，如学校办公楼土建工程等单位工程或者其他单项工程。如何确定一项工作的范围取决于所绘制的网络计划的作用。

② 一根箭线表示一项工作所消耗的时间和资源，分别用数字标注在箭线的下方和上方。一般而言，每项工作的完成都要消耗一定的时间和资源，如砌砖墙、扎钢筋等；也存在只消耗时间而不消耗资源的工作，如混凝土养护、抹灰的干燥等技术间歇，故若单独考虑时，也应作为一项工作对待。

③ 在无时间坐标的网络图中，箭线的长度不代表时间的长短，画图时原则上是任意的，但必须满足网络图的绘制规则。在有时间坐标的网络图中，其箭线的长度必须根据完成该项工作所需时间长短按比例绘制。

④ 箭线的方向表示工作进行的方向和前进的路线，箭尾表示工作的开始，箭头表示工作的结束。

⑤ 箭线可以画成直线、折线和斜线。必要时，箭线也可以画成曲线，但应以水平直线为主，一般不宜画成垂直线。

2）节点（也称结点、事件）　在网络图中箭线的出发和交汇处画上圆圈，用以标志该圆圈前面一项或若干项工作的结束和允许后面一项或若干项工作的开始的时间点称为节点。在双代号网络图中，它表示工作之间的逻辑关系，节点表达的内容有以下几个方面：

① 节点表示前面工作结束和后面工作开始的瞬间，所以节点不需要消耗时间和资源。

② 箭线的箭尾节点表示该工作的开始，箭线的箭头节点表示该工作的结束。

③ 根据节点在网络图中的位置不同可以分为起点节点、终点节点和中间节点。起点节点是网络图的第一个节点，表示一项任务的开始。终点节点是网络图的最后个节点，表示一项任务的完成。除起点节点和终点节点的外的节点称为中间节点，中间节点都有双重的含义，既是前面工作的箭头节点，也是后面工作的箭尾节点，如图 3-17 所示。

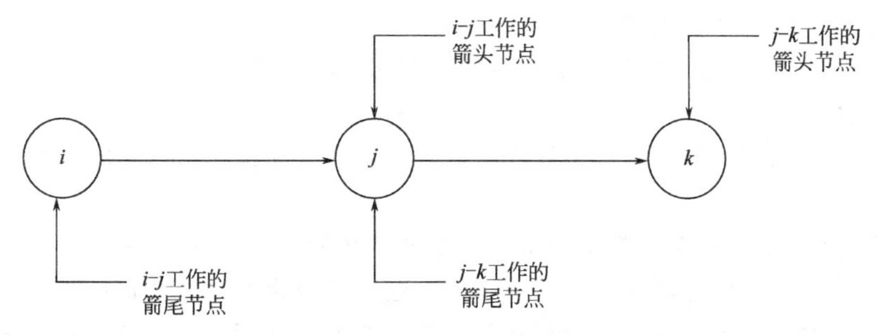

图 3-17　节点示意图

3）节点编号　在一个网络图中，每一个节点都有自己的编号，以便计算网络图的时间参数和检查网络图是否正确。

习惯上从起点节点到终点节点，编号由小到大，并且对于每项工作，箭尾的编号一定要小于箭头的编号。

节点编号的方法可从以下两个方面来考虑：

① 根据节点编号的方向不同可分为两种：一种是沿着水平方向进行编号；另一种是沿着垂直方向进行编号。如图 3-18 所示。

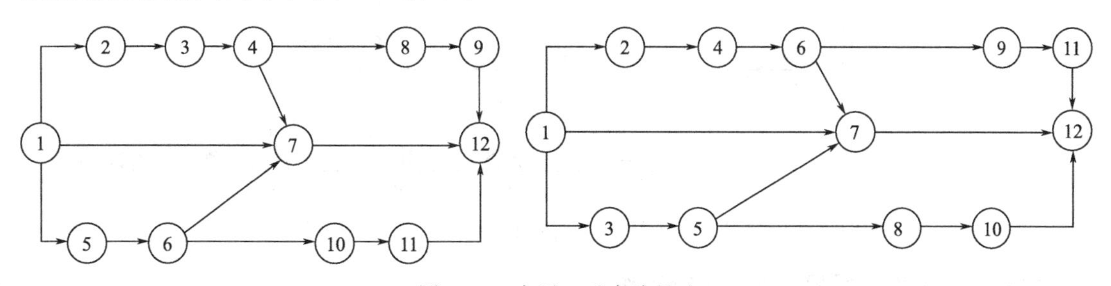

图 3-18　水平、垂直编号法

② 根据编号的数字是否连续又分为两种：一种是连续编号法，即按自然数的顺序进行编号；另一种是间断编号法，一般按奇数（或偶数）的顺序来进行编号。如图 3-19 所示。

采用非连续编号，主要是为了适应计划调整，考虑增添工作的需要，编号留有余地。

（2）单代号网络计划的基本知识。

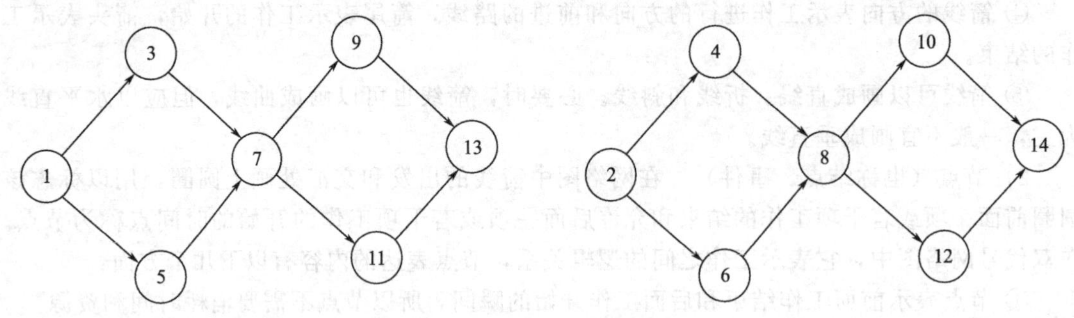

图 3-19 单数、双数编号法

单代号网络图的基本符号是箭线、节点及节点编号。

1）箭线 单代号网络图中，箭线表示紧邻工作之间的逻辑关系。箭线应画成水平直线、折线或斜线。箭线水平投影的方向应自左向右，表达工作的进行方向。

2）节点 单代号网络图中每一个节点表示一项工作。节点所表示的工作名称、持续时间和工作代号等应标注在节点内。

3）节点编号 单代号网络图的节点编号同双代号网络图。

（3）逻辑关系。

逻辑关系是指网络计划中各个工作之间的先后顺序以及相互制约或依赖的关系。包括工艺关系和组织关系。

1）工艺关系 工艺关系是指生产工艺上客观存在的先后顺序关系，或者是非生产性工作之间由工作程序决定的先后顺序关系。例如，建筑工程施工时，先做基础，后做主体；先做结构，后做装修。工艺关系是不能随意改变的。如图 3-20 所示，支 1→扎 1→浇 1 为工艺关系。

2）组织关系 组织关系是指在不违反工艺关系的前提下，人为安排的工作的先后顺序关系。例如，建筑群中各个建筑物的开工顺序的先后；施工对象的分段流水作业等。组织顺序可以根据具体情况，按安全、经济、高效的原则统筹安排。如图 3-20 所示，支 1→支 2；浇 1→浇 2 等为组织关系。

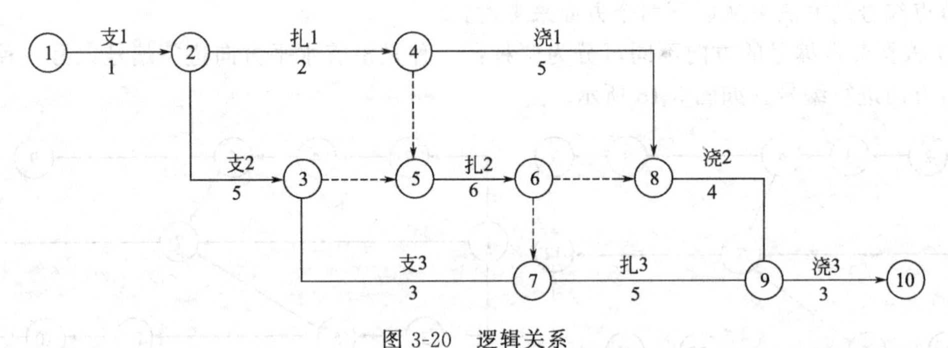

图 3-20 逻辑关系

（4）紧前工作、紧后工作、平行工作。

1）紧前工作 紧排在本工作之前的工作称为本工作的紧前工作。本工作和紧前工作之间可能有虚工作。如图 3-20 所示，支 1 是支 2 的组织关系上的紧前工作；扎 1 和扎 2 之间虽有虚工作，但扎 1 仍然是扎 2 的组织关系上的紧前工作。支 1 则是扎 1 的工艺关系上紧前工作。

2）紧后工作 紧排在本工作之后的工作称为本工作的紧后工作。本工作和紧后工作之间可能有虚工作。如图 3-20 所示，支 2 是支 1 的组织关系上的紧后工作。扎 1 是支 1 的工艺关系上的紧后工作。

3）平行工作　可与本工作同时进行称为本工作的平行工作。如图 3-20 所示，支 2 是扎 1 的平行工作。

（5）内向箭线和外向箭线。

1）内向箭线　指向某个节点的箭线称为该节点的内向箭线，如图 3-21（a）所示。

2）外向箭线。从某节点引出的箭线称为该节点的外向箭线，如图 3-21（b）所示。

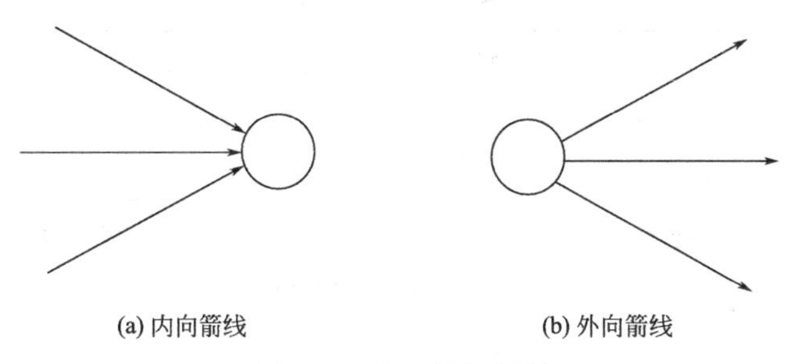

(a) 内向箭线　(b) 外向箭线

图 3-21　内、外向箭线

（6）虚工作及其应用。

双代号网络计划中，只表示前后相邻工作之间的逻辑关系，既不占用时间，也不耗用资源的虚拟的工作称为虚工作。虚工作用虚箭线表示，其表达形式可垂直方向向上或向下，也可水平方向向右。虚工作起着联系、区分、断路三个作用。

1）联系作用　虚工作不仅能表达工作间的逻辑连接关系，而且能表达不同栋号的房间之间的相互联系。例如，工作 A 、B 、C 、D 之间的逻辑关系为：工作 A 完成后可同时进行 B 、D 两项工作，工作 C 完成后进行工作 D 。不难看出，A 完成后其紧后工作为 B；C 完成后其紧后工作为 D，很容易表达，但 D 又是 A 的紧后工作，为把 A 和 D 联系起来，必须引入虚工作 2-5，逻辑关系才能正确表达，如图 3-22 所示。

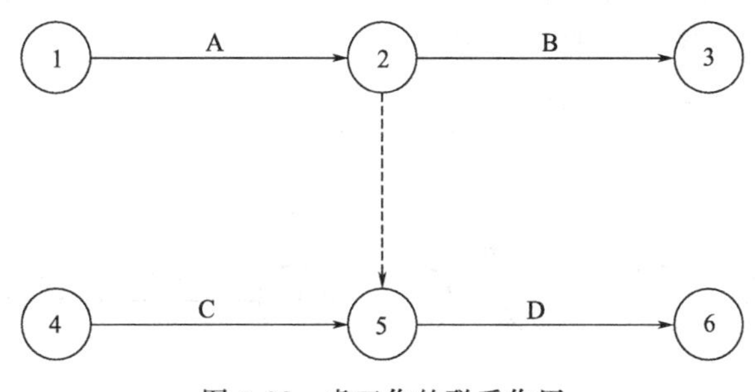

图 3-22　虚工作的联系作用

2）区分作用　双代号网络计划是用两个代号表示一项工作。如果两项工作用同一代号，则不能明确表示出该代号表示哪一项工作。因此，不同的工作必须用不同代号。如图 3-23 所示，（a）图出现“双同代号”是错误的，（b）、（c）图是两种不同的区分方式，（d）图则多画了一个不必要的虚工作。

3）断路作用　如图 3-24 所示为某钢筋混凝土工程支模板、扎钢筋、浇混凝土三项工作的流水施工网络图。该网络图中出现了支Ⅱ与浇Ⅰ、支Ⅲ与浇Ⅱ等把并无联系的工作联系上了，即出现了多余联系的错误。

为了正确表达工作间的逻辑关系，在出现逻辑错误的圆圈（节点）之间增设新节点（即

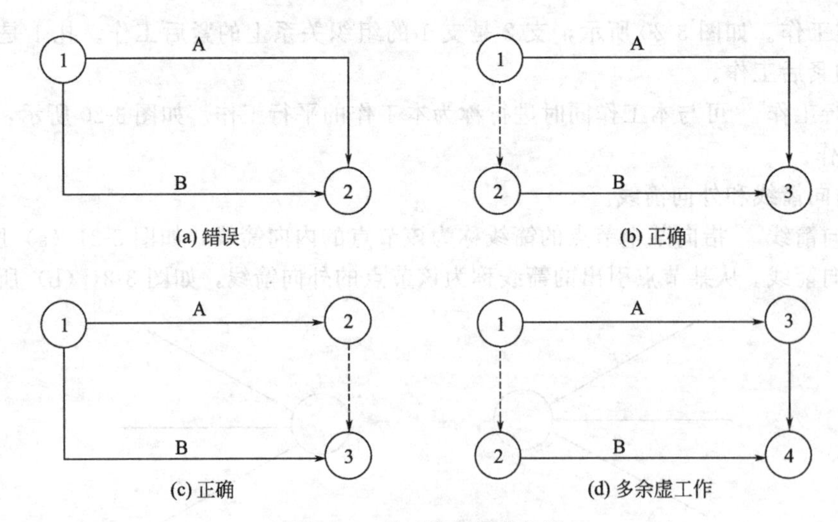

图 3-23　虚工作的区分作用

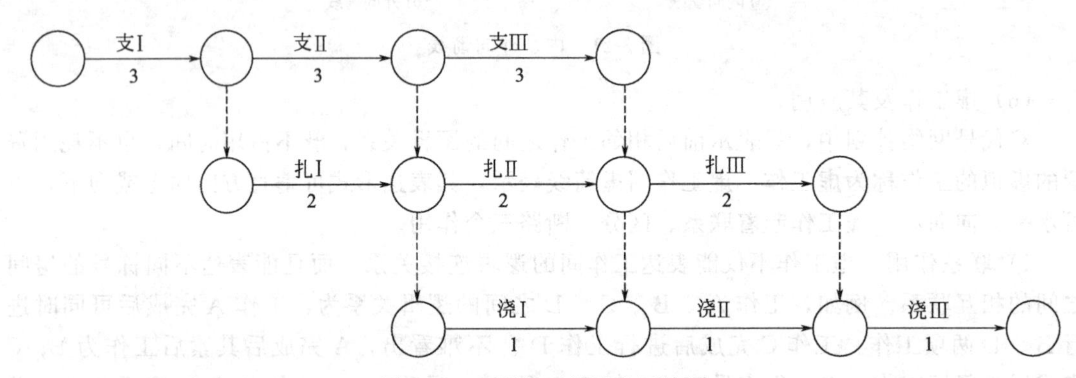

图 3-24　逻辑关系错误的网络图

虚工作），切断毫无关系的工作之间的联系，这种方法称为断路法。然后，去掉多余的虚工作，经调整后的正确网络图，如图 3-25 所示。

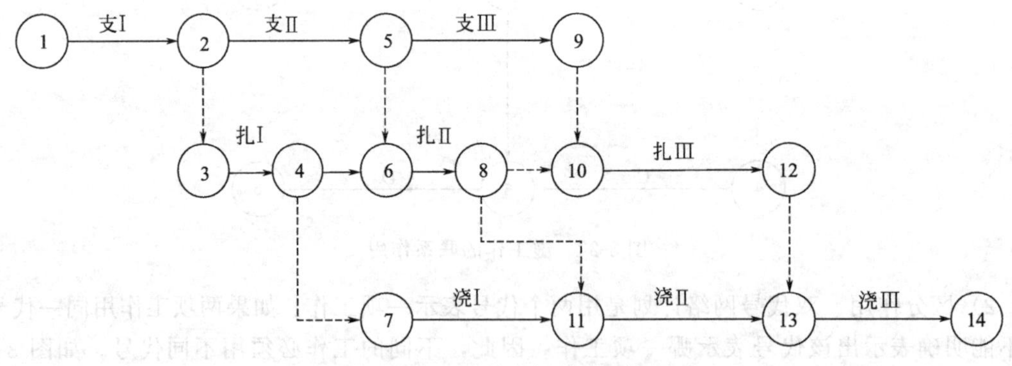

图 3-25　正确的逻辑关系网络图

由此可见，网络图中虚工作是非常重要的，但在应用时要恰如其分，不能滥用，以必不可少为限。另外，增加虚工作后要进行全面检查，不要顾此失彼。

(7) 线路、关键线路、关键工作。

1）线路　网络图中从起点节点开始，沿箭头方向顺序通过一系列箭线与节点，最后达到终点节点的通路称为线路。一个网络图中，从起点节点到终点节点，一般都存在着许多条线路，如图 3-26 中有四条线路；每条线路都包含若干项工作，这些工作的持续时间之和就是该线路的时间长度，即线路上总的工作持续时间。图 3-26 中四条线路各自的总持续时间见表 3-6。

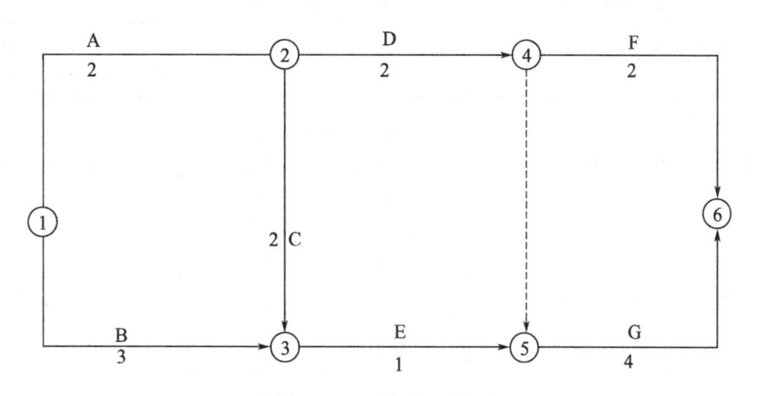

图 3-26 双代号网络图

表 3-6 各线路的持续时间

线路	总持续时间/d	关键线路
A C E G ①→②→③→⑤→⑥ 2 2 1 4	9	9d
A D G ①→②→④- - -→⑤→⑥ 2 2 4	8	
B E G ①→③→⑤→⑥ 3 1 4	8	
A D F ①→②→④→⑥ 2 2 2	6	

2）关键线路和关键工作　线路上总的工作持续时间最长的线路称为关键线路。如图 3-26所示，线路①→②→③→⑤→⑥总的工作持续时间最长，即为关键线路。其余线路称为非关键线路。位于关键线路上的工作称为关键工作。关键工作完成快慢直接影响整个计划工期的实现。

在网络图中，关键线路可能不止一条，可能存在多条，且这多条关键线路的施工持续时间相等。关键线路和非关键线路并不是一直不变的，在一定的条件下，二者是可以相互转化的。通常关键线路在网络图中用粗箭线或双箭杆表示。

（二）网络计划的绘制

1. 双代号网络图的绘制

（1）双代号网络图的绘图规则如下：

1）网络图要正确地反映各工作的先后顺序和相互关系，即工作的逻辑关系。如先扎钢筋后浇混凝土，先挖土后砌基础等等。这些逻辑关系是由已确定的施工工艺顺序决定的，是不可改变的；组织逻辑关系是指工程人员根据工程对象所处的时间、空间以及资源的客观条件，采取组织措施形成的各工序之间的先后顺序关系。如确定施工顺序为先第一幢房屋后第二幢房屋，这些逻辑关系是由施工组织人员在规划施工方案时人为确定的，通常是可以改变的，如施工顺序为先第二幢房屋后第一幢房屋也是可行的。常用的逻辑关系模型见表 3-7。

表 3-7　网络图中各工作逻辑关系表示方法

序号	工作之间的逻辑关系	网络图中表示方法	说　明
1	有 A、B 两项工作按照依次施工方式进行	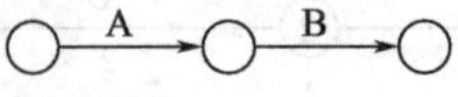	B 工作依赖着 A 工作，A 工作约束着 B 工作的开始
2	有 A、B、C 三项工作同时开始工作	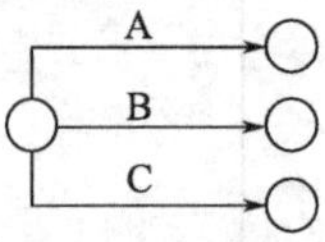	A、B、C 三项工作称为平行工作
3	有 A、B、C 三项工作同时结束	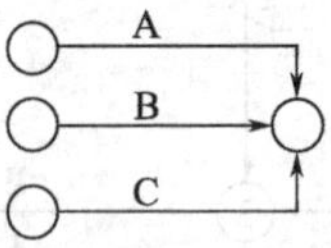	A、B、C 三项工作称为平行工作
4	有 A、B、C 三项工作只有在 A 完成后 B、C 才能开始	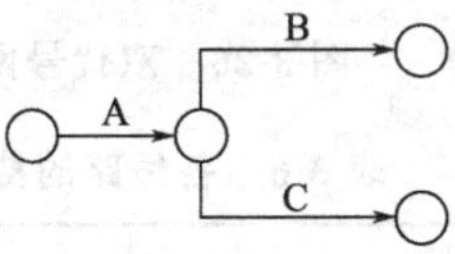	A 工作制约着 B、C 工作的开始，B、C 为平行工作
5	有 A、B、C 三项工作 C 工作只有在 A、B 完成后才能开始	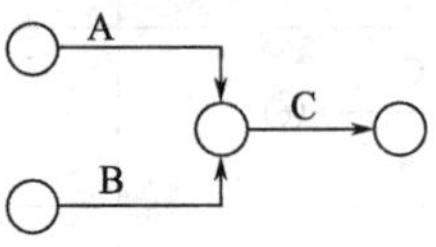	C 工作依赖着 A、B 工作，A、B，为平行工作
6	有 A、B、C、D 四项工作，只有当 A、B 完成后，C、D 才能开始	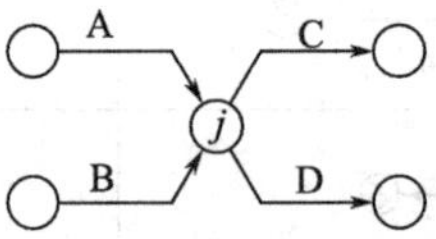	通过中间节点 j 正确地表达了 A、B、C、D 之间的关系
7	有 A、B、C、D 四项工作 A 完成后 C 才能开始；A、B 完成后 D 才开始	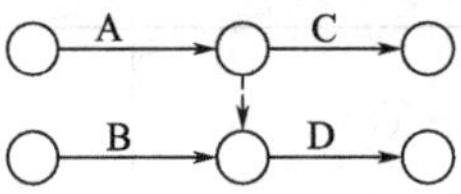	D 与 A 之间引入了逻辑连接（虚工作），只有这样才能正确表达它们之间的约束关系
8	有 A、B、C、D、E 五项工作，A、B 完成后 C 开始；B、D 完成后 E 开始	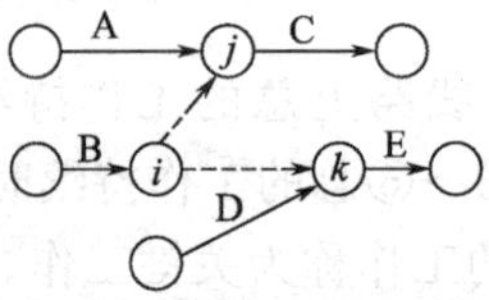	虚工作 ij 反映出 C 工作受到 B 工作的约束，虚工作 ik 反映出 E 工作受到 B 工作的约束
9	在 A、B、C、D、E 五项工作 A、B、C 完成后 D 才能开始；B、C 完成后 E 才能开始	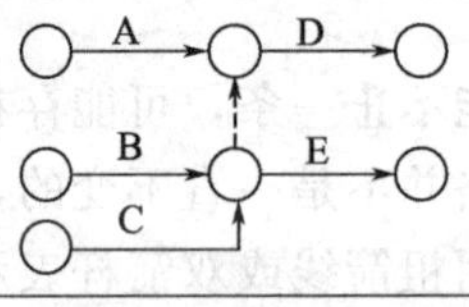	这是前面序号 1、5 情况通过虚工作连接起来，虚工作表示 D 工作受到 B、C 工作制约
10	A、B 两项工作分三个施工段，流水施工	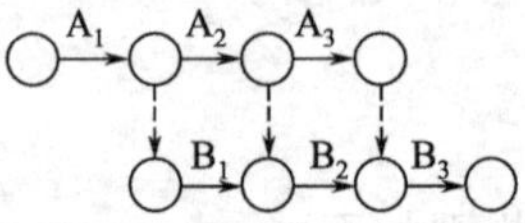	每个工种工程建立专业工作队，在每个施工段上进行流水作业，不同工种之间用逻辑搭接关系表示

2）在一个网络图中，只能有一个起点节点，一个终点节点。否则，不是完整的网络图。除网络图的起点节点和终点节点外，不允许出现没有外向箭线的节点和没有内向箭线的节点。图 3-27 所示网络图中有两个起点节点①和②，两个终点节点⑦和⑧。

该网络图的正确画法如图 3-28 所示，即将节点①和②合并为一个起点节点，将节点⑦和⑧合并为一个终点节点。

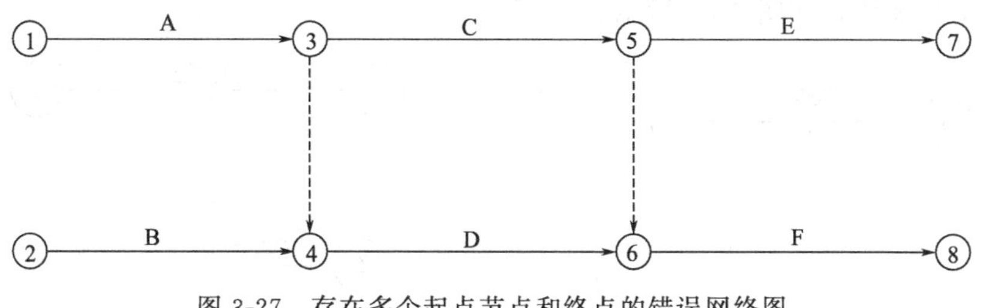

图 3-27　存在多个起点节点和终点的错误网络图

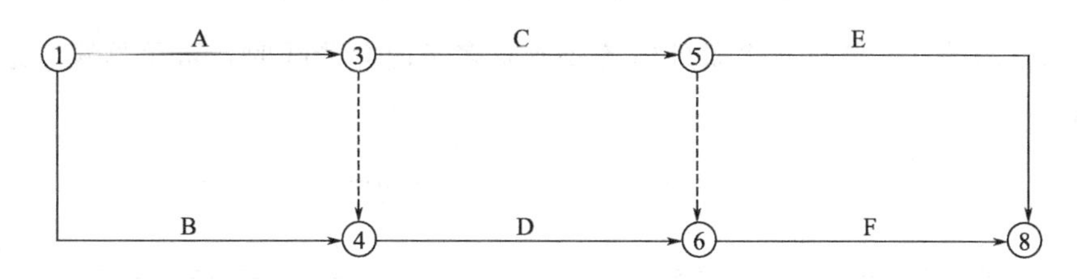

图 3-28　改正后的正确网络图

3）在网络图中箭流只允许从起始事件流向终止事件。不允许出现箭流循环，即闭合回路，如图 3-29 所示，就出现了不允许出现的闭合回路②—③—④—⑤—⑥—⑦—②。

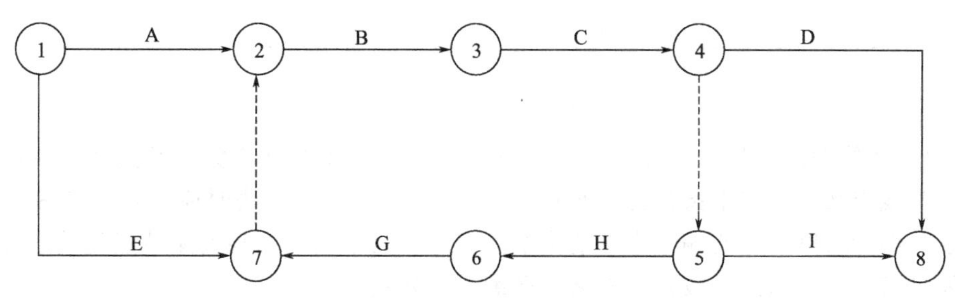

图 3-29　箭线循环

4）网络图中严禁出现双向箭头和无箭头的连线。图 3-30 所示即为错误的工作箭线画法，因为工作进行的方向不明确，因而不能达到网络图有向的要求。

图 3-30　错误的箭线画法

5）双代号网络图中，严禁出现没有箭头节点或没有箭尾节点的箭线，如图 3-31 所示。

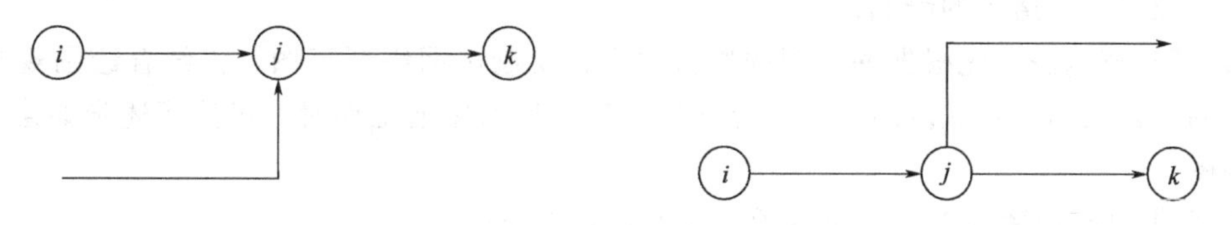

图 3-31　无箭尾和箭头节点的错误画法

6）双代号网络图中，一项工作只有唯一的一条箭线和相应的一对节点编号。严禁在箭线上引入或引出箭线，如图 3-32 所示。

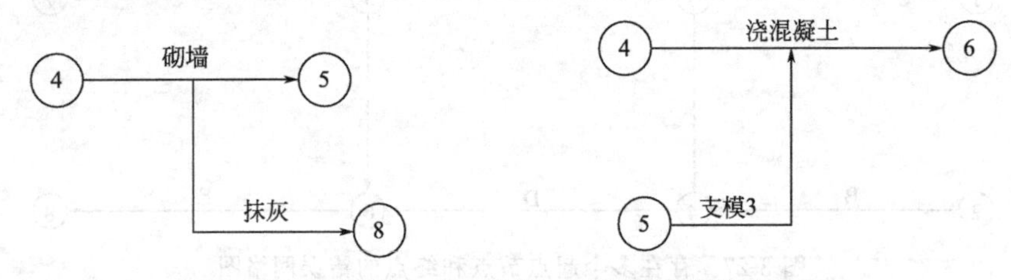

图 3-32　在箭线上引入箭线、引出箭线的错误画法

7）当网络图的某些节点有多条外向箭线或有多条内向箭线时，可用母线法绘制，如图 3-33 所示。

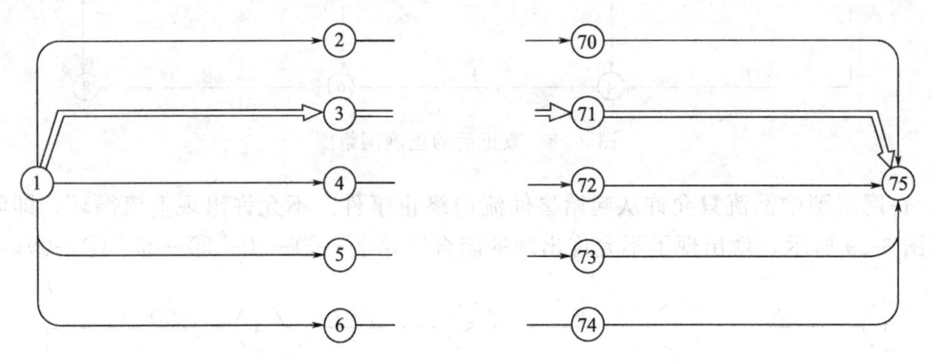

图 3-33　母线绘制法

8）绘制网络图时，尽可能在构图时避免交叉。当交叉不可避免、且交叉少时，采用过桥法；当箭线交叉过多使用指向法，如图 3-34 所示。采用指向法时应注意节点编号指向的大小关系，保持箭尾节点的编号小于箭头节点编号。为了避免出现箭尾节点的编号大于箭头节点的编号情况，指向法一般只在网络图已编号后才用。

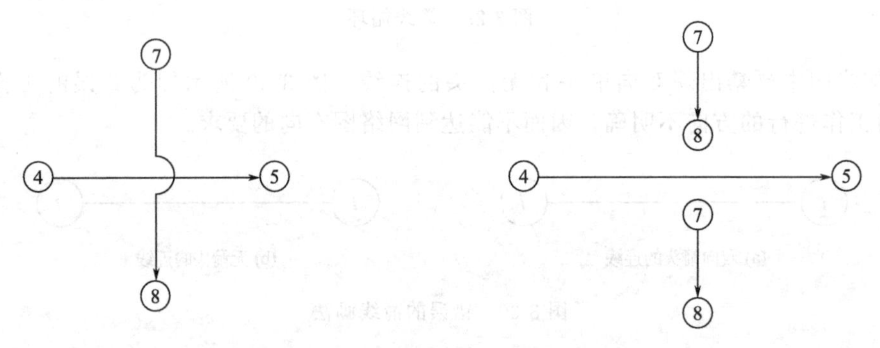

图 3-34　箭线交叉的表示方法

（2）双代号网络图的绘制。

1）逻辑草稿法　先根据网络图的逻辑关系，绘制出网络图草图，再结合绘图规则进行调整布局，最后形成正式网络图。当已知每一项工作的紧前工作时，可按下述步骤绘制双代号网络图：

① 根据已有的紧前工作找出每项工作的紧后工作；

② 首先绘制没有紧前工作的工作，这些工作与起点节点相连；

③ 根据各项工作的紧后工作依次绘制其他各项工作；

④ 合并没有紧后工作的箭线，即为终点节点；

⑤ 确认无误，进行节点编号。

【例 3-4】 已知各工作之间的逻辑关系如表 3-8 所示，试绘制其双代号网络图。

表 3-8 工作逻辑关系表

工作	A	B	C	D
紧前工作	—	—	A、B	B

【解】 绘制结果如图 3-35 所示。

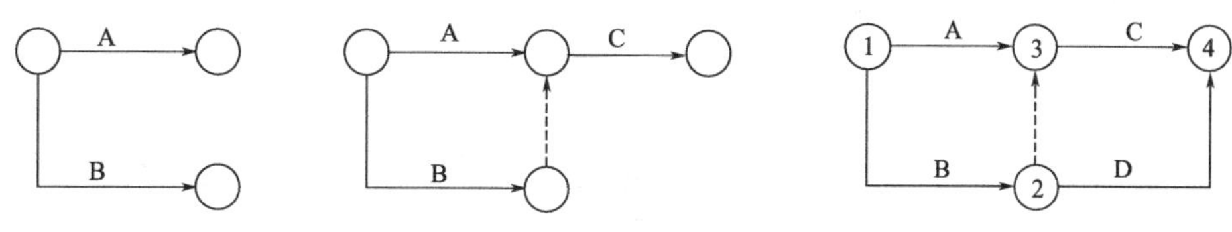

图 3-35 绘图过程

2）绘制双代号网络图注意事项：

① 网络图布局要条理清楚，重点突出 虽然网络图主要用以表达各工作之间的逻辑关系，但为了使用方便，布局应条理清楚，层次分明，行列有序；同时还应突出重点，尽量把关键工作和关键线路布置在中心位置。

② 正确应用虚箭线进行网络图的断路 应用虚箭线进行网络断路，是正确表达工作之间逻辑关系的关键。双代号网络图出现多余联系可采用以下两种方法进行断路：一种是在横向用虚箭线切断无逻辑关系的工作之间联系，称为横向断路法，这种方法主要用于无时间坐标的网络。另一种是在纵向用虚箭线切断无逻辑关系的工作之间的联系，称为纵向断路法，这种方法主要用于有时间坐标的网络图中。

③ 力求减少不必要的箭线和节点 双代号网络图中，应在满足绘图规则和两个节点一根箭线代表一项工作的原则基础上，力求减少不必要的箭线和节点，使网络图图面简洁，减少时间参数的计算量。如图 3-36（a）所示，该图在施工顺序、流水关系及逻辑关系上均是合理的，但它过于繁琐。如果将不必要的节点和箭线去掉，网络图则更加明快、简单，同时并不改变原有的逻辑关系，如图 3-36（b）所示。

（3）网络图的排列。网络图采用正确的排列方式，逻辑关系准确清晰，形象直观，便于计算与调整。主要排列方式有：

1）混合排列 对于简单的网络图，可根据施工顺序和逻辑关系将各施工过程对称排列，其特点是构图美观、形象、大方。如图 3-37 所示。

2）按施工过程排列 根据施工顺序把各施工过程按垂直方向排列，施工段按水平方向排列，其特点是相同工种在同一水平线上，突出不同工种的工作情况。如图 3-38 所示。

3）按施工段排列 同一施工段上的有关施工过程按水平方向排列，施工段按垂直方向排列，其特点是同一施工段的工作在同一水平线上，反映出分段施工的特征，突出工作面的利用情况。如图 3-39 所示。

4）按楼层排列 一般内装修工程的三项工作按楼层由上到下进行的施工网络计划。在分段施工中，当若干项工作沿着建筑物的楼层展开时，其网络计划一般都可以按楼层排列，如图 3-40 所示。

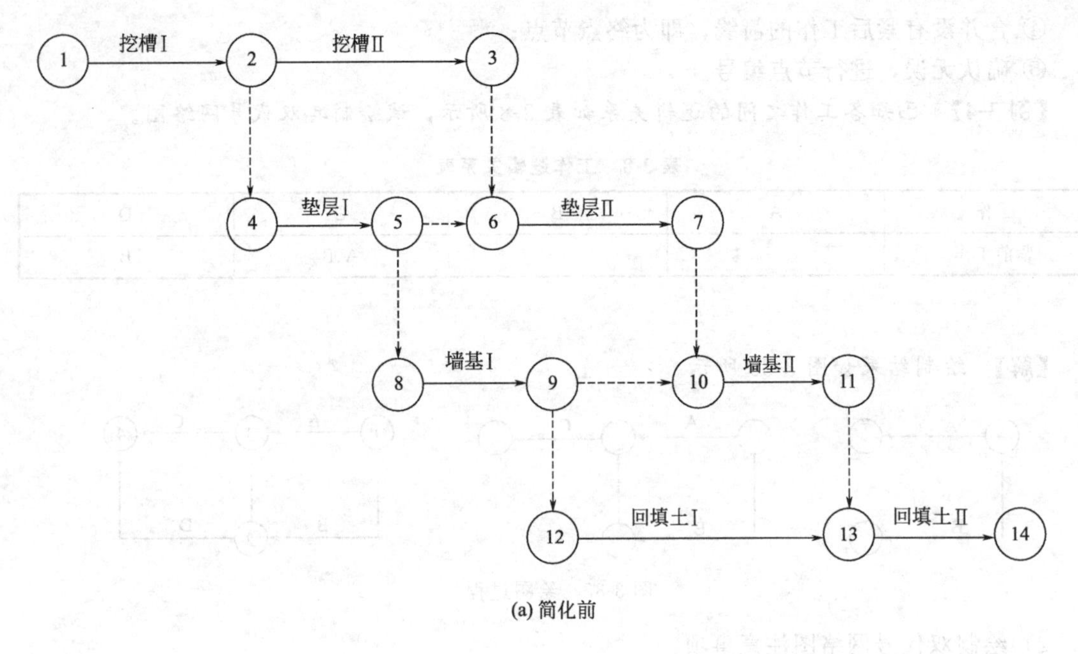

(a) 简化前

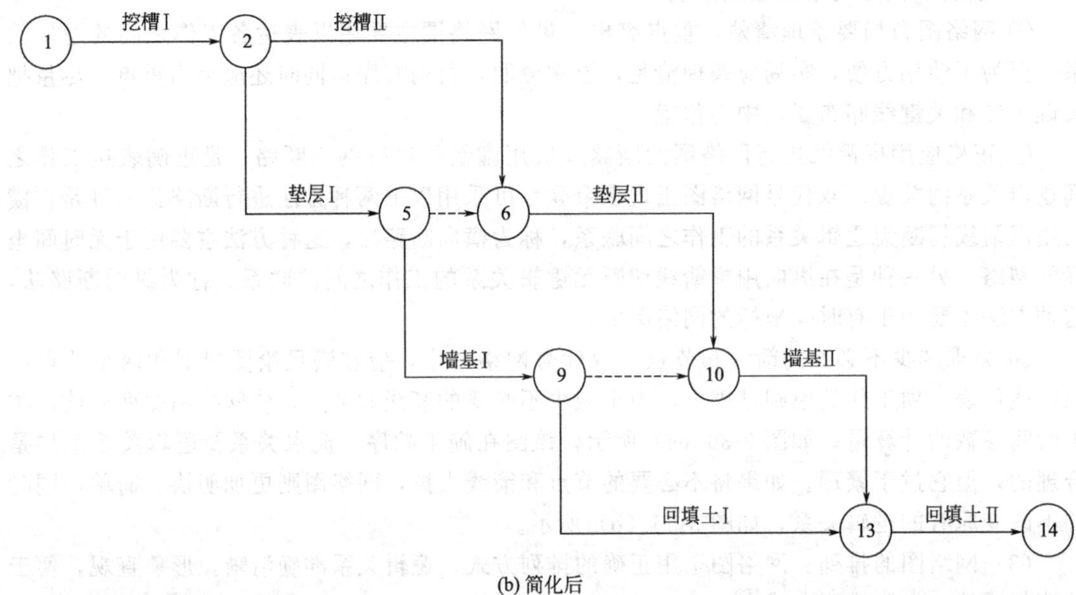

(b) 简化后

图 3-36　网络图的简化

2. 单代号网络图的绘制

绘制单代号网络图需遵循以下规则：

(1) 单代号网络图必须正确表述已定的逻辑关系；

(2) 单代号网络图中，严禁出现循环回路；

(3) 单代号网络图中，严禁出现双向箭头或无箭头的连线；

(4) 单代号网络图中，严禁出现没有箭尾节点的箭线和没有箭头节点的箭线；

(5) 绘制网络图时，箭线不宜交叉，当交叉不可避免时，可采用过桥法和指向法绘制；

(6) 单代号网络图只应有一个起点节点和一个终点节点；当网络图中有多项起点节点或多项终点节点时，应在网络图的两端分别设置一项虚工作，作为该网络图的起点节点和终点节点。

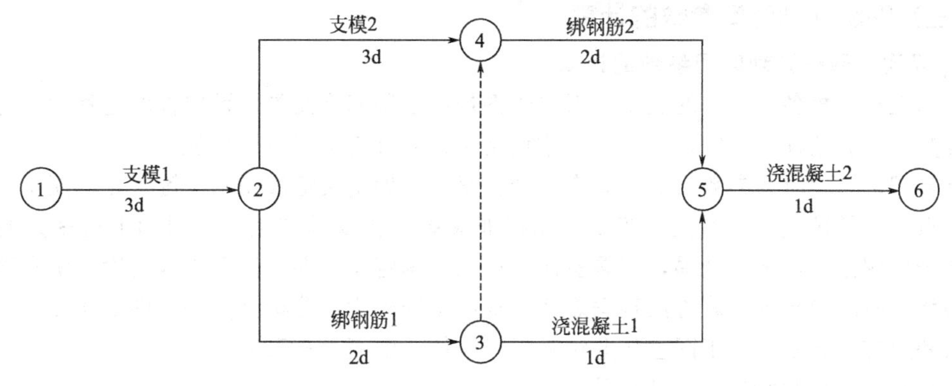

图 3-37　网络图的混合排列

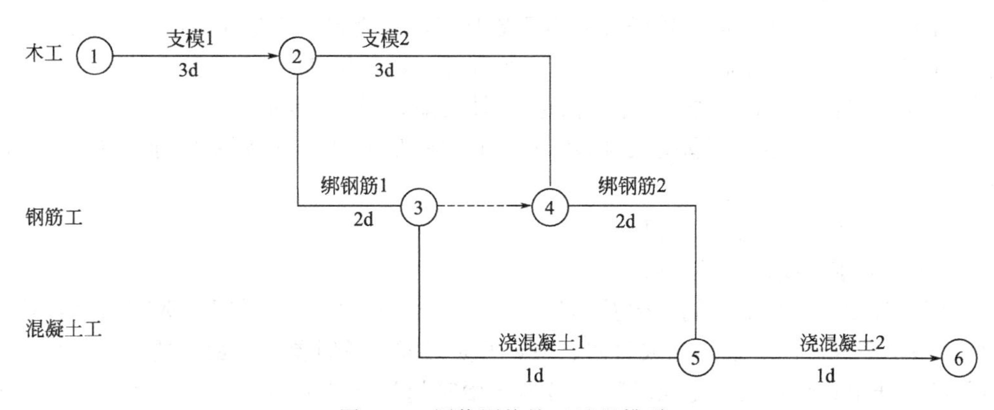

图 3-38　网络图按施工过程排列

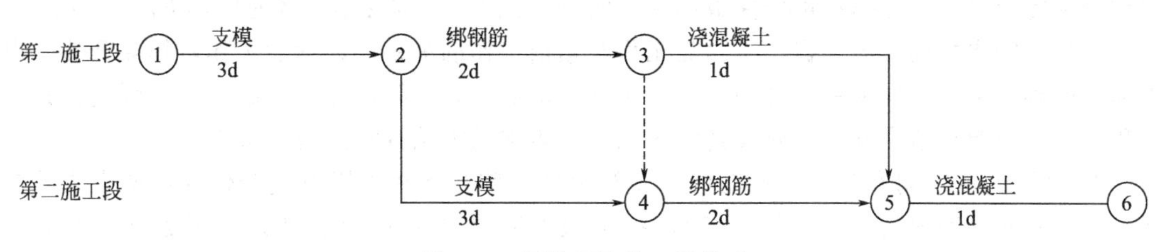

图 3-39　网络图按施工段排列

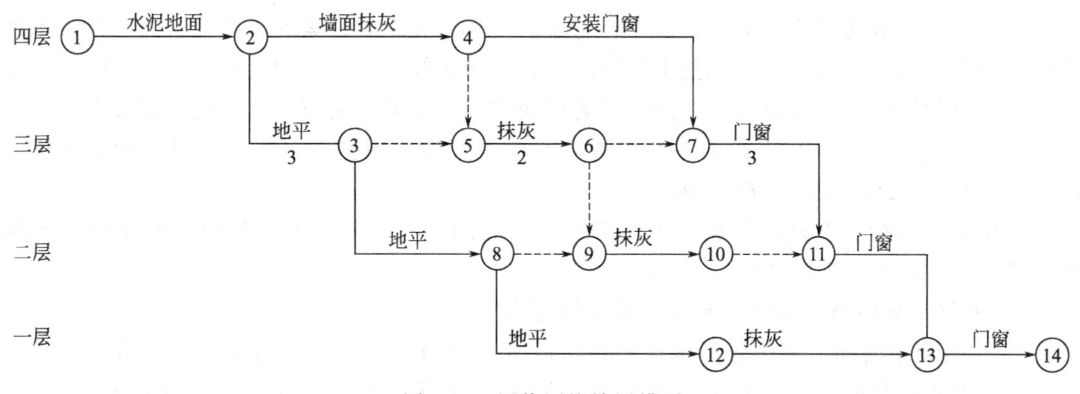

图 3-40　网络图按楼层排列

（三）网络计划时间参数的计算

1. 双代号网络计划时间参数的计算

根据工程对象各项工作的逻辑关系和绘图规则绘制网络图是一种定性的过程，只有进行时间参数的计算这样一个定量的过程，才使网络计划具有实际应用价值。

计算网络计划时间参数目的主要有三个：第一，确定关键线路和关键工作，便于施工中抓住重点，向关键线路要时间。第二，明确非关键工作及其在施工中时间上有多大的机动性，便于挖掘潜力，统筹全局，部署资源。第三，确定总工期，做到工程进度心中有数。

网络图时间参数的计算方法根据表达方式的不同分为：分析计算法、图上作业法、表上作业法和矩阵计算法。由于图上作业法直观、简便，因而大多采用。

（1）网络计划时间参数及其符号。

1）工作持续时间　工作持续时间是指一项工作从开始到完成的时间，用 $D_{i\text{-}j}$ 表示。

2）工期　工期是指完成一项任务所需要的时间，一般有以下三种工期：

① 计算工期：是指根据时间参数计算所得到的工期，用 T_c 表示。

② 要求工期：是指任务委托人提出的指令性工期，用 T_r 表示。

③ 计划工期：是指根据要求工期和计划工期所确定的作为实施目标的工期，用 T_p 表示。

当规定了要求工期时：$T_p \leqslant T_r$；

当未规定要求工期时：$T_p = T_c$。

3）网络计划中工作的时间参数及其计算程序　网络计划中的时间参数有六个：最早开始时间、最早完成时间、最迟完成时间、最迟开始时间、总时差、自由时差。

① 最早开始时间和最早完成时间　最早开始时间是指各紧前工作全部完成后，本工作有可能开始的最早时刻。工作 i-j 的最早开始时间用 $ES_{i\text{-}j}$ 表示。最早完成时间是指各紧前工作全部完成后，本工作有可能完成的最早时刻。工作 i-j 的最早完成时间用 $EF_{i\text{-}j}$ 表示。

这类时间参数的实质是提出了紧后工作与紧前工作的关系，即紧后工作若提前开始，也不能提前到其紧前工作未完成之前。就整个网络图而言，受到起点节点的控制。因此，其计算程序为：自起点节点开始，顺着箭线方向，用累加的方法计算到终点节点。

② 最迟完成时间和最迟开始时间　最迟完成时间是指在不影响整个任务按期完成的前提下，工作必须完成的最迟时刻。工作 i-j 的最迟完成时间用 $LF_{i\text{-}j}$ 表示。最迟开始时间是指在不影响整个任务按期完成的前提下，工作必须开始的最迟时刻。工作 i-j 的最迟开始时间用 $LS_{i\text{-}j}$ 表示。

这类时间参数的实质是提出紧前工作与紧后工作的关系，即紧前工作要推迟开始，不能影响其紧后工作的按期完成。就整个网络图而言，受到终点节点（即计算工期）的控制。因此，其计算程序为：自终点节点开始，逆着箭线方向，用累减的方法计算到起点节点。

③ 总时差和自由时差　总时差是指在不影响总工期的前提下，本工作可以利用的机动时间。工作 i-j 的总时差用 $TF_{i\text{-}j}$ 表示。

自由时差是指在不影响其紧后工作最早开始时间的前提下，本工作可以利用的机动时间。工作 i-j 的自由时差用 $FF_{i\text{-}j}$ 表示。

4）网络计划中节点的时间参数及其计算程序。

① 节点最早时间　双代号网络计划中，以该节点为开始节点的各项工作的最早开始时间，称为节点最早时间。节点 i 的最早时间用 ET_i 表示。计算程序为：自起点节点开始，顺着箭线方向，用累加的方法计算到终点节点。

② 节点最迟时间 双代号网络计划中，以该节点为完成节点的各项工作的最迟完成时间，称为节点的最迟时间，节点 i 的最迟时间用 LT_i 表示。其计算程序为：自终点节点开始，逆着箭线方向，用累减的方法计算到起点节点。

5）常用符号 设有线路ⓗ—ⓘ—ⓙ—ⓚ，则：

$D_{i\text{-}j}$——工作 i-j 的持续时间；

$D_{h\text{-}i}$——工作 i-j 的紧前工作 h-i 的持续时间；

$D_{j\text{-}k}$——工作 i-j 紧后工作 j-k 的持续时间；

$ES_{i\text{-}j}$——工作 i-j 的最早开始时间；

$EF_{i\text{-}j}$——工作 i-j 的最早完成时间；

$LF_{i\text{-}j}$——在总工期已经确定的情况下，工作 i-j 的最迟完成时间；

$LS_{i\text{-}j}$——在总工期已经确定的情况下，工作 i-j 的最迟开始时间；

ET_i——节点 i 的最早时间；

LT_i——节点 i 的最迟时间；

$TF_{i\text{-}j}$——工作 i-j 的总时差；

$FF_{i\text{-}j}$——工作 i-j 的自由时差。

（2）双代号网络计划时间参数的计算方法。

1）工作计算法 所谓按工作计算法，就是以网络计划中的工作为对象，直接计算各项工作的时间参数。这些时间参数包括：工作的最早开始时间和最早完成时间、工作的最迟开始时间和最迟完成时间、工作的总时差和自由时差。此外，还应计算网络计划的计算工期。

为了简化计算，网络计划时间参数中的开始时间和完成时间都应以时间单位的结束时刻为标准。如第 3 天开始即是指第 3 天结束（下班）时刻开始，实际上是第 4 天上班时刻才开始；第 5 天完成即是指第 5 天结束（下班）时刻完成。按工作计算法计算时间参数应在确定了各项工作的持续时间之后进行。虚工作也必须视同工作进行计算，其持续时间为零。时间参数的计算结果应标注在箭线之上，如图 3-41 所示。

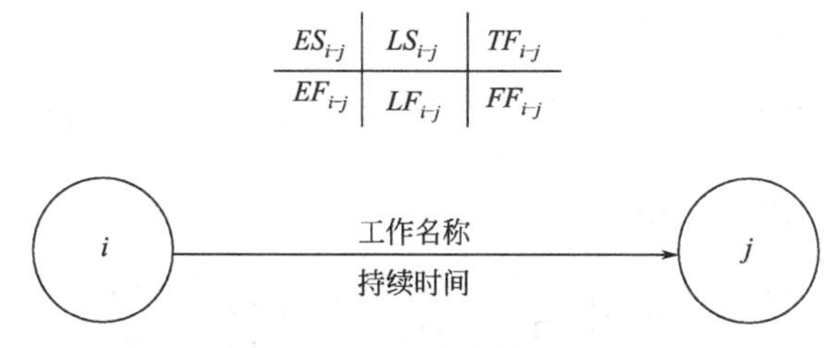

图 3-41 按工作计算法标注

下面以某双代号网络计划（图 3-42）为例，说明其计算步骤。

① 计算各工作的最早开始时间和最早完成时间。各项工作的最早完成时间等于其最早开始时间加上工作持续时间，即

$$EF_{i\text{-}j}=ES_{i\text{-}j}+D_{i\text{-}j} \tag{3-15}$$

计算工作最早时间参数时，一般有以下三种情况：

a. 当工作以起点节点为开始节点时，其最早开始时间为零（或规定时间），即：

$$ES_{i\text{-}j}=0 \tag{3-16}$$

b. 当工作只有一项紧前工作时，该工作的最早开始时间应为其紧前工作的最早完成时间，即：

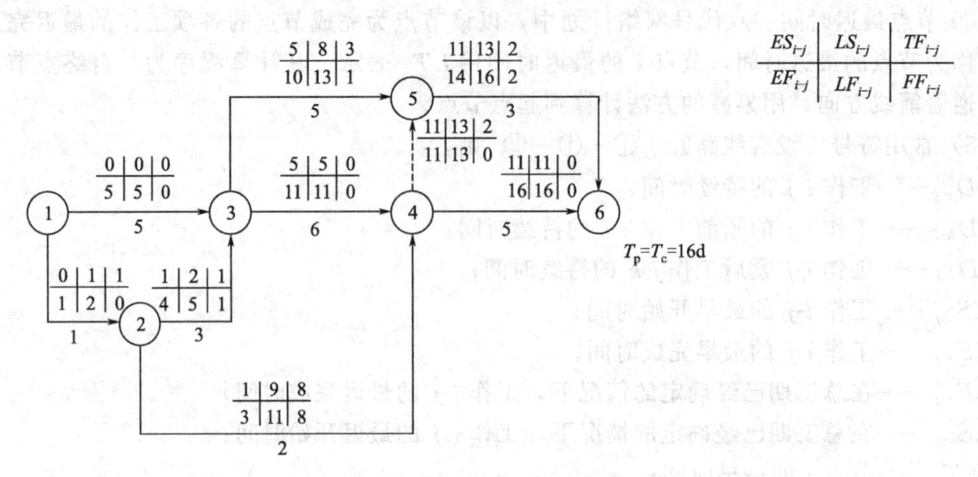

图 3-42 双代号网络图图上计算法

$$EF_{i-j}=EF_{h-i}=ES_{h-i}+D_{h-i} \tag{3-17}$$

c. 当工作有多个紧前工作时，该工作的最早开始时间应为其所有紧前工作最早完成时间最大值，即：

$$ES_{i-j}=\max\{EF_{h-i}\}=\max\{ES_{h-i}+D_{h-i}\} \tag{3-18}$$

如图 3-42 所示的网络计划中，各工作的最早开始时间和最早完成时间计算如下：

工作的最早开始时间：

$$ES_{1-2}=ES_{1-3}=0$$

$$ES_{2-3}=ES_{1-2}+D_{1-2}=0+1=1(\text{d})$$

$$ES_{2-4}=ES_{2-3}=1(\text{d})$$

$$ES_{3-4}=\max\begin{Bmatrix}ES_{1-3}+D_{1-3}\\ES_{2-3}+D_{2-3}\end{Bmatrix}=\max\begin{Bmatrix}0+5\\1+3\end{Bmatrix}=5(\text{d})$$

$$ES_{3-5}=ES_{3-4}=5$$

$$ES_{4-5}=\max\begin{Bmatrix}ES_{2-4}+D_{2-4}\\ES_{3-4}+D_{3-4}\end{Bmatrix}=\max\begin{Bmatrix}1+2\\5+6\end{Bmatrix}=11(\text{d})$$

$$ES_{4-6}=ES_{4-5}=11$$

$$ES_{5-6}=\max\begin{Bmatrix}ES_{3-5}+D_{3-5}\\ES_{4-5}+D_{4-5}\end{Bmatrix}=\max\begin{Bmatrix}5+5\\11+0\end{Bmatrix}=11(\text{d})$$

工作的最早完成时间：

$$EF_{1-2}=ES_{1-2}+D_{1-2}=0+1=1(\text{d})$$

$$EF_{1-3}=ES_{1-3}+D_{1-3}=0+5=5(\text{d})$$

$$EF_{2-3}=ES_{2-3}+D_{2-3}=1+3=4(\text{d})$$

$$EF_{2-4}=ES_{2-4}+D_{2-4}=1+2=3(\text{d})$$

$$EF_{3-4}=ES_{3-4}+D_{3-4}=5+6=11(\text{d})$$

$$EF_{3-5}=ES_{3-5}+D_{3-5}=5+5=10(\text{d})$$

$$EF_{4-5}=ES_{4-5}+D_{4-5}=11+0=11(\text{d})$$

$$EF_{4-6}=ES_{4-6}+D_{4-6}=11+5=16(\text{d})$$

$$EF_{5-6}=ES_{5-6}+D_{5-6}=11+3=14(\text{d})$$

上述计算可以看出，工作的最早时间计算时应特别注意以下三点：一是计算程序，即从起点节点开始顺着箭线方向，按节点次序逐项工作计算。二是要弄清该工作的紧前工作是哪几项，以便准确计算。三是同一节点的所有外向工作最早开始时间相同。

② 确定网络计划工期。当网络计划规定了要求工期时，网络计划的计划工期应小于或等于要求工期，即

$$T_p \leqslant T_r \tag{3-19}$$

当网络计划未规定要求工期时，网络计划的计划工期应等于计算工期，即以网络计划的终点节点为完成节点的各个工作的最早完成时间的最大值，如网络计划的终点节点的编号为n，则计算工期 T_c 为：

$$T_p = T_c = \max\{EF_{i\text{-}n}\} \tag{3-20}$$

如图 3-42 所示，网络计划的计算工期为：

$$T_c = \max\begin{Bmatrix} EF_{4\text{-}6} \\ EF_{5\text{-}6} \end{Bmatrix} = \max\begin{Bmatrix} 16 \\ 14 \end{Bmatrix} = 16(\text{d})$$

③ 计算各工作的最迟完成和最迟开始时间。各工作的最迟开始时间等于其最迟完成时间减去工作持续时间，即

$$LS_{i\text{-}j} = LF_{i\text{-}j} - D_{i\text{-}j} \tag{3-21}$$

计算工作最迟完成时间参数时，一般有以下三种情况：

a. 当工作的终点节点为完成节点时，其最迟完成时间为网络计划的计划工期，即

$$LF_{i\text{-}n} = T_p \tag{3-22}$$

b. 当工作只有一项紧后工作时，该工作的最迟完成时间应为其紧后工作的最迟开始时间，即：

$$LF_{i\text{-}j} = LS_{j\text{-}k} = LF_{j\text{-}k} - D_{j\text{-}k} \tag{3-23}$$

c. 当工作有多项紧后工作时，该工作的最迟完成时间应为其多项紧后工作最迟开始时间的最小值，即：

$$LF_{i\text{-}j} = \min\{LS_{j\text{-}k}\} = \min\{LF_{j\text{-}k} - D_{j\text{-}k}\} \tag{3-24}$$

如图 3-42 所示的网络计划中，各工作的最迟完成时间和最迟开始时间计算如下：

工作的最迟完成时间：

$$LF_{4\text{-}6} = T_c = 16(\text{d})$$

$$LF_{5\text{-}6} = LF_{4\text{-}6} = 16(\text{d})$$

$$LF_{3\text{-}5} = LF_{5\text{-}6} - D_{5\text{-}6} = 16 - 3 = 13(\text{d})$$

$$LF_{4\text{-}5} = LF_{3\text{-}5} = 13(\text{d})$$

$$LF_{2\text{-}4} = \min\begin{Bmatrix} LF_{4\text{-}5} - D_{4\text{-}5} \\ LF_{4\text{-}6} - D_{4\text{-}6} \end{Bmatrix} = \min\begin{Bmatrix} 13-0 \\ 16-5 \end{Bmatrix} = 11(\text{d})$$

$$LF_{3\text{-}4} = LF_{2\text{-}4} = 11(\text{d})$$

$$LF_{1\text{-}3} = \min\begin{Bmatrix} LF_{3\text{-}4} - D_{3\text{-}4} \\ LF_{3\text{-}5} - D_{3\text{-}5} \end{Bmatrix} = \min\begin{Bmatrix} 11-6 \\ 13-5 \end{Bmatrix} = 5(\text{d})$$

$$LF_{2\text{-}3} = LF_{1\text{-}3} = 5(\text{d})$$

$$LF_{1\text{-}2} = \min\begin{Bmatrix} LF_{2\text{-}3} - D_{2\text{-}3} \\ LF_{2\text{-}4} - D_{2\text{-}4} \end{Bmatrix} = \min\begin{Bmatrix} 5-3 \\ 11-2 \end{Bmatrix} = 2(\text{d})$$

工作的最迟开始时间：

$$LS_{4\text{-}6}=LF_{4\text{-}6}-D_{4\text{-}6}=16-5=11(\mathrm{d})$$
$$LS_{5\text{-}6}=LF_{5\text{-}6}-D_{5\text{-}6}=16-3=13(\mathrm{d})$$
$$LS_{3\text{-}5}=LF_{3\text{-}5}-D_{3\text{-}5}=13-5=8(\mathrm{d})$$
$$LS_{4\text{-}5}=LF_{4\text{-}5}-D_{4\text{-}5}=13-0=13(\mathrm{d})$$
$$LS_{2\text{-}4}=LF_{2\text{-}4}-D_{2\text{-}4}=11-2=9(\mathrm{d})$$
$$LS_{3\text{-}4}=LF_{3\text{-}4}-D_{3\text{-}4}=11-6=5(\mathrm{d})$$
$$LS_{1\text{-}3}=LF_{1\text{-}3}-D_{1\text{-}3}=5-5=0(\mathrm{d})$$
$$LS_{2\text{-}3}=LF_{2\text{-}3}-D_{2\text{-}3}=5-3=2(\mathrm{d})$$
$$LS_{1\text{-}2}=LF_{1\text{-}2}-D_{1\text{-}2}=2-1=1(\mathrm{d})$$

上述计算可以看出，工作的最迟时间计算时应特别注意以下三点：一是计算程序，即从终点开始逆着箭线方向，按节点次序逐项工作计算。二是要弄清该工作紧后工作有哪几项，以便正确计算。三是同一节点的所有内向工作最迟完成时间相同。

④ 计算各工作的总时差。如图 3-43 所示，在不影响总工期的前提下，一项工作可以利用的时间范围是从该工作最早开始时间到最迟完成时间，即工作从最早开始时间或最迟开始时间开始，均不会影响总工期。而工作实际需要的持续时间是 $D_{i\text{-}j}$，扣去 $D_{i\text{-}j}$ 后，余下的一段时间就是工作可以利用的机动时间，即为总时差。所以总时差等于最迟开始时间减去最早开始时间，或最迟完成时间减去最早完成时间，即：

$$TF_{i\text{-}j}=LS_{i\text{-}j}-ES_{i\text{-}j} \tag{3-25}$$

或

$$TF_{i\text{-}j}=LF_{i\text{-}j}-EF_{i\text{-}j} \tag{3-26}$$

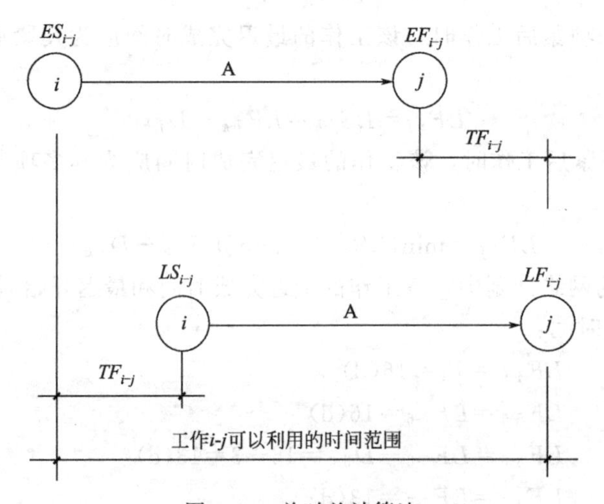

图 3-43　总时差计算法

如图 3-43 所示的网络图中，各工作的总时差计算如下：

$$TF_{1\text{-}2}=LS_{1\text{-}2}-ES_{1\text{-}2}=1-0=1(\mathrm{d})$$
$$TF_{1\text{-}3}=LS_{1\text{-}3}-ES_{1\text{-}3}=0-0=0$$
$$TF_{2\text{-}3}=LS_{2\text{-}3}-ES_{2\text{-}3}=2-1=1(\mathrm{d})$$
$$TF_{2\text{-}4}=LS_{2\text{-}4}-ES_{2\text{-}4}=9-1=8(\mathrm{d})$$
$$TF_{3\text{-}4}=LS_{3\text{-}4}-ES_{3\text{-}4}=5-5=0$$
$$TF_{3\text{-}5}=LS_{3\text{-}5}-ES_{3\text{-}5}=8-5=3(\mathrm{d})$$
$$TF_{4\text{-}5}=LS_{4\text{-}5}-ES_{4\text{-}5}=13-11=2(\mathrm{d})$$
$$TF_{4\text{-}6}=LS_{4\text{-}6}-ES_{4\text{-}6}=11-11=0$$

$$TF_{5\text{-}6}=LS_{5\text{-}6}-ES_{5\text{-}6}=13-11=2(\mathrm{d})$$

通过计算不难看出总时差有如下特性：

a. 凡是总时差为最小的工作就是关键工作；由关键工作连接构成的线路为关键线路；关键线路上各工作时间之和即为总工期。

b. 当网络计划的计划工期等于计算工期时，凡总时差大于零的工作为非关键工作，凡是具有非关键工作的线路即为非关键线路。非关键线路与关键线路相交时的相关节点把非关键线路划分成若干个非关键线路段，各段有各段的总时差，相互没有关系。

c. 总时差的使用具有双重性，它既可以被该工作使用，但又属于某非关键线路所共有。当某项工作使用了全部或部分总时差时，则将引起通过该工作的线路上所有工作总时差重新分配。

⑤ 计算各工作的自由时差。如图 3-44 所示，在不影响其紧后工作最早开始时间的前提下，一项工作可以利用的时间范围是从该工作最早开始时间至其紧后工作最早开始时间。而工作实际需要的持续时间是 $D_{i\text{-}j}$，那么扣去 $D_{i\text{-}j}$ 后，尚有的一段时间就是自由时差。其计算如下。

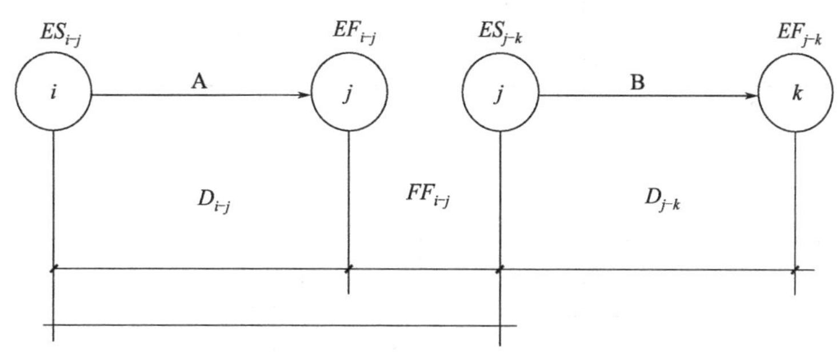

图 3-44　自由时差计算简图

当工作有紧后工作时，该工作的自由时差等于紧后工作的最早开始时间减本工作最早完成时间，即：

$$FF_{i\text{-}j}=ES_{j\text{-}k}-EF_{i\text{-}j} \tag{3-27}$$

或

$$FF_{i\text{-}j}=ES_{j\text{-}k}-ES_{i\text{-}j}-D_{i\text{-}j} \tag{3-28}$$

当以终点节点（$j=n$）为箭头节点的工作，其自由时差应按网络计划的计划工期 T_{p} 确定，即：

$$FF_{i\text{-}n}=T_{\mathrm{p}}-EF_{i\text{-}n} \tag{3-29}$$

或

$$FF_{i\text{-}n}=T_{\mathrm{p}}-ES_{i\text{-}n}-D_{i\text{-}n} \tag{3-30}$$

如图 3-42 所示的网络图中，各工作的自由时差计算如下：

$$FF_{1\text{-}2}=ES_{2\text{-}3}-ES_{1\text{-}2}-D_{1\text{-}2}=1-0-1=0$$

$$FF_{1\text{-}3}=ES_{3\text{-}4}-ES_{1\text{-}3}-D_{1\text{-}3}=5-0-5=0$$

$$FF_{2\text{-}3}=ES_{3\text{-}4}-ES_{2\text{-}3}-D_{2\text{-}3}=5-1-3=1(\mathrm{d})$$

$$FF_{2\text{-}4}=ES_{4\text{-}5}-ES_{2\text{-}4}-D_{2\text{-}4}=11-1-2=8(\mathrm{d})$$

$$FF_{3\text{-}4}=ES_{4\text{-}5}-ES_{3\text{-}4}-D_{3\text{-}4}=11-5-6=0$$

$$FF_{3\text{-}5}=ES_{5\text{-}6}-ES_{3\text{-}5}-D_{3\text{-}5}=11-5-5=1(\mathrm{d})$$

$$FF_{4\text{-}5}=ES_{5\text{-}6}-ES_{4\text{-}5}-D_{4\text{-}5}=11-11-0=0$$

$$FF_{4\text{-}6}=T_{\mathrm{p}}-ES_{4\text{-}6}-D_{4\text{-}6}=16-11-5=0$$

$$FF_{5\text{-}6}=T_{\mathrm{p}}-ES_{5\text{-}6}-D_{5\text{-}6}=16-11-3=2(\mathrm{d})$$

通过计算不难看出自由时差有如下特性：

a. 自由时差为某非关键工作独立使用的机动时间，利用自由时差，不会影响其紧后工作的最早开始时间。

b. 非关键工作的自由时差必小于或等于其总时差。

2）节点计算法　按节点计算法计算时间参数，其计算结果应标注在节点之上，如图3-45所示。

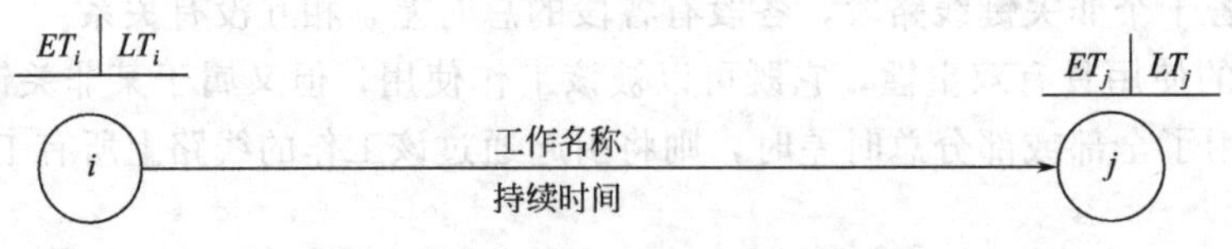

图 3-45　按节点计算法的标注

下面以图 3-46 为例，说明其计算步骤：

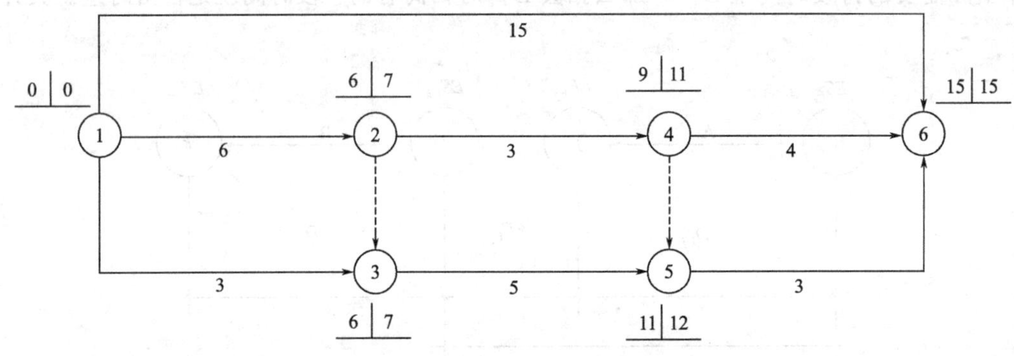

图 3-46　网络图节点时间计算

① 计算各节点最早时间。节点的最早时间是以该节点为开始节点的工作的最早开始时间，其计算有三种情况：

a. 起点节点 i 如未规定最早时间，其值应等于零，即：

$$ET_i = 0(i=1) \tag{3-31}$$

b. 当节点 j 只有一条内向箭线时，最早时间应为：

$$ET_j = ET_i + D_{i\text{-}j} \tag{3-32}$$

c. 当节点 j 有多条内向箭线时，其最早时间应为：

$$ET_j = \max\{ET_i + D_{i\text{-}j}\} \tag{3-33}$$

终点节点 n 的最早时间即为网络计划的计算工期，即：

$$T_c = ET_n \tag{3-34}$$

如图 3-46 所示的网络计划中，各节点最早时间计算如下：

$$ET_1 = 0$$

$$ET_2 = ET_1 + D_{1\text{-}2} = 0 + 6 = 6(\text{d})$$

$$ET_3 = \max\begin{Bmatrix} ET_2 + D_{2\text{-}3} \\ ET_1 + D_{1\text{-}3} \end{Bmatrix} = \max\begin{Bmatrix} 6+0 \\ 0+3 \end{Bmatrix} = 6(\text{d})$$

$$ET_4 = ET_2 + D_{2\text{-}4} = 6 + 3 = 9(\text{d})$$

$$ET_5 = \max\begin{Bmatrix} ET_4 + D_{4\text{-}5} \\ ET_3 + D_{3\text{-}5} \end{Bmatrix} = \max\begin{Bmatrix} 9+0 \\ 6+5 \end{Bmatrix} = 11(\text{d})$$

$$ET_6=\max\begin{Bmatrix}ET_1+D_{1\text{-}6}\\ET_4+D_{4\text{-}6}\\ET_5+D_{5\text{-}6}\end{Bmatrix}=\max\begin{Bmatrix}0+15\\9+4\\11+3\end{Bmatrix}=15(\mathrm{d})$$

② 计算各节点最迟时间。节点最迟时间是以该节点为完成节点的工作的最迟完成时间，其计算有下列情况：

a. 终点节点的最迟时间应等于网络计划的计划工期，即：

$$LT_n=T_{\mathrm{p}} \tag{3-35}$$

若分期完成的节点，则最迟时间等于该节点规定的分期完成的时间。

b. 当节点 i 只有一个外向箭线时，最迟时间为：

$$LT_i=LT_j-D_{i\text{-}j} \tag{3-36}$$

c. 当节点 i 有多条外向箭线时，其最迟时间为：

$$LT_i=\min\{LT_j-D_{i\text{-}j}\} \tag{3-37}$$

如图 3-46 所示的网络计划中，各节点的最迟时间计算如下：

$$LT_6=T_{\mathrm{p}}=T_{\mathrm{c}}=ET_6=15(\mathrm{d})$$

$$LT_5=LT_6\text{-}D_{5\text{-}6}=15-3=12(\mathrm{d})$$

$$LT_4=\min\begin{Bmatrix}LT_6-D_{4\text{-}6}\\LT_5-D_{4\text{-}5}\end{Bmatrix}=\min\begin{Bmatrix}15-4\\12-0\end{Bmatrix}=11(\mathrm{d})$$

$$LT_3=LT_5-D_{3\text{-}5}=12-5=7(\mathrm{d})$$

$$LT_2=\min\begin{Bmatrix}LT_4-D_{2\text{-}4}\\LT_3-D_{2\text{-}3}\end{Bmatrix}=\min\begin{Bmatrix}11-3\\7-0\end{Bmatrix}=7(\mathrm{d})$$

$$LT_1=\min\begin{Bmatrix}LT_6-D_{1\text{-}6}\\LT_2-D_{1\text{-}2}\\LT_3-D_{1\text{-}3}\end{Bmatrix}=\min\begin{Bmatrix}15-15\\7-6\\7-3\end{Bmatrix}=0$$

3）根据节点时间参数计算工作时间参数。

① 工作最早开始时间等于该工作的开始节点的最早时间：

$$ES_{i\text{-}j}=ET_i \tag{3-38}$$

② 工作的最早完成时间等于该工作的开始节点的最早时间加持续时间：

$$EF_{i\text{-}j}=ET_i+D_{i\text{-}j} \tag{3-39}$$

③ 工作最迟完成时间等于该工作的完成节点的最迟时间：

$$LF_{i\text{-}j}=LT_j \tag{3-40}$$

④ 工作最迟开始时间等于该工作的完成节点的最迟时间减持续时间：

$$LS_{i\text{-}j}=LT_j-D_{i\text{-}j} \tag{3-41}$$

⑤ 工作总时差等于该工作的完成节点最迟时间减该工作开始节点的最早时间再减持续时间：

$$TF_{i\text{-}j}=LT_j-ET_i-D_{i\text{-}j} \tag{3-42}$$

⑥ 工作自由时差等于该工作的完成节点最早时间减该工作开始节点的最早时间再减持续时间：

$$FF_{i\text{-}j}=ET_j-ET_i-D_{i\text{-}j} \tag{3-43}$$

如图 3-46 所示网络计划中，根据节点时间参数计算工作的六个时间参数如下：

a. 工作最早开始时间：

$$ES_{1\text{-}6}=ES_{1\text{-}2}=ES_{1\text{-}3}=ET_1=0$$
$$ES_{2\text{-}4}=ET_2=6(\mathrm{d})$$
$$ES_{3\text{-}5}=ET_3=6(\mathrm{d})$$
$$ES_{4\text{-}6}=ET_4=9(\mathrm{d})$$
$$ES_{5\text{-}6}=ET_5=11(\mathrm{d})$$

b. 工作最早完成时间：

$$EF_{1\text{-}6}=ET_1+D_{1\text{-}6}=0+15=15(\mathrm{d})$$
$$EF_{1\text{-}2}=ET_1+D_{1\text{-}2}=0+6=6(\mathrm{d})$$
$$EF_{1\text{-}3}=ET_1+D_{1\text{-}3}=0+3=3(\mathrm{d})$$
$$EF_{2\text{-}4}=ET_2+D_{2\text{-}4}=6+3=9(\mathrm{d})$$
$$EF_{3\text{-}5}=ET_3+D_{3\text{-}5}=6+5=11(\mathrm{d})$$
$$EF_{4\text{-}6}=ET_4+D_{4\text{-}6}=9+4=13(\mathrm{d})$$
$$EF_{5\text{-}6}=ET_5+D_{5\text{-}6}=11+3=14(\mathrm{d})$$

c. 工作最迟完成时间：

$$LF_{1\text{-}6}=LT_6=15(\mathrm{d})$$
$$LF_{1\text{-}2}=LT_2=7(\mathrm{d})$$
$$LF_{1\text{-}3}=LT_3=7(\mathrm{d})$$
$$LF_{2\text{-}4}=LT_4=11(\mathrm{d})$$
$$LF_{3\text{-}5}=LT_5=12(\mathrm{d})$$
$$LF_{4\text{-}6}=LT_6=15(\mathrm{d})$$
$$LF_{5\text{-}6}=LT_6=15(\mathrm{d})$$

d. 工作最迟开始时间：

$$LS_{1\text{-}6}=LT_6-D_{1\text{-}6}=15-15=0$$
$$LS_{1\text{-}2}=LT_2-D_{1\text{-}2}=7-6=1(\mathrm{d})$$
$$LS_{1\text{-}3}=LT_3-D_{1\text{-}3}=7-3=4(\mathrm{d})$$
$$LS_{2\text{-}4}=LT_4-D_{2\text{-}4}=11-3=8(\mathrm{d})$$
$$LS_{3\text{-}5}=LT_5-D_{3\text{-}5}=12-5=7(\mathrm{d})$$
$$LS_{4\text{-}6}=LT_6-D_{4\text{-}6}=15-4=11(\mathrm{d})$$
$$LS_{5\text{-}6}=LT_6-D_{5\text{-}6}=15-3=12(\mathrm{d})$$

e. 总时差：

$$TF_{1\text{-}6}=LT_6-ET_1-D_{1\text{-}6}=15-0-15=0$$
$$TF_{1\text{-}2}=LT_2-ET_1-D_{1\text{-}2}=7-0-6=1(\mathrm{d})$$
$$TF_{1\text{-}3}=LT_3-ET_1-D_{1\text{-}3}=7-0-3=4(\mathrm{d})$$
$$TF_{2\text{-}4}=LT_4-ET_2-D_{2\text{-}4}=11-6-3=2(\mathrm{d})$$
$$TF_{3\text{-}5}=LT_5-ET_3-D_{3\text{-}5}=12-6-5=1(\mathrm{d})$$
$$TF_{4\text{-}6}=LT_6-ET_4-D_{4\text{-}6}=15-9-4=2(\mathrm{d})$$
$$TF_{5\text{-}6}=LT_6-ET_5-D_{5\text{-}6}=15-11-3=1(\mathrm{d})$$

f. 自由时差：

$$FF_{1\text{-}6}=ET_6-ET_1-D_{1\text{-}6}=15-0-15=0$$
$$FF_{1\text{-}2}=ET_2-ET_1-D_{1\text{-}2}=6-0-6=0$$

$$FF_{1\text{-}3}=ET_3-ET_1-D_{1\text{-}3}=6-0-3=3(\mathrm{d})$$
$$FF_{2\text{-}4}=ET_4-ET_2-D_{2\text{-}4}=9-6-3=0$$
$$FF_{3\text{-}5}=ET_5-ET_3-D_{3\text{-}5}=11-6-5=0$$
$$FF_{4\text{-}6}=ET_6-ET_4-D_{4\text{-}6}=15-9-4=2(\mathrm{d})$$
$$FF_{5\text{-}6}=ET_6-ET_5-D_{5\text{-}6}=15-11-3=1(\mathrm{d})$$

（3）关键工作和关键线路的确定。

1）关键工作的确定　网络计划中机动时间最少的工作称为关键工作，因此，网络计划中工作总时差最小的工作也就是关键工作。在计划工期等于计算工期时，总时差为零的工作就是关键工作。当计划工期小于计算工期时，关键工作的总时差为负值，说明应研究更多措施以缩短计算工期。当计划工期大于计算工期时，关键工作的总时差为正值，说明计划已留有余地，进度控制就比较主动。

2）关键线路的确定方法。

① 利用关键工作判断　网络计划中，自始至终全部由关键工作（必要时经过一些虚工作）组成或线路上总的工作持续时间最长的线路应为关键线路。

② 利用标号法判断　标号法是一种快速寻求网络计划计算工期和关键线路的方法。它利用节点计算法的基本原理，对网络计划中的每个节点进行标号，然后利用标号值确定网络计划的计算工期和关键线路。

下面以图 3-47 所示网络计划为例，说明用标号法确定计算工期和关键线路的步骤。

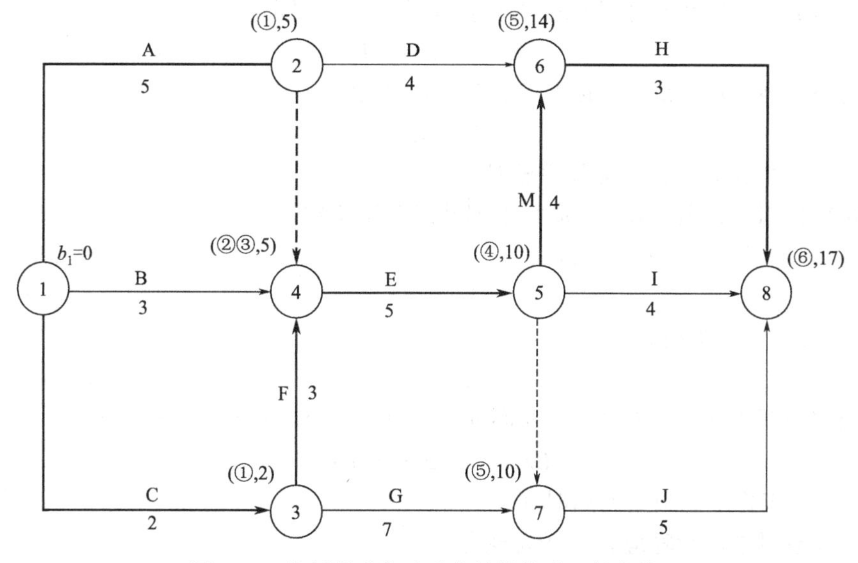

图 3-47　按标号法快速确定关键线路（粗虚线）

a. 确定节点标号值（a，b_j）。

（a）网络计划起点节点的标号值为零。本例中，节点①的标号值为零，即：$b_1=0$。

（b）其他节点的标号值等于以该节点为完成节点的各项工作的开始节点标号值加其持续时间所得之和的最大值，即：

$$b_j=\max\{b_i+D_{i\text{-}j}\} \tag{3-44}$$

式中　b_j——工作 i-j 的完成节点 j 的标号值；

b_i——工作 i-j 的开始节点 i 的标号值；

$D_{i\text{-}j}$——工作 i-j 的持续时间。

节点的标号宜用双标号法，即用源节点（得出标号值的节点）a 作为第一标号，用标号值作为第二标号 b_j。

本例中各节点标号值如图 3-47 所示。

b. 确定计算工期。网络计划的计算工期就是终点节点的标号值。本例中，其计算工期为终点节点⑧的标号值为 17。

c. 确定关键线路。自终点节点开始，逆着箭线跟踪源节点即可确定。本例中，从终点节点⑧开始跟踪源节点分别为⑧、⑥、⑤、④、②、①和⑧、⑥、⑤、④、③、①，即得关键线路①—②—④—⑤—⑥—⑧和①—③—④—⑤—⑥—⑧。

2. 单代号网络计划时间参数计算的公式与规定

(1) 工作最早开始时间的计算应符合下列规定：

1) 工作 i 的最早开始时间 ES_i 应从网络图的起点节点开始，顺着箭线方向依次逐个计算。

2) 起点节点的最早开始时间 ES_1 如无规定时，其值等于零，即

$$ES_1=0 \quad ES_i=\max\{ES_h+D_h\} \tag{3-45}$$

3) 其他工作的最早开始时间 ES_i 应为：

$$ES_i=\max\{ES_h+D_h\} \tag{3-46}$$

式中 ES_h——工作 i 的紧前工作 h 的最早开始时间；

D_h——工作 i 的紧前工作 h 的持续时间。

(2) 工作 i 的最早完成时间 EF_i 的计算应符合下式规定：

$$EF_i=ES_i+D_i \tag{3-47}$$

(3) 网络计划计算工期 T_c 的计算应符合下式规定：

$$T_c=EF_n \tag{3-48}$$

式中 EF_n——终点节点 n 的最早完成时间。

(4) 网络计划的计划工期 T_p 应按下列情况分别确定：

1) 当已规定了要求工期 T_r 时，

$$T_p\leqslant T_r \tag{3-49}$$

2) 当未规定要求工期时，

$$T_p=T_c \tag{3-50}$$

(5) 相邻两项工作 i 和 j 之间的时间间隔 $LAG_{i,j}$ 的计算应符合下式规定：

$$LAG_{i,j}=ES_j-EF_i \tag{3-51}$$

式中 ES_j——工作 j 的最早开始时间。

(6) 工作总时差的计算应符合下列规定：

1) 工作 i 的总时差 TF_i 应从网络图的终点节点开始，逆着箭线方向依次逐项计算。当部分工作分期完成时，有关工作的总时差必须从分期完成的节点开始逆向逐项计算。

2) 终点节点所代表的工作 n 的总时差 TF_n 值为零，即：

$$TF_n=0 \tag{3-52}$$

分期完成的工作的总时差值为零。

3) 其他工作的总时差 TF_i 的计算应符合下式规定：

$$TF_i=\min\{LAG_{i,j}+TF_j\} \tag{3-53}$$

式中 TF_j——工作 i 的紧后工作 j 的总时差。

当已知各项工作的最迟完成时间 LF_i 或最迟开始时间 LS_i 时，工作的总时差 TF_i 计算也

应符合下列规定：

$$TF_i = LS_i - ES_i \tag{3-54}$$

或

$$TF_i = LF_i - EF_i \tag{3-55}$$

(7) 工作 i 的自由时差 FF_i 的计算应符合下列规定：

$$FF_i = \min\{LAG_{i,j}\} \tag{3-56}$$

$$FF_i = \min\{ES_j - EF_i\} \tag{3-57}$$

或符合下式规定：

$$FF_i = \min\{ES_j - ES_i - D_i\} \tag{3-58}$$

(8) 工作最迟完成时间的计算应符合下列规定：

1) 工作 i 的最迟完成时间 LF_i 应从网络图的终点节点开始，逆着箭线方向依次逐项计算。当部分工作分期完成时，有关工作的最迟完成时间应从分期完成的节点开始逆向逐项计算。

2) 终点节点所代表的工作 n 的最迟完成时间 LF_n 应按网络计划的计划工期 T_p 确定，即

$$LF_n = T_p \tag{3-59}$$

分期完成那项工作的最迟完成时间应等于分期完成的时刻。

3) 其他工作 i 的最迟完成时间 LF_i 应为

$$LF_i = \min\{LF_j - D_j\} \tag{3-60}$$

式中　LF_j——工作 i 的紧后工作 j 的最迟完成时间；

D_j——工作 i 的紧后工作 j 的持续时间。

(9) 工作 i 的最迟开始时间 LS_i 的计算应符合下列规定：

$$LS_i = LF_i - D_i \tag{3-61}$$

【例 3-5】 试计算如图 3-48 所示单代号网络计划的时间参数。

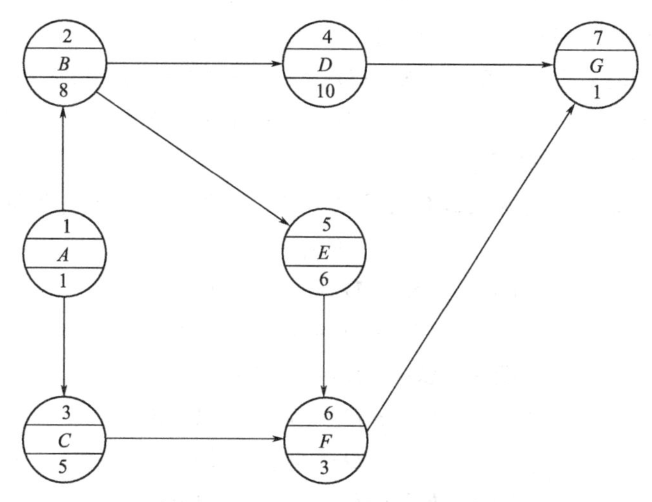

图 3-48　单代号网络计划

【解】 计算结果如图 3-49 所示。现对其计算方法说明如下：

a. 工作最早开始时间的计算。

工作的最早开始时间从网络图的起点节点开始，顺着箭线方向自左至右，依次逐个计算。因起点节点的最早开始时间未作规定，故

$$ES_1 = 0$$

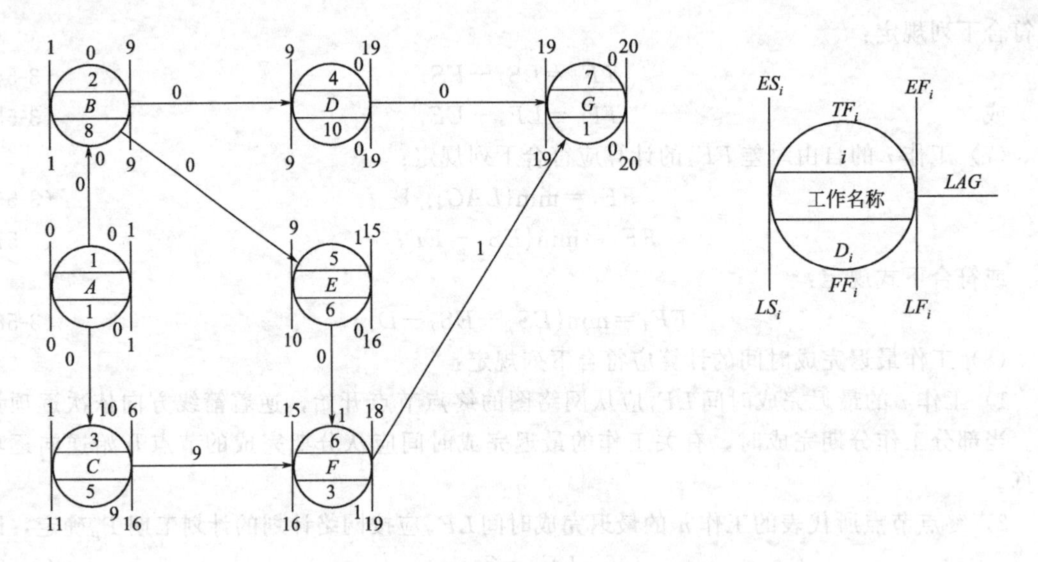

图 3-49　单代号网络计划时间参数的计算结果

其后续工作的最早开始时间是其各紧前工作的最早开始时间与其持续时间之和，并取其最大值，其计算公式为：

$$ES_i = \max\{ES_h + D_h\}$$

由此得到：

$ES_2 = ES_1 + D_1 = 0 + 1 = 1(\text{d})$

$ES_3 = ES_1 + D_1 = 0 + 1 = 1(\text{d})$

$ES_4 = ES_2 + D_2 = 1 + 8 = 9(\text{d})$

$ES_5 = ES_2 + D_2 = 1 + 8 = 9(\text{d})$

$ES_6 = \max\{ES_3 + D_3, ES_5 + D_5\} = \max\{1+5, 9+6\} = 15(\text{d})$

$ES_7 = \max\{ES_4 + D_4, ES_6 + D_6\} = \max\{9+10, 15+3\} = 19(\text{d})$

b. 工作最早完成时间的计算。

每项工作的最早完成时间是该工作的最早开始时间与其持续时间之和，其计算公式为：

$$EF_i = ES_i + D_i$$

因此可得：

$EF_1 = ES_1 + D_1 = 0 + 1 = 1(\text{d})$

$EF_2 = ES_2 + D_2 = 1 + 8 = 9(\text{d})$

$EF_3 = ES_3 + D_3 = 1 + 5 = 6(\text{d})$

$EF_4 = ES_4 + D_4 = 9 + 10 = 19(\text{d})$

$EF_5 = ES_5 + D_5 = 9 + 6 = 15(\text{d})$

$EF_6 = ES_6 + D_6 = 15 + 3 = 18(\text{d})$

$EF_7 = ES_7 + D_7 = 19 + 1 = 20(\text{d})$

c. 网络计划的计算工期。

网络计划的计算工期 T_c 按公式 $T_c = EF_n$ 计算。

由此得到：$T_c = EF_7 = 20$ (d)

d. 网络计划计划工期的确定。

由于本计划没有要求工期，故 $T_p = T_c = 20$ (d)

e. 相邻两项工作之间时间间隔的计算。

相邻两项工作的时间间隔，是后项工作的最早开始时间与前项工作的最早完成时间的差值，它表示相邻两项工作之间有一段时间间歇，相邻两项工作 i 与 j 之间的时间间隔 $LAG_{i,j}$ 按公式 $LAG_{i,j}=ES_j-EF_i$ 计算。

因此可得到：

$$LAG_{1,2}=ES_2-EF_1=1-1=0$$
$$LAG_{1,3}=ES_3-EF_1=1-1=0$$
$$LAG_{2,4}=ES_4-EF_2=9-9=0$$
$$LAG_{2,5}=ES_5-EF_2=9-9=0$$
$$LAG_{3,6}=ES_6-EF_3=15-6=9(\mathrm{d})$$
$$LAG_{5,6}=ES_6-EF_5=15-15=0$$
$$LAG_{4,7}=ES_7-EF_4=19-19=0$$
$$LAG_{6,7}=ES_7-EF_6=19-18=1(\mathrm{d})$$

f. 工作总时差的计算。

每项工作的总时差，是该项工作在不影响计划工期前提下所具有的机动时间。它的计算应从网络图的终点节点开始，逆着箭线方向依次计算。终点节点所代表的工作的总时差 TF_n 值，由于本例没有给出规定工期，故应为零，即：$TF_n=0$，故 $TF_7=0$。

其他工作的总时差 TF_i 可按公式计算。

当已知各项工作的最迟完成时间 LF_i 或最迟开始时间 LS_i 时，工作的总时差 TF_i 也可按公式 $TF_i=LS_i-ES_i$ 或公式 $TF_i=LF_i-EF_i$ 计算。

按公式：

$$TF_i=\min\{LAG_{i,j}+TF_j\}$$

计算的结果是：

$$TF_6=LAG_{6,7}+TF_7=1+0=1(\mathrm{d})$$
$$TF_5=LAG_{5,6}+TF_6=0+1=1(\mathrm{d})$$
$$TF_4=LAG_{4,7}+TF_7=0+0=0$$
$$TF_3=LAG_{3,6}+TF_6=9+1=10(\mathrm{d})$$
$$TF_2=\min\{LAG_{2,4}+TF_4,\ LAG_{2,5}+TF_5\}=\min\{0+0,\ 0+1\}=0$$
$$TF_1=\min\{LAG_{1,2}+TF_2,\ LAG_{1,3}+TF_3\}=\min\{0+0,\ 0+10\}=0$$

g. 工作自由时差的计算。

工作 i 的自由时差 FF_i 由公式 $FF=\min\{LAG_{i,j}\}$

可算得：

$$FF_7=0$$
$$FF_6=LAG_{6,7}=1(\mathrm{d})$$
$$FF_5=LAG_{5,6}=0$$
$$FF_4=LAG_{4,7}=0$$
$$FF_3=LAG_{3,6}=9(\mathrm{d})$$
$$FF_2=\min\{LAG_{2,4},\ LAG_{2,5}\}=\min\{0,\ 0\}=0$$
$$FF_1=\min\{LAG_{1,2},\ LAG_{1,3}\}=\min\{0,\ 0\}=0$$

h. 工作最迟完成时间的计算。

工作 i 的最迟完成时间 LF_i 应从网络图的终点节点开始，逆着箭线方向依次逐项计算。终点节点 n 所代表的工作的最迟完成时间 LF_n，应按公式 $LF_n=T_p$ 计算：$LF_7=T_p=20$ (d)。

其他工作 i 的最迟完成时间 LF_i 按公式：$LF_i=\min\{LF_j-D_j\}$

计算得到 $LF_6=LF_7-D_7=20-1=19(\mathrm{d})$

$LF_5=LF_6-D_6=19-3=16(\mathrm{d})$

$LF_4=LF_7-D_7=20-1=19(\mathrm{d})$

$LF_3=LF_6-D_6=19-3=16(\mathrm{d})$

$LF_2=\min\{LF_4-D_4,\ LF_5-D_5\}=\min\{19-10,\ 16-6\}=9(\mathrm{d})$

$LF_1=\min\{LF_2-D_2,\ LF_3-D_3\}=\min\{9-8,\ 16-5\}=1(\mathrm{d})$

i. 工作最迟开始时间的计算。

工作 i 的最迟开始时间 LS_i 按公式 $LS_i=LF_i-D_i$ 进行计算。

因此可得：

$$LS_7=LF_7-D_7=20-1=19(\mathrm{d})$$
$$LS_6=LF_6-D_6=19-3=16(\mathrm{d})$$
$$LS_5=LF_5-D_5=16-6=10(\mathrm{d})$$
$$LS_4=LF_4-D_4=19-10=9(\mathrm{d})$$
$$LS_3=LF_3-D_3=16-5=11(\mathrm{d})$$
$$LS_2=LF_2-D_2=9-8=1(\mathrm{d})$$
$$LS_1=LF_1-D_1=1-1=0$$

(10) 关键工作和关键线路的确定。

1) 关键工作的确定　网络计划中机动时间最少的工作称为关键工作，因此，网络计划中工作总时差最小的工作也就是关键工作。在计划工期等于计算工期时，总时差为零的工作就是关键工作。当计划工期小于计算工期时，关键工作的总时差为负值，说明应研究更多措施以缩短计算工期。当计划工期大于计算工期时，关键工作的总时差为正值，说明计划已留有余地，进度控制就比较主动。

2) 关键线路的确定　网络计划中自始至终全由关键工作组成的线路称为关键线路。在肯定型网络计划中是指线路上工作总持续时间最长的线路。关键线路在网络图中宜用粗线、双线或彩色线标注。

单代号网络计划中将相邻两项关键工作之间的间隔时间为 0 的关键工作连接起来而形成的自起点节点到终点节点的通路就是关键线路。因此，上例中的关键线路是①—②—④—⑦。

(四) 双代号时标网络计划

双代号时标网络计划是综合应用横道图的时间坐标和网络计划的原理，是在横道图基础上引入网络计划中各工作之间逻辑关系的表达方法。如图 3-50 所示的双代号网络计划，若改画为时标网络计划，如图 3-51 所示。采用时标网络计划，既解决了横道计划中各项工作不明确、时间指标无法计算的缺点，又解决了双代号网络计划时间不直观、不能明确看出各工作开始和完成时间等问题。它的特点是：

(1) 时标网络计划中，箭线的长短与时间有关。

(2) 可直接显示各工作的时间参数和关键线路，而不必计算。

(3) 由于受到时间坐标的限制，所以时标网络计划不会产生闭合回路。

(4) 可以直接在时标网络图的下方绘出资源动态曲线，便于分析，平衡调度。

(5) 由于箭线的长度和位置受时间坐标的限制，因而调整和修改不太方便。

1. 时标网络计划的一般规定

(1) 双代号时标网络计划必须以水平时间坐标为尺度表示工作时间。时标的时间单位应

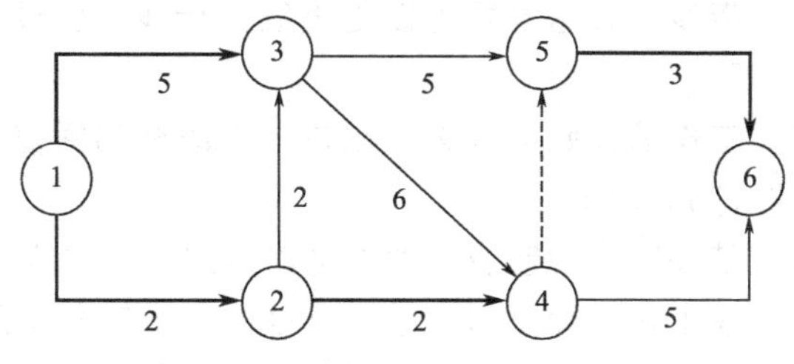

图 3-50　双代号网络计划

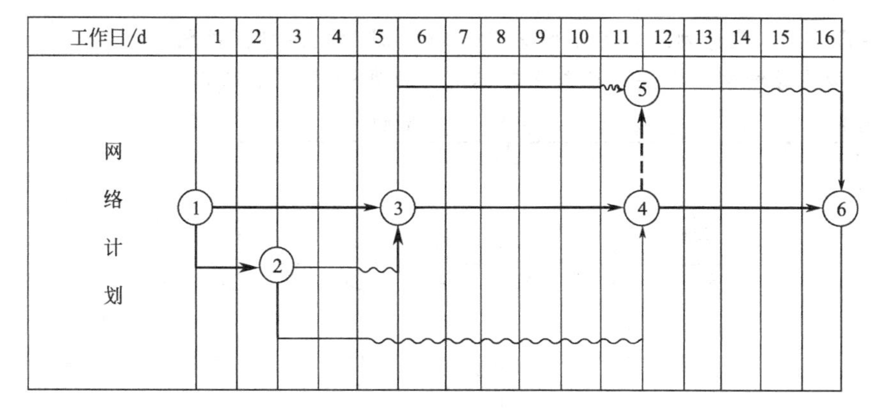

图 3-51　双代号时标网络计划

根据需要在编制网络计划之前确定，可为时、天、周、月或季。

(2) 时标网络计划应以实箭线表示工作，以虚箭线表示虚工作，以波形线表示工作的自由时差。

(3) 时标网络计划中所有符号在时间坐标上的水平投影位置，都必须与其时间参数相对应。节点中心必须对准相应的时标位置。虚工作必须以垂直方向的虚箭线表示，有自由时差加波形线表示。

2. 时标网络计划的绘制方法

时标网络计划一般按工作的最早开始时间绘制。其绘制方法有间接绘制法和直接绘制法。

(1) 间接绘制法。间接绘制法是先计算网络计划的时间参数，再根据时间参数在时间坐标上进行绘制的方法。其绘制步骤和方法如下：

1) 先绘制双代号网络图，计算节点的最早时间参数，确定关键工作及关键线路。

2) 根据需要确定时间单位并绘制时标横轴。

3) 根据节点的最早时间确定各节点的位置。

4) 依次在各节点间绘出箭线及时差。绘制时宜先画关键工作、关键线路，再画非关键工作。如箭线长度不足以达到工作的完成节点时，用波形线补足，箭头画在波形线与节点连接处。

5) 用虚箭线连接各有关节点，将有关的工作连接起来。

(2) 直接绘制法。直接绘制法是不计算网络计划时间参数，直接在时间坐标上进行绘制的方法。其绘制步骤和方法可归纳为如下绘图口诀："时间长短坐标限，曲直斜平利相连；箭线到齐画节点，画完节点补波线；零线尽量拉垂直，否则安排有缺陷。"

1) 时间长短坐标限。箭线的长度代表着具体的施工时间，受到时间坐标的制约。

2）曲直斜平利相连。箭线的表达方式可以是直线、折线、斜线等，但布图应合理，直观清晰。

3）箭线到齐画节点。工作的开始节点必须在该工作的全部紧前工作都画出后，定位在这些紧前工作最晚完成的时间刻度上。

4）画完节点补波线。某些工作的箭线长度不足以达到其完成节点时，用波形线补足。

5）零线尽量拉垂直。虚工作持续时间为零，应尽可能让其为垂直线。

6）否则安排有缺陷。若出现虚工作占据时间的情况，其原因是工作面停歇或施工作业队组工作不连续。

【例 3-6】 某双代号网络计划如图 3-52 所示，试绘制时标网络图。

【解】 按直接绘制的方法，绘制出时标网络计划如图 3-53 所示。

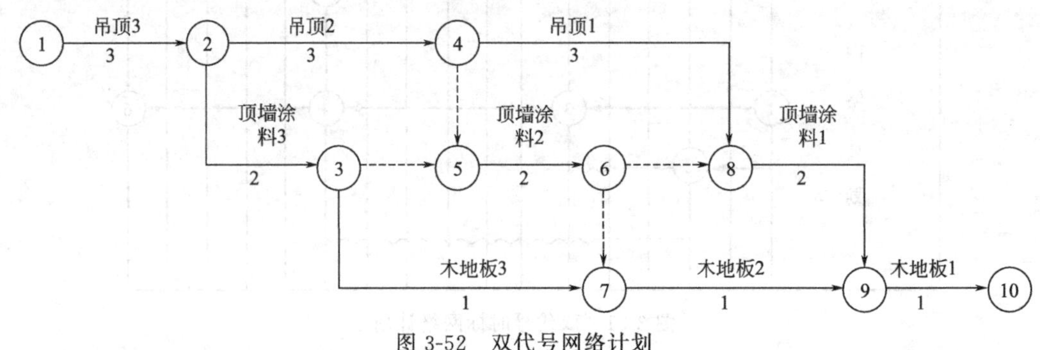

图 3-52 双代号网络计划

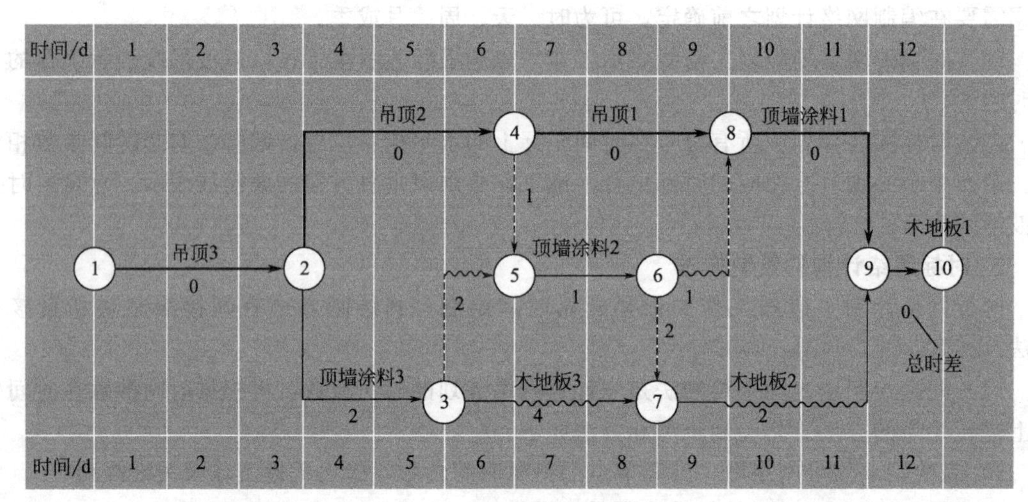

图 3-53 双代号时标网络计划

3. 关键线路和时间参数的确定

（1）关键线路的确定。自终点节点逆箭线方向朝起点节点观察，自始至终不出现波形线的线路为关键线路。

（2）工期的确定。时标网络计划的计算工期，应是其终点节点与起点节点所在位置的时标值之差。

（3）时间参数的判读。

1）工作最早开始时间和最早完成时间的判定　工作箭线左端节点中心所对应的时标值为该工作的最早开始时间。当工作箭线中不存在波形线时，其右端节点中心所对应的时标值为该工作的最早完成时间；当工作箭线中存在波形线时，工作箭线实线部分右端点所对应的时标值为该工作的最早完成时间。

2）工作总时差的判定　工作总时差的判定应从网络计划的终点节点开始，逆着箭线方向依次进行。

① 以终点节点为完成节点的工作，其总时差应等于计划工期与本工作最早完成时间之差，即：

$$TF_{i\text{-}n}=T_{\mathrm{p}}-EF_{i\text{-}n} \tag{3-62}$$

式中　$TF_{i\text{-}n}$——以网络计划终点节点 n 为完成节点的工作的总时差；

T_{p}——网络计划的计划工期；

$EF_{i\text{-}n}$——以网络计划终点节点 n 为完成节点的工作的最早完成时间。

② 其他工作的总时差等于其紧后工作的总时差加本工作与该紧后工作之间的时间间隔所得之和的最小值，即：

$$TF_{i\text{-}j}=\min\{TF_{j\text{-}k}+LAG_{i\text{-}j,j\text{-}k}\} \tag{3-63}$$

式中　$TF_{i\text{-}j}$——工作 $i\text{-}j$ 的总时差；

$TF_{j\text{-}k}$——工作 $i\text{-}j$ 的紧后工作 $j\text{-}k$（非虚工作）的总时差；

$LAG_{i\text{-}j,j\text{-}k}$——工作 $i\text{-}j$ 和工作 $j\text{-}k$ 之间的时间间隔。

3）工作自由时差的判定。

① 以终点节点为完成节点的工作，其自由时差等于计划工期与本工作最早完成时间之差，即：

$$FF_{i\text{-}n}=T_{\mathrm{p}}-EF_{i\text{-}n} \tag{3-64}$$

式中　$FF_{i\text{-}n}$——以网络计划终点节点 n 为完成节点的工作的总时差；

T_{p}——网络计划的计划工期；

$EF_{i\text{-}n}$——以网络计划终点节点 n 为完成节点的工作的最早完成时间。

事实上，以终点节点为完成节点的工作，其自由时差与总时差必然相等。

② 其他工作的自由时差就是该工作箭线中波形线的水平投影长度。但当工作之后只紧接虚工作时，则该工作箭线上一定不存在波形线，而其紧接的虚箭线中波形线水平投影长度的最短者为该工作的自由时差。

4）工作最迟开始时间和最迟完成时间的判定

① 工作的最迟开始时间等于本工作的最早开始时间与其总时差之和，即：

$$LS_{i\text{-}j}=ES_{i\text{-}j}+TF_{i\text{-}j} \tag{3-65}$$

式中　$LS_{i\text{-}j}$——工作 $i\text{-}j$ 的最迟开始时间；

$ES_{i\text{-}j}$——工作 $i\text{-}j$ 的最早开始时间；

$TF_{i\text{-}j}$——工作 $i\text{-}j$ 的总时差。

② 工作的最迟完成时间等于本工作的最早完成时间与其总时差之和，即：

$$LF_{i\text{-}j}=EF_{i\text{-}j}+TF_{i\text{-}j} \tag{3-66}$$

式中　$LF_{i\text{-}j}$——工作 $i\text{-}j$ 的最迟完成时间；

$EF_{i\text{-}j}$——工作 $i\text{-}j$ 的最早完成时间；

$TF_{i\text{-}j}$——工作 $i\text{-}j$ 的总时差。

如图 3-53 所示的关键线路及各时间参数的判读结果见图中标注。

三、单位工程施工进度计划

单位工程施工进度计划是在施工方案的基础上，根据规定工期和技术物资供应条件，遵循工程的施工顺序，用图表形式表示各分部分项工程搭接关系及工程开竣工时间的一种计划安排。

（一）单位工程施工进度计划的作用及分类

1. 单位工程施工进度计划的作用

单位工程施工进度计划是施工组织设计的重要内容，它的主要作用是：确定各分部分项工程的施工时间及其相互之间的衔接、穿插、平行搭接、协作配合等关系；确定所需的劳动力、机械、材料等资源量；指导现场的施工安排，确保施工任务的如期完成。

2. 单位工程施工进度计划的分类

单位工程施工进度计划根据工程规模的大小、结构的复杂难易程度、工期长短、资源供应情况等因素考虑，根据其作用，一般可分为控制性和指导性进度计划两类。控制性进度计划按分部工程来划分施工过程，控制各分部工程的施工时间及其相互搭接配合关系。它主要适用于工程结构较复杂，规模较大，工期较长而需跨年度施工的工程（如宾馆体育场、火车站候车大楼等大型公共建筑），还适用虽然工程规模不大或结构不复杂但各种资源（劳动力、机械、材料等）不落实的情况，以及由于建筑结构等可能变化的情况。指导性进度计划按分项工程或施工工序来划分施工过程，具体确定各施工过程的施工时间及其相互搭接、配合关系。它适用于任务具体而明确、施工条件基本落实、各项资源供应正常，施工工期不太长的工程。

（二）单位工程施工进度计划的编制依据

（1）经过审批的建筑总平面图及单位工程全套施工图以及地质、地形图、工艺设置图、设备及其基础图、采用的标准图等图纸及技术资料。

（2）施工组织总设计对本单位工程的有关规定。

（3）施工工期要求及开、竣工日期。

（4）施工条件、劳动力、材料、构件及机械的供应条件、分包单位的情况等。

（5）确定的重要分部分项工程的施工方案，包括确定施工顺序、划分施工段、确定施工起点流向、施工方法、质量及安全措施等。

（6）劳动定额及机械台班定额。

（7）其他有关要求和资料，如工程合同等。

（三）施工进度计划的表示方法

通常用横道图和网络图两种方式表示。横道图表示见表 3-9。

表 3-9　横道图

序号	分部分项工程名称	工程量		时间定额	劳动量		需用机械		每天工作班次	每班工人数	工作天数	施工进度						
		单位	数量		工种	数量/工日	机械名称	台班数				月			月			月
												10	20	30	10	20	30	10

（四）单位工程施工进度计划的编制步骤及方法

1. 划分施工过程

在确定施工过程时，应注意以下几个问题：

（1）施工过程划分的粗细程度，主要根据单位工程施工进度计划的客观作用。

（2）施工过程的划分要结合所选择的施工方案。

（3）注意适当简化施工进度计划内容，避免工程项目划分过细、重点不突出。

（4）水暖电卫工程和设备安装工程通常由专业工作队伍负责施工。

（5）所有施工过程应大致按施工顺序先后排列，所采用的施工项目名称可参考现行定额手册上的项目名称。分部分项工程一览表见表 3-10。

表 3-10　分部分项工程一览表

项次	分部分项工程名称	项次	分部分项工程名称
一	地下室工程	二	大模板主体结构工程
1	挖土	5	壁板吊装
2	混凝土垫层	6	……
3	地下室顶板		
4	回填土		

2. 计算工程量

当确定了施工过程之后，应计算每个施工过程的工程量。工程量应根据施工图纸、工程量计算规则及相应的施工方法进行计算。实际就是按工程的几何形状进行计算。计算时应注意以下几个问题。

（1）注意工程量的计量单位。每个施工过程的工程量的计量单位应与采用的施工定额的计量单位相一致。如模板工程以平方米为计量单位；绑扎钢筋以吨为计量单位；混凝土以立方米为计量单位等。这样，在计算劳动量、材料消耗量及机械台班量时就可直接套用施工定额，不再进行换算。

（2）注意采用的施工方法。计算工程量时，应与采用的施工方法相一致，以便计算的工程量与施工的实际情况相符合。例如：挖土时是否放坡，是否加工作面，坡度和工作面尺寸是多少；开挖方式是单独开挖、条形开挖，还是整片开挖等，不同的开挖方式，土方量相差是很大的。

（3）正确取用预算文件中的工程量。如果编制单位工程施工进度计划时，已编制出预算文件（施工图预算或施工预算），则工程量可从预算文件中抄出并汇总。但是，施工进度计划中某些施工过程与预算文件的内容不同或有出入（如计量单位、计算规则、采用的定额等），则应根据施工实际情况加以修改，调整或重新计算。

3. 套用施工定额

确定了施工过程及其工程量之后，即可套用施工定额（当地实际采用的劳动定额及机械台班定额），以确定劳动量和机械台班量。

在套用国家或当地颁发的定额时，必须注意结合本单位工人的技术等级、实际操作水平，施工机械情况和施工现场条件等因素，确定定额的实际水平，使计算出来的劳动量、机械台班量符合实际需要。

有些采用新技术、新材料、新工艺或特殊施工方法的施工过程，定额中尚未编入，这时可参考类似施工过程的定额、经验资料，按实际情况确定。

4. 计算劳动量及机械台班量

根据工程量及确定采用的施工定额，即可进行劳动量及机械台班量的计算。

（1）当某一施工过程是由两个或两个以上不同分项工程合并而成时，其总劳动量应按下式计算：

$$P_{总}=\sum_{i=1}^{n}P_i=P_1+P_2+\cdots+P_n \tag{3-67}$$

（2）当某一施工过程是由同一工种、但不同做法、不同材料的若干个分项工程合并组成时，应先按式（3-68a）计算其综合产量定额，再求其劳动量。

$$\overline{S}=\frac{\sum_{i=1}^{n}Q_i}{\sum_{i=1}^{n}P_i}=\frac{Q_1+Q_2+\cdots+Q_n}{P_1+P_2+\cdots+P_n}=\frac{Q_1+Q_2+\cdots+Q_n}{\frac{Q_1}{S_1}+\frac{Q_2}{S_2}+\cdots+\frac{Q_n}{S_n}} \tag{3-68a}$$

$$\overline{H}=\frac{1}{\overline{S}} \tag{3-68b}$$

式中 $\overline{S}$——某施工过程的综合产量定额，m^3/工日、m^2/工日、m/工日、t/工日等；

$\overline{H}$——某施工过程的综合时间定额，工日/m^3、工日/m^2、工日/m、工日/t等；

$\sum_{i=1}^{n}Q_i$——总工程量，m^3、m^2、m、t等；

$\sum_{i=1}^{n}P_i$——总劳动量，工日；

Q_1、Q_2、…、Q_n——同一施工过程的各分项工程的工程量；

S_1、S_2、…、S_n——与Q_1、Q_2、…、Q_n相对应的产量定额。

5. 计算确定施工过程的延续时间

施工过程持续时间的确定方法见本项目前述。

6. 初排施工进度（以横道图为例）

上述各项计算内容确定之后，即可编制施工进度计划的初步方案。一般的编制方法有：

（1）根据施工经验直接安排的方法。这种方法是根据经验资料及有关计算，直接在进度表上画出进度线。其一般步骤是：先安排主导施工过程的施工进度，然后再安排其余施工过程，它应尽可能配合主导施工过程并最大限度地搭接，形成施工进度计划的初步方案。总的原则应使每个施工过程尽可能早地投入施工。

（2）按工艺组合组织流水的施工方法。这种方法就是先按各施工过程（即工艺组合流水）初排流水进度线，然后将各工艺组合最大限度地搭接起来。

7. 检查与调整施工进度计划

施工进度计划初步方案编出后，应根据业主和有关部门的要求、合同规定及施工条件等，先检查各施工过程之间的施工顺序是否合理、工期是否满足要求、劳动力等资源消耗是否均衡，然后再进行调整，直至满足要求，正式形成施工进度计划。总的要求是在合理的工期下尽可能地使施工过程连续，这样便于资源的合理安排。

（五）编制资源需用量计划

单位工程施工进度计划编制确定以后，便可编制劳动力需要量计划；编制主要材料、预制构件、门窗等的需用量和加工计划；编制施工机具及周转材料的需用量和进场计划的编制。它们是做好劳动力与物资的供应、平衡、调度、落实的依据，也是施工单位编制施工作业计划的主要依据之一。以下简要叙述各计划表的编制内容及其基本要求。

1. 劳动力需要量计划

本表反映单位工程施工中所需要的各种技术工人、普工人数。一般要求按月分旬编制计划。主要根据确定的施工进度计划提出，其方法是按进度表上每天需要的施工人数，分工种进行统计，得出每天所需工种及人数、按时间进度要求汇总编出。其表格参见表 3-11。

表 3-11 劳动力需要量计划

序号	分项工程名称	工种	需要量		需要时间						备注
			单位	数量	×月			×月			
					上旬	中旬	下旬	上旬	中旬	下旬	

2. 主要材料需要量计划

这种计划是根据施工预算、材料消耗定额和施工进度计划编制的，主要反映施工过程中各种主要材料的需要量，作为备料、供料和确定仓库、堆场面积及运输量的依据。其表格参见表 3-12。

表 3-12 主要材料需要量计划

序号	材料名称	规格	需要量		供应时间	备注
			单位	数量		

3. 施工机具需要量计划

这种计划是根据施工预算、施工方案、施工进度计划和机械台班定额编制的，主要反映施工所需机械和器具的名称、型号、数量及使用时间。其表格参见表 3-13。

表 3-13 施工机具需要量计划

序号	机械名称	类型、型号	需要量		货源	使用起止日期	备注
			单位	数量			

4. 预制构件需要量计划

这种计划是根据施工图、施工方案及施工进度计划要求编制的。主要反映施工中各种预制构件的需要量及供应日期，并作为落实加工单位以及按所需规格、数量和使用时间组织构件进场的依据。其表格参见表 3-14。

表 3-14 预制构件需要量计划

序号	构件半成品名称	规格	图号、型号	需要量		使用部位	加工单位	供应日期	备注
				单位	数量				

四、施工阶段进度控制目标的确定

(一) 施工进度控制目标体系

保证工程项目按期建成交付使用，是建设工程施工阶段进度控制的最终目的。为了有效地控制施工进度，首先要将施工进度总目标从不同角度进行层层分解，形成施工进度控制目标体系，从而作为实施进度控制的依据。

建设工程施工进度控制目标体系如图 3-54 所示。

从上图可以看出，建设工程不但有项目建成交付使用的确切日期这个总目标，还要有各单位工程交工动用的分目标以及按承包单位、施工阶段和不同计划期划分的分目标。各目标之间相互联系，共同构成建设工程施工进度控制目标体系。其中，下级目标受上级目标的制约，下级目标保证上级目标，最终保证施工进度总目标的实现。

1. 按项目组成分解，确定各单位工程开工及动用日期

各单位工程的进度目标在工程项目建设总进度计划及建设工程年度计划中都有体现。在施工阶段应进一步明确各单位工程的开工和交工动用日期，以确保施工总进度目标的实现。

2. 按承包单位分解，明确分工条件和承包责任

在一个单位工程中有多个承包单位参加施工时，应按承包单位将单位工程的进度目标分解，确定出各分包单位的进度目标；列入分包合同，以便落实分包责任，并根据各专业工程交叉施工案和前后衔接条件，明确不同承包单位工作面交接的条件和时间。

3. 按施工阶段分解，划定进度控制分界点

根据工程项目的特点，应将其施工分成几个阶段，如土建工程可分为基础、结构和内外装修阶段。每一阶段的起止时间都要有明确的标志，特别是不同单位承包的不同施工段之间，更要明确划定时间分界点，以此作为形象进度的控制标志，从而使单位工程动用目标具体化。

4. 按计划期分解，组织综合施工

将工程项目的施工进度控制目标年度、季度、月（或旬）进行分解，并用实物工程量、货币工作量及形象进度表示，将更有利于监理工程师明确对各承包单位的进度要求。同时，还可以据此监督其实施，检查其完成情况。计划期越短，进度目标越细，进度跟踪就越及

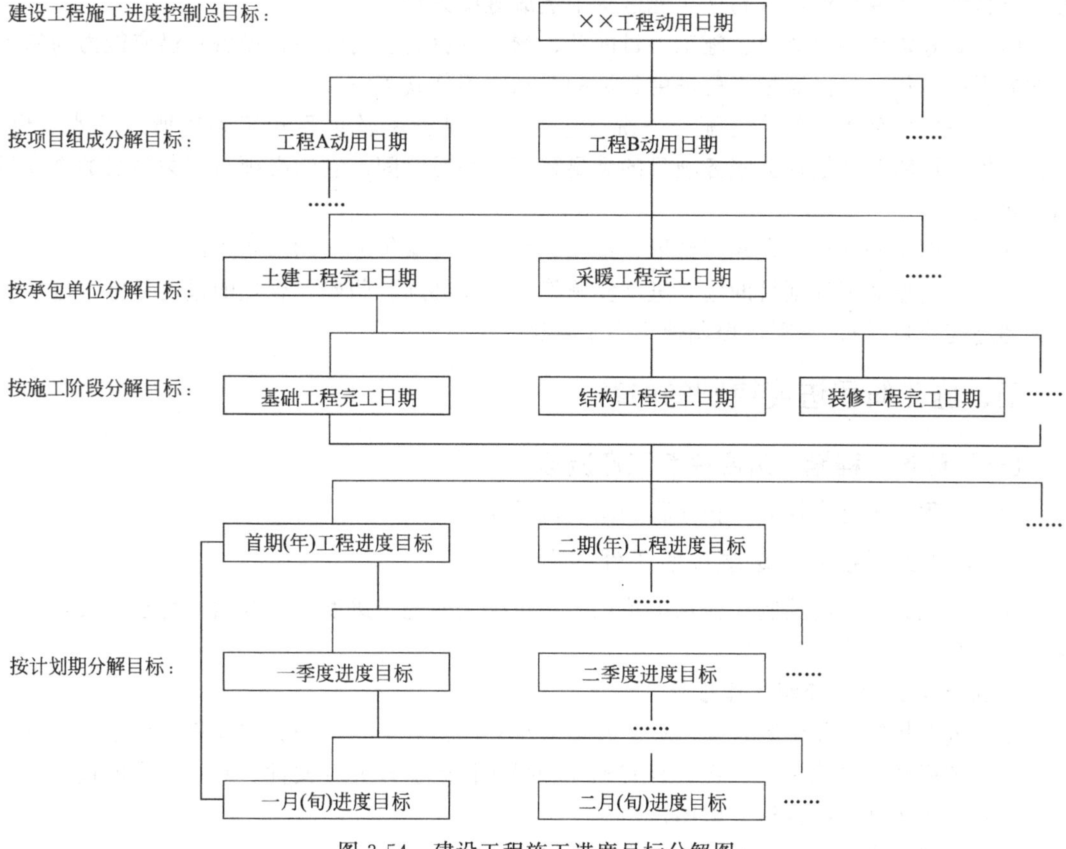

图 3-54 建设工程施工进度目标分解图

时，发生进度偏差时也就更能有效地采取措施予以纠正。这样，就形成一个有计划、有步骤、协调施工、长期目标对短期目标自上而下逐级控制，短期目标对长期目标自下逐级保证；逐步趋近进度总目标，最终达到工程项目按期竣工交付使用的目的。

（二）施工进度控制目标的确定

为了提高进度计划的预见性和进度控制的主动性，在确定施工进度控制目标时，必须全面细致地分析与建设工程进度有关的各种有利因素和不利因素。只有这样，才能制订出一个科学、合理的进度控制目标。确定施工进度控制目标的主要依据有：建设工程总进度目标对施工工期的要求，工期定额、类似工程项目的实际进度；工程难易程度和工程条件的落实情况等。

在确定施工进度分解目标时，还要考虑以下各方面：

（1）对于大型建设工程项目，应根据尽早提供可动用单元的原则，集中力量分期分批建设，以便尽早投入使用，尽快发挥投资效益。这时，为保证每一动用单元能形成完整的生产能力，就要考虑这些动用单元交付使用时所必需的全部配套项目。因此，要处理好前期动用和后期建设的关系，每期工程中主体工程与辅助及附属工程之间的关系等。

（2）合理安排土建与设备的综合施工。要按照它们各自的特点，合理安排土建施工与设备基础、设备安装的先后顺序及搭接、交叉或平行作业，明确设备工程对土建工程的要求和土建工程为设备工程提供施工条件的内容。

（3）结合本工程的特点，参考同类建设工程的经验来确定施工进度目标。避免只按主观愿望盲目确定进度目标，从而在实施过程中造成进度失控。

(4) 做好资金供应能力、施工力量配备、物资（材料、构配件、设备）供应能力与施工进度的平衡工作，确保满足工程进度目标的要求而不使其落空。

(5) 考虑外部协作条件的配合情况。包括施工过程中及项目竣工动用所需的水、电、气、通信、道路及其他社会服务项目的满足程序和满足时间。它们必须与有关项目的进度目标相协调。

(6) 考虑工程项目所在地区地形、地质、水文、气象等方面的限制条件。

总之，要想对工程项目的施工进度实施控制，就必须有明确、合理的进度目标（进度总目标和进度分目标）；否则，控制便失去了意义。

五、施工阶段进度控制的内容

(一) 建设工程施工进度控制工作流程

建设工程施工进度控制工作流程如图 3-55 所示。

(二) 建设工程施工进度控制工作内容

建设工程施工进度控制工作从审核承包单位提交的施工进度计划开始，直至建设工程保修期满为止，其工作内容主要如下。

1. 编制施工进度控制工作细则

施工进度控制工作细则是在建设工程监理规划的指导下，由项目监理班子中进度控制部门的监理工程师负责编制的、更具有实施性和操作性的监理业务文件。其主要内容包括：

(1) 施工进度控制目标分解图；

(2) 施工进度控制的主要工作内容和深度；

(3) 进度控制人员的职责分工；

(4) 与进度控制有关各项工作的时间安排及工作流程；

(5) 进度控制的方法（包括进度检查周期、数据采集方式、进度报表格式、统计分析方法等）；

(6) 进度控制的具体措施（包括组织措施、技术措施、经济措施及合同措施等）；

(7) 施工进度控制目标实现的风险分析；

(8) 尚待解决的有关问题。

事实上，施工进度控制工作细则是对建设工程监理规划中有关进度控制内容的进一步深化和补充。如果将建设工程监理规划比作开展监理工作的“初步设计”，施工进度控制工作细则就可以看成是开展建设工程监理工作的“施工图设计”，它对监理工程师的进度控制实务工作起着具体的指导作用。

2. 编制或审核施工进度计划

为了保证建设工程的施工任务按期完成，监理工程师必须审核承包单位提交的施工进度计划。对于大型建设工程，由于单位工程较多、施工工期长，且采取分期分批发包又没有一个负责全部工程的总承包单位时，就需要监理工程师编制施工总进度计划；或者当建设工程由若干个承包单位平行承包时，监理工程师也有必要编制施工总进度计划。施工总进度计划应确定分期分批的项目组成；各批工程项目的开工、竣工顺序及时间安排；全场性准备工程，特别是首批准备工程的内容与进度安排等。

当建设工程有总承包单位时，监理工程师只需将总承包单位提交的施工总进度计划进行

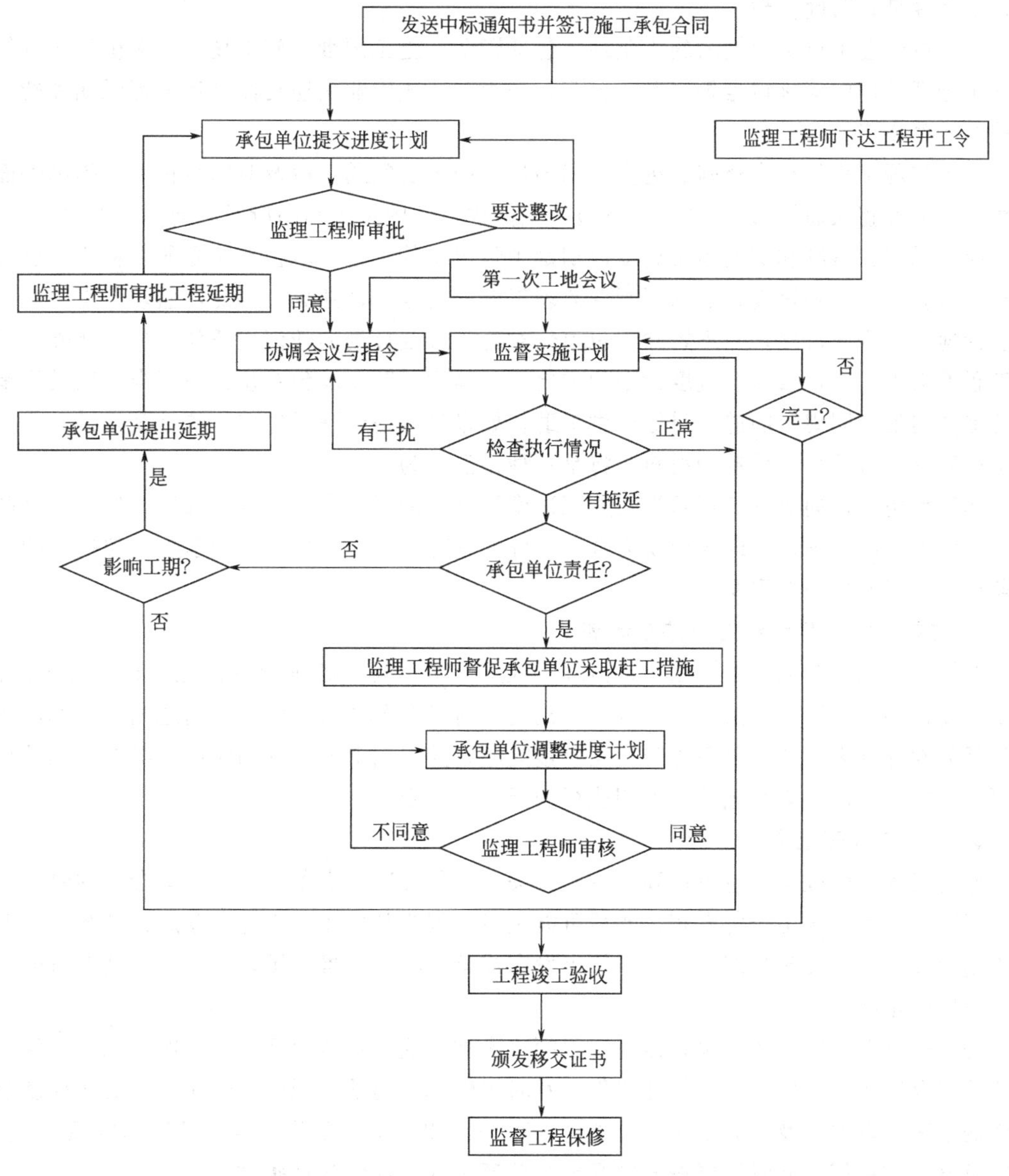

图 3-55　建设工程施工进度控制工作流程图

审核即可。而对于单位工程施工进度计划，监理工程师只负责审核而不需要编制。

施工进度计划审核的内容主要有：

(1) 进度安排是否符合工程项目建设总进度计划中总目标和分目标的要求，是否符合施工合同中开工、竣工日期的规定。

(2) 施工总进度计划中的项目是否有遗漏，分期施工是否满足分批动用的需要和配套动用的要求。

(3) 施工顺序的安排是否符合施工工艺的要求。

(4) 劳动力、材料、构配件、设备及施工机具、水、电等生产要素的供应计划是否能保证施工进度计划的实现，供应是否均衡，需求高峰时是否有足够能力实现计划供应。

(5) 总包、分包单位分别编制的各项单位工程施工进度计划之间是否相协调，专业分工与计划衔接是否明确合理。

（6）对于业主负责提供的施工条件（包括资金、施工图纸、施工场地、采供的物资等），在施工进度计划中安排得是否明确、合理，是否有造成因业主违约而导致工程延期和费用索赔的可能存在。

如果监理工程师在审查施工进度计划的过程中发现问题，应及时向承包单位提出书面修改意见（也称整改通知书），并协助承包单位修改；其中重大问题应及时向业主汇报。

应当说明，编制和实施施工进度计划是承包单位的责任。承包单位之所以将施工进度计划提交给监理工程师审查，是为了听取监理工程师的建设性意见。因此，监理工程师对施工进度计划的审查或批准，并不解除承包单位对施工进度计划的任何责任和义务。此外，对监理工程师来讲，其审查施工进度计划的主要目的是为了防止承包单位计划不当，以及为承包单位保证实现合同规定的进度目标提供帮助。如果强制地干预承包单位的进度安排，或支配施工中所需要劳动力、设备和材料，将是一种错误行为。

尽管承包单位向监理工程师提交施工进度计划是为了听取建设性的意见，但施工进度计划一经监理工程师确认，即应当视为合同文件的一部分，它是以后处理承包单位提出的工程延期或费用索赔的一个重要依据。

3. 按年、季、月编制工程综合计划

在按计划期编制的进度计划中，监理工程师应着重解决各承包单位施工进度计划之间、施工进度计划与资源（包括资金、设备、机具、材料及劳动力）保障计划之间及外部协作条件的延伸性计划之间的综合平衡与相互衔接问题，并根据上期计划的完成情况对本期计划做必要的调整，从而作为承包单位近期执行的指令性计划。

4. 下达工程开工令

监理工程师应根据承包单位和业主双方关于工程开工的准备情况，选择合适的时机发布工程开工令。工程开工令的发布，要尽可能及时。因为从发布工程开工令之日算起，加上合同工期后即为工程竣工日期。如果开工令发布拖延，就等于推迟了竣工时间，甚至可能引起承包单位的索赔。

为了检查双方的准备情况，监理工程师应参加由业主主持召开的第一次工地地会议。业主应按照合同规定，做好征地拆迁工作，及时提供施工用地。同时，还应当完成法律及财务方面的手续，以便能及时向承包单位支付工程预付款。承包单位应当将开工所需要的人力、材料及设备准备好，同时还要按合同规定为监理工程师提供各种条件。

5. 协助承包单位实施进度计划

监理工程师要随时了解施工进度计划执行过程中所存在的问题，并帮助承包单位予以解决，特别是承包单位无力解决的内外关系协调问题。

6. 监督施工进度计划的实施

这是建设工程施工进度控制的经常性工作。监理工程师不仅要及时检查承包单位报送的施工进度报表和分析资料，同时还要进行必要的现场实地检查，核实所报送的已完项目的时间及工程量，杜绝虚报现象。

在对工程实际进度资料进行整理的基础上，监理工程师应将其与计划进度相比较，以判定实际进度是否出现偏差。如果出现进度偏差监理工程师应进一步分析此偏差产生的原因及其对进度控制目标的影响程度，以便研究对策，提出纠偏措施。必要时还应对后期工程进度计划做适当的调整。

7. 组织现场协调会

监理工程师应每月、每周定期组织召开不同层级的现场协调会议，以解决工程施工过程中的相互协调配合的问题。在每月召开的高级协调会上通报工程项目建设的重大变更事项，协商处理，解决各个承包单位之间以及业主与承包单位之间的重大协调配合问题。在每周召开的管理层协调会上，通报各自进度状况、存在的问题及下周的安排，解决施工中的相互协调配合问题。通常包括：各承包单位之间的进度协调问题；工作面交接和阶段成品保护责任问题；场地与公用设施利用中的矛盾问题；断水、断电、断路、开挖要求对其他方面影响的协调问题以及资源保障、外协条件配合问题等。

在平行、交叉施工单位多，工序交接频繁且工期紧迫的情况下，现场协调会甚至需要每日召开。在会上通报和检查当天施工任务，以便为次日正常施工创造条件。

对于某些未曾预料的突发变故或问题，监理工程师还可以通过发布紧急协调指令，督促有关单位采取应急措施维护施工的正常秩序。

8. 签发工程进度款支付凭证

监理工程师应对承包单位申报的已完分项工程量进行核实，在质量监理人员检查验收后，签发工程进度款支付凭证。

9. 审批工程延期

造成工程进度拖延的原因有两个方面：一是由于承包单位自身的原因；二是由于承包单位以外的原因。前者所造成的进度拖延，称为工程延误；而后者所造成的进度拖延称为工程延期。

（1）工程延误。当出现工程延误时，监理工程师有权要求承包单位采取有效措施加快施工进度。如果经过一段时间后，实际进度没有明显改进，仍然拖延，监理工程师应要求承包单位修改进度计划，并提交给监理工程师重新确认。

监理工程师对修改后的施工进度计划的确认，并不是对工程延期的批准，他只是要求承包单位在合理的状态下施工。因此，监理工程师对进度计划的确认，并不能解除承包单位应负的一切责任，承包单位需要承担赶工的全部额外开支和误期损失赔偿。

（2）工程延期。如果由于承包单位以外的原因造成工期拖延，承包单位有权提出延长工期的申请。监理工程师应根据合同规定，审批工程延期时间。经监理工程师核实批准的工程延期时间，应纳入合同工期，作为合同工期的一部分。即新的合同工期应等于原定的合同工期加上监理工程师批准的工程延期时间。

监理工程师对于施工进度的拖延，是否批准为工程延期，对承包单位和业主都十分重要。如果承包单位得到监理工程师批准的工程延期，不仅可以不赔偿由于工期延长而支付的误期损失费，而且还要由业主承担由于工期延长所增加的费用。因此，监理工程师应按照合同的有关规定，公正地区分工程延误和工程延期，并合理地批准工程延期时间。

10. 向业主提供报告

监理工程师应随时整理进度资料，并做好工程记录，定期向业主提交工程进度报告。

11. 督促承包单位整理技术资料

监理工程师要根据工程进展情况，督促承包单位及时整理有关技术资料。

12. 签署工程竣工报验单，提交质量评估报告

当单位工程达到竣工验收条件后，承包单位在自行预验的基础上提交工程竣工报验单，申请竣工验收。监理工程师再对竣工资料及工程实体进行全面检查。

13. 整理工程进度资料

在工程完工以后，监理工程师应将工程进度资料收集起来，进行归类、编目和建档，以便为今后其他类似工程项目的进度控制提供参考。

14. 工程移交

监理工程师应督促承包单位办理工程移交手续，颁发工程移交证书。在工程移交后的保修期内，还要处理验收后质量问题的原因及责任等争议问题，并督促责任单位及时修理。保修期结束且再无争议时，建设工程进度控制的任务即告完成。

六、施工进度计划实施中的检查与调整

施工进度计划由承包单位编制完成后，应提交给监理工程师审查，待监理工程师审查确认后即可付诸实施。承包单位执行施工进度计划的过程中，应接受监理工程师的监督与检查。而监理工程师应定期向业主报告工程进展状况。

（一）影响建设工程施工进度的因素

为了对建设工程施工进度进行有效的控制，监理工程师必须在施工进度计划实施之前对影响建设工程施工度的因素进行分析，进而提出保证施工进度计划成功实施的措施，以实现对建设工程施工进度的主动控制。影响建设工程施工进度的因素有很多，归纳起来，主要有以下几个方面：

1. 工程建设相关单位的影响

影响建设工程施工进度的单位不只是施工承包单位。事实上，只要是与工程建设有关的单位（如政府部门、业主、设计单位、物资供应单位、资金贷款单位，以及运输、通信、供电部门等），其工作进度的拖后必将对施工进度产生影响。因此，控制施工进度仅仅考虑施工承包单位是不够的，必须充分发挥监理的作用，协调各相关单位之间的进度关系，在进度计划的安排中应留有足够的机动时间。

2. 物资供应进度的影响

施工过程中需要的材料、构配件、机具和设备等如果不能按期运抵施工现场或者是运抵施工现场后发现其质量不符合有关标准的要求，都会对施工进度产生影响。因此，监理工程师应严格把关，采取有效的措施控制好物资供应进度。

3. 资金的影响

工程施工的顺利进行必须有足够的资金作保障。一般来说，资金的影响主要来自业主。由于没有及时给足工程预付款，或者是由于拖欠了工程进度款等，都会影响到承包单位流动资金的周转，进而殃及施工进度。监理工程师应根据业主的资金供应能力，安排好施工进度计划，并督促业主及时拨付工程预付款和工程进度款，以免因资金供应不足拖延进度，导致工期索赔。

4. 设计变更的影响

在施工过程中出现设计变更是难免的，可能是由于原设计问题需要修改，或者是由于业主提出了新的要求。监理工程师应加强图纸的审查，严格控制随意变更，特别应对业主的变更要求进行制约。

5. 施工条件的影响

在施工过程中一旦遇到气候、水文、地质及周围环境等方面的不利因素，必然会影响到施工进度。此时，承包单位应利用自身的技术组织能力予以克服。监理工程师应积极疏通关系，协助承包单位解决那些自身不能克服的问题。

6. 各种风险因素的影响

风险因素包括政治、经济、技术及自然等方面的各种可预见或不可预见的因素。政治方面的有战争、内乱、罢工、拒付债务、制裁等；经济方面的有延迟付款、汇率浮动、换汇控制、通货膨胀、分包单位违约等；技术方面的有工程事故、试验失败、标准变化等；自然方面的有地震、洪水等。监理工程师必须对各种风险因素进行分析，提出控制风险，减少风险损失及处理各种风险对施工进度影响的措施，并对发生的风险事件给予恰当的处理。

7. 承包单位自身管理水平的影响

施工现场的情况千变万化，承包单位的施工方案不当、计划不周、管理不善、解决问题不及时等，都会影响建设工程的施工进度。承包单位应通过分析问题，总结吸取教训，及时改进。而监理工程师应提供服务，协助承包单位解决问题，以确保施工进度控制目标的实现。正是由于上诉因素的影响，才使得施工阶段的进度控制显得非常重要。在施工进度计划的实施过程中，监理工程师一旦掌握了工程的实际进展情况以及产生问题的原因之后，其影响是可以得到控制的。当然，上述某些影响因素，如自然灾害等是无法避免的；但在大多数情况下，其损失是可以通过有效的进度控制而得到弥补的。

（二）施工进度的动态检查

在施工进度计划的实施过程中，由于各种因素的影响，常常会打乱原始计划的安排而出现进度偏差。因此，监理工程师必须对施工进度计划的执行情况进行动态检查，并分析进度偏差产生的原因，以便为施工进度计划的调整提供必要的信息。

1. 施工进度的检查方式

在建设工程施工过程中，监理工程师可以通过以下方式获得其实际进展情况：

（1）定期地、经常地收集由承包单位提交的有关进度报表资料。工程施工进度报表资料不仅是监理工程师实施进度控制的依据，同时也是其核对工程进度款的依据。在一般情况下，进度报表格式由监理单位提供给施工承包单位，施工承包单位按时填写完后提交给监理工程师核查。报表的内容根据施工对象及承包方式的不同而有所区别，但一般应包括工作的开始时间、完成时间、持续时间、逻辑关系、实物工程量和工作量，以及工作时差的利用情况等。承包单位若能准确地填报进度报表，监理工程师就能从中了解到建设工程的实际进展情况。

（2）由驻地监理人员现场跟踪检查建设工程的实际进展情况。为了避免施工承包单位超报已完工程量，驻地监理人员有必要进行现场实地检查和监督。至于每隔多长时间检查一次，应视建设工程的类型、规模、监理范围及施工现场的条件等多方面的因素而定。可以每月或每半月检查一次，也可每旬或每周检查一次。如果在某一施工阶段出现不利情况时，甚至需要每天检查。

除上述两种方式外，由监理工程师定期组织现场施工负责人召开现场会议，也是获得建设工程实际进展情况的一种方式。通过这种面对面的交谈，监理工程师可以从中了解到施工过程中的潜在问题，以便及时采取相应的措施加以预防。

2. 施工进度的检查方法

施工进度检查的主要方法是对比法。即利用本书所述的方法将经过整理的实际进度数据与计划进度数据进行比较，从中发现是否出现进度偏差以及进度偏差的大小。通过检查分析，如果进度偏差比较小，应在分析其产生原因的基础上采取有效措施，解决矛盾，排除障碍，继续执行原进度计划；如果经过努力，确实不能按原计划实现时，再考虑对原计划进行必要的调整，即适当延长工期，或改变施工速度。计划的调整一般是不可避免的，但应当慎重，尽量减少变更计划性的调整。

（三）施工进度计划的调整

通过检查分析，如果发现原有进度计划已不能适应实际情况时，为了确保进度控制目标的实现或需要确定新的计划目标，就必须对原有进度计划进行调整，以形成新的进度计划，作为进度控制的新依据。

施工进度计划的调整方法如本书所述，主要有两种：一是通过缩短某些工作的持续时间来缩短工期；二是通过改变某些工作间的逻辑关系来缩短工期。在实际工作中应根据具体情况选用上述方法进行进度计划的调整。

1. 缩短某些工作的持续时间

这种方法的特点是不改变工作之间的先后顺序关系，通过缩短网络计划中关键线路上工作的持续时间来缩短工期。这时，通常需要采取一定的措施来达到目的。具体措施包括：

（1）组织措施

1）增加工作面，组织更多的施工队伍；

2）增加每天的施工时间（如采用三班制等）；

3）增加劳动力和施工机械的数量。

（2）技术措施

1）改进施工工艺和施工技术，缩短工艺技术间歇时间；

2）采用更先进的施工方法，以减少施工过程的数量（如将现浇框架方案改为预制装配方案）；

3）采用更先进的施工机械。

（3）经济措施

1）实行包干奖励；

2）提高奖金数额；

3）对所采取的技术措施给予相应的经济补偿。

（4）其他配套措施

1）改善外部配合条件；

2）改善劳动条件；

3）实施强有力的调度等。

一般来说，不管采取哪种措施，都会增加费用。因此，在调整施工进度计划时，应利用费用优化的原理选择费用增加量最小的关键工作作为压缩对象。

2. 改变某些工作间的逻辑关系

这种方法的特点是不改变工作的持续时间，只改变工作的开始时间和完成时间。对于大型建设工程，由于其中单位工程较多且相互间的制约比较小，可调整的幅度比较大，所以容易采用平行作业的方法来调整施工进度计划。而对于单位工程项目，由于受工作之间工艺关系的限制，可调整的幅度比较小，所以通常采用搭接作业的方法来调整施工进度计划。但不管是搭接作业还是平行作业，建设工程在单位时间内的资源需求量将会增加。除了分别采用上述两种方法来缩短工期外，有时由于工期拖延得太多，采用某种方法进行调整，其可调整的幅度又受到限制时，还可以同时利用这两种方法对同一施工进度计划进行调整，以满足工期目标的要求。

七、工程延期

如前所述，在建设工程施工过程中，其工期的延长分为工期延误和工程延期两种。虽然它们都是使工程拖期，但由于性质不同，因而业主与承包单位所承担的责任也就不同。如果是属于工程延误，则由此造成的一切损失由承包单位承担。同时，业主还有权对承包单位施行误期违约罚款；而如果是属于工程延期，则承包单位不仅有权要求延长工期，而且还有权向业主提出赔偿费用的要求以弥补由此造成的额外损失。因此，监理工程师是否将施工过程中工期的延长批准为工程延期，对业主和承包单位都十分重要。

（一）工程延期的申报与审批

1. 申报工程延期的条件

由于以下原因导致工程拖期，承包单位有权提出延长工期的申请，监理工程师应按合同规定，批准工程延期时间。

（1）监理工程师发出工程变更指令而导致工程量增加；

（2）合同所涉及的任何可能造成工程延期的原因，如延期交图、工程暂停、对合格工程的剥离检查及不利的外界条件等；

（3）异常恶劣的气候条件；

（4）由业主造成的任何延误、干扰或障碍，如未及时提供施工场地、未及时付款等；

（5）除承包单位自身以外的其他任何原因。

2. 工程延期的审批程序

工程延期的审批程序如图 3-56 所示。当工程延期事件发生后，承包单位应在合同规定的有效期内以书面形式通知监理工程师（即工程延期意向通知），以便于监理工程师尽早了解所发生的事件，及时作出一些减少延期损失的决定。随后，承包单位应在合同规定的有效期内（或监理工程师可能同意的合理期限内）向监理工程师提交详细的申述报告（延期理由及依据）。监理工程师收到该报告后应及时进行调查核实，准确地确定出工程延期时间。当延期事件具有持续性，承包单位在合同规定的有效期内不能提交最终详细的申述报告时，应先向监理工程师提交阶段性的详情报告，监理工程师应在调查核实阶段性报告的基础上，尽快作出延长工期的临时决定。临时决定的延期时间不宜太长，一般不超过最终批准的延期时间。

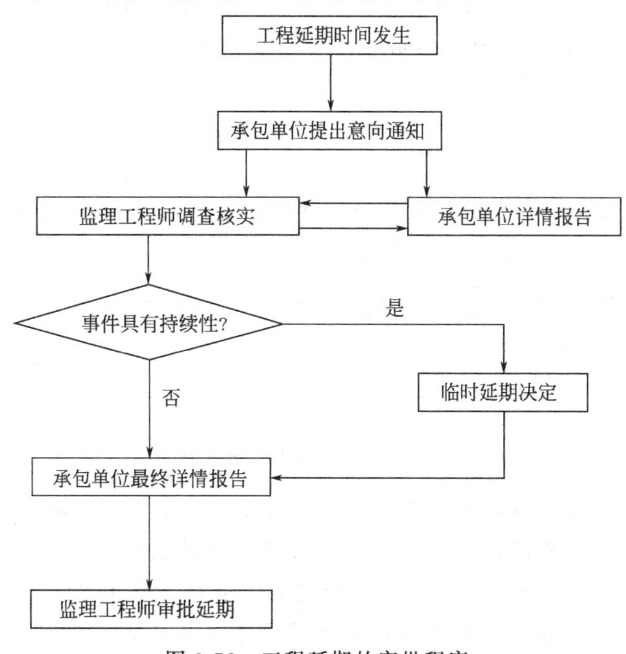

图 3-56　工程延期的审批程序

待延期事件结束后，承包单位应在合同规定的期限内向监理工程师提交最终的详情报告。监理工程师应复查详情报告的全部内容，然后确定该延期事件所需要的延期时间。

如果遇到比较复杂的延期事件，监理工程师可以成立专门小组进行处理。对于一时难以作出结论的延期事件，即使不属于持续性的事件，也可以采用先作出临时延期的决定，然后再作出决定的办法。这样既可以保证有充足的时间处理延期事件，又可以避免由于处理不及时而造成的损失。

监理工程师在作出临时工程延期批准或最终工程延期批准之前，均应与业主和承包单位进行协商。

3. 工程延期的审批原则

监理工程师在审批工程延期时应遵循下列原则：

(1) 合同条件。监理工程师批准的工程延期必须符合合同条件。也就是说，导致工期拖延的原因确实属于承包单位自身以外的，否则不能批准为工程延期。这是监理工程师审批工程延期的一条根本原则。

(2) 影响工期。延期事件的工程部位，无论其是否处在施工进度计划的关键线路上，只有当所延长的时间超过其相应的总时差而影响到工期时，才能批准工程延期。如果延期事件发生在非关键线路上，且延长的时间并未超过总时差时，即使符合批准为工程延期的合同条件，也不能批准工程延期。

应当说明，建设工程施工进度计划中的关键线路并非固定不变，它会随着工程的进展和情况的变化而转移。监理工程师应以承包单位提交的、经自己审核后的施工进度计划（不断调整后）为依据来决定是否批准工程延期。

(3) 实际情况。批准的工程延期必须符合实际情况。为此，承包单位应对延期事件发生后的各类有关细节进行详细记载，并及时向监理工程师提交详细报告。与此同时，监理工程师也应对施工现场进行详细考察和分析，并做好有关记录，以便为合理确定工程延期时间提供可靠依据。

【例 3-7】 某建设工程业主与监理单位、施工单位分别签订了监理委托合同和施工合同，合同工期为 18 个月，在工程开工前，施工承包单位在合同约定的时间内向监理工程师提交了施工总进度计划（如图 3-57 所示）。

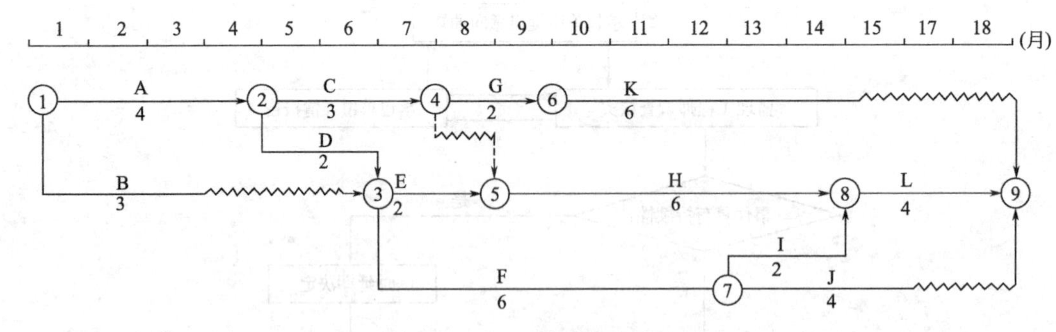

图 3-57 某工程施工总进度计划

该计划经监理工程师批准后开始实施，在施工过程中发生以下事件：

(1) 因业主要求需要修改设计，致使工作 K 停工等待图纸 3.5 个月；

(2) 部分施工机械由于运输原因未能按时进场，致使工作 H 的实际进度拖后 1 个月；

(3) 施工工艺不符合施工规范要求，发生质量事故而返工，致使工作 F 的实际进度拖后 2 个月。

承包单位在合同规定的有效期内提出工期延长 3.5 个月的要求，监理工程师应批准工程延期多少时间？为什么？

【解】 由于工作 H 和工作 F 的实际进度拖后均属于承包单位自身原因，只有工作 K 的拖后可以考虑给予工程延期。从图 3-57 可知，工作 K 原有总时差为 3 个月，该工作停工待图 3.5 个月，只影响工期 0.5 个月，故监理工程师应批准工程延期 0.5 个月。

（二）工程延期的控制

发生工程延期事件，不仅影响工程的进展，而且会给业主带来损失。因此，监理工程师应做好以下工作，以减少或避免工程延期事件的发生。

1. 选择合适的时机下达工程开工令

监理工程师在下达工程开工令之前，应充分考虑业主的前期准备工作是否充分。特别是征地、拆迁问题是否解决，设计图纸能否及时提供，以及付款方面有无问题等，以避免由于上述问题缺乏准备而造成工程延期。

2. 提醒业主履行施工承包合同所规定的职责

在施工过程中，监理工程师应经常提醒业主履行自己的职责，提前做好施工场地及设计图纸的提供工作，并能及时支付工程进度款，以减少或避免由此而造成的工程延期。

3. 妥善处理工程延期事件

当延期事件发生以后，监理工程师应根据合同规定进行妥善处理。既要尽量减少工程延期时间及其损失，又要在详细调查研究的基础上合理批准工程延期时间。

此外，业主在施工过程中应尽可能减少干预、多协调，以避免由于业主的干扰和阻碍而导致延期事件的发生。

（三）工程延误的处理

如果由于承包单位自身的原因造成工期拖延，而承包单位又未按照监理工程师的指令改变延期状态时，通常可以采取下列手段进行处理。

1. 拒绝签署付款凭证

当承包单位的施工活动不能使监理工程师满意时，监理工程师有权拒绝承包单位的支付申请。因此，当承包单位的施工进度拖后且又不采取积极措施时，监理工程师可以采取拒绝签署付款凭证的手段制约承包单位。

2. 误期损失赔偿

拒绝签署付款凭证一般是监理工程师在施工过程中制约承包单位延误工期的手段，而误期损失赔偿则是当承包单位未能按合同规定的工期，完成合同范围内的工作时对其的处罚。如果承包单位未能按合同规定的工期和条件完成整个工程，则应向业主支付投标书附件中规定的金额，作为该项违约的损失赔偿费。

3. 取消承包资格

如果承包单位严重违反合同，又不采取补救措施，则业主为了保证合同工期有权取消其承包资格。例如：承包单位接到监理工程师的开工通知后，无正当理由推迟开工时间，或在施工过程中无任何理由要求延长工期，施工进度缓慢，又无视监理工程师的书面警告等，都有可能受到取消承包资格的处罚。

取消承包资格是对承包单位违约的严厉制裁。因为业主一旦取消了承包单位的承包资格，承包单位不但要被逐出施工现场，而且还要承担由此造成的业主的损失费用。这种惩罚措施一般不轻易采用，而且在作出这项决定前，业主必须事先通知承包单位，并要求其在规定的期限内作好辩护准备。

任务一　编制框架结构单位工程施工进度计划

☞任务提出

根据附录一的“总二车间扩建厂房图纸”和“总二车间扩建厂房工程预算书”编制施工进度计划。

☞任务实施

一、划分施工过程

对该工程施工过程进行划分，见表 3-15。

表 3-15　施工过程划分表（总二车间扩建厂房）

序号	分部分项工程名称	序号	分部分项工程名称
一	基础分部	三	屋面分部
1	平整场地	14	保温层
2	土方开挖	15	找平层
3	基础垫层	16	隔离层
4	独立基础	17	刚性防水层
5	砖基础	四	装饰装修分部
6	地圈梁	18	楼地面工程
7	基础回填土	19	室外抹灰
二	主体分部	20	室内抹灰
8	一层柱	21	门窗扇安装
9	二层结平	22	室外涂料
10	脚手架搭设	23	室内涂料
11	二层柱	24	室外工程
12	屋面结平	五	水电安装
13	砌砖墙	六	竣工验收

二、工程施工进度计划确定

1. 基础分部工程施工进度计划确定

（1）计算劳动量（工程量见附录一的“总二车间扩建厂房工程预算书”）。

1）平整场地劳动量计划数＝380.81m^2/10m^2×0.57 工日（江苏省建筑与装饰工程计价表（后面简称“计价表”）1-98 子目）＝21.706 工日，劳动量采用数＝24 工日。

2）挖基础挖土劳动量计划数包括：

挖掘机挖土＝484.34m^3/1000m^3×(1.972＋0.197)台班(计价表 1-202 子目)＝1.0505 台班

自卸汽车运土＝484.34m^3/1000m^3×(13.37＋0.43)台班(计价表 1-240 子目)＝6.684 台班

∑＝7.89 台班，劳动量采用数＝8 台班

3）基础垫层劳动量计划数包括：

100 厚垫层劳动量计划数＝13.71m^3×1.37 工日（计价表 1-120 子目）＋（13.71m^2/10m^2）×4.18 工日（计价表 20-1 子目）＝18.783＋5.731＝24.514（工日）

200 厚垫层劳动量计划数＝4.58m^3×0.46 工日（计价表 5-285 子目）＋（4.58m^2/10m^2）×2.33 工日（计价表 20-3 子目）＝2.107＋1.067＝3.174（工日）

$\sum$＝27.688 工日，劳动量采用数＝28 工日

4）现浇独立基础劳动量计划数：

现浇独立基础劳动量计划数＝钢筋绑扎 19.47m^3×0.028t/m^3（江苏省建筑与装饰工程计价表（后面简称"计价表"）"附录一混凝土及钢筋混凝土构件模板、钢筋含量表"普通柱基）×6.39 工日/t（计价表 4-2 子目）＋支模板（19.47m^2×1.76/10m^2）×2.53 工日（计价表 20-11 子目）＋混凝土浇筑 19.47m^3×0.46 工日/m^3（计价表 5-290 子目）＝3.484＋8.670＋8.956＝21.11（工日）

电梯井地板劳动量计划数＝钢筋绑扎 1.33m^3×0.056t/m^3（计价表"附录一混凝土及钢筋混凝土构件模板、钢筋含量表"满堂基础无梁式）×6.39 工日/t（计价表 4-2 子目）＋支模板（1.33m^2×0.52/10m^2）×2.11 工日（计价表 20-7 子目）＋混凝土浇筑 1.33m^3×0.39 工日/m^3（计价表 5-288 子目）＝0.476＋0.146＋0.519＝1.141（工日）

电梯井壁劳动量计划数＝钢筋绑扎 0.36m^3×0.071t/m^3（计价表"附录一混凝土及钢筋混凝土构件模板、钢筋含量表"电梯井）×6.39 工日/t（计价表 4-2 子目）＋支模板（0.36m^2×14.77/10m^2）×2.34 工日（计价表 20-52 子目）＋混凝土浇筑 0.36m^3×1.78 工日/m^3（计价表 5-311 子目）＝0.163＋1.244＋0.641＝2.048（工日）

$\sum$＝24.299 工日，劳动量采用数＝24 工日

5）砖砌体劳动量计划数＝17.16m^3×1.14 工日/m^3（计价表 3-1 子目）＝19.562 工日，劳动量采用数＝20 工日

6）地圈梁劳动量计划数＝①钢筋绑扎 2.53m^3×0.017t/m^3（计价表"附录一混凝土及钢筋混凝土构件模板、钢筋含量表"圈梁）×10.8 工日/t（计价表 5-1 子目）＋②支模板（2.53×8.33m^2/10m^2）×2.46 工日（计价表 20-41 子目）＋③混凝土浇筑 2.53m^3×1.17 工日/m^3（计价表 5-302 子目）＝0.547＋5.184＋2.960＝8.691（工日），劳动量采用数＝10 工日

7）基础夯填回填土劳动量计划数＝446.46m^3×0.28 工日（计价表 1-104 子目）＝125.009 工日，劳动量采用数＝126 工日

（2）计算基础分部工程工期（将以上施工过程组织异节奏流水施工）

1）施工段 $m=2$；

2）流水节拍计算：流水节拍 $t=T/m$；

平整场地：一班制，一班 6 人，$T=24/(1\times6)=4$（d），$t=4/2=2$（d）

挖基础土方：二班制，一班 2 人，$T=8/(2\times2)=4$（d），$t=4/2=2$（d）

基础垫层：一班制，一班 7 人，$T=28/(1\times7)=4$（d），$t=4/2=2$（d）

独立基础：一班制，一班 6 人，$T=24/(1\times6)=4$（d），$t=4/2=2$（d）

砖基础：一班制，一班 5 人，$T=20/(1\times5)=4$（d），$t=4/2=2$（d）

地圈梁：一班制，一班 3 人，$T=12/(1\times3)=4$（d），$t=4/2=2$（d）

基础夯填回填土：一班制，一班 21 人，$T=126/(1\times21)=6$（d），$t=6/2=3$（d）

3）流水步距：$K_{1\text{-}2}=K_{2\text{-}3}=K_{3\text{-}4}=K_{4\text{-}5}=K_{5\text{-}6}=K_{6\text{-}7}=2$（d）

4）计算基础分部工程工期：$T=\sum K_i-\sum C+\sum Z+\sum t_i^{zh}=12+6=18$（d）

（3）基础分部工程施工进度计划横道图，如图 3-58 所示。

（4）基础分部工程施工进度计划网络图（粗线表示关键线路），如图 3-59 所示。

序号	分部分项工程名称	劳动量/工日		需用机械		工作延续天数/d	每天工作班数	每班工作人数/人	施工进度/d																	
		计划数	采用数	名称	台班数				1	2	3	4	5	6	7	8	9	10	11	12	13	14	15	16	17	18
1	平整场地	22	24			4	1	6																		
2	挖基础土方	8	8	挖机	8		2																			
3	基础垫层	28	28			4	1	7																		
4	独立基础	24	24			4	1	6																		
5	砖基础	20	20			4	1	5																		
6	地圈梁	9	12			4	1	3																		
7	基础夯填回填土	125	126			6	1	21																		

图3-58　基础分部工程施工进度计划横道图

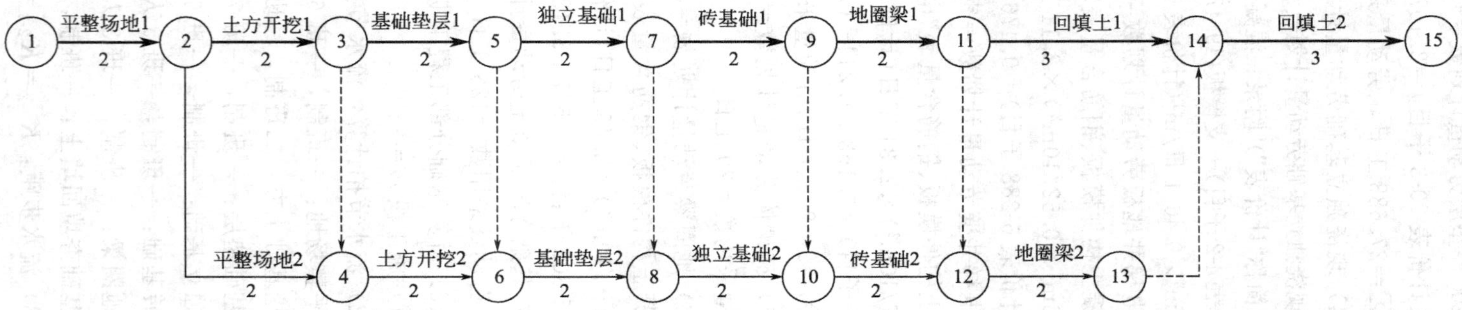

图3-59　基础分部工程施工进度计划网络图

2. 主体分部工程施工进度计划确定

(1) 计算劳动量(工程量见附录一的“总二车间扩建厂房工程预算书”)。

1) 框架柱劳动量计划数=①钢筋绑扎 20.41m^3×0.05t/m^3(江苏省建筑与装饰工程计价表(后面简称“计价表”)“附录一混凝土及钢筋混凝土构件模板、钢筋含量表”矩形柱断面周长 3.6m 内)×10.8 工日/t(计价表 5-1 子目)+20.41m^3×0.122t/m^3×6.39 工日/t(计价表 4-2 子目)+②支模板(20.41m^2×5.56/10m^2)×3.22 工日(计价表 20-26 子目)+③混凝土浇筑 20.41m^3×1.17 工日/m^3(计价表 5-295 子目)=12.971+15.911+36.146+23.880=88.908(工日),劳动量采用数=96 工日

2) 框架混凝土。

结平混凝土劳动量采用数=66.29m^3×0.043t/m^3(计价表“附录一混凝土及钢筋混凝土构件模板、钢筋含量表”有梁板 200mm 内)×10.8 工日/t(计价表 5-1 子目)+66.29m^3×0.1t/m^3×6.39 工日/t(计价表 4-2 子目)+(66.29m^2×8.07/10m^2)×2.65 工日(计价表 20-59)+66.29m^3×0.68 工日/m^3(计价表 5-314 子目)=36.229+42.359+141.176+45.077=264.841(工日)

楼梯混凝土劳动量采用数=1.736m^2×0.036t/m^2(计价表“附录一混凝土及钢筋混凝土构件模板、钢筋含量表”直形楼梯)×10.8 工日/t(计价表 5-1 子目)+(17.36m^2/10m^2)×8.5 工日(计价表 20-70 子目)+(17.36m^2/10m^2)×2.38 工日(计价表 5-319 子目)=0.794+14.756+4.132=19.682(工日)

雨篷混凝土劳动量采用数=1.2m^2×0.034t/m^2(计价表“附录一混凝土及钢筋混凝土构件模板、钢筋含量表”雨篷复式)×10.8 工日/t(计价表 5-1 子目)+1.2m^2×5.54 工日/m^2(计价表 20-74 子目)+1.2m^2×1.38 工日/m^2(计价表 5-322 子目)=0.519+6.648+1.656=8.823(工日)

$\sum$=293.346 工日,劳动量采用数=294 工日

3) 脚手架搭设。

外墙砌筑脚手架,面积=[24.2+(8.23−0.13−0.24+0.12)×2]×(8.6+0.69+0.15)=379.1104(m^2),其劳动量计划数=(379.1104m^2/10m^2)×0.824 工日(计价表 19-3 子目)=31.239(工日)

内墙及现浇屋面浇筑脚手架,一层面积=[(24.2−0.24)×2+(8.23−0.13−0.24−0.12)×2]×(5−0.12)=309.392(m^2),其劳动量计划数=(309.392m^2/10m^2)×1.003 工日(计价表 19-7 子目)=31.032 工日;二层面积=[(24.2−0.24)×2+(8.23−0.13−0.24−0.12)×2]×(8.6−5−0.1)=221.9(m^2),其劳动量计划数=(221.9m^2/10m^2)×1.003 工日(计价表 19-7 子目)=22.257 工日

$\sum$=84.528 工日,劳动量采用数=84 工日

4) 砖墙砌筑。

构造柱混凝土劳动量计划数=①钢筋绑扎 3.59m^3×0.038t/m^3(计价表“附录一混凝土及钢筋混凝土构件模板、钢筋含量表”构造柱)×10.8 工日/t(计价表 5-1 子目)+②支模板(3.59m^2×11.1/10m^2)×4.02 工日(计价表 20-31 子目)+③混凝土浇筑 3.59m^3×1.99 工日/m^3(计价表 5-298 子目)=1.734+16.019+7.144=24.897(工日)

圈梁混凝土劳动量计划数=①钢筋绑扎 2.36m^3×0.017t/m^3(计价表“附录一混凝土及钢筋混凝土构件模板、钢筋含量表”圈梁)×10.8 工日/t(计价表 5-1 子目)+②支模板

$(2.36m^2×8.33/10m^2)×2.46$ 工日（计价表 20-41 子目）＋③混凝土浇筑 $2.36m^3×1.17$ 工日/m^3（计价表 5-302 子目）＝0.510＋4.836＋2.761＝8.107（工日）

砖墙砌筑劳动量计划数＝$(59.74m^3+11.94m^3)×1.13$ 工日/m^3（计价表 3-21、表 3-22 子目）＝80.998 工日

$\sum$＝114.002 工日，劳动量采用数＝112 工日

5）现浇屋面混凝土养护时间 14d，一般 14d（以拆模试块报告为准）后可以拆屋面底板模板，进行室内粉刷。

（2）计算主体分部工程工期。

1）流水节拍计算：流水节拍 $t=T/m$

一层柱：一班制，一班 8 人，$T=96/2/(1×8)$ ＝6(d)，$m=2$，$t=3d$

二层结平：一班制，一班 21 人，$m=1$，$t=T=294/2/(1×21)$ ＝7(d)

二层柱：一班制，一班 8 人，$T=96/2/(1×8)$ ＝6(d)，$m=2$，$t=3d$

屋面结平：一班制，一班 21 人，$m=1$，$t=T=294/2/(1×21)$ ＝7(d)

砖墙砌筑：一班制，一班 14 人，$m=1$，$t=T=112/2/(1×14)$ ＝4(d)

2）计算进度表中各施工过程间的流水步距：

$K_{1\text{-}2}=3d$；$K_{2\text{-}3}=0$（浇筑脚手架必须在二层结平钢筋绑扎前搭设到位）；$K_{2\text{-}4}=2d$（二层柱须在二层结平浇筑完 2d 后才能上人作业）＋$T_{二层结平}=9d$；$K_{4\text{-}5}=3d$；$K_{5\text{-}6}=9d$（一层墙体砌筑须在二层结平浇捣脚手架拆除后进行，一般在结平混凝土浇筑后 14d，具体以拆模试块时间为准，即拆模试块试压强度达到拆模要求的可拆除模板支撑；二层墙体砌筑须在屋面结平浇捣脚手架拆除后 14d 进行）。

3）主体分部工程工期：$T=\sum K_i+\sum t_i^{zh}=3+9+3+9+16=40(d)$

（3）主体工程施工进度计划横道图，如图 3-60 所示。

（4）主体工程施工进度计划网络图如下，如图 3-61 所示。

3. 屋面分部工程施工进度计划确定

（1）计算劳动量（工程量见附录一的“总二车间扩建厂房工程预算书”）

1）聚氯乙烯泡沫板（30mm 厚）劳动量计划数＝$(184.56m^2×0.03m/10m^2)×4.57$ 工日（计价表 9-216 子目）＝2.53 工日，劳动量采用数＝3 工日

2）找平层（20mm 厚）劳动量计划数＝$(184.56m^2×2/10m^2)×0.7$ 日（计价表 12-15 子目）＝25.838 工日，劳动量采用数＝26 工日

3）隔离层劳动量计划数＝$(184.56m^2/10m^2)×0.38$ 工日（计价表 10-61 子目）＝7.013 工日，劳动量采用数＝8 工日

4）刚性防水层劳动量计划数＝$184.56m^2/10m^2×0.011t/m^3$（计价表“附录一混凝土及钢筋混凝土构件模板、钢筋含量表”刚性屋面）×10.8 工日/t（计价表 5-1 子目）＋$(184.56m^2/10m^2)×1.74$ 工日（计价表 9-73 子目）＝2.58＋32.113＝34.693（工日），劳动量采用数＝36 工日

5）刚防层混凝土养护 14d。

6）屋面分部工程验收：蓄水 2d。

（2）计算屋面分部工程工期。

1）施工段 $m=1$

2）流水节拍计算：流水节拍 $t=T/m$

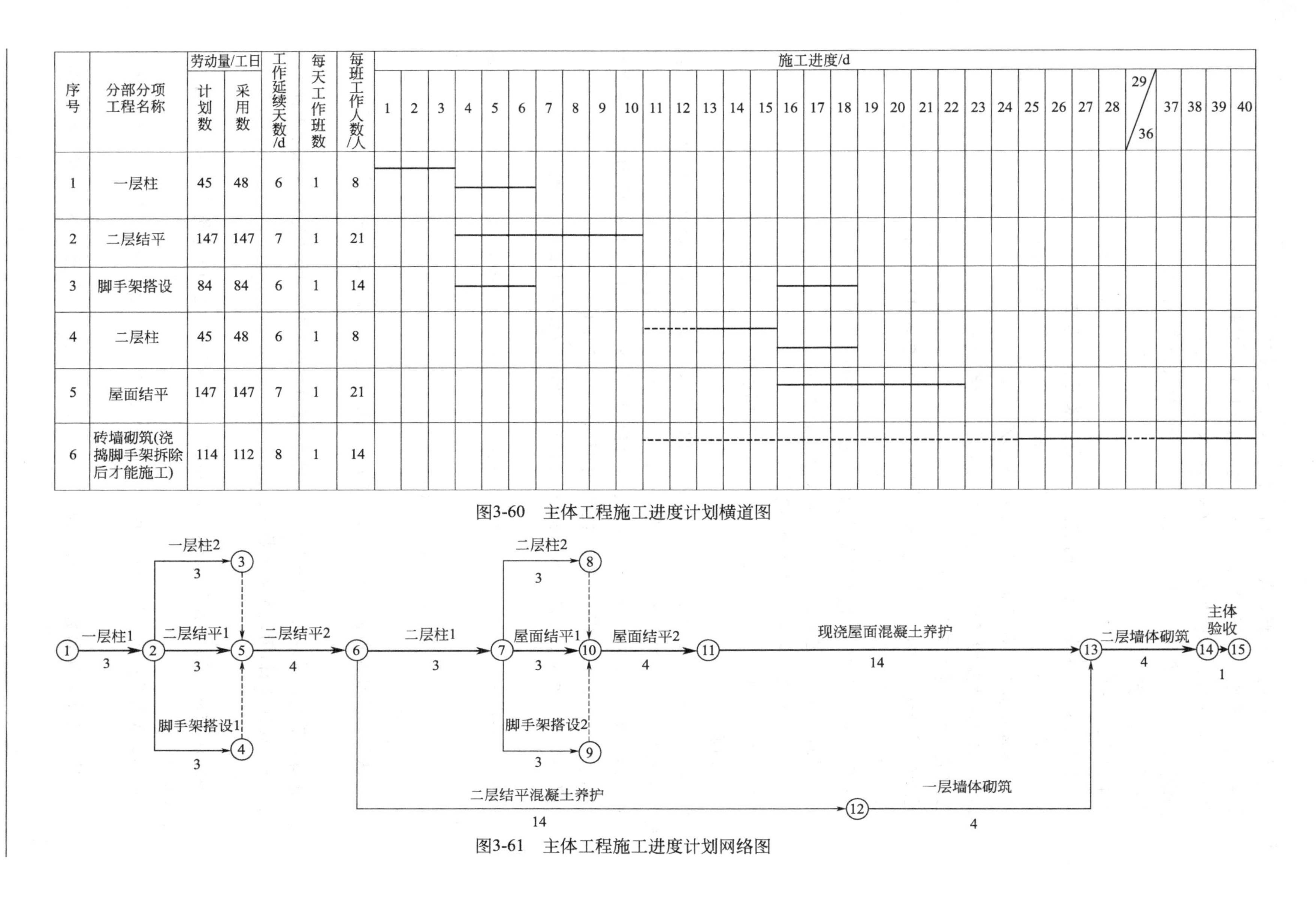

序号	分部分项工程名称	劳动量/工日 计划数	劳动量/工日 采用数	工作延续天数/d	每天工作班数	每班工作人数/人	施工进度/d
1	一层柱	45	48	6	1	8	
2	二层结平	147	147	7	1	21	
3	脚手架搭设	84	84	6	1	14	
4	二层柱	45	48	6	1	8	
5	屋面结平	147	147	7	1	21	
6	砖墙砌筑(浇捣脚手架拆除后才能施工)	114	112	8	1	14	

图3-60　主体工程施工进度计划横道图

图3-61　主体工程施工进度计划网络图

保温层：一班制，一班 3 人，$t=T=3/(1\times3)=1(d)$

找平层：一班制，一班 13 人，$t=T=26/(1\times13)=2(d)$

隔离层：一班制，一班 8 人，$t=T=8/(1\times8)=1(d)$

刚性防水层：一班制，一班 18 人，$t=T=36/(1\times18)=2(d)$

刚防层混凝土养护：$t=14d$

屋面验收：$t=2d$

3）计算进度表中各施工过程间的流水步距：采用取大差法。

$K_{1\text{-}2}=1d$　$K_{2\text{-}3}=2d$　$K_{3\text{-}4}=1d$　$K_{4\text{-}5}=2d$　$K_{5\text{-}6}=14d$

4）计算屋面分部工程工期：$T=\sum K_i+\sum Z+\sum t_i^{zh}$

$\sum K_i$（表示流水步距之和）$=K_{1\text{-}2}+K_{2\text{-}3}+K_{3\text{-}4}+K_{4\text{-}5}=20(d)$

$\sum Z$（表示间隙时间之和）$=0$

$\sum t_i^{zh}$（表示最后一个施工过程在第 i 个施工段上的流水节拍）$=2(d)$

本屋面分部工程工期 $T=20+2=22(d)$

（3）屋面分部工程施工进度计划横道图，如图 3-62 所示。

（4）屋面工程施工进度计划网络图，如图 3-63 所示。

4. 装饰装修分部工程施工进度计划确定

（1）计算劳动量（工程量见附录一的“总二车间扩建厂房工程预算书”）

1）楼地面。

C25 混凝土垫层{$36.93m^3=[24\times7.69+(24.2+1.8+8.23)\times1.8m^2]\times0.15m$}劳动量计划数$=36.93m^3\times1.29$ 工日/m^3（计价表 13-11 子目）$=47.6397$ 工日

耐磨地坪面层[$246.17m^2=24\times7.69+(24.2+1.8+8.23)\times1.8$]劳动量计划数$=246.17m^2/10m^2\times0.66$ 工日（计价表 12-46 子目）$=16.247$ 工日

地砖踢脚线劳动量计划数$=(6.66m^2+206.8m^2)/10m^2\times0.98$ 工日（计价表 13-95 子目）$=20.9190$ 工日

水磨石面层劳动量计划数$=163.76m^2/10m^2\times5.52$ 工日（计价表 12-31 子目）$=90.396$ 工日

$\sum=180.135$ 工日，劳动量采用数$=184$ 工日

2）室外抹灰。

外墙抹灰劳动量计划数$=283.63m^2/10m^2\times1.78$ 工日（计价表 14-10 子目）$=50.4561$ 工日

雨篷抹灰劳动量计划数$=12m^2/10m^2\times7.78$ 工日（计价表 14-14 子目）$=9.336$ 工日

$\sum=59.8221$ 工日，劳动量采用数$=64$ 工日

3）室内抹灰。

砖内墙面抹灰劳动量计划数$=741.26m^2/10m^2\times1.58$ 工日（计价表 14-11 子目）$=117.1190$ 工日

梁柱面抹灰劳动量计划数$=260.92m^2/10m^2\times2.19$ 工日（计价表 14-23 子目）$=57.1415$ 工日

天棚抹灰劳动量计划数$=369.38m^2/10m^2\times1.36$ 工日（计价表 15-87 子目）$=50.2357$ 工日

序号	分部分项工程名称	劳动量/工日		工作延续天数/d	每天工作班数	每班工作人数/人	施工进度/d								
		计划数	采用数				1	2	3	4	5	6	7～20	21	22
1	保温层	3	3	1	1	3									
2	找平层	26	26	2	1	13									
3	隔离层	7	8	1	1	8									
4	刚防层	35	36	2	1	18									
5	刚防层混凝土养护			14											
6	蓄水验收			2											

图3-62 屋面分部工程施工进度计划横道图

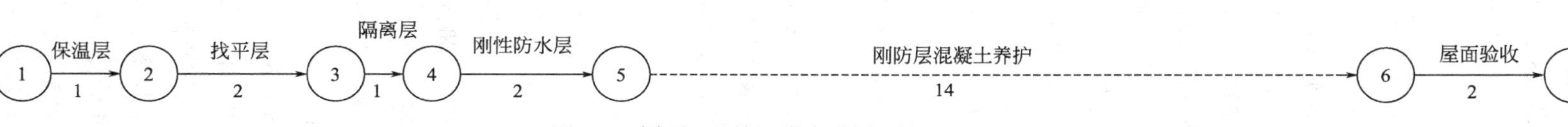

图3-63 屋面工程施工进度计划网络图

$\sum$=224.4962工日，劳动量采用数=222工日

4）门窗扇安装。

塑钢窗扇(13樘，面积64.8m^2=3.6×3×2+1.5×0.9×2+3.6×1.8×4+1.8×1.8×4+0.9×1.8)安装劳动量计划数=64.8m^2/10m^2×4.28工日(计价表16-11子目)=27.7344工日

门扇安装劳动量计划数=①(企口板门面积6.615m^2=1×2.1×2+1.15×2.1)6.615m^2/10m^2×(0.99+1.77+0.53+1.07)工日(计价表15-256～259子目)+②(厂库房全钢板大门门扇面积30.3m^2=3×4.42×2+1.8×2.1)30.3m^2/10m^2×(12.64+1.53)工日(计价表8-9～8-10子目)=2.884+42.935=45.819(工日)

$\sum$=75.692工日，劳动量采用数=78工日

5）室外涂料劳动量计划数=(283.63m^2+12m^2)/10m^2×0.38工日(计价表16-315子目)=11.234工日，劳动量采用数=12工日

6）室内涂料(面积1383.906m^2=内墙面741.126m^2+天棚381.86m^2+梁柱面260.92m^2)/10m^2×1.03工日(计价表16-308子目)=142.542工日，劳动量采用数=144工日

7）室外工程。

① 室外散水劳动量计划数=18.31m^2/10m^2×2.33工日(计价表13-163子目)=4.2662工日

② 现浇坡道劳动量计划数=19.36m^2/10m^2×2.8工日(计价表12-173子目)=5.421工日

$\sum$①+②=9.6872工日，劳动量采用数=10工日

(2) 计算装饰装修分部工程工期。

1）流水节拍计算：流水节拍$t=T/m$

楼地面：一班制，一班23人，$m=1$，$t=T=184/2/(1\times23)=4$(d)

室外抹灰：一班制，一班8人，$m=1$，$t=T=64/2/(1\times8)=4$(d)

室内抹灰：一班制，一班22人，$m=1$，$t=T=222/2/(1\times22)=5$(d)

门窗扇安装：一班制，一班13人，$m=1$，$t=T=78/2/(1\times13)=3$(d)

室外涂料：一班制，一班2人，$m=1$，$t=T=12/2/(1\times2)=3$(d)

室内涂料：一班制，一班18人，$m=1$，$t=T=144/2/(1\times18)=4$(d)

室外工程：一班制，一班5人，$m=1$，$t=T=10/(1\times5)=2$(d)

2）计算进度表中各施工过程间的流水步距：$\sum K_i=4+5+3+6=18$(d)

$K_{1\text{-}2}=4$d；$K_{2\text{-}3}=0$（考虑到本工程工期较紧张，故安排室内外抹灰同步进行）；$K_{3\text{-}4}=5$d；$K_{4\text{-}5}=3$d；$K_{5\text{-}6}=0$（工期紧张，安排室内外涂料同步进行）；$K_{6\text{-}7}=T_6-(T_6-T_5)=6$d（室外工程在室外涂料结束后即进行）

3）计算装饰装修分部工程工期：$T=\sum K_i+\sum t_i^{zh}=18+2=20$(d)

(3) 装饰装修分部工程施工进度计划横道图，如图3-64所示。

(4) 装饰装修工程施工进度计划网络图如图3-65所示。

5. 本工程施工总进度计划横道图（见图3-66）

6. 本工程施工总进度计划网络图（见图3-67）

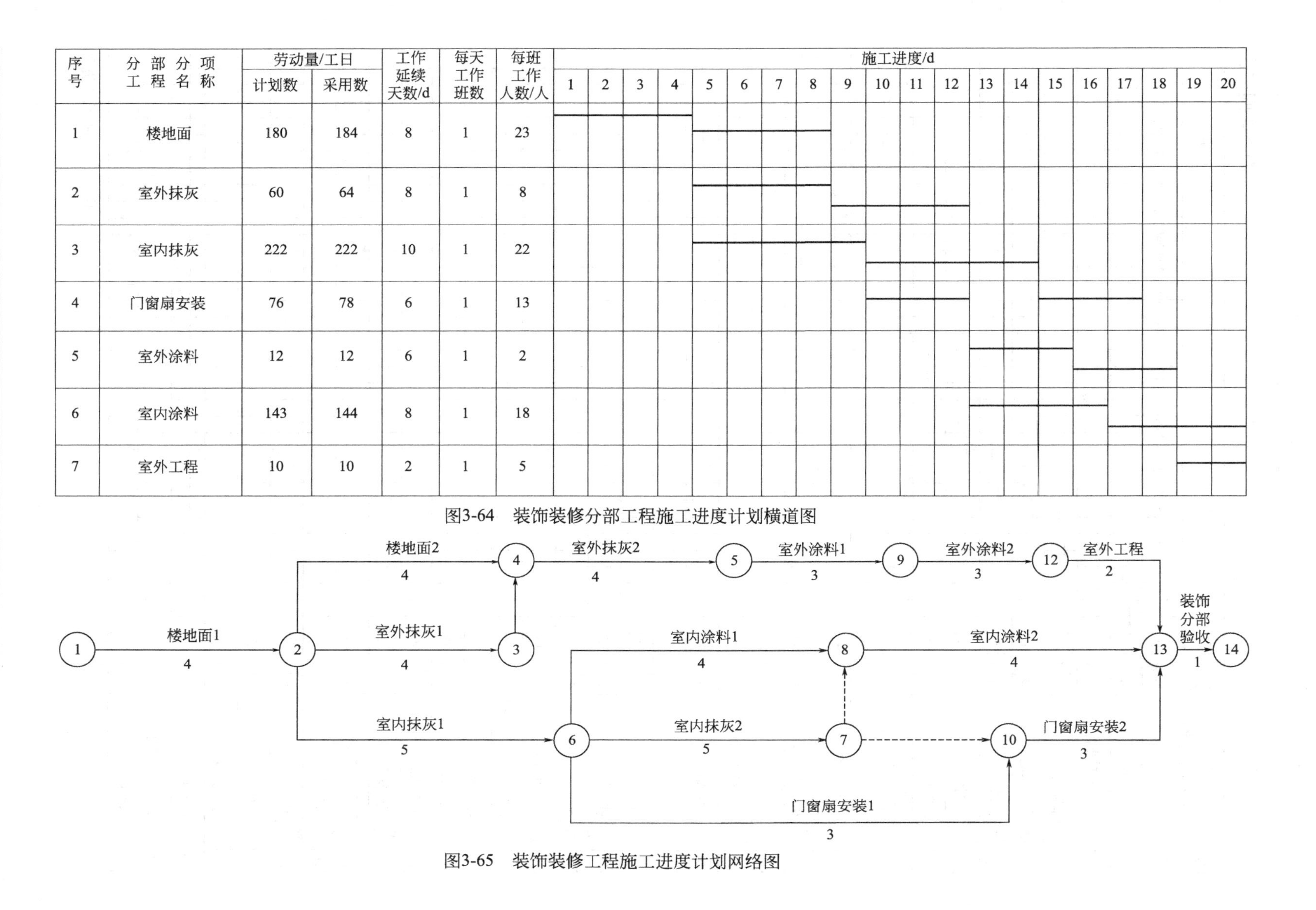

序号	分部分项工程名称	劳动量/工日		工作延续天数/d	每天工作班数	每班工作人数/人	施工进度/d																			
		计划数	采用数				1	2	3	4	5	6	7	8	9	10	11	12	13	14	15	16	17	18	19	20
1	楼地面	180	184	8	1	23																				
2	室外抹灰	60	64	8	1	8																				
3	室内抹灰	222	222	10	1	22																				
4	门窗扇安装	76	78	6	1	13																				
5	室外涂料	12	12	6	1	2																				
6	室内涂料	143	144	8	1	18																				
7	室外工程	10	10	2	1	5																				

图3-64　装饰装修分部工程施工进度计划横道图

图3-65　装饰装修工程施工进度计划网络图

总二车间扩建

序号	分部分项工程名称		工作延续天数/d	每天工作班数	每天工作人数/人	施工																																		
						1	2	3	4	5	6	7	8	9	10	11	12	13	14	15	16	17	18	19	20	21	22	23	24	25	26	27	28	29	30	31	32	33	34	35
1	基础工程	平整场地	4	1	6																																			
2		基础土方开挖	8	2																																				
3		基础垫层	4	1	7																																			
4		独立基础	4	1	6																																			
5		砖基础	4	1	5																																			
6		地圈梁	4	1	3																																			
7		基础回填土	6	1	21																																			
8		基础验收		1																																				
9	主体工程	一层柱	6	1	8																																			
10		二层结平	7	1	21																																			
11		脚手架搭设	6	1	14																																			
12		二层柱	6	1	8																																			
13		屋面结平	7	1	21																																			
14		砖墙砌筑	8	1	14																																			
15		主体验收		1																																				
16	屋面工程	保温层	1	1	3																																			
17		找平层	2	1	13																																			
18		隔离层	1	1	8																																			
19		刚性防水层	2	1	18																																			
20		刚防层混凝土养护		15																																				
21		屋面验收		2																																				
22	装饰装修工程	楼地面	8	1	23																																			
23		室外抹灰	8	1	8																																			
24		室内抹灰	10	1	22																																			
25		门窗扇安装	6	1	13																																			
26		室外涂料	6	1	2																																			
27		室内涂料	8	1	18																																			
28		室外工程	2	1	5																																			
29		分部验收		1																																				
30	水电安装			75																																				
31	其他零星收尾			2																																				
32	竣工验收			1																																				

图 3-66 施工总进度

厂房施工进度计划

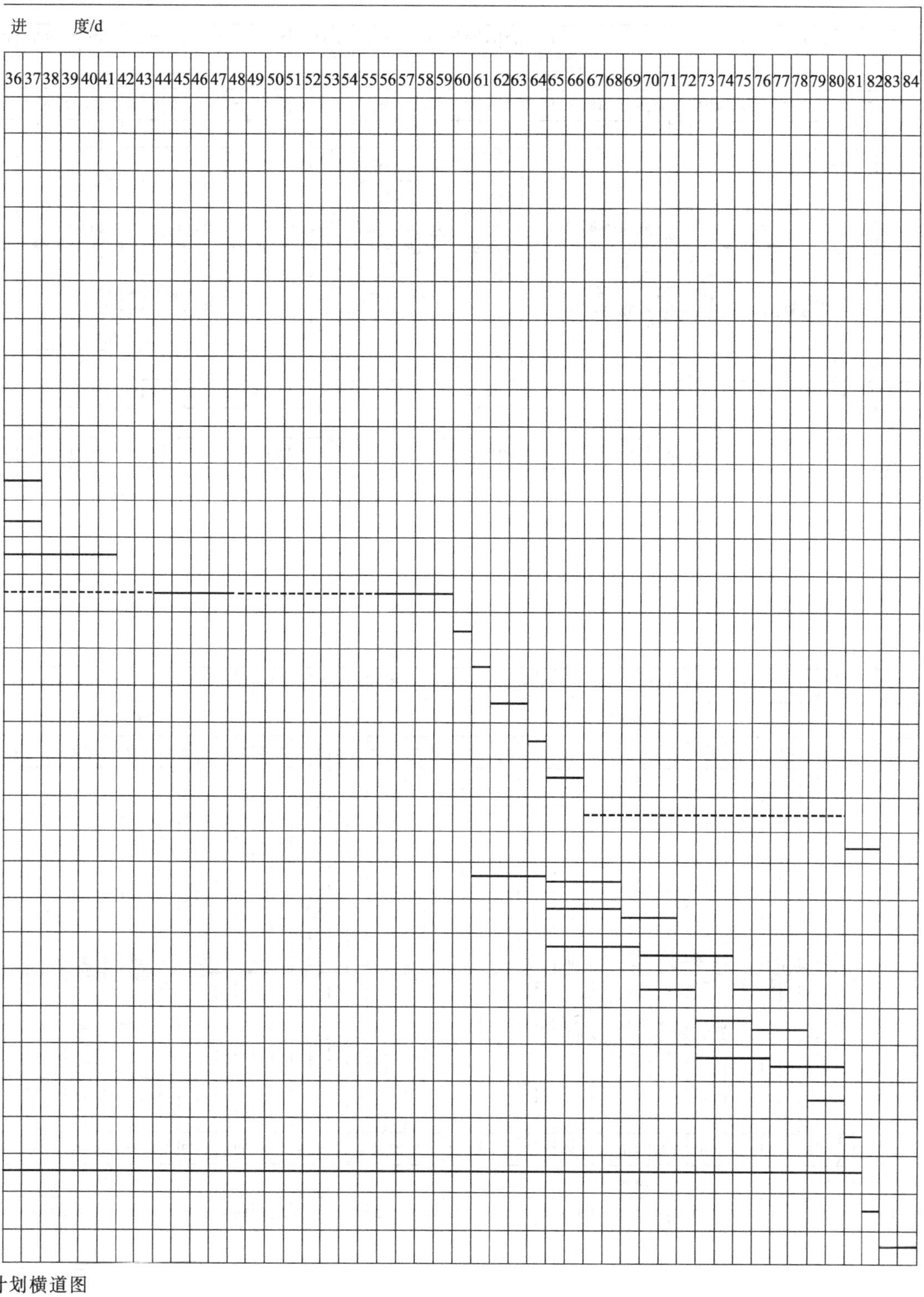

进度/d																																																
36	37	38	39	40	41	42	43	44	45	46	47	48	49	50	51	52	53	54	55	56	57	58	59	60	61	62	63	64	65	66	67	68	69	70	71	72	73	74	75	76	77	78	79	80	81	82	83	84

计划横道图

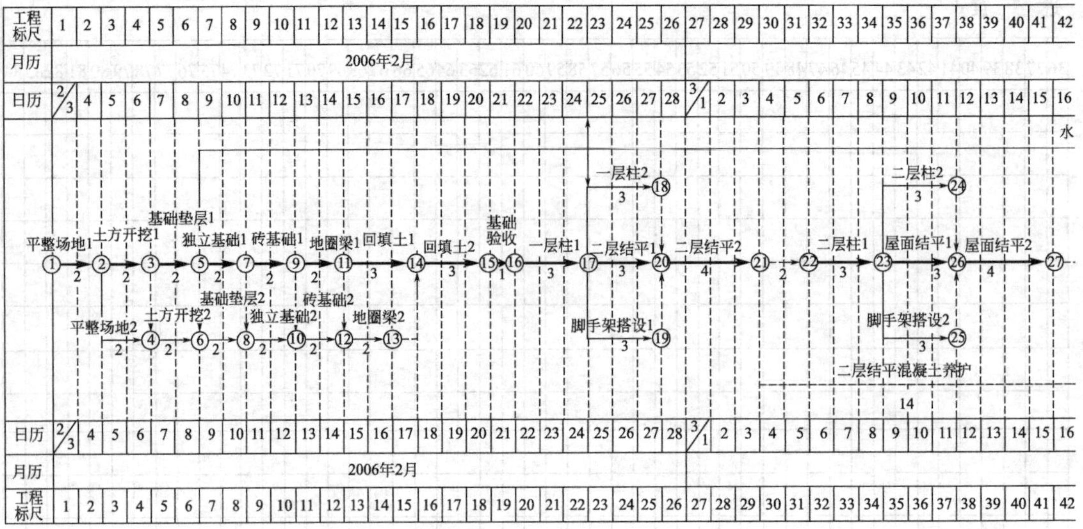

工程标尺	1	2	3	4	5	6	7	8	9	10	11	12	13	14	15	16	17	18	19	20	21	22	23	24	25	26	27	28	29	30	31	32	33	34	35	36	37	38	39	40	41	42
月历	2006年2月																																									
日历	2/3	4	5	6	7	8	9	10	11	12	13	14	15	16	17	18	19	20	21	22	23	24	25	26	27	28	3/1	2	3	4	5	6	7	8	9	10	11	12	13	14	15	16

平整场地1 2；土方开挖1 2；基础垫层1 2；独立基础1 2；砖基础1 2；地圈梁1 2；回填土1 3；回填土2 3；基础验收 1；一层柱1 3；二层结平1 3；二层结平2 4；2；二层柱1 3；屋面结平1 3；屋面结平2 4

平整场地2 2；土方开挖2 2；基础垫层2 2；独立基础2 2；砖基础2 2；地圈梁2 2

一层柱2 3；脚手架搭设1 3；二层柱2 3；脚手架搭设2 3；二层结平混凝土养护 14；水

日历	2/3	4	5	6	7	8	9	10	11	12	13	14	15	16	17	18	19	20	21	22	23	24	25	26	27	28	3/1	2	3	4	5	6	7	8	9	10	11	12	13	14	15	16
月历	2006年2月																																									
工程标尺	1	2	3	4	5	6	7	8	9	10	11	12	13	14	15	16	17	18	19	20	21	22	23	24	25	26	27	28	29	30	31	32	33	34	35	36	37	38	39	40	41	42

图 3-67 施工总进度

工程标尺	1	2	3	4	5	6	7	8	9	10	11	12	13	14	15	16	17	18	19	20	21	22	23	24	25	26	27	28	29	30	31	32	33	34	35	36	37	38	39	40	41	42	43	44	45	46
月历	2006年2月																										2006年3月																			
日历	2/3	4	5	6	7	8	9	10	11	12	13	14	15	16	17	18	19	20	21	22	23	24	25	26	27	28	3/1	2	3	4	5	6	7	8	9	10	11	12	13	14	15	16	17	18	19	20

平1 3；挖1 3；垫1 2；独基1 2；砖基1 2；地梁1 2；回1 3；回2 3；验收 1；一柱1 5；二平1 3；二平2 4；养 2；二柱1 3；屋平1 3；屋平2 4

平2 3；挖2 3；垫2 2；独基2 2；砖基2 2；地梁2 2

一柱2 3；脚1 3；二柱2 3；脚2 3；二平养

日历	3/2	4	5	6	7	8	9	10	11	12	13	14	15	16	17	18	19	20	21	22	23	24	25	26	27	28	1/3	2	3	4	5	6	7	8	9	10	11	12	13	14	15	16	17	18	19	20
月历	2006年2月																										2006年3月																			
工程标尺	1	2	3	4	5	6	7	8	9	10	11	12	13	14	15	16	17	18	19	20	21	22	23	24	25	26	27	28	29	30	31	32	33	34	35	36	37	38	39	40	41	42	43	44	45	46

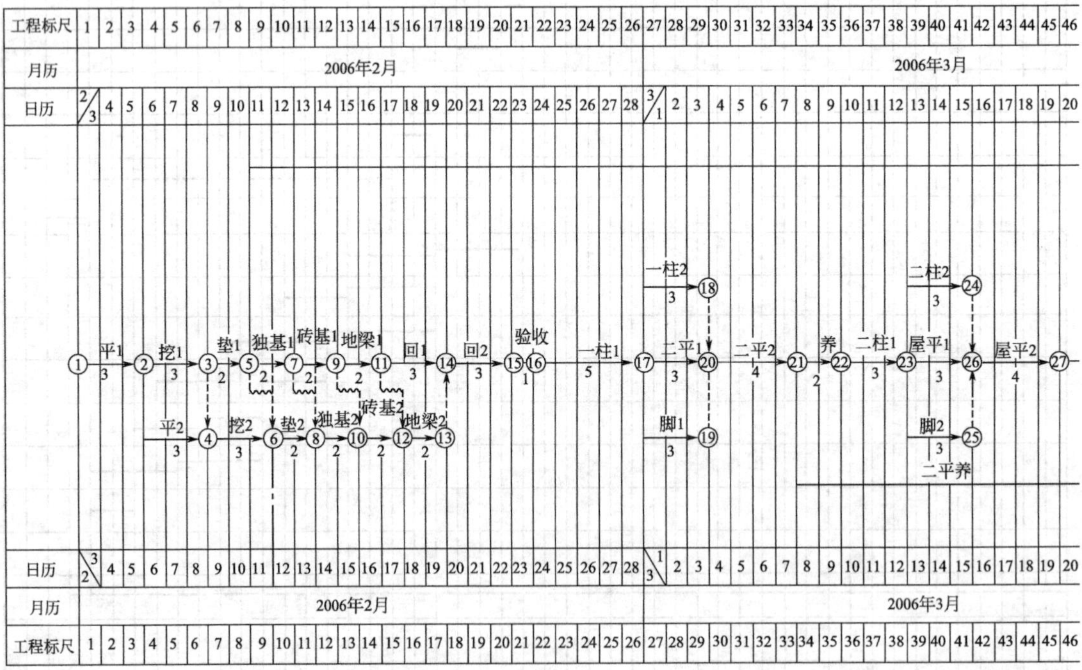

图 3-68 延期后的施

程施工进度计划网络图

43	44	45	46	47	48	49	50	51	52	53	54	55	56	57	58	59	60	61	62	63	64	65	66	67	68	69	70	71	72	73	74	75	76	77	78	79	80	81	82	83	84
2006年3月															2006年4月																										
17	18	19	20	21	22	23	24	25	26	27	28	29	30	31	4/1	2	3	4	5	6	7	8	9	10	11	12	13	14	15	16	17	18	19	20	21	22	23	24	25	26	27

电安装

75

保温层 找平层 隔离层 刚性防水层 刚防层混凝土养护 屋面验收

33 1 34 2 35 1 37 2 14 49 2 53

主体验收 楼地面2 室外抹灰2 室外涂料1 室外涂料2 室外工程 装饰分部验收 竣工验收

39 4 41 45 3 48 3 50 2

现浇屋面混凝土养护 14 二层墙体砌筑 4 30 31 32 1 1 楼地面1 4 36 室外抹灰1 4 38 42 室内涂料1 4 46 室内涂料2 4 51 1 52 2 54 1 55 零星收尾

室内抹灰1 5 40 室内抹灰2 5 44 门窗扇安装2 3 47

一层墙体砌筑 28 4 29 门窗扇安装 3 43

17	18	19	20	21	22	23	24	25	26	27	28	29	30	31	4/1	2	3	4	5	6	7	8	9	10	11	12	13	14	15	16	17	18	19	20	21	22	23	24	25	26	27
2006年3月															2006年4月																										
43	44	45	46	47	48	49	50	51	52	53	54	55	56	57	58	59	60	61	62	63	64	65	66	67	68	69	70	71	72	73	74	75	76	77	78	79	80	81	82	83	84

计划网络图

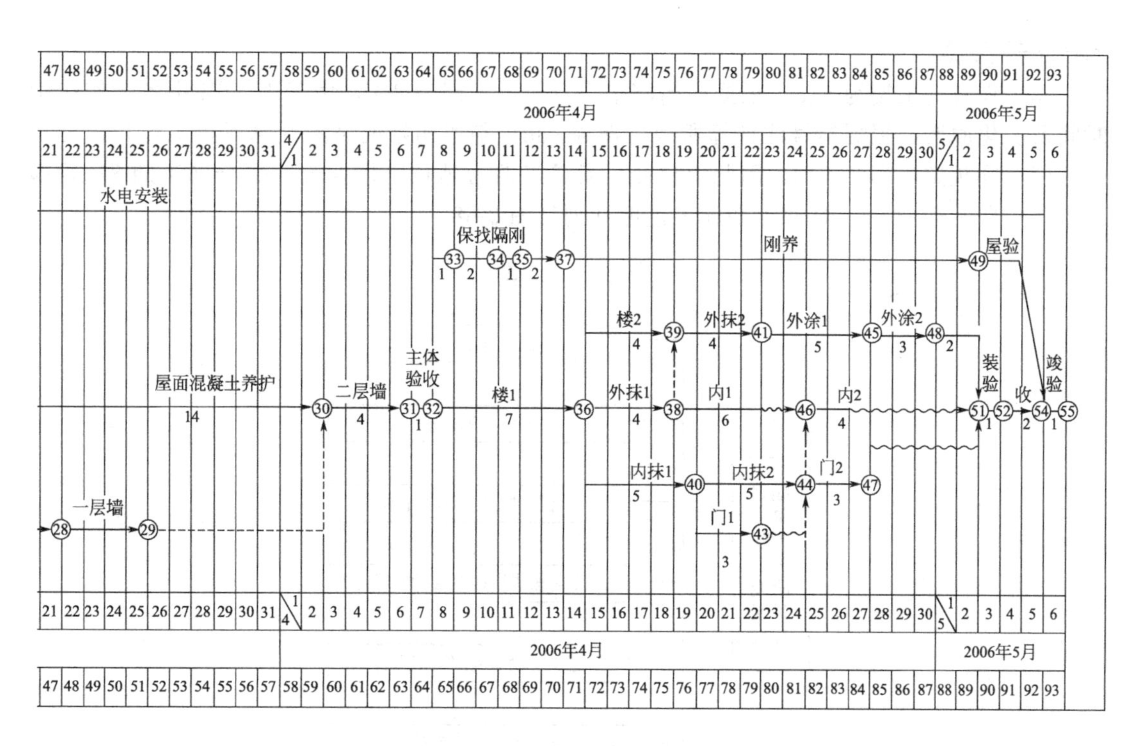

工进度计划

任务二 编制调整后的框架结构单位工程延期时的进度计划

☞任务提出

根据附录一的“总二车间扩建厂房图纸”和附表1-3建筑安装施工合同，以及施工中各工作的持续时间发生改变（具体变化及原因见表3-16），导致工期延期，编制调整后的框架结构单位工程延期时的进度计划。

表3-16 各工作持续时间及变化原因

工作名称	持续时间延长原因及天数/d			持续时间延长值/d
	业主原因	不可抗力原因	承包商原因	
平整场地	未及时提供场地1	0	1	1
基础人工挖土	0	1	1	1
一层柱	设计变更1	1	2	2
二层结平	0	0	1	0
楼地面1	2	1	1	3
室外抹灰2	0	0	2	0
室外涂料1	1	1	0	2

注：由于业主原因，导致工期延期，工期可以索赔；由于不可抗力原因，工期可以顺延；但由于承包商原因导致工期延期，工期不可以索赔。

☞任务实施

本工程合同工期为87d，根据初始网络计算所得工期为84d，由于表3-16中各工作持续时间及变化原因，根据标号法计算所得工期为93d，与原初始网络图计算所得工期相比延长9d，但合同规定工期为87d，因此承包商可索赔工期为延长工期93d减去合同工期87d，即可索赔延期工期为6d。延期工期施工进度计划见图3-68。

小 结

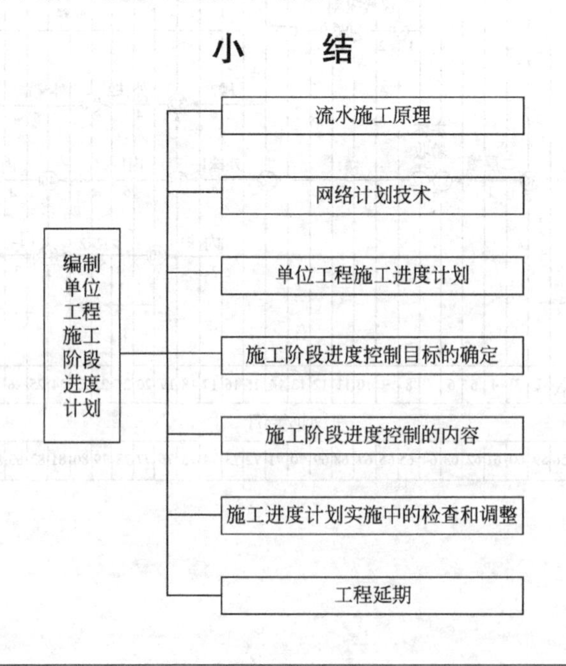

综合训练

训练目标：编制单位工程施工阶段进度计划、编制单位工程施工阶段延期进度计划。

训练准备：见附录二中“柴油机试验站辅助楼及浴室图纸”、“柴油机试验站辅助楼及浴室工程预算书”、“柴油机试验站辅助楼及浴室工程合同”。

训练步骤：

(1) 划分施工过程；

(2) 划分施工段；

(3) 计算工程量（或套用工程量）；

(4) 计算劳动量、确定机械台班；

(5) 确定流水节拍、流水步距、工期；

(6) 绘制单位工程施工进度计划（横道图、网络图）；

(7) 编制资源需要量计划；

(8) 编制单位工程施工阶段延期进度计划。

能力训练题

一、单项选择题

1. 流水作业是施工现场控制施工进度的一种经济效益很好的方法，相比之下在施工现场应用最普遍的流水形式是（　　）。

A. 非节奏流水　　B. 加快成倍节拍流水　　C. 固定节拍流水　　D. 一般成倍节拍流水

2. 流水施工组织方式是施工中常采用的方式，因为（　　）。

A. 它的工期最短　　B. 现场组织、管理简单

C. 能够实现专业工作队连续施工　　D. 单位时间投入劳动力、资源量最少

3. 在组织流水施工时，（　　）称为流水步距。

A. 某施工专业队在某一施工段的持续工作时间

B. 相邻两个专业工作队在同一施工段开始施工的最小间隔时间

C. 某施工专业队在单位时间内完成的工程量

D. 某施工专业队在某一施工段进行施工的活动空间

4. 下面所表示流水施工参数正确的一组是（　　）。

A. 施工过程数、施工段数、流水节拍、流水步距

B. 施工队数、流水步距、流水节拍、施工段数

C. 搭接时间、工作面、流水节拍、施工工期

D. 搭接时间、间歇时间、施工队数、流水节拍

5. 在组织施工的方式中，占用工期最长的组织方式是（　　）施工。

A. 依次　　B. 平行　　C. 流水　　D. 搭接

6. 每个专业工作队在各个施工段上完成其专业施工过程所必需的持续时间是指（　　）。

A. 流水强度　　B. 时间定额　　C. 流水节拍　　D. 流水步距

7. 某专业工种所必须具备的活动空间指的是流水施工空间参数中的（　　）。

A. 施工过程　　B. 工作面　　C. 施工段　　D. 施工层

8. 有节奏的流水施工是指在组织流水施工时，每一个施工过程的各个施工段上的（　　）都各自相等。

A. 流水强度　　B. 流水节拍　　C. 流水步距　　D. 工作队组数

9. 固定节拍流水施工属于（　　）。

A. 无节奏流水施工　　B. 异节奏流水施工　　C. 等节奏流水施工　　D. 异步距流水施工

10. 在流水施工中，不同施工过程在同一施工段上流水节拍之间成比例关系，这种流水施工称为（　　）。

A. 等节奏流水施工　　B. 等步距异节奏流水施工

C. 异步距异节奏流水施工　　D. 无节奏流水施工

11. 某二层现浇钢筋混凝土建筑结构的施工，其主体工程由支模板、绑钢筋和浇混凝土 3 个施工过程组成，每个施工过程在施工段上的延续时间均为 5d，划分为 3 个施工段，则总工期为（　　）d。

A. 35　　B. 40　　C. 45　　D. 50

12. 某工程由 4 个分项工程组成，平面上划分为 4 个施工段，各分项工程在各施工段上流水节拍均为 3 天，该工程工期（　　）d。

A. 12　　B. 15　　C. 18　　D. 21

13. 某工程由支模板、绑钢筋、浇筑混凝土 3 个分项工程组成，它在平面上划分为 6 个施工段，该 3 个分项工程在各个施工段上流水节拍依次为 6d、4d 和 2d，则其工期最短的流水施工方案为（　　）d。

A. 18　　B. 20　　C. 22　　D. 24

14. 上题中，若工作面满足要求，把支模板工人数增 2 倍，绑钢筋工人数增加 1 倍，混凝土工人数不变，则最短工期为（　　）d。

A. 16　　B. 18　　C. 20　　D. 22

15. 某一拟建工程有 5 个施工过程，分 4 段组织流水施工，其流水节拍已知如表 3-17 所示。规定施工过程 E 完成后，其相应施工段至少要间歇 2d；施工过程 N 完成后，其相应施工段要留有 1d 的准备时间。为了尽早完工，允许施工过程 I 和 E 之间搭接施工 1d。按照流水施工，其最短工期为（　　）d。

表 3-17　流水节拍

n / m	Ⅰ	Ⅱ	Ⅲ	Ⅳ	Ⅴ
①	3	1	2	4	3
②	2	3	1	2	4
③	2	5	3	3	2
④	4	3	5	3	1

A. 26　　B. 27　　C. 28　　D. 29

16. 建设工程组织流水施工时，其特点之一是（　　）。

A. 由一个专业队在各施工段上依次施工

B. 同一时间段只能有一个专业队投入流水施工

C. 各专业队按施工顺序应连续、均衡地组织施工

D. 施工现场的组织管理简单，工期最短

17. 加快的成倍节拍流水施工的特点是（　　）。

A. 同一施工过程中各施工段的流水节拍相等，不同施工过程的流水节拍为倍数关系

B. 同一施工过程中各施工段的流水节拍不尽相等，其值为倍数关系

C. 专业工作队数等于施工过程数

D. 专业工作队在各施工段之间可能有间歇时间

18. 双代号网络计划中，（　　）表示前面工作的结束和后面工作的开始。

A. 起始节点　　B. 中间节点　　C. 终止节点　　D. 虚拟节点

19. 网络图中同时存在 n 条关键线路，则 n 条关键线路的持续时间之和（　　）。

A. 相同　　B. 不相同　　C. 有一条最长的　　D. 以上都不对

20. 单代号网络图的起点节点可（　　）。

A. 有 1 个虚拟　　B. 有 2 个　　C. 有多个　　D. 编号最大

21. 在时标网络计划中“波折线”表示（　　）。

A. 工作持续时间　　B. 虚工作　　C. 前后工作的时间间隔　　D. 总时差

22. 时标网络计划与一般网络计划相比其优点是（　　）。

A. 能进行时间参数的计算　　B. 能确定关键线路

C. 能计算时差　　D. 能增加网络的直观性

23. （　　）为零的工作肯定在关键线路上。

A. 自由时差　　B. 总时差　　C. 持续时间　　D. 以上三者均

24. 在工程网络计划中，判别关键工作的条件是该工作（　　）。

A. 自由时差最小　　B. 与其紧后工作之间的时间间隔为零

C. 持续时间最长　　D. 最早开始时间等于最迟开始时间

25. 当双代号网络计划的计算工期等于计划工期时，对关键工作的错误提法是（　　）。

A. 关键工作的自由时差为零

B. 相邻两项关键工作之间的时间间隔为零

C. 关键工作的持续时间最长

D. 关键工作的最早开始时间与最迟开始时间相等

26. 网络计划工期优化的目的是为了缩短（　　）。

A. 计划工期　　B. 计算工期　　C. 要求工期　　D. 合同工期

27. 某工程双代号时标网络计划如图 3-69 所示，其中工作 A 的总时差为（　　）d。

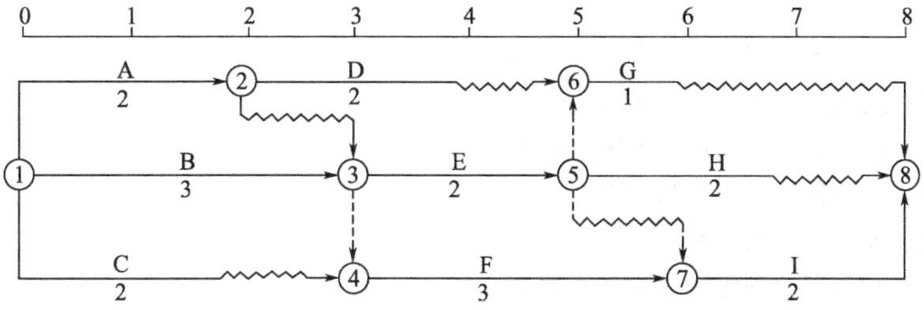

0 1 2 3 4 5 6 7 8

A 2, D 2, G 1, B 3, E 2, H 2, C 2, F 3, I 2

①②③④⑤⑥⑦⑧

图 3-69　双代号时标网络计划

A. 0　　B. 1　　C. 2　　D. 3

28. 已知某工程双代号网络计划的计划工期等于计算工期，且工作 M 的完成节点为关键节点，则该工作（　　）。

A. 为关键工作　　B. 自由时差等于总时差

C. 自由时差为零　　D. 自由时差小于总时差

29. 网络计划中工作与其紧后工作之间的时间间隔应等于该工作紧后工作的（　　）。

A. 最早开始时间与该工作最早完成时间之差

B. 最迟开始时间与该工作最早完成时间之差

C. 最早开始时间与该工作最迟完成时间之差

D. 最迟开始时间与该工作最迟完成时间之差

30. 在工程网络计划执行过程中，如果发现某工作进度拖后，则受影响的工作一定是该工作的（　　）。

A. 平行工作　　B. 后续工作　　C. 先行工作　　D. 紧前工作

31. 工程网络计划费用优化的目的是为了寻求（　　）。

A. 资源有限条件下的最短工期安排　　B. 工程总费用最低时的工期安排

C. 满足要求工期的计划安排　　D. 资源使用的合理安排

32. 在双代号时标网络计划中，当某项工作有紧后工作时，则该工作箭线上的波形线表示（　　）。

A. 工作的总时差　　B. 工作之间的时距

C. 工作的自由时差　　D. 工作间逻辑关系

33. 在双代号或单代号网络计划中，工作的最早开始时间应为其所有紧前工作（　　）。

A. 最早完成时间的最大值　　B. 最早完成时间的最小值
C. 最迟完成时间的最大值　　D. 最迟完成时间的最小值

34. 在工程网络计划中，工作的自由时差是指在不影响（　　）的前提下，该工作可以利用的机动时间。
A. 紧后工作最早开始　　B. 后续工作最迟开始
C. 紧后工作最迟开始　　D. 本工作最早完成时间推迟 5d，并使总工期延长 3d

35. （　　）是基层施工单位编制季度、月度、旬施工作业计划的主要依据。
A. 施工组织总设计　　B. 单位工程施工组织设计
C. 局部施工组织设计

36. 单位工程施工进度计划是（　　）进度计划。
A. 控制性　　B. 指导性
C. 有控制性、也有指导性　　D. 研究性

37. 确定劳动量应采用（　　）。
A. 预算定额　　B. 施工定额　　C. 国家定额　　D. 地区定额

38. 当某一施工过程是由同一工种、但不同做法、不同材料的若干个分项工程合并组成时，应先计算（　　），再求其劳动量。
A. 产量定额　　B. 时间定额　　C. 综合产量定额　　D. 综合时间定额

39. 劳动力需用量计划一般要求（　　）编制。
A. 按年编制　　B. 按季编制　　C. 按月分旬编制　　D. 按周编制

二、多项选择题

1. 组织流水施工时，划分施工段的原则是（　　）。
A. 能充分发挥主导施工机械的生产效率
B. 根据各专业队的人数随时确定施工段的段界
C. 施工段的段界尽可能与结构界限相吻合
D. 划分施工段只适用于道路工程
E. 施工段的数目应满足合理组织流水施工的要求

2. 建设工程组织依次施工时，其特点包括（　　）。
A. 没有充分地利用工作面进行施工，工期长
B. 如果按专业成立工作队，则各专业队不能连续作业
C. 施工现场的组织管理工作比较复杂
D. 单位时间内投入的资源量较少，有利于资源供应的组织
E. 相邻两个专业工作队能够最大限度地搭接作业

3. 建设工程组织流水施工时，相邻专业工作队之间的流水步距不尽相等，但专业工作队数等于施工过程数的流水施工方式是（　　）。
A. 固定节拍流水施工和加快的成倍节拍流水施工
B. 加快的成倍节拍流水施工和非节奏流水施工
C. 固定节拍流水施工和一般的成倍节拍流水施工
D. 一般的成倍节拍流水施工和非节奏流水施工

4. 施工段是用以表达流水施工的空间参数。为了合理地划分施工段，应遵循的原则包括（　　）。
A. 施工段的界限与结构界限无关，但应使同一专业工作队在各个施工段的劳动量大致相等
B. 每个施工段内要有足够的工作面，以保证相应数量的工人、主导施工机械的生产效率，满足合理劳动组织的要求
C. 施工段的界限应设在对建筑结构整体性影响小的部位，以保证建筑结构的整体性
D. 每个施工段要有足够的工作面，以满足同一施工段内组织多个专业工作队同时施工的要求
E. 施工段的数目要满足合理组织流水施工的要求，并在每个施工段内有足够的工作面

5. 某分部工程双代号网络计划如图 3-70 所示，其作图错误包括（　　）。

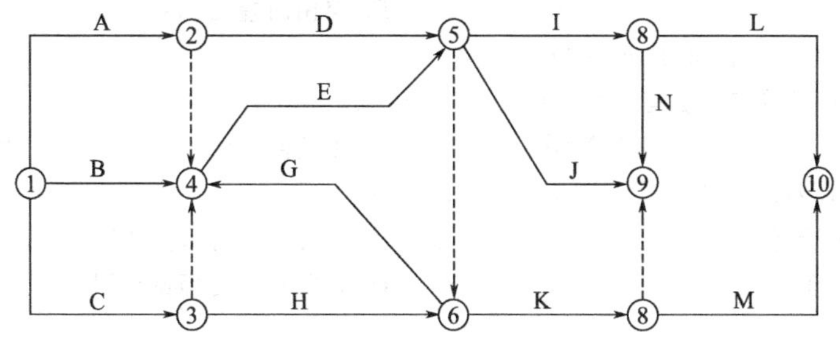

图 3-70　某分部工程双代号网络计划

A. 有多个起点节点　　B. 有多个终点节点

C. 存在循环回路　　D. 工作代号重复

E. 节点编号有误

6. 在网络计划的工期优化过程中，为了有效地缩短工期，应选择（　　）的关键工作作为压缩对象。

A. 持续时间最长　　B. 缩短时间对质量影响不大

C. 直接费用最小　　D. 直接费用率最小

E. 有充足备用资源

7. 某分部工程双代号网络图如图 3-71 所示，其作图错误表现为（　　）。

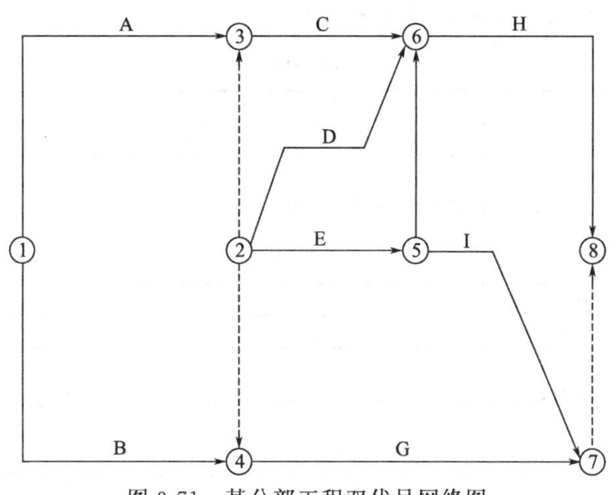

图 3-71　某分部工程双代号网络图

A. 有多个起点节点　　B. 有多个终点节点

C. 节点编号有误　　D. 存在循环回路

E. 有多余虚工作

8. 在工程网络计划中，关键线路是指（　　）的线路。

A. 双代号网络计划中总持续时间最长　　B. 相邻两项工作之间时间间隔均为零

C. 单代号网络计划中由关键工作组成　　D. 时标网络计划中自始至终无波形线

E. 双代号网络计划中由关键节点组成

9. 在工程双代号网络计划中，某项工作的最早完成时间是指其（　　）。

A. 开始节点的最早时间与工作总时差之和　　B. 开始节点的最早时间与工作持续时间之和

C. 完成节点的最迟时间与工作持续时间之差　　D. 完成节点的最迟时间与工作总时差之差

E. 完成节点的最迟时间与工作自由时差之差

10. 已知网络计划中工作 M 有两项紧后工作，这两项紧后工作的最早开始时间分别为第 15d 和第 18d，工作 M 的最早开始时间和最迟开始时间分别为第 6d 和第 9d。如果工作 M 的持续时间为 9d。则工作 M（　　）。

A. 总时差为 3d　　B. 自由时差为 0d

C. 总时差为 2d　　D. 自由时差为 2d

E. 与紧后工作时间间隔分别为 0d 和 3d

11. 施工过程持续时间的确定方法有（　　）。

A. 经验估算法　　B. 定额计算法　　C. 工期倒排法　　D. 累加数列法

12. 编制资源需用量计划包括（　　）。

A. 劳动力需用量计划　　B. 主要材料需用量计划

C. 机具名称需用量计划　　D. 预制构件需用量计划

三、绘图与计算题

1. 已知某工程由 A、B、C 三个分项工程组成，各工序流水节拍分别为：$t_A=6d$，$t_B=4d$，$t_C=2d$，共分 6 个施工段，现为了加快施工进度，请组织流水施工并绘制进度计划表。

2. 已知 A、B、C、D 四个过程，分四段施工，流水节拍分别为：$t_A=2d$，$t_B=3d$，$t_C=1d$，$t_D=5d$，且 A 完成后有 2d 的技术间歇时间，C 与 B 之间有 1d 的搭接时间，请绘制进度表。

3. 请绘制某二层现浇混凝土楼盖工程的流水施工进度表。

已知框架平面尺寸 17.4m×144m，沿长度方向每隔 48m 留设伸缩缝一道，各层施工过程的流水节拍为：$t_{模}=4d$，$t_{筋}=2d$，$t_{混凝土}=2d$，层间技术间歇（混凝土浇筑后在其上立模的技术要求）为 2d，求：

（1）按一般流水施工方式，求工期绘制流水施工计划表。

（2）若采用成倍节拍流水组织方式，求工期且绘制流水施工计划表。

4. 请根据表 3-18 所给的逻辑关系绘制单代号网络图。

表 3-18

工作名称	A	B	C	D	E	F	G	H	I	J	K	L	M	N	Q
紧后工作	B、C、D	E	F	G	H、I	I	J	L、K	M、L	M	N	N、Q	Q	—	—

5. 请根据所给表 3-19 的逻辑关系绘制双代号网络图。

表 3-19

工作名称	A	B	C	D	E	F	G	H	I
紧后工作	B、C	D、E、F	E、F	G	G	H	I	I	—

6. 各项工作的逻辑关系如表 3-20 所示，绘制其单代号网络图和双代号网络图。

表 3-20

工作名称	A	B	C	D	E	F
紧前工作	—	—	A	A、B	C	C、D
持续时间	2	3	3	3	2	3

7. 已知各项工作的逻辑关系如表 3-21 所示，试绘制单代号网络计划和双代号网络计划。

表 3-21

工作名称	A	B	C	D	E	F	G	I
紧前工作	—	—	A、B	C	C	E	E	D、G

8. 已知各项工作的逻辑关系如表 3-22 所示，试绘制单代号网络计划。

表 3-22

工作名称	A	B	C	D	E	F	G	I	J	K	N
紧前工作	—	—	B、E	A、C、N	—	B、E	E	F、G	A、C、N、I	F、G	F、G

9. 根据图 3-72 所给的双代号网络图中的信息，计算各工作时间参数（*ES*、*EF*、*LS*、*LF*、*TF*、*FF*）、总工期、并标出关键工作和关键线路。其中挖土、基础和回填土的流水节拍分别是 4d、1d 和 2d。

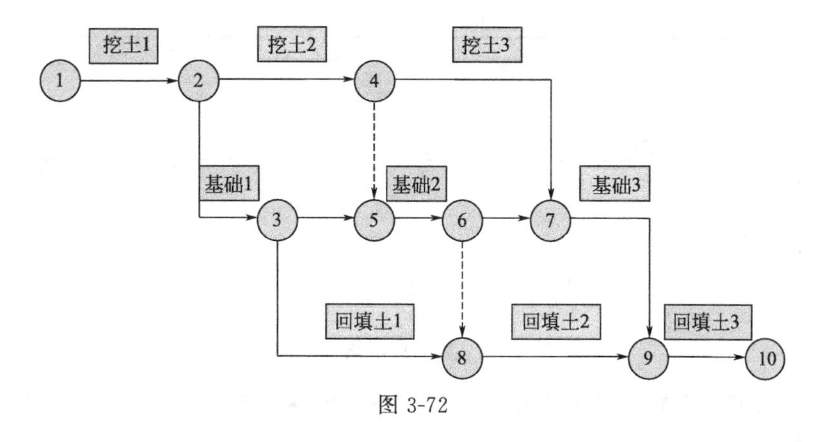

图 3-72

10. 根据所给的双代号网络图图 3-73 中的信息，用图上计算法计算各工作时间参数（ES、EF、LS、LF、TF、FF）、总工期并标出关键工作和关键线路。

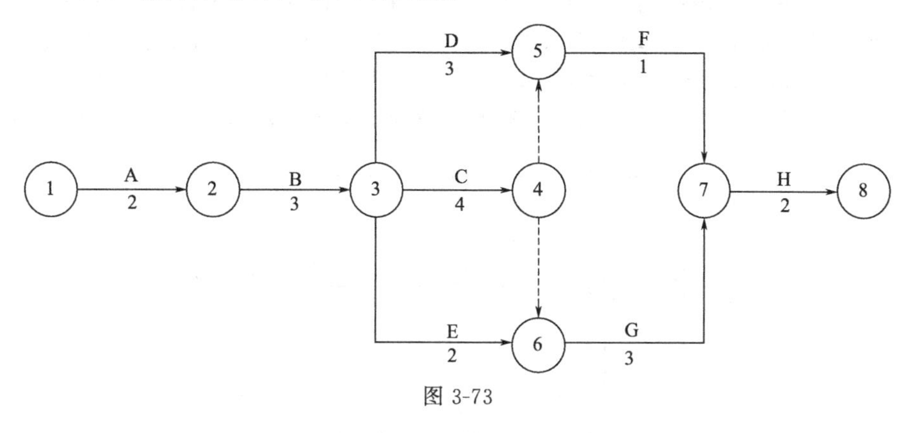

图 3-73

11. 绘制图 3-74 网络图的早时标网络图。

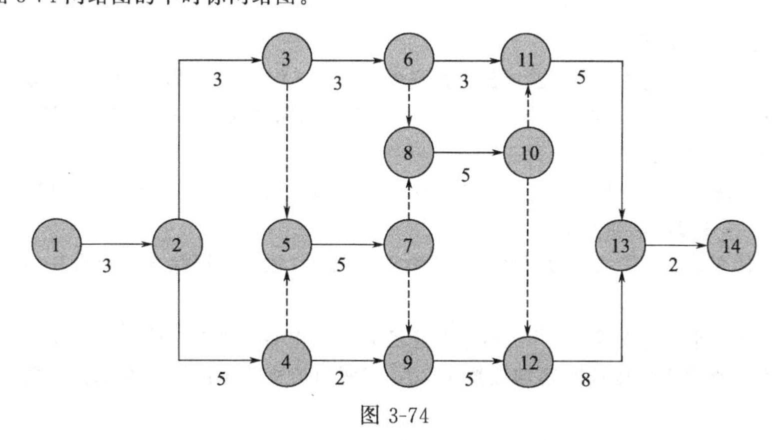

图 3-74

12. 某工程项目合同工期为 18 个月，施工合同签订以后，施工单位编制了一份初始网络计划，如图 3-75 所示。

(1) 该网络计划能否满足合同要求？

(2) 由于该工程施工工艺的要求，计划中工作 C、工作 H 和工作 J 需共用一台起重施工机械，为此需要对初始网络计划调整。请绘出调整后的网络进度计划图（在原图上作答即可）。

(3) 该计划执行了 3 个月后，施工单位接到业主的设计变更，要求增加一项新工作 D，安排在 A 完成之后开始，在 E 开始之前完成。因而造成个别施工机械的闲置和某些工种的窝工，为此施工单位向业主提

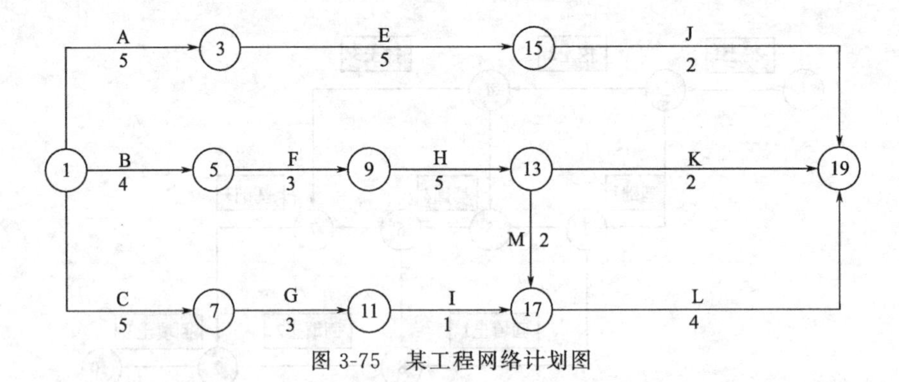

图 3-75 某工程网络计划图

出如下索赔：①施工机械停滞费；②机上操作人员人工费；③某些工种的人工窝工费。请分别说明以上补偿要求是否合理？为什么？

(4) 工作 G 完成以后，由于业主变更施工图纸，使工作 I 停工待图 0.5 个月，如果业主要求按合同工期完工，施工单位可向业主索赔赶工费多少？（已知工作 I 赶工费率 12.5 万元/月）？为什么？

13. 某建设单位（甲方）与某施工单位（乙方）订立了某工程项目的施工合同。合同规定：采用单价合同，每一分项工程的工程量增减风险系数为 10%，合同工期 25d，工期每提前 1d 奖励 3000 元每拖后 1d 罚款 5000 元。乙方在开工前及时提交了施工网络进度计划如图 3-76 所示，并得到甲方代表的批准。

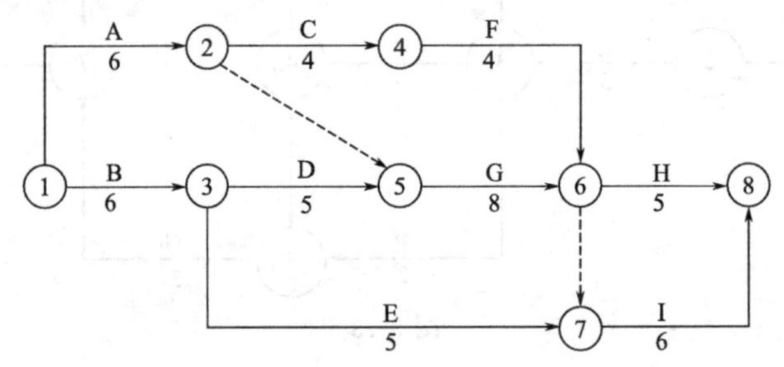

图 3-76 某工程施工网络进度计划（单位：d）

工程施工中发生如下几项事件：

事件 1：因甲方提供的电源出故障造成施工现场停电，使工作 A 和工作 B 的工效降低，作业时间分别拖延 2d 和 1d；多用人工 8 个和 10 个工日；租赁的工作 A 的需用电的施工机械每天租赁费为 560 元，工作 B 的需用电的自有机械每天折旧费 280 元。

事件 2：为保证施工质量，乙方在施工中将工作 C 原设计尺寸扩大，增加工程量 $160m^3$，该工作综合单价为 87 元/m^3，作业时间增加 2d。

事件 3：因设计变更，工作 E 工程量由 $300m^3$ 增至 $360m^3$，该工作原综合单价为 65 元/m^3，经协商调整单价为 58 元/m^3。

事件 4：鉴于该工作工期较紧，经甲方代表同意乙方在工作 G 和工作 I 作业过程中采取了加快施工的技术组织措施，使这两项工作作业时间均缩短了 2d，该两项加快施工的技术组织措施费分别为 2000 元、2500 元。

其余各项工作实际作业时间和费用均与原计划相符。

(1) 上述哪些事件乙方可以提出工期和费用补偿要求？哪些事件不能提出工期和费用补偿要求？说明其原因。

(2) 每项事件的工期补偿是多少？总工期补偿多少天？

(3) 假设人工工日单价为 25 元/工日，应由甲方补偿的人工窝工和降效费 12 元/工日，管理费、利润等不予补偿。试计算甲方应给予乙方的追加费用总额。

学习情境四 编制单位工程施工组织设计

学习指南：

单位工程施工组织设计是建筑施工企业组织和指导单位工程施工全过程各项活动的技术经济文件。它是基层施工单位编制季度、月度、旬施工作业计划、分部分项工程作业设计及劳动力、材料、预制构件、施工机具等供应计划的主要依据，也是建筑施工企业加强生产管理的一项重要工作。本项目通过“编写框架结构单位工程工程概况”、“确定框架结构单位工程施工部署及施工方案”、“绘制框架结构单位工程施工平面图”、“制定框架结构单位工程施工技术组织措施”四个任务（在前面已介绍了施工进度计划的编制，本学习情境中不再重复），熟练掌握单位工程施工组织设计的编制。

知识目标：

了解单位工程施工组织设计的相关概念，熟悉掌握单位工程施工方案、单位工程施工平面图、施工措施等相关知识点。

技能目标：

能编写框架结构单位工程工程概况、能确定框架结构单位工程施工部署及施工方案、能绘制框架结构单位工程施工平面图、能制定框架结构单位工程施工技术组织措施。

素质目标：

具有分析问题能力，具有严肃认真的学习态度，具备认真仔细的工作态度，具有理论联系实际能力，树立创新意识，强化节约意识，强化规范操作意识，强化安全意识。

项目分析

通过“编写框架结构单位工程工程概况”、“确定框架结构单位工程施工部署及施工方案”、“绘制框架结构单位工程施工平面图”、“制定框架结构单位工程施工技术组织措施”四个任务，熟练掌握单位工程施工组织设计的编制。

工作过程

按照任务分析的内容，进行工作步骤的描述。

1. 编写框架结构单位工程工程概况

2. 确定框架结构单位工程施工部署及施工方案

3. 编制框架结构单位工程施工进度计划

4. 绘制框架结构单位工程施工平面图

5. 制定框架结构单位工程施工技术组织措施

一、建筑施工组织研究的对象及任务

随着社会经济的发展和建筑技术的进步，现代建筑产品的施工生产已成为一项多人员、多工种、多专业、多设备、高技术、现代化的综合而复杂的系统工程。要做到提高工程质量、缩短施工工期、降低工程成本、实现安全文明施工，就必须应用科学方法进行施工管理，统筹施工全过程。

建筑施工组织就是针对建筑工程施工的复杂性，研究工程建设的统筹安排与系统管理的客观规律，制定建筑工程施工最合理的组织与管理方法的一门科学。它是推进企业技术进步，加强现代化施工管理的核心。

一个建筑物或构筑物的施工是一项特殊的生产活动，尤其是现代化的建筑物和构筑物，无论是规模上还是功能上都在不断发展。它们有的高耸入云，有的跨度大，有的深入地下、水下，有的体形庞大，有的管线纵横，这就给施工带来许多更加复杂和困难的问题。解决施工中的各种问题，通常都有若干个可行的施工方案供施工人员选择。但是，不同的方案，其经济效果也是各不相同的。如何根据拟建工程的性质和规模、施工季节和环境、工期的长短、工人的素质和数量、机械装备程度、材料供应情况、构件生产方式、运输条件等各种技术经济条件，从经济和技术统一的全局出发，从许多可行的方案中选定最优的方案，这是施工人员在开始施工之前必须解决的问题。

施工组织的任务是：在党和政府有关建筑施工的方针政策指导下，从施工的全局出发，根据具体的条件，以最优的方式解决上述施工组织的问题，对施工的各项活动做出全面的、科学的规划和部署，使人力、物力、财力、技术资源得以充分利用，达到优质、低耗、高速地完成施工任务。

二、建筑项目的建设程序

（一）建设项目及其组成

1. 项目

项目是指在一定的约束条件（如限定时间、限定费用及限定质量标准等）下，具有特定的明确目标和完整的组织结构的一次性任务或管理对象。根据这一定义，可以归纳出项目所具有的三个主要特征，即项目的一次性（单件性）、目标的明确性和项目的整体性。只有同时具备这三个特征的任务才能称为项目。而那些大批量的、重复进行的、目标不明确的、局部性的任务，不能称作项目。

项目的种类应当按其最终成果或专业特征为标志进行划分。按专业特征划分，项目主要包括：科学研究项目、工程项目、航天项目、维修项目、咨询项目等，还可以根据需要对每一类项目进行进一步分类。对项目进行分类的目的是为了有针对性地进行管理，以提高完成任务的效果和水平。

工程项目是项目中数量最大的一类，既可以按照专业将其分为建筑工程、公路工程、水电工程、港口工程、铁路工程等项目，也可以按管理的差别将其划分为建设项目、设计项目、工程咨询项目和施工项目等。

(1) 建设项目。建设项目是固定资产投资项目，是作为建设单位的被管理对象的一次性建设任务，是投资经济科学的一个基本范畴。固定资产投资项目又包括基本建设项目（新建、扩建等扩大生产能力的项目）和技术改造项目（以改进技术、增加产品品种、提高产品质量、治理“三废”、劳动安全、节约资源为主要目的的项目）。

建设项目在一定的约束条件下，以形成固定资产为特定目标。约束条件包括：一是时间约束，即一个建设项目有合理的建设工期目标；二是资源的约束，即一个建设项目有一定的投资总量目标；三是质量约束，即一个建设项目有预期的生产能力、技术水平或使用效益目标。

建设项目的管理主体是建设单位，项目是建设单位实现目标的一种手段。在国外，投资主体、业主和建设单位一般是三位一体的，建设单位的目标就是投资者的目标；而在我国，投资主体、业主和建设单位三者有时是分离的，给建设项目的管理带来一定的困难。

(2) 施工项目。施工项目是施工企业自施工投标开始到保修期满为止的全过程中完成的项目，是作为施工企业的被管理对象的一次性施工任务。

施工项目的管理主体是施工承包企业。施工项目的范围是由工程承包合同界定的，可能是建设项目的全部施工任务，也可能是建设项目中的一个单项工程或单位工程的施工任务。

2. 建设项目的组成

按照建设项目分解管理的需要，可将建设项目分解为单项工程、单位工程（子单位工程)、分部工程（子分部工程)、分项工程和检验批，如图 4-1 所示。

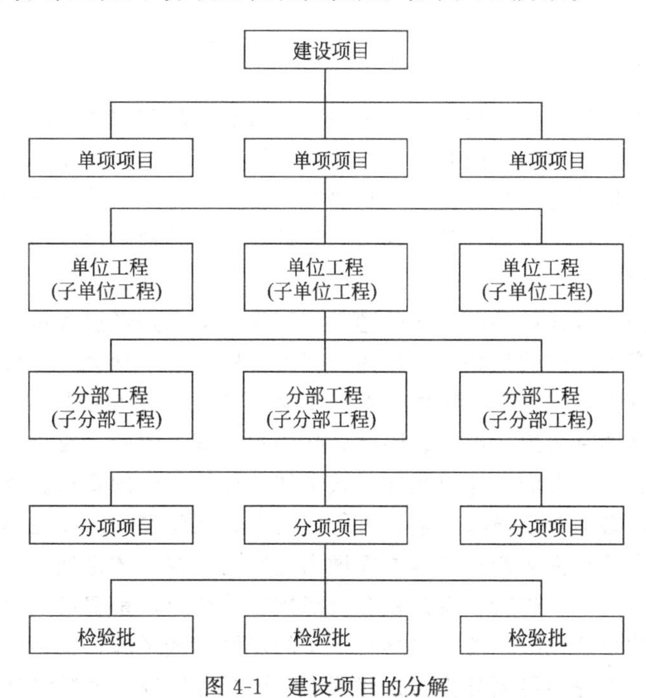

图 4-1　建设项目的分解

(1) 单项工程（也称工程项目）　凡是具有独立的设计文件，竣工后可以独立发挥生产能力或效益的一组工程项目，称为一个单项工程。一个建设项目，可由一个单项工程组成，也可由若干个单项工程组成。单项工程体现了建设项目的主要建设内容，其施工条件往往具有相对的独立性。

(2) 单位（子单位）工程　具备独立施工条件（具有单独设计，可以独立施工)，并能形成独立使用功能的建筑物及构筑物为一个单位工程。单位工程是单项工程的组成部分，一个单项工程一般都由若干个单位工程所组成。

一般情况下，单位工程是一个单体的建筑物或构筑物；建筑规模较大的单位工程，可将其能形成独立使用功能的部分作为一个子单位工程。

(3) 分部（子分部）工程　组成单位工程的若干个分部称为分部工程。分部工程的划分应按专业性质、建筑部位确定。例如，一幢房屋的建筑工程，可以划分土建工程分部和安装工程分部，而土建工程分部又可划分为地基与基础、主体结构、建筑装饰装修和建筑屋面等四个分部工程。

当分部工程较大或较复杂时，可按材料种类、施工特点、施工程序、专业系统及类别等划分为若干子分部工程。如主体结构分部工程可划分为混凝土结构、劲钢（管）混凝土结构、砌体结构、钢结构、木结构及网架和索膜结构等子分部工程。

(4) 分项工程　组成分部工程的若干个施工过程称为分项工程。分项工程应按主要工种、材料、施工工艺、设备类别等进行划分。如主体混凝土结构可以划分为模板、钢筋、混凝土、预应力、现浇结构、装配式结构等分项工程。

(5) 检验批　按现行《建筑工程施工质量验收统一标准》(GB 50300—2013）规定，建筑工程质量验收时，可将分项工程进一步划分为检验批。检验批是指按同一生产条件或按规定的方式汇总起来供检验用的，由一定数量样本组成的检验体。一个分项工程可由一个或若干个检验批组成，检验批可根据施工及质量控制和专业验收需要按楼层、施工段、变形缝等进行划分。

（二）建设程序

把投资转化为固定资产的经济活动，是一种多行业、多部门密切配合的综合性比较强的经济活动，涉及面广、环节多。因此，建设活动必须有组织、有计划、按顺序地进行，这个顺序就是建设程序。建设程序是建设项目从决策、设计、施工、竣工验收到投产交付使用的全过程中，各个阶段、各个步骤、各个环节的先后顺序，是拟建建设项目在整个建设过程中必须遵循的客观规律。

建设程序是人们进行建设活动中必须遵守的工作制度，是经过大量实践工作所总结出来的工程建设过程的客观规律的反映。一方面，建设程序反映了社会经济规律的制约关系。在国民经济体系中，各个部门之间的比例要保持平衡，建设计划与国民经济计划要协调一致，并成为国民经济计划的有机组成部分。因此，我国建设程序中的主要阶段和环节，都与国民经济计划密切相连。另一方面，建设程序反映了技术经济规律的要求。例如，在提出生产性建设项目建议书后，必须对建设项目进行可行性研究，从建设的必要性和可能性、技术的可行性与合理性、投产后正常生产条件等方面做出全面的、综合的论证。

建设项目按照建设程序进行建设是社会经济规律的要求，是建设项目技术经济规律的要求，也是建设项目的复杂性决定的。根据几十年的建设实践经验，我国已形成了一套科学的建设程序。我国的建设程序可划分为项目建议书、可行性研究、勘察设计、施工准备（包括招投标)、建设实施、生产准备、竣工验收、项目后评价八个阶段。这八个阶段基本上反映了建设工作的全过程。这八个阶段还可以进一步概括为项目决策、建设准备、工程实施三大阶段。

1. 项目决策阶段

项目决策阶段以可行性研究为工作中心，还包括调查研究、提出设想、确定建设地点、编制可行性研究报告等内容。

（1）项目建议书　项目建议书是建设单位向主管部门提出的要求建设某一项目的建议性文件，是对拟建项目的轮廓设想，是从拟建项目的必要性及大方面的可能性加以考虑的。

项目建议书经批准后，才能进行可行性研究，也就是说，项目建议书并不是项目的最终决策，而仅仅是为可行性研究提供依据和基础。

项目建议书的内容一般包括以下五个方面：

1）建设项目提出的必要性和依据；

2）拟建工程规模和建设地点的初步设想；

3）资源情况、建设条件、协作关系等的初步分析；

4）投资估算和资金筹措的初步设想；

5）经济效益和社会效益的估计。

项目建议书按要求编制完成后，报送有关部门审批。

（2）可行性研究　项目建议书经批准后，应紧接着进行可行性研究工作。可行性研究是项目决策的核心，是对建设项目在技术上、工程上和经济上是否可行，进行全面的科学分析论证工作，是技术经济的深入论证阶段，为项目决策提供可靠的技术经济依据。其研究的主要内容是：

1）建设项目提出的背景、必要性、经济意义和依据；

2）拟建项目规模、产品方案、市场预测；

3）技术工艺、主要设备、建设标准；

4）资源、材料、燃料供应和运输及水、电条件；

5）建设地点、场地布置及项目设计方案；

6）环境保护、防洪、防震等要求与相应措施；

7）劳动定员及培训；

8）建设工期和进度建议；

9）投资估算和资金筹措方式；

10）经济效益和社会效益分析。

可行性研究的主要任务是对多种方案进行分析、比较，提出科学的评价意见，推荐最佳方案。在可行性研究的基础上，编制可行性研究报告。

我国对可行性研究报告的审批权限做出明确规定，必须按规定将编制好的可行性研究报告送交有关部门审批。经批准的可行性研究报告是初步设计的依据，不得随意修改和变更。如果在建设规模、产品方案等主要内容上需要修改或突破投资控制数时，应经原批准单位复审同意。

2. 建设准备阶段

这个阶段主要是根据批准的可行性研究报告，成立项目法人，进行工程地质勘察、初步设计和施工图设计，编制设计概算，安排年度建设计划及投资计划，进行工程发包，准备设备、材料，做好施工准备等工作，这个阶段的工作中心是勘察设计。

（1）勘察设计　设计文件是安排建设项目和进行建筑施工的主要依据。设计文件一般由建设单位通过招投标或直接委托有相应资质的设计单位进行设计。编制设计文件是一项复杂的工作，设计之前和设计之中都要进行大量的调查和勘测工作，在此基础之上，根据批准的可行性研究报告，将建设项目的要求逐步具体化成为指导施工的工程图纸及其说明书。

设计是分阶段进行的。一般项目进行两阶段设计，即初步设计和施工图设计。技术上比较复杂和缺少设计经验的项目采用三阶段设计，即在初步设计阶段后增加技术设计阶段。

1）初步设计：初步设计是对批准的可行性研究报告所提出的内容进行概略的设计，作出初步的实施方案（大型、复杂的项目，还需绘制建筑透视图或制作建筑模型），进一步论证该建设项目在技术上的可行性和经济上的合理性，解决工程建设中重要的技术和经济问题，并通过对工程项目所作出的基本技术经济规定，编制项目总概算。

初步设计由建设单位组织审批，初步设计经批准后，不得随意改变建设规模、建设地址、主要工艺过程、主要设备和总投资等控制指标。

2）技术设计：技术设计是在初步设计的基础上，根据更详细的调查研究资料，进一步确定建筑、结构、工艺、设备等的技术要求，以使建设项目的设计更具体、更完善，技术经济指标达到最优。

3）施工图设计：施工图设计是在前一阶段的设计基础上进一步形象化、具体化、明确化，完成建筑、结构、水、电、气、工业管道以及场内道路等全部施工图纸、工程说明书、结构计算书以及施工图预算等。在工艺方面，应具体确定各种设备的型号、规格及各种非标准设备的制作、加工和安装图。

（2）施工准备　施工准备工作在可行性研究报告批准后就可着手进行。通过技术、物资和组织等方面的准备，为工程施工创造有利条件，使建设项目能连续、均衡、有节奏地进行。其主要工作内容是：

1）征地、拆迁和场地平整；

2）工程地质勘察；

3）完成施工用水、电、通讯及道路等工程；

4）收集设计基础资料，组织设计文件的编审；

5）组织设备和材料订货；

6）组织施工招投标，择优选定施工单位；

7）办理开工报建手续。

施工准备工作基本完成，具备了工程开工条件之后，由建设单位向有关部门交出开工报告。有关部门对工程建设资金的来源、资金是否到位以及施工图出图情况等进行审查，符合要求后批准开工。做好建设项目的准备工作，对于提高工程质量，降低工程成本，加快施工进度都有着重要的保证作用。

3. 工程实施阶段

工程实施阶段是项目决策的实施、建成投产发挥投资效益的关键环节。该阶段是在建设程序中时间最长、工作量最大、资源消耗最多的阶段。这个阶段的工作中心是根据设计图纸进行建筑安装施工，还包括做好生产或使用准备、试车运行、进行竣工验收、交付生产或使用等内容。

（1）建设实施　建设实施即建筑施工，是将计划和施工图变为实物的过程，是建设程序中的一个重要环节。要做到计划、设计、施工三个环节互相衔接，投资、工程内容、施工图纸、设备材料、施工力量五个方面的落实，以保证建设计划的全面完成。

施工之前要认真做好图纸会审工作，编制施工图预算和施工组织设计，明确投资、进度、质量的控制要求。施工中要严格按照施工图和图纸会审记录施工，如需变动应取得建设单位和设计单位的同意；要严格执行有关施工标准和规范，确保工程质量；按合同规定的内容全面完成施工任务。

(2) 生产准备　生产准备是项目投产前由建设单位进行的一项重要工作。它是衔接建设和生产的桥梁，是建设阶段转入生产经营的必要条件。建设单位应及时组成专门班子或机构做好生产准备工作。

生产准备工作的内容根据工程类型的不同而有所区别，一般应包括下列内容：

1) 组建生产经营管理机构，制定管理制度和有关规定；

2) 招收并培训生产和管理人员，组织人员参加设备的安装、调试和验收；

3) 生产技术的准备和运营方案的确定；

4) 原材料、燃料、协作产品、工具、器具、备品和备件等生产物资的准备；

5) 其他必需的生产准备。

(3) 竣工验收　按批准的设计文件和合同规定的内容建成的工程项目，其中生产性项目经负荷试运转和试生产合格，并能够生产合格产品的；非生产性项目符合设计要求，能够正常使用的，都要及时组织验收，办理移交固定资产手续。竣工验收是全面考核建设成果、检验设计和工程质量的重要步骤，是投资成果转入生产或使用的标志。建筑工程施工质量验收应符合以下要求：

1) 参加工程施工质量验收的各方人员应具备规定的资格；

2) 单位工程完工后，施工单位应自行组织有关人员进行检查评定，并向建设单位提交工程验收报告；

3) 建设单位收到工程验收报告后，应由建设单位（项目）负责人组织施工（含分包单位）、设计、监理等单位（项目）负责人进行单位（子单位）工程验收；

4) 单位工程质量验收合格后，建设单位应在规定时间内将工程竣工验收报告和有关文件报建设行政管理部门备案。

(4) 项目后评价　建设项目一般经过1～2年生产运营（或使用）后，要进行一次系统的项目后评价。建设项目后评价是我国建设程序新增加的一项内容，目的是肯定成绩、总结经验、研究问题、吸取教训、提出建议、改进工作，不断提高项目决策水平和投资效果。项目后评价一般根据项目法人的自我评价、项目行业的评价和计划部门（或主要投资方）的评价三个层次组织实施。建设项目的后评价包括以下主要内容：

1) 影响评价：对项目投产后各方面的影响进行评价；

2) 经济效益评价：对投资效益、财务效益、技术进步、规模效益、可行性研究深度等进行评价；

3) 过程评价：对项目的立项、设计、施工、建设管理、竣工投产、生产运营等全过程进行评价。

（三）施工项目管理程序

施工项目管理是企业运用系统的观点、理论和科学的技术方法对施工项目进行的计划、组织、监督、控制、协调等全过程的管理。施工项目管理应体现管理的规律，企业应利用制度保证项目管理按规定程序运行，以提高建设工程施工项目管理水平，促进施工项目管理的科学化、规范化和法制化，适应市场经济发展的需要，与国际惯例接轨。

施工项目管理程序是拟建工程项目在整个施工阶段中必须遵循的客观规律，它是长期施工实践经验的总结，反映了整个施工阶段必须遵循的先后次序。施工项目管理程序由下列各环节组成。

(1) 编制项目管理规划大纲　项目管理规划分为项目管理规划大纲和项目管理实施规

划。项目管理规划大纲是由企业管理层在投标之前编制的，作为投标依据、满足招标文件要求及签订合同要求的文件。当承包人以编制施工组织设计代替项目管理规划时，施工组织设计应满足项目管理规划的要求。

项目管理规划大纲（或施工组织设计）的内容应包括：项目概况、项目实施条件、项目投标活动及签订施工合同的策略、项目管理目标、项目组织结构、质量目标和施工方案、工期目标和施工总进度计划、成本目标、项目风险预测和安全目标、项目现场管理和施工平面图、投标和签订施工合同、文明施工及环境保护等。

（2）编制投标书并进行投标，签订施工合同　施工单位承接任务的方式一般有三种：国家或上级主管部门直接下达；受建设单位委托而承接；通过投标而中标承接。招投标方式是最具有竞争机制、较为公平合理的承接施工任务的方式，在我国已得到广泛普及。

施工单位要从多方面掌握大量信息，编制既能使企业盈利，又有竞争力、有望中标的投标书。如果中标，则与招标方进行谈判，依法签订施工合同。签订施工合同之前要认真检查签订施工合同的必要条件是否已经具备，如工程项目是否有正式的批文、是否落实投资等。

（3）选定项目经理，组建项目经理部，签订“项目管理目标责任书”。签订施工合同后，施工单位应选定项目经理，项目经理接受企业法定代表人的委托组建项目经理部、配备管理人员。企业法定代表人根据施工合同和经营管理目标要求与项目经理签订“项目管理目标责任书”，明确规定项目经理部应达到的成本、质量、进度和安全等控制目标。

（4）项目经理部编制“项目管理实施规划”，进行项目开工前的准备。项目管理实施规划（或施工组织设计）是在工程开工之前由项目经理主持编制的，用于指导施工项目实施阶段管理活动的文件。

编制项目管理实施规划的依据是项目管理规划大纲、项目管理目标责任书和施工合同。项目管理实施规划的内容应包括：工程概况、施工部署、施工方案、施工进度计划、资源供应计划、施工准备工作计划、施工平面图、技术组织措施计划、项目风险管理、信息管理和技术经济指标分析等。

项目管理实施规划应经会审后，由项目经理签字并报企业主管领导人审批。

根据项目管理实施规划，对首批施工的各单位工程，应抓紧落实各项施工准备工作，使现场具备开工条件，有利于进行文明施工。具备开工条件后，提出开工申请报告，经审查批准后，即可正式开工。

（5）施工期间按“项目管理实施规划”进行管理。施工过程是一个自开工至竣工的实施过程，是施工程序中的主要阶段。在这一过程中，项目经理部应从整个施工现场的全局出发，按照项目管理实施规划（或施工组织设计）进行管理，精心组织施工，加强各单位、各部门的配合与协作，协调解决各方面问题，使施工活动顺利开展，保证质量目标、进度目标、安全目标、成本目标的实现。

（6）验收、交工与竣工结算　项目竣工验收是在承包人按施工合同完成了项目全部任务，经检验合格，由发包人组织验收的过程。

项目经理应全面负责工程交付竣工验收前的各项准备工作，建立竣工收尾小组，编制项目竣工收尾计划并限期完成。项目经理部应在完成施工项目竣工收尾计划后，向企业报告，提交有关部门进行验收。承包人在企业内部验收合格并整理好各项交工验收的技术经济资料后，向发包人发出预约竣工验收的通知书，由发包人组织设计、施工、监理等单位进行项目竣工验收。

通过竣工验收程序，办完竣工结算后，承包人应在规定期限内向发包人办理工程移交手续。

(7) 项目考核评价　施工项目完成以后，项目经理部应对其进行经济分析，做出项目管理总结报告并送企业管理层有关职能部门。

企业管理层组织项目考核评价委员会，对项目管理工作进行考核评价。项目考核评价的目的是规范项目管理行为，鉴定项目管理水平，确认项目管理成果，对项目管理进行全面考核和评价。项目终结性考核的内容应包括确认阶段性考核的结果，确认项目管理的最终结果，确认该项目经理部是否具备“解体”的条件。经考核评价后，兑现“项目管理目标责任书”中的奖惩承诺，项目经理部解体。

(8) 项目回访保修　承包人在施工项目竣工验收后，对工程使用状况和质量问题向用户访问了解，并按照施工合同的约定和“工程质量保修书”的承诺，在保修期内对发生的质量问题进行修理并承担相应的经济责任。

三、建筑产品及其施工特点

建筑产品是指施工企业通过施工活动生产出来各种建筑物和构筑物。建筑产品与一般工业产品相比较，不仅其产品本身和生产过程的特点有很大的差异，而且就如同世界上没有完全相同的两片树叶一样，建筑产品也是千差万别、自成一体的，这就决定了建筑产品生产的一次性和复杂性及组织管理的必要性和重要性。

(一) 建筑产品的特点

由于施工项目产品的使用功能、平面与空间组合、结构与构造形式等的特殊性，以及施工项目产品所用材料的物理力学性能的特殊性，决定了施工项目产品的特殊性。其具体特点如下：

(1) 建筑产品的固定性　建筑产品都是在选定的地点上建造和使用的，与选定地点的土地不可分割，从建造开始直至拆除一般均不能移动。所以，建筑产品的建造和使用地点在空间上是固定的。

(2) 建筑产品的多样性　建筑产品不但要满足各种使用功能的要求，而且还要体现出各地区的民族风格、物质文明和精神文明，同时也受到各地区的自然条件等诸多因素的限制，使建筑产品在建设规模、结构类型、构造型式、基础设计和装饰风格等诸多方面变化纷繁，各不相同。即使是同一类型的建筑产品，也会因所在地点、环境条件等的不同而彼此有所区别。因此建筑产品的类型是多样的。

(3) 建筑产品体形庞大　无论是复杂的建筑产品，还是简单的建筑产品，为了满足其使用功能的需要，都需要使用大量的物质资源，占据广阔的平面与空间。因而建筑产品的体形庞大。

(4) 建筑产品的综合性　建筑产品是一个完整的实物体系，它不仅综合了土建工程的艺术风格、建筑功能、结构构造、装饰做法等多方面的技术成就，而且也综合了工艺设备、采暖通风、供水供电、通信网络、安全监控、卫生设备等各类设施的当代水平，从而使建筑产品变得更加错综复杂。

(二) 建筑产品生产的特点

由于建筑产品四大主要特点，决定了其生产的特点与一般工业产品生产的特点相比较，具有自身的特殊性。建筑产品生产的具体特点如下：

(1) 建筑产品生产的流动性　建筑产品的固定性决定了建筑产品生产的流动性。一般工业生产，生产地点、生产者和生产设备是固定的，产品是在生产线上流动的。而建筑产品的生产是在不同的地区，或同一地区的不同现场，或同一现场的不同单位工程，或同一单位工程的不同部位组织工人、机械围绕着同一施工项目产品进行生产，从而导致施工项目产品的生产在地区之间、现场之间和单位工程不同部位之间流动。

(2) 建筑产品生产的单件性　建筑产品地点的固定性和类型的多样性，决定了建筑产品生产的单件性。一般的工业生产，是在一定时期里按一定的工艺流程批量生产某一种产品。而建筑产品一般是按照建设单位的要求和规划，根据其使用功能、建设地点进行单独设计和施工。即使是选用标准设计、通用构件或配件，由于建筑产品所在地区的自然、技术、经济条件的不同，也使建筑产品的结构或构造、建筑材料、施工组织和施工方法等要因地制宜加以修改，从而使各建筑产品生产具有单件性。

(3) 建筑产品生产周期长　建筑产品的固定性和体形庞大的特点决定了建筑产品生产周期长。因为建筑产品体形庞大，使得它的建成必然耗费大量的人力、物力和财力。同时，建筑产品的生产全过程还要受到工艺流程和生产程序的制约，使各专业、工种间必须按照合理的施工顺序进行配合。又由于建筑产品地点的固定性，使施工活动的空间具有局限性，从而导致建筑产品生产具有生产周期长、占用流动资金大的特点。

(4) 建筑产品生产的地区性　建筑产品的固定性决定了同一使用功能的建筑产品，因其建造地点的不同，必然受到建设地区的自然、技术、经济和社会条件的约束，使其结构、构造、艺术形式、室内设施、材料、施工方案等方面均存在差异。因此建筑产品的生产具有地区性。

(5) 建筑产品生产的露天作业多　因为形体庞大的建筑产品不可能在工厂、车间内直接进行施工，即使是建筑产品生产达到了高度的工业化水平的时候，也只能在工厂内生产其各部分的构件或配件，仍然需要在施工现场内进行总装配后才能形成最终产品，大部分土建施工过程都是在室外完成的，受气候因素影响，工人劳动条件差。

(6) 建筑产品生产的高空作业多　建筑产品体形庞大的特点，决定了建筑产品生产高空作业多。特别是随着我国国民经济的不断发展和建筑技术的日益进步，高层和超高层建筑不断涌现，使得建筑产品生产高空作业多的特点越来越明显，同时也增加了作业环境的不安全因素。

(7) 建筑产品生产手工作业多、工人劳动强度大　目前，我国建筑施工企业的技术装备机械化程度还比较低，工人手工操作量大，致使工人的劳动强度大、劳动条件差。

(8) 建筑产品生产组织协作的综合复杂性　建筑产品生产是一个时间长、工作量大、资源消耗多、专业配置复杂、涉及面广的过程。它涉及力学、材料、建筑、结构、施工、水电和设备等不同专业；涉及企业内部各专业部门和人员的配置；涉及企业外部建设行政主管部门、建设单位、勘察设计、监理单位以及消防、环境保护、材料供应、水电热气的供应、科研试验、交通运输、银行财政、机具设备、劳务等社会各部门和领域的协作配合，需要各部门和单位之间的协作配合，从而使建筑产品生产的组织协作综合复杂。

建筑产品的特点和其生产的特点要求事先必须有一个全面的、周密的施工组织设计，使流动的人员、机具、材料等互相协调配合，提出相应的技术、组织、质量、安全、降低成本等保证措施和进度计划，使建筑施工能有条不紊、连续、均衡、保质、按期地完成。

四、施工组织设计概论

施工组织设计是以工程或建设项目为对象，针对施工活动做出规划或计划的程序性技术经济文件，用以指导施工组织与管理、施工准备与实施、施工控制与协调、资源的配置与使用等全局、全过程、全面性技术、经济和组织的综合性文件。是对施工活动全过程进行科学管理的重要手段。其本质是运用行政手段和计划管理方法来进行生产要素的配置和管理。施工组织设计是招投标阶段投标文件的重要组成部分，也是施工阶段施工准备工作中的重要内容。

（一）施工组织设计的作用

施工组织设计是施工准备工作的重要组成部分，又是做好施工准备工作的主要依据和重要保证。施工组织设计是对拟建工程施工全过程实行科学管理的重要手段，是编制施工预算和施工计划的主要依据，是建筑企业合理组织施工和加强项目管理的重要措施。施工组织设计是明确施工重点和影响工期进度的关键施工过程，检查工程施工进度、质量、成本三大目标的依据，是建设单位与施工单位之间履行合同、处理关系的主要依据。

通过编制施工组织设计，可以针对工程规模、特点，根据施工环境的各种具体条件，按照客观的施工规律，制订拟建工程的施工方案，确定施工顺序、施工流向、施工方法、劳动组织和技术组织措施；统筹安排施工进度计划，保证建设项目按期投产或交付使用；可以有序地组织材料构配件、机具、设备、劳动力等需要量的供应和使用，合理地利用和安排为施工服务的各项临时设施，合理地部署施工现场，确保文明施工、安全施工；可以分析预计施工中可能产生的风险和矛盾，事先做好准备和预防，及时研究解决问题的对策、措施；可以将工程的设计与施工、技术与经济、施工组织与管理、施工全局与施工局部规律、土建施工与设备施工、各部门之间、各专业之间有机地结合，相互配合，把投标和实施、前方和后方、企业的全局活动和项目部的施工组织管理，把施工中各单位、各部门、各阶段以及项目之间的关系等更好地协调起来，使得投标工作和工程施工建立在科学合理的基础之上。从而做到人尽其力、物尽其用、优质低耗、科学合理利用，高速度的取得最好的经济和社会效益。

招投标阶段编制好施工组织设计（标前设计），能充分反映施工企业的综合实力，是实现中标、提高市场竞争力的重要途径；在工程施工阶段编制好施工组织设计（标后设计），是实现科学管理、提高工程质量、降低工程成本、加速工程进度、预防安全事故从而获得较好的建设投资效益的可靠保证。

（二）施工组织设计的分类和内容

1. 施工组织设计的分类

施工组织设计按编制主体、编制对象、编制时间和深度的不同，有不同的分类方法。

（1）按编制的主体分类　可分为建设方的施工组织设计［大型项目业主、建设指挥部或筹建委（处）］和承建商的施工组织设计（施工总包方、分包方）。它们的相互关系见图 4-2。

（2）按编制的对象分类　根据编制对象的层次、范围、深度的不同，施工组织设计可分为以下几种。

1）建设项目施工组织总设计　建设项目施工组织总设计是以一个建设项目为组织施工的对象而编制的。当有了批准的初步设计或扩大初步设计后，由该工程的总承包商牵头，会

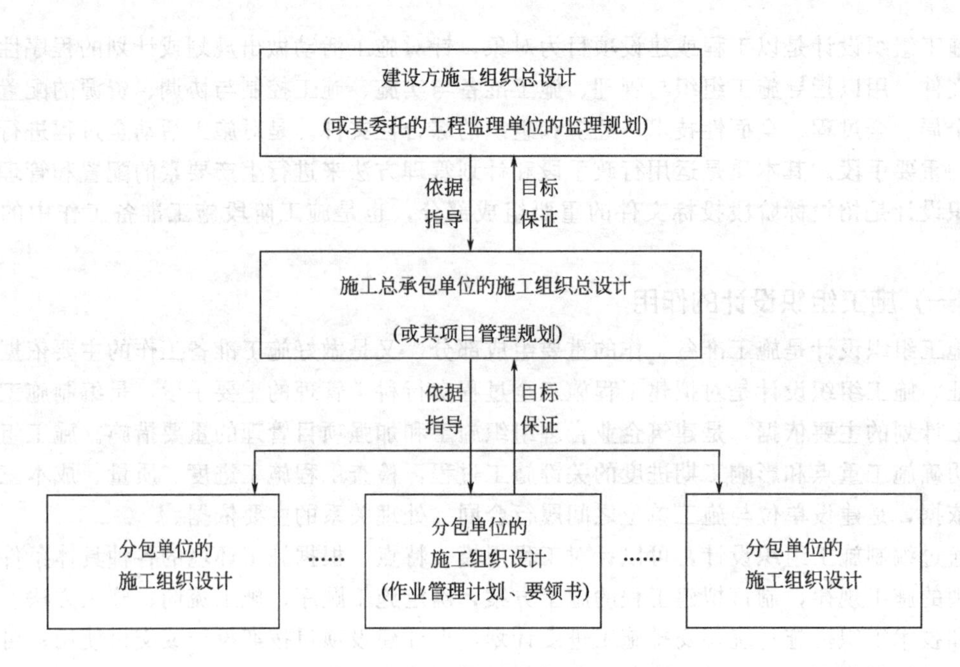

图 4-2 不同主体施工组织设计的相互关系

同建设、设计及分包单位共同编制。它的目的是对整个建设项目的施工进行全盘考虑，全面规划，用以指导全场性的施工准备和有计划地运用施工力量，开展施工活动。其作用是确定拟建工程的施工期限、各临时设施及现场总的施工部署，是指导整个工程施工全过程的组织、技术、经济的综合设计文件，是修建全工地暂设工程、施工准备和编制年（季）度施工计划的依据。

2）单项工程施工组织总设计　单项工程施工组织设计是以单项工程作为组织施工对象而编制的。它一般是在有了扩大初步设计或施工图设计后，由施工单位组织编制，是对整个建筑群的全面规划和总的战略性部署，是指导单项工程施工全过程的组织、技术、经济的指导文件，服从于建设项目施工组织设计。

3）单位工程施工组织设计　单位工程施工组织设计是以单位工程（一个建筑物或构筑物）作为组织施工对象而编制的。它一般是在有了施工图设计后，在单项工程施工组织总设计的指导下，由工程项目部组织编制，是单位工程施工全过程的组织、技术、经济的指导文件，并作为编制季、月、旬施工计划的依据。

4）主要分部分项工程的施工组织设计　分部分项工程施工组织设计是以规模较大、技术复杂或施工难度大，或者缺乏施工经验的分部分项工程（如复杂的基础工程、大型构件吊装工程、大体积混凝土基础工程、有特殊要求的装修工程等）为组织施工对象而编制，是单位工程施工组织设计的进一步具体化，是专业工程的具体施工组织设计。一般在单位工程施工组织设计确定了施工方案后，针对技术复杂、工艺特殊、工序关键的分部分项工程由项目部技术负责人编制。

(3) 按编制的时间和深度分类　施工组织设计按编制的时间和深度可分为投标阶段的施工组织设计（标前设计）和施工阶段的施工组织设计（标后设计）。它们的特点见表 4-1。

表 4-1　标前、标后施工组织设计的特点

种类	服务范围	编制时间	编制者	主要特征	目标
标前	投标签约	投标时	经营层	规划性	效益
标后	施工	签约后	项目层	作业性	效率

2. 施工组织设计的内容

（1）工程概况　主要包括工程特点，建设地点的特征和施工条件等内容。

单位工程施工组织设计中的工程概况主要是针对拟建工程的工程特点、地点特征及施工条件等进行简明扼要又突出重点的文字说明。

1）工程建设概况。

主要说明拟建工程的建设单位、设计单位、施工单位、监理单位，工程名称及地理位置，工程性质、用途和建设的目的，资金来源及工程造价，开工、竣工日期，施工图纸情况，施工合同是否签定，主管部门的有关文件或要求，以及组织施工的指导思想等。

2）工程设计概况。

① 建设设计概况　主要说明拟建工程的建筑面积、平面形状和平面组合情况，层数、层高、总高、总长、总宽等尺寸及室内外装修的情况，并附有拟建工程的平面、立面、剖面简图。

② 结构设计概况　主要说明基础的形式、埋置深度、设备基础的形式，桩基的类型、根数及深度，主体结构的类型，墙、梁、板的材料及截面尺寸，预制构件的类型及安装位置，楼梯构造及形式等。

③ 设备安装设计概况　主要说明拟建工程的建筑采暖卫生与煤气工程、建筑电气安装工程、通风和空调工程、电梯安装的设计要求。

3）工程施工概况。

① 施工特点　主要说明拟建工程施工特点和施工中的关键问题、难点所在，以便突出重点、抓住关键，使施工顺利进行，提高施工单位的经济效益和管理水平。不同类型、不同地点、不同条件的建筑和不同施工队伍的施工特点各不相同。

② 地点特征　主要说明拟建工程的地形、地貌、地质、水文、气温、冬雨期时间、年主导风向、风力和抗震设防烈度要求等。

③ 施工条件　主要说明“三通一平”的情况，当地的交通运输条件，材料生产及供应情况，施工现场及周围环境情况，预制构件生产及供应情况，施工单位机械、设备、劳动力的落实情况，内部承包方式、劳动组织形式及施工管理水平，现场临时设施、供水、供电问题的解决。

对于结构类型简单、规模不大的建筑工程，也可采用表格的形式更加一目了然地对工程概况进行说明。

（2）施工方案　施工方案是施工组织设计的核心，将直接关系到施工过程的施工效率、质量、工期、安全和技术经济效果。一般包括确定合理的施工顺序、合理的施工起点流向、合理的施工方法和施工机械的选择及相应的技术组织措施等。

（3）施工进度计划　依据流水施工原理，编制各分部分项工程的进度计划，确定其平行搭接关系。合理安排其他不便组织流水施工的某些工序。

（4）施工准备工作及各项资源需要量计划　作业条件的施工准备工作，要编制详细的计划，列出施工准备工作的内容，要求完成的时间，负责人等。根据施工进度计划等有关资料，编制劳动力、各种主要材料、构件和半成品及各种施工机械的需要量计划。

（5）施工平面图　单位工程施工平面图的内容与施工总平面图的内容基本一致，只是针对单位工程更详细、具体。

（6）主要技术组织措施　技术组织措施是指在技术和组织方面对保证质量、安全、节约和文明施工所采用的方法和措施。主要包括保证质量技术措施、季节性施工及其他特殊施工措施、安全施工措施、降低成本措施和现场文明施工措施等。

（7）主要技术经济指标。

3. 施工组织设计编制的依据

根据工程对象、现场施工条件不同，编制施工组织设计的依据不完全一样，在所需资料内容的广度及深度上有所差别。施工组织设计类型不同，依据的资料也存在差异。但就共同的依据而言，主要有以下几项。

（1）施工合同、计划和勘察、设计文件。

（2）施工地区及工程地点的自然条件资料，包括：

1）建设地区地形示意图，施工场地地形图；

2）工程地质资料，包括施工场地钻孔布置图、地质剖面图、土壤物理力学性质及其承载能力，有无特殊的地基土（如黄土、膨胀土、流砂、古墓、土洞、岩溶等）；

3）水文地质资料，包括地下水位高度及变化范围，施工地区附近河流湖泊的水位、流量、流速、水质等；

4）气象资料，主要有全年降雨降雪量、日最大降雨量，雨季起止日期，年雷暴日数，年的最高最低平均气温，冰冻期，酷暑期，风向风速、主导方向、风玫瑰图等。

（3）施工地区的技术经济条件资料，包括：

1）地方建筑材料、构配件生产厂的分布情况。

2）地方建筑材料的供应情况，如材料名称、产地、产量、质量、价格、运距等。

3）交通运输条件，包括可能的运输方式、运距、道路桥涵情况等。

4）供水供电条件，包括能否在地区电力网上取得电力、可供工地利用电力的程度、接线地点及使用条件；了解有无城市上下水道经过施工地区，接通供水干线的方式、地点、供水管径、水头压力等。

5）通信条件。

6）劳动力和生活设施情况，包括社会可提供劳动力的工种、年龄、技术条件、居住条件及风俗习惯，施工地区有无学校、电影院、商店、饮食店及医疗、消防、治安设施等。

7）参加施工的有关单位的力量情况，包括单位、人数、设备、施工技术水平、领导班子、进场施工日期等。

（4）国家和上级有关建设的方针政策指示文件。

（5）施工企业对工程施工可能配备的人力、机械、技术力量。

（6）现行的有关规范、标准、规程、图集，设计、施工手册等。

（7）定额。

（8）战略性的施工程序及施工展开方式的总体构想策划。

以上资料的获得，主要通过以下方法及途径：向建设单位索取工程基建计划及设计、勘察方面的资料；向施工地区城建部门、供水供电部门、气象部门、交通邮电通讯部门调查了解自然条件、技术经济条件资料；组织精干小组进行市场调查，收集资料。对于新开拓的施工地区必须进行资料的全面调查收集，对于原来已熟悉的地区，可进行有针对性的调查。

（三）施工组织设计的编制与贯彻

1. 施工组织设计的编制

施工组织设计是建筑施工的组织方案，是指导施工准备和组织施工的全面性的技术、经济文件，是指导施工现场的法规。为使施工组织设计能更好地起到指导施工的作用，在编制施工组织设计时要注意以下几点。

（1）对施工现场的具体情况要进行充分调查研究；

（2）对复杂与难度大的施工项目以及采用新工艺、新材料、新技术的施工项目要组织专业性专题讨论和必要的专题考察，邀请有经验的专业技术人员参加；

（3）在编制过程中，要发挥各职能部门的作用，吸收他们编制或参加审定会议；

（4）必须统筹规划，科学地组织施工，建立正常的生产秩序，充分利用空间，争取时间，推广、采用先进的施工技术，用最少的人力和财力取得最佳的经济效益。

没有批准的施工组织设计或未编制施工组织设计的工程项目，都一律不准开工，经审批的施工组织设计必须认真严格执行。

2. 施工组织设计的贯彻、检查和调整

施工组织设计是在施工前编制的用于指导施工的技术文件，必须加以贯彻、执行，并不断地对比检查，对于在施工过程中由于某些因素的变化而使施工组织设计的指导性弱化，必须及时分析问题产生的原因，采取相应的改进措施，对施工组织设计的相关内容进行调整，以保持施工组织设计的科学性和合理性，减少不必要的浪费。

施工组织设计的贯彻、检查和调整是一项经常性的工作，必须随着施工的进展不断地进行，贯彻整个施工过程的始终。其程序如图 4-3 所示。

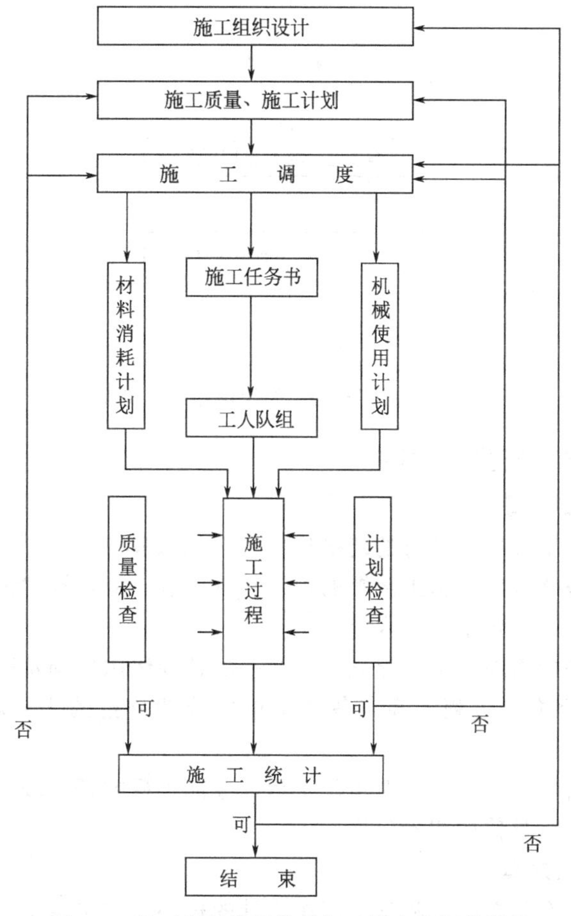

图 4-3　施工组织设计的贯彻、检查和调整程序

3. 单位工程施工组织设计的编制程序

单位工程施工组织设计的编制程序，是指单位工程施工组织设计各个组成部分形成的先后次序以及相互之间的制约关系的处理，如图 4-4 所示。

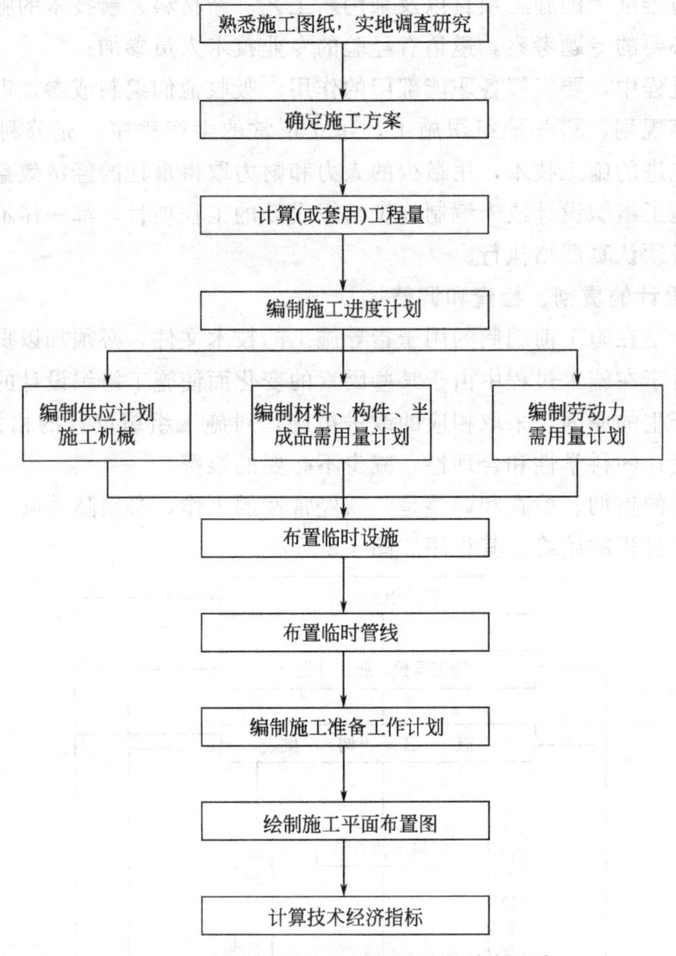

图 4-4　单位工程施工组织设计的编制程序

(四) 单位工程施工方案的确定

1. 单位工程的施工部署

施工部署是对整个工程项目进行的统筹规划和全面安排，并解决影响全局的重大问题，拟定指导全局施工的战略规划。施工部署的内容和侧重点，应根据建设项目的性质、规模和客观条件不同而各异。一般包括以下内容：

(1) 确定施工任务的组织分工　建立现场统一的领导组织机构及职能部门，确定综合和专业的施工队伍，划分施工过程，确定各施工单位分期分批的主导施工项目和穿插施工项目。

(2) 确定工程项目的开展程序　对单位工程及分部工程的开、竣工时间和施工队伍及相互间衔接的有关问题进行具体的明确安排。

2. 单位工程的施工方案

选择合理的施工方案是单位工程施工组织设计的核心。它包括工程开展的先后顺序和施工流水的安排和组织，施工段的划分，施工方法和施工机械的选择，特殊部位施工技术措施，施工质量和安全保证措施等。这些都必须在熟悉施工图纸，明确工程特点和施工任务，充分研究施工条件，正确进行技术经济比较的基础上作出决定。施工方案的合理与否直接影响到工程的施工成本、工期、质量和安全效果，因此必须予以重视。

（1）熟悉图纸、确定施工程序。

1）熟悉设计资料和施工条件　熟悉审核施工图纸是领会设计意图，明确工程内容，分析工程特点必不可少的重要环节，一般应着重注意以下几方面：

① 核对设计计算的假定和采用的处理方法是否符合实际情况；施工时是否具有足够的稳定性，对保证安全施工有无影响。

② 核对设计是否符合施工条件。如需要采取特殊施工方法和特殊技术时，技术上及设备条件上能否达到要求。

③ 核对结合生产工艺和使用上的特点，对建筑安装施工有哪些技术要求，施工能否满足设计规定的质量标准。

④ 核对有无特殊材料要求，品种、规格数量能否解决。

⑤ 审查是否有特殊结构、构件或材料试验，能否解决。

⑥ 核对图纸说明有无矛盾、是否齐全、规定是否明确。

⑦ 核对主要尺寸、位置、标高有无错误。

⑧ 核对土建和设备安装图纸有无矛盾；施工时如何交叉衔接。

⑨ 通过熟悉图纸明确场外制备工程项目。

⑩ 通过熟悉图纸确定与单位工程施工有关的准备工作项目。

在有关施工人员认真阅读图纸、充分准备的基础上，召开设计、建设、施工（包括协作施工）、监理和科研（必要时）单位参加的“图纸会审”会议。设计人员向施工单位做技术交底，讲清设计意图和对施工的主要要求。有关施工人员应对施工图纸及工程有关的问题提出质询，通过各方认真讨论后，逐一作出决定并详细记录。对于图纸会审中所提出的问题和合理建议，如需变更设计或做补充设计时，应办理设计变更签证手续。未经设计单位同意，施工单位不得随意修改设计。

明确施工任务之后，还必须充分研究施工条件和有关工程资料，如施工现场“三通一平”条件；劳动力和主要建筑材料、构件、加工品的供应条件；施工机械和模具的供应条件；施工现场地质、水文补充勘察资料；现行施工技术规范以及施工组织设计和上级主管部门对该单位工程施工所作的有关规定和指示等。只有这样，才能制定出一个符合客观实际情况、施工可行、技术先进和经济合理的施工方案。

2）确定施工程序　施工程序是指单位工程中各分部工程或施工阶段施工的先后次序及其制约关系。工程施工除受自然条件和物质条件等的制约外，它在不同阶段的不同的施工过程中必须按照其客观存在的、不可违背的先后次序渐进地向前开展，它们之间既相互联系又不可替代，更不容许前后倒置或跳跃施工。在工程施工中，必须遵守先地下、后地上，先主体、后围护，先结构、后装饰，先土建、后设备的一般原则，结合具体工程的建筑结构特征、施工条件和建设要求，合理确定建筑物各楼层、各单元（跨）的施工顺序、施工段的划分，各主要施工过程的流水方向等。

（2）确定施工流程　施工流程是指单位工程在平面或空间上施工的部位及其展开方向。施工流程主要解决单个建筑物（构筑物）在空间上的按合理顺序施工的问题。对单层建筑应分区分段确定平面上的施工起点与流向；多层建筑除了要考虑平面上的起点与流向外，还要考虑竖向上的起点与流向。施工流程涉及一系列施工活动的开展和进程，是施工组织中不可或缺的一环。

确定单位工程的施工流程时，应考虑以下几个方面：

1）建筑物的生产工艺流程或使用要求。如生产性建筑物中生产工艺流程上需先期投入使用的，应先施工。

2）建设单位对生产和使用的要求。

3）平面上各部分施工的繁简程度，如地下工程的深浅及地质复杂程度、设备安装工程的技术复杂程度等，工期较长的分部分项工程优先施工。

4）房屋高低层和高低跨，应从高低层或从高低跨并列处开始施工。例如，在高低层并列的多层建筑物中，应先施工层数多的区段；在高低跨并列的单层工业厂房结构安装时，应从高低跨并列处开始吊装。

5）施工现场条件和施工方案。施工现场场地大小、道路布置和施工方案中所采用的施工方法和施工机械也是确定施工流程的主要因素。例如，土方工程施工时，边开挖边余土外运，则施工起点应定在远离道路的一端，由远及近地展开施工。

6）施工组织的分层分段。划分施工层、施工段的部位（如变形缝）也是决定施工流程应考虑的因素。

7）分部工程或施工阶段的特点及其相互关系。例如，基础工程选择的施工机械不同，其平面的施工流程则各异；主体结构工程在平面上的施工流程则无要求，从哪侧开始均可，但竖向施工一般应自下而上施工。

8）装饰工程竖向的施工流程则比较复杂，室外装饰一般采用自上而下的施工流程，室内装饰分别有自上而下、自下而上、自中而下再自上而中三种施工流程。具体如下：

① 室内装饰工程自上而下的施工流程是指主体工程及屋面防水层完工后，从顶层往底层依次逐层向下进行。其施工流程又可分为水平向下和垂直向下两种，通常采用水平向下的施工流程，如图 4-5 所示。采用自上而下的优点是：可以使房屋主体结构完成后，有足够的沉降和收缩期，沉降变化趋向稳定，这样可保证屋面防水工程的质量，不易产生屋面渗漏；也能保证室内装修质量，可以减少或避免各工作操作互相交叉，便于组织施工，有利于施工安全，而且也便于楼层清理。其缺点是不能与主体及屋面工程施工搭接，故总工期相应较长。

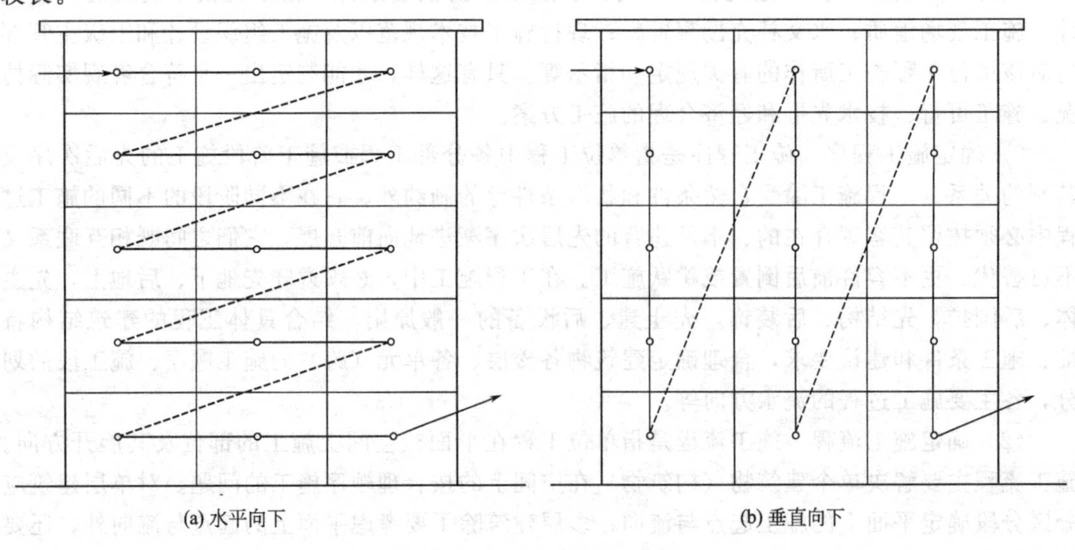

图 4-5　自上而下的施工方向

② 室内装修自下而上的施工流程是指主体结构施工到三层及三层以上时（有两层楼板，以确保底层施工安全），室内装饰从底层开始逐层向上进行，一般与主体结构平行搭接施工。其施工流向又可分为水平向上和垂直向上两种，通常采用水平向上的施工流向，如图 4-6 所示。为了防止雨水或施工用水从上层楼板渗漏，而影响装修质量，应先做好上层楼板的面层，再进行本层顶棚、墙面、楼、地面的饰面施工。该方案的优点是：可以与主体结构平行搭接施工，从而缩短工期。其缺点是：同时施工的工序多、人员多、工序间交叉作业多，要采取必要的安全措施；材料供应集中，施工机具负担重，现场施工组织和管理比较复杂。因此，只有当工期紧迫时，才会考虑本方案。

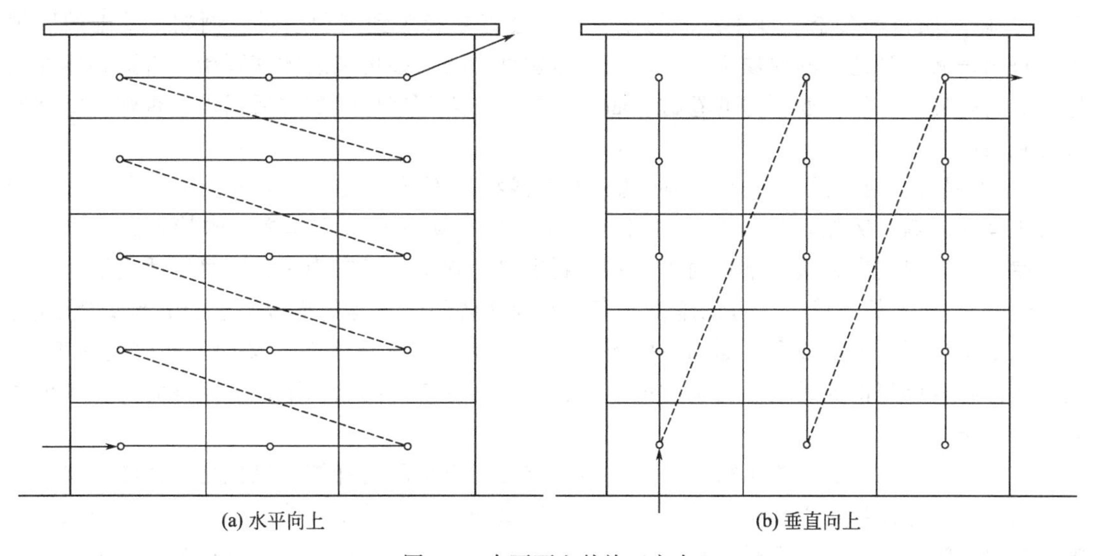

图 4-6　自下而上的施工方向

③ 室内装饰工程自中而下再自上而中的施工流程，是指主体结构进行到中部后，室内装饰从中部开始向下进行，再从顶层向中部施工。它集前两者优点，适用于中、高层建筑的室内装饰工程施工。

分部工程或施工阶段关系密切时，一旦前面的施工流程确定后，就决定了后续施工过程的施工流程。例如，单层工业厂房的土方工程的施工流程就决定了柱基础施工过程、柱吊装施工过程的施工流程。

（3）确定施工顺序　施工顺序是指分项工程或工序间施工的先后次序。根据如下六个方面来确定：

1）施工工艺的要求　各种施工过程之间客观存在着的工艺顺序关系，它随着房屋结构和构造的不同而不同。在确定施工顺序时，必须服从这种关系，例如当建筑物采用装配式钢筋混凝土内柱和外墙承重的多层房屋时，由于大梁和楼板的一端是支承在外墙上，所以应先把墙砌到一层楼高度之后，再安装梁板。

2）施工方法和施工机械的要求　不同施工方法和施工机械会使施工过程的先后顺序有所不同。例如在建造装配式单层工业厂房时，如果采用分件吊装法，施工顺序应该是先吊柱，再吊吊车梁，最后吊屋架和屋面板；如果采用综合吊装方法，则施工顺序应该是吊装完一个节间的柱、吊车梁、屋架屋面板之后，再吊装另一个节间的构件。又如在安装装配式多层多跨工业厂房时，如果采用的机械为塔式起重机，则可以自下而上地逐层吊装；如果采用桅杆式起重机，则可能是把整个房屋在平面上划分成若干单元，由下而上地吊完一个单元构件，再吊下一个单元的构件。

3）施工组织的要求　除施工工艺、机械设备等的要求外，施工组织也会引起施工过程先后顺序的不同。例如，地下室的混凝土地坪，可以在地下室的上层楼板铺设以前施工，也可以在上层楼板铺设以后施工。但从施工组织的角度来看，前一方案比较合理，因为它便于利用安装楼板的起重机向地下室运送混凝土。又如在建造某些重型车间时，由于这种车间内通常都有较大较深的设备基础，如先建造厂房，然后再建造设备基础，在设备基础挖土时可能破坏厂房的柱基础，在这种情况下，必须先进行设备基础的施工，然后再进行厂房柱基础的施工，或者两者同时施工。

4）施工质量的要求　施工过程的先后顺序会直接影响到工程质量。例如，基础的回填土，特别是从一侧进行的回填土，必须在砌体达到必要的强度以后才能开始，否则砌体的质量会受到影响。又如工业厂房的卷材屋面，一般应在天窗嵌好玻璃之后铺设，否则，卷材容易受到损坏。

5）工程所在地气候的要求　不同地区的气候特点不同，安排施工过程应考虑到气候特点对工程的影响。例如，在华东、中南地区施工时，应当考虑雨季施工的特点。土方、砌墙、屋面等工程应当尽量安排在雨季和冬季到来之前施工，而室内工程则可以适当推后。

6）安全技术的要求　合理的施工顺序，必须使各施工过程的搭接不至于引起安全事故。例如，不能在同一施工段上一面铺屋面板，一面又在进行其他作业。又如多层房屋施工时，只有在已经有层间楼板或坚固的临时铺板把各个楼层分隔开的条件下，才允许同时在各个楼层展开工作。

（4）选择施工方法和施工机械　正确地拟定施工方法和选择施工机械是选择施工方案的核心内容，它直接影响工程施工的工期、施工质量和安全以及工程的施工成本。一个工程的施工过程、施工方法和建筑机械均可采用多种形式。施工组织设计就是要在若干个可行方案中选取适合客观实际的较先进合理又最经济的施工方案。

1）确定施工方法的重点　施工方法的选择，对常规做法和工人熟悉的项目，则不必详细拟定，可只提具体要求；但对影响整个单位工程的分部分项工程，如工程量大、施工技术复杂或采用新技术、新工艺及对工程质量起关键作用的分部分项工程应着重考虑。

2）主要分部工程施工方法要点　在施工组织设计中明确施工方法主要是指明确经过决策选择采纳的施工方法，比如降水采用轻型井点降水还是井点降水；护坡采用护坡桩还是桩锚组合护坡或喷锚护坡；墙柱模板采用木模板还是钢模板，是整体式大模板还是组拼式模板，模板的支撑体系如何选用；电梯井筒、雨棚阳台、门窗洞口、预留洞模板采用何种形式；钢筋连接形式如何，钢筋加工方式、钢筋保护层厚度要求及控制措施；混凝土浇筑方式，商品混凝土的试配，拆模强度控制要求、养护方法、试块的制作管理方法等。这些施工方法应该与工程实际紧密结合，能够指导施工。

① 土方工程：

a. 确定基坑、基槽、土方开挖方法、工作面宽度、放坡坡度、土壁支撑形式，所需人工、机械的数量。

b. 余土外运方法，所需机械的型号和数量。

c. 地下、地表水的排水方式，排水沟、集水井、井点的布置，所需设备的型号和数量。

② 基础工程：

a. 桩基础施工中应根据桩型及工期，选择所需机具型号和数量。

b. 浅基础施工中应根据垫层、承台、基础的施工要点，选择所需机械的型号和数量。

c. 地下室施工中应根据防水要求，留置、处理施工缝，大体积混凝土的浇筑要点、模板及支撑要求选择所需机具型号和数量。

③ 砌筑工程：

a. 砌筑工程中根据砌体的砌筑方式、砌筑方法及质量要求，进行弹线、立皮数杆、标高控制和轴线引测。

b. 选择砌筑工程中所需机具型号和数量。

④ 钢筋混凝土工程：

a. 确定模板类型及支模方法，进行模板支撑设计。

b. 确定钢筋的加工、绑扎、焊接方法，选择所需机具型号和数量。

c. 确定混凝土的搅拌、运输、浇筑、振捣、养护、施工缝的留置和处理，选择所需机具型号和数量。

d. 确定预应力钢筋混凝土的施工方法，选择所需机具型号和数量。

⑤ 结构吊装工程：

a. 确定构件的预制、运输及堆放要求，选择所需机具型号和数量。

b. 确定构件的吊装方法，选择所需机具型号和数量。

⑥ 屋面工程：

a. 确定屋面工程防水层的做法、施工方法、选择所需机具型号和数量。

b. 确定屋面工程施工中所用材料及运输方式。

⑦ 装修工程：

a. 室内外装修工艺的确定。

b. 确定工艺流程和流水施工的安排。

c. 装修材料的场内运输，减少二次搬运的措施。

⑧ 现场垂直运输、水平运输及脚手架等搭设：

a. 确定垂直运输及水平运输方式、布置位置、开行路线，选择垂直运输及水平运输机具型号和数量。

b. 根据不同建筑类型，确定脚手架所用材料、搭设方法及安全网的挂设方法。

⑨ 特殊项目：

a. 对四新项目，高耸、大跨、重型构件，水下、深基础、软弱地基及冬期施工项目均应单独编制。单独编制的内容包括：工程平、立、剖面示意图、工程量、施工方法、工艺流程、劳动组织、施工进度、技术要求与质量、安全措施、材料、构件、机具设备需要量。

b. 大型土方工程、桩基工程、构件吊装等，均需确定单项施工方法与技术组织措施。

3）施工机械的选择　选择施工方法必然涉及施工机械的选择。工程施工中机械的使用直接影响到工程施工效率、质量及成本；机械化施工还是改变建筑工业生产落后面貌，实现建筑工业化的基础，因此施工机械的选择是施工方法选择的中心环节，在选择是时应注意以下几点：

① 首先选择主导工程的施工机械，如地下工程的土方机械，主体结构工程的垂直、水平运输机械，结构吊装工程的起重机械等。

② 各种辅助机械或运输工具应与主导机械的生产能力协调配套，以充分发挥主导机械效率。如土方工程在采用汽车运土时，汽车的载重量应为挖土机斗容量的整数倍，汽车的数量应保证挖土机连续工作。

③ 在同一工地上，应力求建筑机械的种类和型号尽可能少一些，以利于机械管理。

④ 机械选择应考虑充分发挥施工单位现有机械的能力，当本单位的机械能力不能满足工程需要时，则应购置或租赁所需新型机械或多用机械。

(五) 单位工程施工平面图概述

1. 单位工程施工平面图的设计内容

施工平面图是单位工程施工组织设计的重要组成部分，它是对一个建筑物的施工现场的平面规划和空间布置的图示。它是根据工程规模、特点和施工现场的条件，按照一定的设计原则，正确地解决施工期间所需的各种暂设工程和其他业务设施等永久性建筑物和拟建工程之间的合理的位置关系。它布置的是否合理、执行和管理的好坏，对施工现场组织正常生产、文明施工以及对工程进度、工程成本、工程质量和施工安全都将产生重要的影响。因此，在施工组织设计中应对施工现场平面布置进行仔细研究和周密规划。单位工程施工平面图的绘制比例一般为（1∶500）～(1∶200)。

组织拟建工程的施工，施工现场必须具备一定的施工条件。除了做好必要的“三通一平”工作之外，还应布置施工机械、临时堆场、仓库、办公室等生产性和非生产性临时设施。这些设施均应按照一定的原则，结合拟建工程的施工特点和施工现场的具体条件，作出一个合理、适用、经济的平面布置和空间规划方案。

规模不大的混合结构和框架结构工程，由于工期不长，施工也不复杂。因此，这些工程的施工平面图往往只要反映其主要施工阶段的现场平面规划布置，一般是考虑主体结构施工阶段的施工平面布置，当然也要兼顾其他施工阶段的需要。如混合结构工程的施工，在主体结构施工阶段要反映在施工平面图上的内容最多，但随着主体结构施工的结束，现场砌块、构件等的堆场将空出来，某些大型施工机械将拆除退场，施工现场也就变得宽松了，但应注意增加砂浆搅拌机的数量和相应堆场的面积。单位工程施工平面图一般包括以下内容：

(1) 单位工程施工区域范围内，将已建的和拟建的地上、地下建筑物及构筑物的平面尺寸、位置标注出来，并标注出河流、湖泊等的位置和尺寸以及指北针、风向玫瑰图等。

(2) 拟建工程所需的起重机械、垂直运输设备、搅拌机械及其他机械的布置位置，起重机械开行的线路及方向等。

(3) 施工道路的布置、现场出入口位置等。

(4) 各种预制构件堆放及预制场地所需面积、布置位置；大宗材料堆场的面积、位置确定；仓库的面积和位置确定；装配式结构构件的就位位置确定。

(5) 生产性及非生产性临时设施的名称、面积、位置的确定。

(6) 临时供电、供水、供热等管线的布置；水源、电源、变压器位置确定；现场排水沟渠及排水方向的考虑。

(7) 土方工程的弃土及取土地点等有关说明。

(8) 劳动保护、安全、防火及防洪设施布置以及其他需要的布置内容。

2. 单位工程施工平面图的设计依据

施工平面图应根据施工方案和施工进度计划的要求进行设计。施工组织设计人员必须在踏勘现场、取得施工环境第一手资料的基础上，认真研究以下有关资料，然后才能做出施工平面图的设计方案。这些资料包括：

(1) 施工组织设计文件（当单位工程为建筑群的一个工程项目时）及原始资料。

(2) 建筑平面图，了解一切地上、地下拟建和已建的房屋与构筑物的位置。

(3) 一切已有和拟建的地上、地下管道布置资料。

(4) 建筑区域的竖向设计资料和土方调配平衡图。

(5) 各种材料、半成品、构件等的用量计划。

(6) 建筑施工机械、模具、运输工具的型号和数量。

(7) 建设单位可为施工提供的原有房屋及其他生活设施的情况。

3. 单位工程施工平面图的设计原则

(1) 在保证工程顺利进行的前提下，平面布置应力求紧凑。

(2) 尽量减少场内二次搬运，最大限度缩短工地内部运距；各种材料、构件、半成品应按进度计划分批进场，尽量布置在使用点附近，或随运随吊。

(3) 力争减少临时设施的数量，并采用技术措施使临时设施装拆方便，能重复使用，省时并能降低临时设施费用。

(4) 符合环保、安全和防火要求。

为了保证施工的顺利进行，应注意施工现场的道路畅通，机械设备的钢丝绳、电缆、缆风绳等不得妨碍交通。对人体有害的设施（如沥青炉、石灰池等）应布置在下风向。在建筑工地内尚应布置消防设施。在山区及江河边的工程还须考虑防洪等特殊要求。

4. 掌握单位工程施工平面图的设计步骤

(1) 确定起重机械的位置。

起重机械的位置直接影响仓库、堆场、砂浆和混凝土制备站的位置，以及道路和水、电线路的布置等。因此应予以优先考虑。

布置固定式垂直运输设备，例如井架、龙门架、施工电梯等，主要根据机械性能、建筑物的平面和大小、施工段的划分、材料进场方向和道路情况而定。其目的是充分发挥起重机械的能力并使地面和楼面上的水平运距最小。一般来说，当建筑物各部位的高度相同时，应尽量布置在建筑物的中部，但不要放在出入口的位置；当建筑物各部位的高度不同时，布置在高的一侧。若有可能，井架、龙门架、施工电梯的位置，以布置在建筑的窗口处为宜，以避免砌墙留槎和减少井架拆除后的修补工作。固定式起重运输设备中卷扬机的位置不应距离起重机过近，以便司机的视线能够看到起重机的整个升降过程。

建筑物的平面应尽可能处于吊臂回转半径之内，以便直接将材料和构件运至任何施工地点，尽量避免出现“死角”（见图 4-7）。塔式起重机的安装位置，主要取决于建筑物的平面布置、形状、高度和吊装方法等。塔吊离建筑物的距离（B）应该考虑脚手架的宽度、建筑物悬挑部位的宽度、安全距离、回转半径（R）等内容。

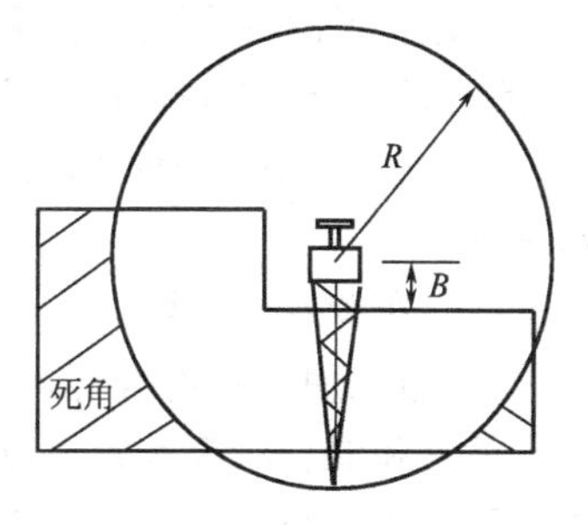

图 4-7　塔吊布置方案

(2) 确定搅拌站、仓库和材料、构件堆场以及工厂的位置。

1) 搅拌站、仓库和材料、构件堆场的位置应尽量靠近使用地点或在起重机起重能力范围内，并考虑到运输和装卸的方便。

① 建筑物基础和第一施工层所用的材料，应该布置在建筑物的四周。第二施工层以上所用的材料，应布置在起重机附近。

② 砂、砾石等大宗材料应尽量布置在搅拌站附近。

③ 当多种材料同时布置时，对大宗的、重大的和先期使用的材料，应尽量在起重机附近布置；少量的、轻的和后期使用的材料，则可布置的稍远一些。

④ 根据不同的施工阶段使用不同材料的特点，在同一位置上可先后布置不同的材料。

2）根据起重机械的类型，搅拌站、仓库和堆场位置，又有以下几种布置方式：

① 当采用固定式垂直运输设备时，须经起重机运送的材料和构件的堆场，以及仓库和搅拌站的位置应尽量靠近起重机布置，以缩短运距或减少二次搬运。

② 当采用塔式起重机进行垂直运输时，材料和构件堆场的位置，以及仓库和搅拌站出料口的位置，应布置在塔式起重机的有效起重半径内。

③ 当采用无轨自行式起重机进行水平和垂直运输时，材料、构件堆场、仓库和搅拌站等应沿起重机运行路线布置。且其位置应在起重臂的最大外伸长度范围内。

木工棚和钢筋加工棚的位置可考虑布置在建筑物四周以外的地方，但应有一定的场地堆放木材、钢筋和成品。石灰仓库和淋灰池的位置要接近砂浆搅拌站并在下风向；沥青堆场及熬制锅的位置要离开易燃仓库或堆场，并布置在下风向。

（3）运输道路的布置。

运输道路的布置主要解决运输和消防两个问题。现场主要道路应尽可能利用永久性道路的路面或路基，以节约费用。现场道路布置时要保证行驶畅通，使运输工具有回转的可能性。因此，运输线路最好绕建筑物布置成环形道路。道路宽度大于3.5m。

（4）临时设施的布置。

1）临时设施分类、内容　施工现场的临时设施可分为生产性与非生产性两大类。

生产性临时设施内容包括：在现场制作加工的作业棚，如木工棚、钢筋加工棚、白铁加工棚；各种材料库、棚，如水泥库、油料库、卷材库、沥青棚、石灰棚；各种机械操作棚，如搅拌机棚、卷扬机棚、电焊机棚；各种生产性用房，如锅炉房、烘炉房、机修房、水泵房、空气压缩机房等；其他设施，如变压器等。

非生产性临时设施内容包括：各种生产管理办公用房、会议室、文化文娱室、福利性用房、医务、宿舍、食堂、浴室、开水房，警卫传达室，厕所等。

2）单位工程临时设施布置　布置临时设施，应遵循使用方便、有利施工、尽量合并搭建、符合防火安全的原则；同时结合现场地形和条件、施工道路的规划等因素分析考虑它们的布置。各种临时设施均不能布置在拟建工程（或后续开工工程）、拟建地下管沟、取土、弃土等地点。

各种临时设施尽可能采用活动式、装拆式结构或就地取材。施工现场范围应设置临时围墙、围网或围笆。

（5）布置水电管网。

1）施工用临时给水管，一般由建设单位的干管或施工用干管接到用水地点。布置有枝状、环状和混合状等方式，应根据工程实际情况从经济和保证供水两个方面去考虑其布置方式。管径的大小、龙头数目应根据工程规模由计算确定。管道可埋置于地下，也可铺设在地面上，视气温情况和使用期限而定。工地内要设消防栓，消防栓距离建筑物应不小于5m，也不应大于25m，距离路边不大于2m。条件允许时，可利用城市或建设单位的永久消防设施。有时，为了防止供水的意外中断，可在建筑物附近设置简易蓄水池，储存一定数量的生产和消防用水。如果水压不足时，尚应设置高压水泵。

2）为了便于排除地面水和地下水，要及时修通永久性下水道，并结合现场地形在建筑物四周设置排泄地面水和地下水的沟渠。

3）施工中的临时供电，应在全工地性施工总平面图中一并考虑。只有独立的单位工程施工时才根据计算出的现场用电量选用变压器或由业主原有变压器供电。变压器的位置应布置在现场边缘高压线接入处，但不宜布置在交通要道口处。现场导线宜采用绝缘线架空或电缆布置。

(六) 主要的技术组织措施

(1) 技术组织措施是为完成工程的施工而采取的具有较大技术投入的措施，通过采取技术方面和组织方面的具体措施，达到保证工程施工质量、按期完成工程施工进度、有效控制工程施工成本的目的。

技术组织措施计划一般含以下三方面的内容：

1) 措施的项目和内容。

2) 各项措施所涉及的工作范围。

3) 各项措施预期取得的经济效益。

例如，怎样提高施工的机械化程度；改善机械的利用率；采用新机械、新工具、新工艺、新材料和同效价廉代用材料；采用先进的施工组织方法；改善劳动组织以提高劳动生产率；减少材料运输损耗和运输距离等等。

技术组织措施的最终成果反映在工程成本的降低和施工费用支出的减少上。有时在采用某种措施后，一些项目的费用可以节约，但另一些项目的费用将增加，这时，计算经济效果必须将增加和减少的费用都进行计算。

(2) 单位工程施工组织设计中的技术组织措施，应根据施工企业组织措施计划，结合工程的具体条件，参考表 4-2 拟订。

表 4-2 技术组织措施计划

措施项目和内容	措施涉及的工程量		经济效果						执行单位及负责人
	单位	数量	劳动量节约额/工日	降低成本额/元					
				材料费	工资	机械台班费	间接费	节约总额	
合计									

认真编制单位工程降低成本计划对于保证最大限度地节约各项费用，充分发挥潜力以及对工程成本系统地监督检查有重要作用。在制定降低成本计划时，要对具体工程对象的特点和施工条件，如施工机械、劳动力、运输、临时设施和资金等进行充分的分析。通常从以下几方面着手：

1) 科学地组织生产，正确地选择施工方案。

2) 采用先进技术，改进作业方法，提高劳动生产率，节约单位工程施工劳动量以减少工资支出。

3) 节约材料消耗，选择经济合理的运输工具。有计划地综合利用材料、修旧利废、合理代用，推广优质廉价材料，如用钢模代替木模、采用新品种水泥等。

4) 提高机械利用率，充分发挥其效能，节约单位工程台班费支出。

降低成本指标，通常以成本降低率表示，计算式如下：

$$\text{成本降低率}(\%)=\frac{\text{降低成本额}}{\text{预算成本}}\times 100\%$$

式中，预算成本为工程设计预算的直接费用和施工管理费用之和；降低成本额通过技术组织措施计划来计算。

(七) 保证工程质量的措施

即在常规的质量保证体系基础上为将工程创成优质工程而采取的管理制度和技术措施。

保证和提高工程质量措施，可以按照各主要分部分项工程施工质量要求提出，也可以按照工程施工质量要求提出。保证和提高工程质量措施，可以从以下几个方面考虑：

（1）定位放线、轴线尺寸、标高测量等准确无误的措施。

（2）地基承载力、基础、地下结构及防水施工质量的措施。

（3）主体结构等关键部位施工质量的措施。

（4）屋面、装修工程施工质量的措施。

（5）采用新材料、新结构、新工艺、新技术的工程施工质量的措施。

（6）提高工程质量的组织措施，如现场管理机构的设置、人员培训、建立质量检验制度等。

（八）保证工程施工安全的措施

加强劳动保护，保障安全生产，是国家保障劳动人民生命安全的一项重要政策，也是进行工程施工的一项基本原则。为此，应提出有针对性的施工安全保障措施，主要明确安全管理方法和主要安全措施，从而杜绝施工中安全事故的发生。施工安全措施，可以从以下几个方面考虑。

（1）保证土方边坡稳定措施。

（2）脚手架、吊篮、安全网的设置及各类洞口防止人员坠落措施。

（3）外用电梯、井架及塔吊等垂直运输机具的拉结要求和防倒塌措施。

（4）安全用电和机电设备防短路、防触电措施。

（5）易燃、易爆、有毒作业场所的防火、防爆、防毒措施。

（6）季节性安全措施。如雨季的防洪、防雨；夏期的防暑降温；冬期的防滑、防火、防冻措施等。

（7）现场周围通行道路及居民安全保护隔离措施。

（8）确保施工安全的宣传、教育及检查等组织措施。

（九）降低工程成本措施

应根据工程具体情况，按分部分项工程提出相应的节约措施，计算有关技术经济指标，分别列出节约工料数量与金额数字，以便衡量降低工程成本的效果。其内容一般包括以下几点。

（1）合理进行土方平衡调配，以节约台班费。

（2）综合利用吊装机械，减少吊次，以节约台班费。

（3）提高模板安装精度，采用整装整拆，加速模板周转，以节约木材或钢材。

（4）混凝土、砂浆中掺加外加剂或掺混合料，以节约水泥。

（5）采用先进的钢材焊接技术以节约钢材。

（6）构件及半成品采用预制拼装、整体安装的方法，以节约人工费、机械费等。

（十）现场文明施工措施

（1）施工现场设置围栏与标牌，保证出入口交通安全，道路畅通，场地平整，安全与消防设施齐全。

（2）临时设施的规划与搭设应符合生产、生活和环境卫生要求。

（3）各种建筑材料、半成品、构件的堆放与管理有序。

（4）散碎材料、施工垃圾的运输及防止各种环境污染。

（5）及时进行成品保护及施工机具保养。

（十一）施工方案的技术经济分析

选择施工方案的目的是寻求适合本工程的最佳方案。要选择最佳方案先要建立评价指标体系，并确定标准，然后进行分析、比较。评判施工方案的优劣的标准是其技术性和经济性，但最终标准是其经济效益。技术人员拟定施工方案往往比较注重技术的先进性和经济性，而较少地考虑成本，或仅考虑近期投入的节约而欠考虑远期的或整个工程的施工费用。对施工方案进行技术经济分析，就是为了避免施工方案的盲目性、片面性，在方案付诸实施之前就能分析出其经济效益，保证所选方案的科学性、有效性和经济性，达到提高工程质量、缩短工期、降低成本的目的，进而提高工程施工的经济效益。

施工方案技术经济分析方法可分为定性分析和定量分析两大类。

定性分析是通过对方案优缺点的分析，如施工操作上的难易和安全与否；可否为后继工程提供有利条件；冬季或雨季对施工影响的大小；是否可利用某些现有的机械和设备，能否一机多用；能否给现场文明施工创造条件等。定性分析法受评价人的主观影响大，加之评价较为笼统，故只适用于方案的初步评价。

定量分析法是对各方案的投入与产出进行计算，如劳动力、材料及机械台班消耗、工期、成本等直接进行计算、比较，用数据说明问题，比较客观，让人信服，所以定量分析法是方案评价的主要方法。

施工方案技术经济分析首先要拟定两个以上的可比较的方案，再对拟用的各方案进行初步分析，在此基础上确定评价指标，计算各指标值，最后进行综合比较确定方案的优劣。

1. 施工方案的技术经济分析

分析比较施工方案，最终是方案的各种指标的比较，因此建立施工方案的技术经济指标体系对于进行施工方案的技术经济分析是非常重要的。

（1）施工技术方案的评价指标。施工技术方案是指分部分项工程的技术方案，如主体结构工程、基础工程、垂直运输、水平运输、构件安装、大体积混凝土浇筑、混凝土输送及模板支撑的方案等。这些施工方案的内容包括施工技术方法和相应的施工机械设备的选择等，其评价指标可分为以下几种。

1）技术性指标　技术性指标用各种技术性参数表示。例如，主体结构工程施工方法的技术性指标可用现浇混凝土工程总量来表示。如果是装配式结构则用安装构件总量、构件最大尺寸、构件最大自重、最大安装高度等表示。又如模板方案的技术性指标用模板总面积、模板型号数、各型号模板的尺寸、模板单件重量等表示。

2）经济性指标　经济性指标主要反映为完成工程任务必要的劳动消耗，由一系列价值指标、实物指标及劳动量组成。

① 工程施工成本。大多数情况下，主要用施工直接成本来评价，其主要包括：直接人工费、机械设备使用费、施工设备（轨道、支撑架、模板等）的成本或摊销费、防治施工公害措施及其费用等。工程施工成本，可用施工总成本或单位施工成本表示。

② 主要专用机械设备需要量，包括配备台数、使用时间、总台班数等。

③ 施工中主要资源需要量。这里指与施工方案有关的资源。包括：

a. 施工设施所需的材料资源。如轨道、枕木、道渣、模板材料、工具式支撑、脚手架材料等。

b. 不同施工方法引起的结构材料消耗的增加量。如采用滑模施工时，要增加水泥消耗用量、提高水泥标号，并增加结构用钢量等。

c. 施工期对其他资源的需要量。如施工期中的耗电、耗水量等。它们可分别用耗用总量，日（或月）平均耗用量，高峰期用量等来表示。

d. 主要工种工人需要量。可用主要工种工人需要总量、需用期的月平均需要量和高峰期需要量等来表示。

e. 劳动消耗量。可用劳动消耗总量、月平均劳动量、高峰期劳动消耗量等来表示。

f. 工程效果指标。效果指标系反映采用该施工方法后预期达到的效果。包括：

(a) 工程施工工期。可用总工期、与工期定额相比的节约工期等指标表示。

(b) 工程效率。可用工程进度的实物量表示，如土方工程、混凝土工程施工方案的工程效率指标可用 m^3/工日或 m^3/h 表示；管线工程用 m/工日或 m/班表示；钢筋工程、结构安装工程可用 t/工日或 t/班表示等。

g. 经济效果指标，包括：

(a) 成本降低额或降低率。采用该施工方法较其他施工方法的预算成本或施工预算成本的降低额或降低率。

(b) 材料资源节约额或节约率。采用该施工方法后某材料资源较定额消耗的节约额或节约率。

3) 其他指标　未包括在以上三类中的指标，此类指标可以是定量指标，也可以是定性指标。工艺方案不同，评价的侧重点也会不同，关键是要能反映出该方案的特点。

(2) 施工组织方案的评价指标。

施工组织方案是指组织单位工程以及包括若干单位工程的建筑群体施工方案。如流水作业方法、平行流水、立体交叉作业方法等。评价施工组织方案的指标一般有：

1) 技术性指标：

① 工程特征指标。如建筑面积、主要分部分项工程的工程量等。

② 施工方案特征指标。如主要分部分项工程施工方法有关指标或说明等。

2) 经济性指标：

① 工程施工成本，包括：直接人工费、机械设备使用费、施工设施成本或摊销费用、承包单位包干费用、防治施工公害或污染设施及其费用、施工现场管理费等。

② 主要专用设备耗用量，包括设备台数、使用时间等。

③ 主要材料资源耗用量，即系指进行施工过程必需的主要材料的资源消耗，构成工程实体的材料消耗一般不包括在内。

④ 劳动消耗量，即用总工日数、分时期的总工日数、最高峰工日数、平均月（季）工日数指标表示。

⑤ 施工均衡性指标。按下式计算：

a. 主要工种施工不均衡性系数 $=\dfrac{\text{高峰月工程量}}{\text{平均月工程量}}$

b. 主要材料、设备等资源消耗不均衡性系数 $=\dfrac{\text{高峰月耗用量}}{\text{平均月耗用量}}$

c. 劳动量消耗量的不均衡性系数 $=\dfrac{\text{高峰月耗用量}}{\text{平均月耗用量}}$

上述系数的值越大，说明越不均衡。

3) 效果指标：

① 工程总工期，即用总工期、施工准备工作以及与工期定额或合同工期相比所节约的工期来表示。

② 工程施工成本节约。用工程施工成本、临时设施工程成本与相应预算成本对比的节约额表示。

4）其他指标：

如安全指标、环境指标、绿色施工指标、风险管理指标、机械指标等。

2. 施工方案技术经济分析示例

（1）施工方案的技术经济比较。

在单位工程施工组织设计中选择施工方案，首先要考虑技术上的可行性，然后是经济上的合理性。在拟定出的若干个方案中加以比较。如果各施工方案均能满足技术要求，则最经济的方案即为最优方案。因此，要计算出各方案所发生的费用。由于施工方案多种多样，故施工方案的技术经济分析应从实际条件出发，切实计算一切发生的费用。如果属固定资产的一次性投资，就要分析资金的时间价值，若仅仅是在施工阶段的临时性一次投资，由于时间短，可不考虑资金的时间价值。

【例 4-1】 某工程项目施工中，有现场搅拌混凝土和购买商品混凝土两种方案可供选择。原始资料如下：

1）本工程混凝土总需要量为 $4000m^3$，如现场搅拌混凝土，则需设置容量为 $0.75m^3$ 的搅拌站；

2）根据混凝土供应距离，已算出商品混凝土平均单价为 310 元/m^3；

3）现场一个临时搅拌站一次投资费，包括地坑基础、骨料仓库、设备的运输费、装拆费以及工资等总共为 50000 元；

4）与工期有关的费用，即容量 $0.75m^3$ 搅拌站设备装置的租金与维修费为 10000 元/月；

5）与混凝土数量有关的费用，即水泥、骨料、外加剂、水电及工资等总共 250 元/m^3。

请对上述两个方案进行技术经济比较。

【解】 ① 现场搅拌混凝土的单价的计算公式如下：

$$\text{现场搅拌混凝土的单价}=\frac{\text{搅拌站一次性投资}}{\text{现场混凝土总需要量}}+\frac{\text{与工期有关的费用}\times\text{工期}}{\text{现场混凝土总需要量}}+\frac{\text{与混凝土量有关的费用}}{\text{现场混凝土总需要量}}$$

② 当工期为 12 个月时的成本分析：

$$\text{现场搅拌混凝土单价}=\frac{5000}{4000}+\frac{10000\times 12}{4000}+250=281.25(\text{元}/m^3)<310\ \text{元}/m^3$$

即当工期为 12 个月时，现场搅拌混凝土的单价小于商品混凝土的单价；

③ 当工期为 24 个月时的成本分析

$$\text{现场搅拌混凝土的单价}=\frac{5000}{4000}+\frac{10000\times 24}{4000}+250=311.25(\text{元}/m^3)>310\ \text{元}/m^3$$

即当工期为 24 个月时，购买商品混凝土比现场搅拌混凝土更为经济；

④ 当工期 x 为多少时，这两个方案的费用相同？

即
$$\frac{5000}{4000}+\frac{10000x}{4000}+250=310$$

得
$$x=23.5\ \text{个月}$$

故当工期为 23.5 个月时，现场制作混凝土的单价和购买商品混凝土的单价相同，也即费用相同。

⑤ 当工期为 12 个月时，现场制作混凝土的最少数量 y 为多少时，方案才经济？

$$\frac{5000}{y}+\frac{10000\times 12}{y}+250<310$$

得 $$y>2083.33\text{m}^3$$

即当工期为本12个月时，现场制作混凝土的数量必须大于2833.3m³时方为经济。

通过技术经济分析，可以得到各种技术经济指标变化规律，以此制成图表可供查用。建筑企业要掌握大量原始经济资料，以供方案比较之用。经济比较必须严格按实际发生的数据进行计算，不应该先有某种倾向性方案，为了证实它而凑合数据，否则就没有客观性，经济比较也就失去了意义。

(2) 主要施工机械选择的经济分析。

选择主要施工机械要从机械的适用性、耐久性、经济性及生产率等因素来考虑。如果有若干种可供选择的机械，其使用性能和生产率相类似的条件下，对机械的经济性，人们通常的概念是从机械的价格的高低来衡量，但是在技术经济分析中，机械的经济性包括原价、保养费、维修费、能耗、使用年限、折旧费、操作人员工资及期满后的残余价值等的综合评价。

【例 4-2】 某大型建设项目施工中需购置一台施工机械。现有A、B两台机械可供选择，该两台机械的有关费用和使用年限等参数如表4-3所列。

表4-3 两种机械的技术经济参数

费用名称	A机械	B机械
原价/元	20000	18000
年度保养和维修费/元	1000	1200
使用年限/年	20	15
期满后残余价值/元	3000	5000
年复利率/%	8	8

试选择购置方案。

【解】 根据资金的时间价值，将发生的所有费用折算到该机械的使用年限中，用每个年度所得到的实际摊销费用（即年度费用）来加以比较。按下式计算：

$$R=P\{i(1+i)^N/[(1+i)^N-1]\}+Q-r\{i/[(1+i)^N-1]\}$$

式中 R——折算后机械的年度费用，元；

P——机械原价，元；

Q——机械的年度保养及维修费，元；

N——机械的使用年限，年；

r——机械寿命期满后的残余价值，元；

$i(1+i)^N/[(1+i)^N-1]$——资金再生利息系数，即投入资金P，复利率为i，按使用年限N年摊销的系数；

$i/[(1+i)^N-1]$——偿还债务基金系数，即未来N年的资金（债务），复利率为i，在N年内每年应偿还金额的系数。

将表4-3中两种机械的参数分别代入公式得：

A机械的年度费$=2000\times\{0.08\times(1+0.08)^{20}/[(1+0.08)^{20}-1]\}+1000-3000\times\{0.08/[(1+0.08)^{20}-1]\}=1138.15$(元)

B机械的年度费$=18000\times\{0.08\times(1+0.08)^{15}/[(1+0.08)^{15}-1]\}+1200-5000\times\{0.08/[(1+0.08)^{15}-1]\}=3118.78$(元)

结论：选购A机械较为经济。

任务一　编写框架结构单位工程工程概况

☞ 任务提出

根据已知附录一总二车间扩建厂房图纸、合同编制工程概况。

☞ 任务实施

（一）编写总体情况（见表 4-4）

表 4-4　编写总体情况

工程名称	总二车间扩建厂房
工程地址	内机分厂总二车间北一跨北侧
建设单位	×××有限公司
设计单位	×××建筑设计研究院有限公司
监理单位	×××监理有限公司
定额工期	160d(全国统一建筑安装工程工期定额)
合同工期	87d(2006 年 2 月 3 日～2006 年 4 月 30 日)
计划工期	84d(2006 年 2 月 3 日～2006 年 4 月 27 日)
质量目标	符合设计图纸和国家工程施工质量验收合格标准要求
工程特点	该工程为总二车间的贴建辅助厂房，一层为加工区，二层为备品区

（二）编制工程设计概况

1. 建筑设计概况（见表 4-5）

表 4-5　建筑设计概况

建筑功能	辅助厂房	建筑面积	381.88m²	建筑层数	二层
建筑层高	一层层高	5.0m	建筑高度		9.44m
	二层层高	3.6m	室内外高差		0.15m
电梯数量	1 个，升降货梯	耐久等级		二级	
外装修	外墙装修	乳胶漆墙面：12 厚 1∶3 水泥砂浆打底，6 厚 1∶2.5 水泥砂浆粉面压实抹光，水刷带出小麻面，刷外墙用乳胶漆，颜色见附录一 总二车间扩建厂房图纸“建施 3/3”立面图所示			
	门窗工程	平开钢大门，90 系列塑钢窗(5mm 白玻)			
	屋面工程	刚性防水层			
内装修	顶棚	白色涂料(二度，乳胶漆)			
	地面工程	耐磨地坪(人行道部位铺 120mm 宽黄色地砖)			
	楼面工程	楼梯为水泥砂浆，楼面为水磨石			
	内墙	白色内墙涂料(包括 F 轴老墙面)：15 厚 1∶1∶6 水泥石灰砂浆打底，5 厚 1∶0.3∶3 水泥石灰砂浆粉面，刷白色乳胶漆			
	门窗工程	二楼备品区走道处门的设置待定(图纸中未注明)			
其他	1. 坡道为水泥防滑坡道；2. 新旧建筑物交接处缝用沥青麻丝填充，26＃白铁皮盖缝；3. 雨水管为 ϕ100 白色 UPVC；4. 涉及颜色的装修材料由设计人员认可后方可施工				

2. 结构设计（见表 4-6）

表 4-6　总二车间扩建厂房结构设计概况

<table>
<tr><td rowspan="2">结构形式</td><td colspan="2">基础结构形式</td><td colspan="3">钢筋混凝土独立基础</td></tr>
<tr><td colspan="2">建筑物结构形式</td><td colspan="3">钢筋混凝土框架结构</td></tr>
<tr><td>土质情况</td><td>分布均匀,②层黏土层为持力层</td><td>建筑耐久年限</td><td>二级(50)</td><td rowspan="2">混凝土环境类别</td><td rowspan="2">基础及露天构件为二 a 类,其余一类</td></tr>
<tr><td>地基承载力</td><td>200kPa</td><td>抗震烈度</td><td>7 度</td></tr>
<tr><td rowspan="2">混凝土强度等级</td><td>基础垫层</td><td>C10</td><td colspan="2">散水坡道</td><td>C15</td></tr>
<tr><td>独立基础</td><td>C25</td><td colspan="2">混凝土柱、梁、板</td><td>C25</td></tr>
<tr><td rowspan="2">钢筋类别</td><td>Ⅰ HPB300</td><td colspan="2" rowspan="2">钢筋接头形式</td><td colspan="2" rowspan="2">水平筋闪光对焊、竖直筋电渣压力焊,或采用绑扎搭接</td></tr>
<tr><td>Ⅱ HRB335</td></tr>
<tr><td rowspan="5">断面尺寸/mm</td><td rowspan="2">垫层</td><td colspan="2">100(独立基础下)</td><td>DQL</td><td>240×240</td></tr>
<tr><td colspan="2">200(墙基下)</td><td>电梯井壁</td><td>150</td></tr>
<tr><td>柱</td><td colspan="4">450×450</td></tr>
<tr><td>梁</td><td colspan="4">300×800,200×400,200×550,200×450</td></tr>
<tr><td>板</td><td colspan="4">二层板 120 厚,屋面板 100 厚</td></tr>
<tr><td>钢筋保护层</td><td colspan="5">基础 40mm,现浇框柱、梁、板为 25mm,雨篷为 30mm</td></tr>
<tr><td rowspan="2">墙体</td><td colspan="5">±0.000 以下用 MU10 标准实心黏土砖,M5 水泥砂浆砌筑</td></tr>
<tr><td colspan="5">±0.000 以上为 200 厚 KP1 空心砖,M5 混合砂浆砌筑</td></tr>
</table>

（三）描述现场施工条件

（1）本工程属于贴建厂房，施工区域在处于已建总二车间北一跨北侧，现场无任何障碍物，工程施工时可用围护形成独立的区域（北一跨车间北门施工期间暂时封闭，车间车辆改走东、南西门进出）；施工用水、用电均可从北一跨车间内引出；施工区域处于北一跨车间北门室外道路线上，施工区域围护后可利用该线路与厂区内主要道路相连接，运入建筑施工材料。

（2）根据厂区内工程地质勘察报告书，本工程地基按承载力特征值 $f_{ak}=200\text{kPa}$ 设计，基础开挖至设计标高须经设计人员验槽。

（3）有关气象、气候条件参阅××市有关资料。

（四）本工程施工时要套用的图集（见表 4-7）

表 4-7　总二车间扩建厂房工程参考图集一览表

<table>
<tr><td>序</td><td>图集名称</td><td>设计图纸(附录一)中标注位置</td></tr>
<tr><td>1</td><td>02J611-1</td><td>建施 1/3:平开钢大门做法</td></tr>
<tr><td>2</td><td>苏 J01—2005</td><td>建施 1/3“建筑施工说明”中:楼面与楼梯地面、刚性防水屋面及坡道做法</td></tr>
<tr><td>3</td><td>03G101-1,03G101-2</td><td rowspan="6">结施 1/5“一般说明”</td></tr>
<tr><td>4</td><td>苏 J9201</td></tr>
<tr><td>5</td><td>苏 G02—2004</td></tr>
<tr><td>6</td><td>苏 G9409</td></tr>
<tr><td>7</td><td>苏 J09—2004</td></tr>
<tr><td>8</td><td>苏 G01—2003</td></tr>
</table>

任务二　确定框架结构单位工程施工部署及施工方案

☞ 任务提出

根据已知总二车间扩建厂房图纸（见附录一）、建设工程质量验收规范、强制性条文标准和现场场地条件编制施工部署及施工方案。

☞ 任务实施

(一) 施工部署

1. 企业方针、质量、安全指标

(1) 质量目标：精心组织，严格控制，确保质量。

(2) 安全指标：强化管理，安全第一，以人为本，确保施工全过程无任何安全事故。

(3) 环境目标：严格管理，保护环境，确保施工过程“水、气、声、渣”排放达标。

(4) 工期目标：详细计划，合理流水，加快施工节奏，确保按期向建设单位交付满意工程。

2. 施工准备

(1) 项目部组织机构（见图 4-8）。

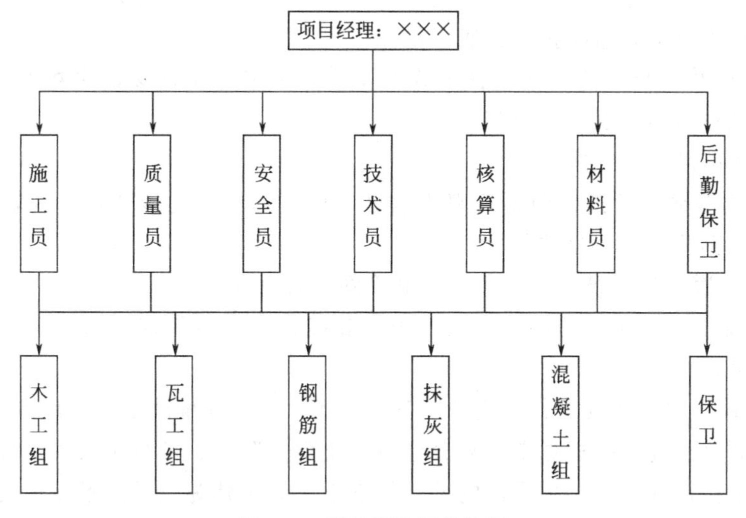

图 4-8　项目部组织机构图

(2) 主要管理人员部署（见表 4-8）。

(3) 施工准备。

1) 技术准备

① 熟悉和审查施工图纸：收拿到图纸后，仔细检查施工图纸是否完整和齐全，施工图纸设计内容是否符合工程施工规范。各技术人员抓紧熟悉图纸，检查施工图纸及各组成部分间有无矛盾和错误，如建筑图与其相关的结构图尺寸、标高、说明等方面是否一致等。通过图纸自审、互审和会审形成图纸会审纪要，掌握拟建工程的特性及应重点注意的问题，给工程的全面施工创造条件。

表 4-8 主要管理人员部署

序号	项目职务	姓　名	技术职称及执业证号
1	项目经理	×××	×××
2	项目工程师	×××	×××
3	专职质量员	×××	苏建质 D×××
4	施工员	×××	苏建施字×××号
5	材料员	×××	苏常建材字第×××号
6	安全员	×××	苏建安 C(×××)×××
7	造价员	×××	苏××D×××
8	取样员	×××	常取×××号

② 各项资料的调查分析：开工前，派有关管理人员对该地区周边的技术经济条件等进行调查分析，如三大材的价格、材料进场来源、交通资源、建筑协作单位的施工能力等。

③ 预算员作好施工预算及分部工程工料分析。主要构配件平均供应及加工计划，提出加工订货数量、规格及需用日期。

④ 按施工现场实际情况、以往施工经验及合同批准的施工组织设计，制定各部门的工程技术措施、技术方案，组织技术交底工作。

2）施工现场及生产准备　在工程正式开工前，完成施工现场的全场性前期准备工作，施工现场准备工作包括以下一些内容。

① 施工现场临时围墙的施工。

② 大型临时设施的建造。包括材料堆放区、施工通道，主楼通道、周转材料堆放，门卫，钢筋堆放，钢筋工棚，公共厕所。

③ 临时施工道路的浇筑，临时用水用电管网的布置和敷设。

④ 复核及保护好建设方提供的永久性坐标和高程，按照既定的永久性坐标定好施工现场的测量控制网。

⑤ 有计划地组织机构及材料、机械设备的进场，布置或堆放于指定地点。

（4）任务划分。施工时根据专业划分任务，土建、防水、部分装饰等工程分别由公司所属各专业队伍承担，在公司、项目部的统一管理下，以土建为主导，各专业之间做到相互协调、密切配合。

（5）施工组织计划。根据本工程特点，将本工程划为两个施工段。通过加强计划、合理组织，提高劳动效率，加快施工进度。

（二）施工方案

根据本工程特点和施工条件，划分为四个施工阶段，即基础阶段、主体阶段、屋面阶段和装修阶段。施工起点流向程序：遵循先地下后地上、先主体后围护、先结构后装潢、先土建后设备安装的原则进行施工。

1. 定位放线

（1）本工程定位放线根据建设单位提供的定位放线图和已知坐标控制点进行定位。建筑物四周设置轴线控制桩，水泥捂牢。

(2) 现场水准点由永久水准点引入，共设置三个水准点（通视须良好），水准点设置在固定建筑物上。

(3) 工程定位后，距基坑 1.5m 设置轴线桩，经建设单位和规划部门验收合格后方可施工。

(4) 基础施工阶段标高测量方法：在土方开挖期间，对于标高的测定，采用专人负责，在接近基底时，将标高点引到基坑内，作为基础施工阶段垫层浇筑、支基础模板的依据。

(5) 上部结构标高测法：±0.000 以上的标高测法，主要是用钢尺向上竖直测量，在四周共设四处引测点，以便于相互校验。施测要点包括：①起始标高线用水准仪根据水准点引测，必须保证精度；②由±0.000 水平线向上量高差时，钢尺必须是合格品；③观测时，采用等距离法。

2. 基础工程

施工顺序为：建筑定位→放线→开挖→（基坑支护）→垫层→墙基→GZ 及 DQL→回填土。

(1) 土方工程

1) 土方开挖

① 放坡系数为 1∶0.33。土方开挖阶段须考虑雨天对基础施工的影响。施工中防止地基暴露时间过长或地面水流入槽内，影响边坡塌方及地基持力层。

② 分两个施工段，采用人工开挖。在土方开挖过程中严格控制，不超深（预留 20cm 人工精修）、不欠挖。在槽外侧围以土堤并开挖水沟，防止地面水流入。基槽开挖完成后，按规定进行钎探，使基底标高和土质满足设计要求，做到及时验槽浇筑垫层混凝土。

2) 土方回填

① 回填土前应将基础两边基槽内和房心的垃圾、杂物清净，同时清出松散物，回填由基础底面开始。

② 回填土采用土质良好、无有机杂质的黏土，控制好回填土的含水量，以免产生“橡皮土”现象。

③ 土方回填时，两边同时分层回填，用蛙式打夯机分层压实（土块粒径不大于 5cm，每层厚度不大于 200mm），每层都按规定取样做干密度试验，以确保其密实度达到设计或施工质量验收规范的要求。

(2) 模板工程（垫层、构造柱、地圈梁）：基础模板采用定型组合木模板（垫层采用组合钢模板），模板对缝严密，无漏浆，支撑应牢固，无松动、位移、跑模现象。

(3) 钢筋工程（构造柱、地圈梁）

1) 本工程所用钢筋均由项目部技术员开出规格。必须经复核无误后方可加工制作。

2) 所有进场钢筋必须有出厂合格证且经复试合格后方可使用。

3) 进场钢筋要合理计划，存放期不宜过长，且应架空有序堆放，防止锈蚀。

4) 技术人员开出规格及班组施工绑扎时，必须注意满足规范及图纸中对接头位置、搭接及锚固长度等质量要求。

5) 构造柱伸入基础的插盘其下部应固定牢。

6) 钢筋绑扎时，钢筋保护层应采用 1∶2 水泥砂浆（或 C20 细石混凝土）预制块支垫，严禁使用石子支垫钢筋。

7) 钢筋绑扎成型后，安排专人负责，做好成品保护。

8）钢筋隐蔽前必须经建设单位、质检部门、监理单位等检查验收，合格后方可浇筑混凝土。

（4）混凝土工程

1）混凝土由商品混凝土搅拌站供应，须有出厂合格证和复试合格报告（水泥、砂、碎石、外加剂等）。

2）混凝土宜分层连续浇筑完成，每浇筑完，表面原浆抹平。

3）用插入式振捣器应快插慢拔，插入点应均匀排列，逐点移动，顺序进行，不得遗漏，做到振捣密实，移动间距不大于振捣棒作用半径的1.5倍，振捣上一层时，应插入下层5cm，以消除两层间的接缝。

4）构造柱插筋要加以固定，保证插筋位置的正确，防止浇捣混凝土时发生位移。

5）混凝土浇筑完毕，外露表面应适时覆盖，洒水养护。

（5）砖基础工程

1）砖进场前应有出厂合格证，并经复试合格后方可进场交付使用。

2）所用砖必须提前1～2d浇水湿润，确保砌筑质量。

3）砌筑砂浆采用重量配合比，计量要准确，试块按规定留置，隔夜砂浆不得使用。

4）砌筑时采用“三一”砌砖法，组砌形式宜一顺一丁，要求双面挂线砌筑。

5）临时间断处应砌成斜槎，不得留直槎。

6）构造柱处宜砌筑成马牙槎，先退后进。退出尺寸为6cm，墙内应预埋2Φ6@500拉结筋，长度应符合规范要求。

7）水平灰缝及竖向灰缝的宽度应控制在10mm左右，最小不得小于8mm，最大不得超过12mm，水平灰缝的砂浆饱满度不得小于80%。

8）砖基础中的洞口，于砌筑时正确留出或预埋，洞宽度超过300mm时设置过梁。

9）砌基础时，应检查和注意基槽土质变化情况，有无崩裂现象；堆放材料应离坑边1m以上。

10）基础施工完毕，经有关部门验收合格后，应及时回填。回填土应在基础两侧同时进行并分层夯实。

3. 主体工程

施工工艺流程：技术交底→抄平放线→轴线复核→绑扎柱钢筋→钢筋验收→支柱模板→技术复核验收→浇捣柱混凝土→支梁底模→绑扎梁钢筋→支梁侧模→支现浇板模板→绑扎板钢筋→复核验收→浇捣梁板混凝土→养护→弹线复核→上层结构。

（1）模板工程：模板质量直接关系到混凝土观感质量的好坏，为了保证混凝土密实度及外观质量，计划在模板方面进行一定的投入，模板决定采用木模板，用钢管与方木做支撑。为了保证施工进度，模板总量按以满足进度需要为标准进行配置，周转使用（见图4-9）。

模板统一安排在木工间集中加工，按项目部提供的模板加工料单及时进行制作，复杂混凝土结构先做好配板设计，包括模板平面分块图、模板组装图、节点大样图等。制作完成后堆放整齐，随用随领。

1）柱模板：柱模按柱截面尺寸用九合板制作成定型模板，采用钢管扣件排架支撑。钢管立杆间距为1.0m，该支撑系统同时用作梁板支撑。

① 柱模板安装时，先弹出柱的中心线及四周边线。通排柱模板安装时，先将柱脚互相搭牢固定，再将两端柱模板找正吊直；固定后，拉通线校正中间各柱模板。开间较大部分各

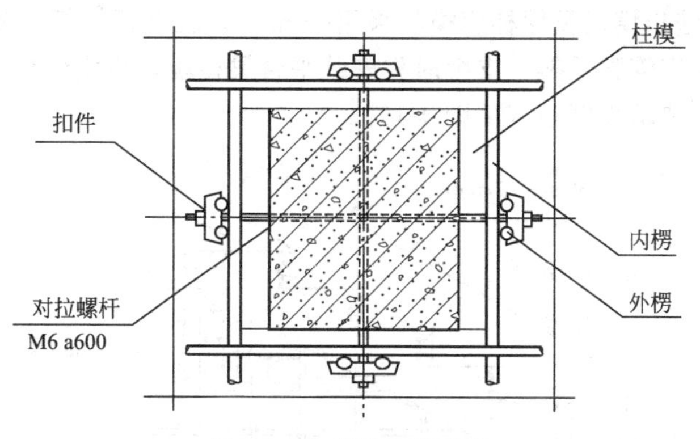

图 4-9 柱模板支撑系统

柱单独找正吊直，然后拉通线校正复核。各柱柱模板单独固定外还应加设剪力撑彼此拉牢，排架系统应设剪力撑，以加强整体稳定性，防止浇筑混凝土时产生偏斜。

② 对截面较大的柱，采用在柱截面中设对拉螺杆以增强刚度。

③ 为了及时清除柱脚杂物，在柱脚模板预留清扫口，在浇捣混凝土前封堵。

2）梁、板模板：采用 18 厚多层板，50mm×100mm 木方，支柱用 $\phi48$ 焊接钢管与扣件组成排架系统，支柱在高度方向设置纵、横水平拉杆和斜拉杆，水平拉杆离地面 500mm 处设一道，以上每 2m 设一道，立柱底部铺 5cm 厚垫板，同时上层支架的立柱应对准下层支架的立柱。另外下层楼板应具有承受上层荷载的承载能力或加设支架支撑（见图 4-10）。

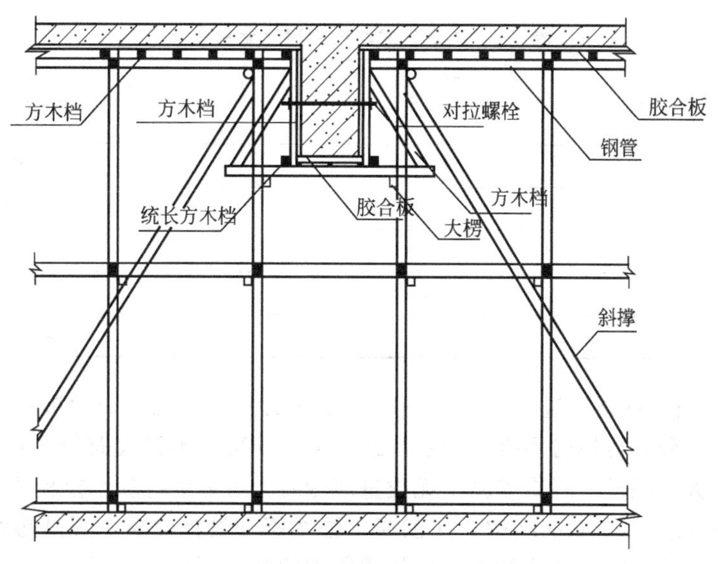

图 4-10 梁、板支模示意

① 对梁高在 70cm 以上的深梁模板支模，由于混凝土侧压力随高度的增加而加大，为防模板向外爆裂及中间膨胀，在梁侧中部设置通长模楞，采用二道对拉螺栓紧固。

② 施工中，模板受混凝土自重和施工荷载等外力作用会产生变形，支柱也会产生压缩变形和侧向弯曲变形，为了抵消这种情况产生的挠度，当梁、板跨度大于 4m 时，模板中部应起拱，起拱高度宜为全跨长度的 1‰～3‰。同时为了防止因模板起拱而减少梁的截面高度，采用梁端底模下降的办法。

3）楼梯模板：踏步模板及楼梯底模板采用15mm厚胶合板模板，50mm×100mm木方背楞，支撑时先采用钢管脚手架。支模时先安装平台梁模板，再安装楼梯底模，然后安装楼梯外侧模板，最后安装踏步模板（见图4-11）。

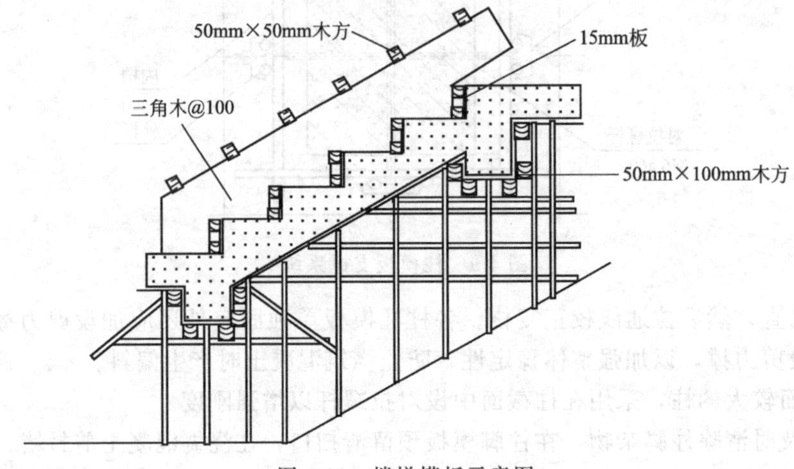

图4-11 楼梯模板示意图

模板均涂刷水质脱模剂，在涂刷脱模剂前必须将模板清扫干净。墙体模板下端、门洞口模板两面均贴海绵条以防跑浆。

4）模板拆除时间。

① 按规范要求留设同条件养护试块，经试压后决定拆模时间（见表4-9）。

表4-9 底模拆除时的混凝土强度要求

结构件	跨度/m	混凝土设计强度百分率/%
板	$L\leqslant 2$	≥50
	$2<L\leqslant 8$	≥75
	$L>8$	≥100
梁	$L\leqslant 8$	≥75
	$L>8$	≥100
挑梁板	—	≥100

② 拆模时，按合理顺序进行拆除，一般按后支的先拆，先支的后拆；先拆除非承重部分，后拆除承重部分。拆模时不得强力震动或硬撬、硬砸，不得大面积同时撬落或拉倒，对重要承重部位应拆除侧模，检查混凝土无质量问题后方可继续拆除承重模板。

③ 已拆除模板及其支架的结构，在混凝土强度符合设计混凝土强度等级后，方可承受全部使用荷载；当施工荷载产生的效应比使用荷载的效应更为不利时，先进行核算，加设临时支撑。

5）模板质量检查：模板工程安装完成后及时进行技术复核与分项工程质量检查，确保轴线、标高与截面尺寸准确。

① 要求模板及其支架必须具有足够的强度、刚度和稳定性。

② 模板接缝全部采用胶带纸粘贴。

③ 模板与混凝土的接触面清理干净并涂刷隔离剂。

④ 模板安装的允许偏差及检验方法（见表4-10）。

表 4-10　现浇结构模板安装的允许偏差及检验方法

项次	项　　目		允许偏差/mm	检验方法
1	轴线位移	基础	5	尺量检查
		柱、墙、梁	3	
2	标高		+2，-5	用水准仪或拉线和尺量检查
3	截面尺寸	基础	±10	尺量检查
		柱、墙、梁	+2，-5	
4	每层垂直度		3	用 2m 托线板检查
5	相邻两板表面高低差		2	用直尺和尺量检查
6	表面平整度		5	用 2m 靠尺和楔形塞尺检查
7	预埋钢板中心线位移		3	拉线和尺量检查
8	预埋管预留孔中心线位移		3	

(2) 钢筋制作：钢筋的质量优劣是直接影响结构的安全使用与使用寿命的重要环节，为了保证本工程的钢筋质量，钢材全部由知名钢材厂家直接供应。同时，钢材进场时，项目部质量员与材料员等对钢材严格按《钢筋混凝土用钢第 2 部分：热轧带肋钢筋》(GB 1499.2—2007) 和《钢筋混凝土用钢　第 1 部分：热轧光圆钢筋》(GB 1499.1—2008) 等规范进行外观质量、标志、出厂质量证明书等验收，并抽样进行力学验收，合格后方可进行加工。

① 为了确保工程质量，加强施工现场文明管理，钢筋统一由钢筋加工间集中制作，由项目部提供钢筋配料单，及时按要求加工。

② 钢筋在运输和储存时，不得损坏标志，并按批分别堆放整齐，避免锈蚀或油污。

③ 钢筋加工的形状、尺寸按设计要求，钢筋的表面要求洁净、无损伤，油渍、漆污和铁锈等在使用前清除干净。不使用带有颗粒状或片状老锈的钢筋。

④ 钢筋要求平直，无局部曲折。采用冷拉方法调直钢筋时，Ⅰ级钢筋的冷拉率控制在 4%以内。

⑤ Ⅰ级钢筋末端做 180°弯钩，其圆弧弯曲直径 D 不小于钢筋直径 d 的 2.5 倍，平直部分长度不宜小于钢筋直径 d 的 3 倍。Ⅲ级钢筋末端需做 90°弯折时，弯曲直径 D 不宜小于钢筋直径 d 的 4 倍。

⑥ 钢筋加工的允许偏差：受力钢筋顺长度方向全长的净尺寸不大于±10mm。钢筋制作完成后，按规格、使用部位堆放整齐。

1) 钢筋下料。钢筋因弯曲会使其长度发生变化，这一点在配料中值得注意，因此不能直接根据图纸中尺寸下料，必须了解对混凝土保护层、钢筋弯曲、弯钩等规定，再根据图中尺寸正确计算其下料长度。钢筋弯曲调整值：45°弯曲为 $0.5d$；90°弯曲为 $2d$；135°弯曲为 $2.5d$。钢筋弯钩增加长度一般是：半圆弯钩为 $6.25d$，直弯钩为 $3.5d$，斜弯钩为 $4.9d$，对弯钩增加长度尚要根据具体条件，并满足设计要求。

① 在配料计算时，钢筋配置的细节问题没有明确时，原则上按构造要求处理。

② 钢筋配料应坚持节约利用的原则，计算并填写配料单，下料制作依据配料单进行。

③ 配料时，尚要考虑施工需要的附加钢筋。

2) 成形加工。钢筋表面应洁净，油污、浮皮、铁锈等应在使用前清除干净，在焊接前，焊点处的铁锈应清除干净，除锈后留有麻点的钢筋不得随意使用。

① 钢筋切断断口规整，不得有马蹄形或端头弯曲等现象，钢筋切断长度要求正确，其

允许偏差为±10mm。

② 钢筋弯曲成形，Ⅰ级钢筋末端弯钩的圆弧弯曲直径不应小于 2.5d，平直部分长度按要求确定，不作要求时不宜小于 3d；Ⅲ级钢筋末端弯折时，弯曲直径不宜小于 4d，平直部分长度按要求确定，弯起钢筋中部弯折处的弯曲直径不宜小于 5d。

③ 梁、柱箍筋必须做 135°弯钩，弯钩平直段长度为 10d。

3）质量要求。

① 钢筋成形形状正确，平面上没有翘曲不平现象；

② 钢筋弯曲点处不允许有裂纹，为此，钢筋弯曲时要避免弯来弯去的现象；

③ 钢筋弯曲成形后的允许偏差：全长为±10mm，弯起钢筋起弯点后位移 20mm，弯起高度为±5mm，箍筋边长为±5mm。

（3）钢筋焊接：本工程中梁主筋接长采用闪光对焊，柱主筋接长采用电渣压力焊。

1）为了确保焊接质量，焊接严格按《钢筋焊接及验收规程》(JGJ 18—2012) 进行。钢筋焊接前，根据施工条件先进行试焊，合格后方可施焊。焊工必须具备焊工考试合格证，才能允许上岗操作。钢筋电渣压力焊接头焊接缺陷与防止措施见表 4-11。

表 4-11　钢筋电渣压力焊接头焊接缺陷与防止措施

项次	焊接缺陷	防止措施
1	轴线偏移	① 矫直钢筋端部 ② 正确安装夹具和钢筋 ③ 避免过大的挤压力 ④ 及时修理或更换夹具
2	弯折	① 矫直钢筋端部 ② 注意安装与扶持上钢筋 ③ 避免焊后过快卸夹具 ④ 修理或更换夹具
3	焊包薄而大	① 减低顶压速度 ② 减小焊接电流 ③ 减少焊接时间
4	咬边	① 减小焊接电流 ② 缩短焊接时间 ③ 注意上钳口的起始点，确保上钢筋挤压到位
5	未焊合	① 增大焊接电流 ② 避免焊接时间过短 ③ 检修夹具，确保上钢筋下送自如
6	焊包不匀	① 钢筋端面力求平整 ② 填装焊剂尽量均匀 ③ 延长焊接时间，适当增加熔化量
7	气孔	① 按规定要求烘焙焊剂 ② 清除钢筋焊接部位的铁锈 ③ 确保被焊处在焊剂中的埋入深度
8	烧伤	① 钢筋导电部位除净铁锈 ② 尽量夹紧钢筋
9	焊包下淌	① 彻底封堵焊剂罐的漏孔 ② 避免焊后过快回收焊剂

2）所有钢筋焊接后按现行规范规程规定的批数进行力学性能试验。要求试验报告必须在钢筋隐蔽工程验收前提交，以确保无不合格项目进入下道工序。

3）对焊焊接工艺：进行闪光对焊、电渣压力焊时，应随时观察电源电压的波动情况。对于闪光对焊，当电源电压下降大于5%、小于8%时，应采取提高焊接变压器级数的措施；当大于或等于8%时，不得进行焊接。对于电渣压力焊，当电源电压下降大于5%时，不宜进行焊接。

① 本工程采用对焊机容量为100kVA，对ϕ22以下钢筋可采用连续闪光焊；对ϕ25钢筋，钢筋表面较平整时，采用预热闪光焊；当钢筋端面不平整时，则采用“闪光—预热闪光焊”。

② 闪光对焊时，应选择调伸长度、烧化留量、顶锻留量以及变压器级数等焊接参数。闪光—预热闪光焊时的留量应包括：一次烧化留量、预热留量、二次烧化留量、有电顶锻留量和无电顶锻留量。

③ 焊接后及时进行外观检查和力学性能试验，外观检查要求：接头处弯折不大于4°；钢筋轴线位移不大于0.1d，且不大于2mm；无横向裂纹和烧伤，焊包均匀。

4）电渣压力焊焊接工艺：电渣压力焊适用于现浇混凝土结构中竖向钢筋的连接。其焊接工艺为：

① 焊接夹具的上下钳口夹紧于上、下钢筋上；钢筋一经夹紧，不得晃动。

② 引弧采用钢丝圈引弧法。

③ 引燃电弧后，先进行电弧过程，然后加快上钢筋下送速度，使钢筋端面与液态渣池接触，转变为电渣过程，最后在断电的同时，迅速下压上钢筋，挤出熔化金属和熔渣。

④ 接头焊毕，停歇后，回收焊剂和卸下焊接夹具，并敲去渣壳。

⑤ 焊接后逐个进行外观质量检查，要求：四周焊包应均匀，凸出钢筋表面的高度应大于或等于4mm；无裂纹及烧伤；接头处弯折不大于4°；钢筋轴线位移不大于0.1d，且不大于2mm。

5）电弧搭接焊焊接工艺：对部分钢筋，对焊有困难时，采用电弧搭接焊。其焊接工艺为：

① 焊接时尽量采用双面焊，如特殊情况不能进行双面焊时，采用单面焊。搭接长度按双面焊≥5d，单面焊≥10d。

② 搭接焊时，焊接端钢筋预弯，并使两钢筋的轴线在同一直线上。焊接前采用两点固定，定位焊缝与搭接端部的距离不小于20mm。

③ 焊缝厚度不小于主筋直径的0.3倍；焊缝宽度不小于主筋直径的0.7倍。电弧焊接头在清渣后逐个进行目测或量测，外观检查要求：焊缝表面应平整，不得有凹陷或焊瘤；焊接接头区域不得有裂纹；接头处弯折不大于4°；钢筋轴线偏移不大于0.1d，且不大于3mm；焊缝厚度偏差不大于（+0.05d、0）mm；焊缝宽度偏差不大于（+0.1d、0）mm；焊缝长度偏差不大于−0.5d；横向咬边深度不大于0.5mm；在长2d焊缝表面上的气孔及夹渣不多于2个，每处面积不大于6mm^2。

（4）钢筋绑扎：钢筋采用人工绑扎的方法，绑扎时分析受力情况，注意钢筋的位置与绑扎顺序。

1）钢筋绑扎要点：纵向受拉钢筋的最小锚固长度应满足《混凝土结构工程施工质量验收规范》（GB 50204—2015）P52页附录B表B.0.1中要求。

① 规格较小的圆钢采用绑扎接头，其中纵向受拉钢筋的最小搭接长度按：$L_1=1.2L_a$。

② 钢筋接头避开梁端、柱端的箍筋加密区。焊接接头及绑扎接头末端距钢筋弯折处不小于钢筋直径的10倍，且尽量不位于构件的最大弯矩处。

③ 接头尽量设置在受力较小部位，且在同一根钢筋全长上尽量少设接头。同一构件内的接头相互错开，焊接接头在35d且不小于500mm长度范围内，同一根钢筋不得有两个接头；在该区段内有接头的受力钢筋截面积占受力钢筋总截面积，在受拉区尽量不超过50%。

④ 受力钢筋的混凝土保护层，板按15mm；梁按25mm；柱按30mm，同时不小于受力钢筋直径；板中分布钢筋的保护层不小于10mm；梁、柱中箍筋和构造钢筋的保护层不小于15mm。

2）柱钢筋绑扎：按图纸要求箍筋的数量，将箍筋套在下层伸出的搭接筋上，将箍筋的接头（弯钩叠合处）交错布置在四角纵向钢筋上，然后立柱子钢筋。为利于上层柱的钢筋搭接，对下层柱的钢筋露出楼面部分，采用工具式柱箍将其收进一个柱筋直径。

① 柱接头采用电渣压力焊连接。

② 在立好的柱子钢筋上画出箍筋的位置，箍筋转角与纵向钢筋交叉点均应扎牢，箍筋平直部分与纵向钢筋交叉点可间隔扎牢，绑扎箍筋时绑扣相互间成八字形。

3）梁钢筋绑扎：钢筋在现场绑扎时，先决定合理的绑扎顺序，并确定支模和钢筋绑扎的先后顺序，对于较浅的梁（梁高450mm以内）可先支好侧模；而较深的梁则先绑扎钢筋，再支侧模。当绑扎形式复杂的结构部位时，应研究确定逐根钢筋穿插就位的顺序。

① 梁钢筋应放在柱的纵向钢筋内侧。箍筋的接头（弯钩叠合处）应交错布置在两根架立钢筋上。纵向受力钢筋采用双层排列时，两排钢筋之间应垫以ϕ25的短钢筋，以保持其设计距离。

② 板、次梁与主梁交叉处，板的钢筋在上，次梁的钢筋居中，主梁的钢筋在下。

4）板钢筋绑扎：先在模板上画好钢筋位置间距，按间距先摆放主筋，后放次筋。

① 单向板的钢筋网，除靠近外围两行钢筋的相交点全部扎牢外，在保证受力钢筋不产生位置偏移的情况下，中间部分交叉点可间隔交错扎牢，但双向受力的钢筋，必须全部扎牢。负钢筋全扣绑扎。

② 双层钢筋，两层间加设马凳。同时注意板上部的负筋，防止被踩下，特别是悬臂板，要严格控制负筋位置，以免拆模后断裂。

③ 梁、板钢筋绑扎时注意防止水、电管线安装时将钢筋抬起或压下，按照图纸要求对管线部位上方绑扎加强筋。

5）钢筋检查验收：钢筋绑扎完毕后，及时进行检查验收。

① 根据设计图纸检查钢筋的型号、直径、根数、间距、形状、尺寸是否正确，检查负筋的位置是否正确，钢筋弯钩朝向是否正确。

② 检查钢筋接头的位置及搭接长度、锚固长度是否符合规定。

③ 检查混凝土保护层是否符合要求。

④ 检查钢筋绑扎是否牢固，有无松动现象。要求绑扎缺扣、松扣的数量不超过应绑扣数量的10%，且不应集中。

⑤ 钢筋表面有无油渍、颗粒状（片状）铁锈。

⑥ 钢筋位置的允许偏差见表4-12，检验方法见《混凝土结构工程施工质量验收规范》（GB 50204—2015）第16页表5.5.2。

表 4-12　钢筋安装位置的允许偏差

项　目			允许偏差/mm
绑扎钢筋网	长、宽		±10
	网眼尺寸		±20
绑扎钢筋骨架	长		±10
	宽、高		±5
受力钢筋	间距		±10
	排距		±5
	保护层厚度	基础	±10
		柱、梁	±5
		板、墙	±3
绑扎箍筋、横向钢筋间距			±20
钢筋弯起点位置			20
预埋件	中心线位置		5

(5) 混凝土工程

1) 混凝土工程是现浇框架结构施工的重要部分，本工程采用商品混凝土，由商品混凝土搅拌站电脑计量、拌制、汽车运送至施工现场。

2) 浇混凝土前的准备工作：对已经全部安装完毕的模板、钢筋和预埋件、预埋管线、预留孔洞等进行检查和隐蔽验收。

① 浇筑混凝土所用的机具设备、脚手架等的布置及支搭情况经检查合格。

② 混凝土浇筑前，清理模内杂物、积水等，对木模板先进行浇水湿润。

3) 混凝土拌制：采用商品混凝土。

4) 混凝土运输：为了防止混凝土在运送过程中坍落度产生过大的变化，要求从搅拌起60min 内泵送完毕。

5) 混凝土浇筑。

① 柱的混凝土浇筑：

a. 柱浇筑前底部应先填以 5～10cm 厚与混凝土配合比相同的减半石子混凝土，柱混凝土分层振捣，每层厚度不大于 50cm。振捣时振捣棒不得触动钢筋和预埋件，除上面振捣外，下面要有人随时敲打模板。

b. 柱、墙留施工缝于梁下面 100mm 处。

② 梁、板混凝土浇筑：梁、板同时浇筑，浇筑方法是从一面开始往另一面用“赶浆法”，即先根据梁高分层浇筑成阶梯形，当达到板底位置时再与板的混凝土一起浇筑，随着阶梯形延长，梁、板混凝土浇筑连续向前推进。振捣时不得触动钢筋及预埋件。

a. 浇筑板的虚铺厚度应略大于板厚，用振捣器垂直浇筑方向来回振捣，振捣完毕后用长木抹子抹平。施工缝处，柱头里面及有预埋件及插筋处用木抹子找平。浇筑板混凝土时不允许用振捣棒铺摊混凝土。

b. 浇筑方向应沿着次梁方向浇筑楼板，本工程每层楼面原则上不留施工缝，如遇特殊情况，确需留置时应留置在次梁跨度的中间 1/3 范围内。施工缝的表面应与梁轴线或板面垂直，不得留斜槎。施工缝宜用木板或钢丝网挡牢。

c. 本工程不设留施工缝。

③ 楼梯混凝土浇筑：

a. 楼梯混凝土自下而上浇筑，先振实底板混凝土，达到踏步位置时再与踏步混凝土一起浇捣，不断连续向上推进，并随时用抹子将踏步上表面抹平。

b. 施工缝：楼梯混凝土宜连续浇筑完，多层楼梯的施工缝应留置在楼梯段 1/3 的部位，应与梯底板形成 90°。

④ 技术措施：本工程各层的层高较高，浇筑下料时，应防止混凝土离析，采用薄铁皮制作的串筒来控制混凝土自由下落的高度（高度控制为 2m）。混凝土振捣采用插入式振器，应分层振捣密实，在振捣上层时应插入下层混凝土 5cm 左右，并应在下层混凝土初凝前进行。混凝土振捣应顺序正确，避免出现漏振，过振现象。

⑤ 养护：混凝土浇筑完毕后，应在 12h 以内加以覆盖和浇水，浇水次数应能保持混凝土有足够的润湿状态，养护期为 14d，尤其是前三天养护特别重要。

⑥ 模板拆除必须按规范要求进行，如需提前进行必须报技术部门认可。

⑦ 雨期施工措施：对已振捣好的混凝土要及时用草包覆盖，预先考虑好在大雨情况下，施工缝的留设位置。

⑧ 成品保护措施：

a. 要保证钢筋和垫块位置正确，不得踩楼板、楼梯的负筋，不碰动预埋件和插筋。

b. 不用重物冲击模板，不在梁或楼梯踏步模板吊板上蹬踩，应搭设跳板，保护模板的牢固和严密。

c. 已浇筑楼板、楼梯踏步的上表面混凝土要加以保护，必须在混凝土强度达到 1.2MPa 以后，方准在面上进行操作和搭架立模。

⑨ 应注意的质量问题：

a. 蜂窝：原因是混凝土一次下料过厚，振捣不实或漏振；模板有缝隙致水泥浆流失；钢筋较密而混凝土坍落度过小或过大。

b. 露筋：原因是钢筋垫块位移、间距过大、漏放、钢筋紧贴模板造成露筋或梁、板底振捣不实而出现露筋。

c. 麻面：模板表面不光滑或模板湿润不够或拆模过早，构件表面混凝土易黏附在模板上造成脱皮麻面。

d. 孔洞：原因是在钢筋较密的部位混凝土被卡，未经振捣就继续浇筑上层混凝土。

e. 缝隙及夹层：施工缝杂物清理不干净或未套浆等原因造成缝隙、夹层。

f. 梁柱结点处断面尺寸偏差过大：主要原因是柱接头模板刚度太差。

g. 现浇楼板和楼梯上表面平整度偏差太大：主要原因是混凝土浇筑后表面未认真用抹子抹平。

⑩ 施工缝留置与处理：施工缝位置留置在结构受剪力较小且便于施工的部位，混凝土柱、墙施工缝留置在梁底标高以下 20～30mm 处。同一施工段内平面结构一般不再设施工缝，要求一次浇毕。同时浇捣楼板时顺着次梁方向进行。

a. 如特殊情况必须设置施工缝，按现行规范《混凝土结构工程施工质量验收规范》(GB 50204—2015) 规定位置设置，并经项目经理、技术负责人同意，留置位置按单向板时，留置在平行于板的短边位置或与受力主筋垂直方向的跨度的 1/3 处；有主次梁的楼板，留置在次梁跨度的中间 1/3 范围内；双向板及其他复杂结构按设计要求留置。

b. 施工缝的处理：在施工缝处继续浇筑混凝土时，已浇筑混凝土的抗压强度不得小于 $1.2N/mm^2$，同时采用以下方法。

(a) 清除混凝土表面的垃圾、水泥薄膜、松动的石子和软弱混凝土层，加以凿毛，用清水冲洗干净并充分湿润，之后清除表面积水。

(b) 在浇筑混凝土前，施工缝处先铺一层 2～3cm 厚的水泥浆或同强度等级水泥砂浆，使其黏结牢固。

(c) 混凝土应细致捣实，使新旧混凝土紧密结合。

(d) 应注意不使振捣器触及接触处的钢筋及已硬化的混凝土。

⑪ 混凝土养护：为了使混凝土有适宜的硬化条件，保证混凝土在规定龄期内达到设计强度，防止混凝土产生收缩裂缝，在混凝土浇筑完毕终凝后，及时进行浇水养护，浇水次数以保持使混凝土处于润湿状态为准。养护时间为 14 昼夜。夏季高温时采用草包覆盖洒水养护等方法。在已浇筑的混凝土强度未达 $1.2N/mm^2$ 前，不允许在其上踩踏或安装模板及支架。

⑫ 混凝土质量检查：混凝土浇筑完成后，及时对混凝土表面进行外观质量与允许偏差项目检查，在外观上检查有无麻面、露筋、裂缝、蜂窝、孔洞等缺陷。万一有局部缺陷时，经监理认可后，严格按现行规范进行修整。现浇混凝土结构的允许偏差及检验方法如表 4-13 所示。

表 4-13 现浇混凝土结构的允许偏差及检验方法

项次	项目		允许偏差/mm	检验方法
1	轴线位移	基础	15	尽量检查
		柱、墙、梁	5	
2	标高	层高	±5	用水准仪或尺量检查
		全高	±30	
3	截面尺寸	基础	+15,−10	尺量检查
		柱、墙、梁	±5	
4	柱、墙垂直度	每层	5	用 2m 托线板检查
		全高	H/1000	用经纬仪或吊线和尺量检查
5	表面平整度		8	用 2m 靠尺和楔形塞尺检查
6	预埋钢板中心线位置偏移		10	尺量检查
7	预埋管、预留孔中心线位置偏移		5	
8	预埋螺栓中心线位置偏移		5	
9	预留洞中心线位置偏移		15	

注：H 为建筑物全高。

任务三 绘制框架结构单位工程施工平面图

☞ 任务提出

根据已知总二车间扩建厂房图纸（见附录一）、建设工程质量验收规范、强制性条文标准和现场场地条件编制施工部署及施工方案。

☞ 任务实施

1. 基础施工平面布置图（见图 4-12）

2. 主体施工平面布置图（见图 4-13）

3. 装修施工平面布置图（见图 4-14）

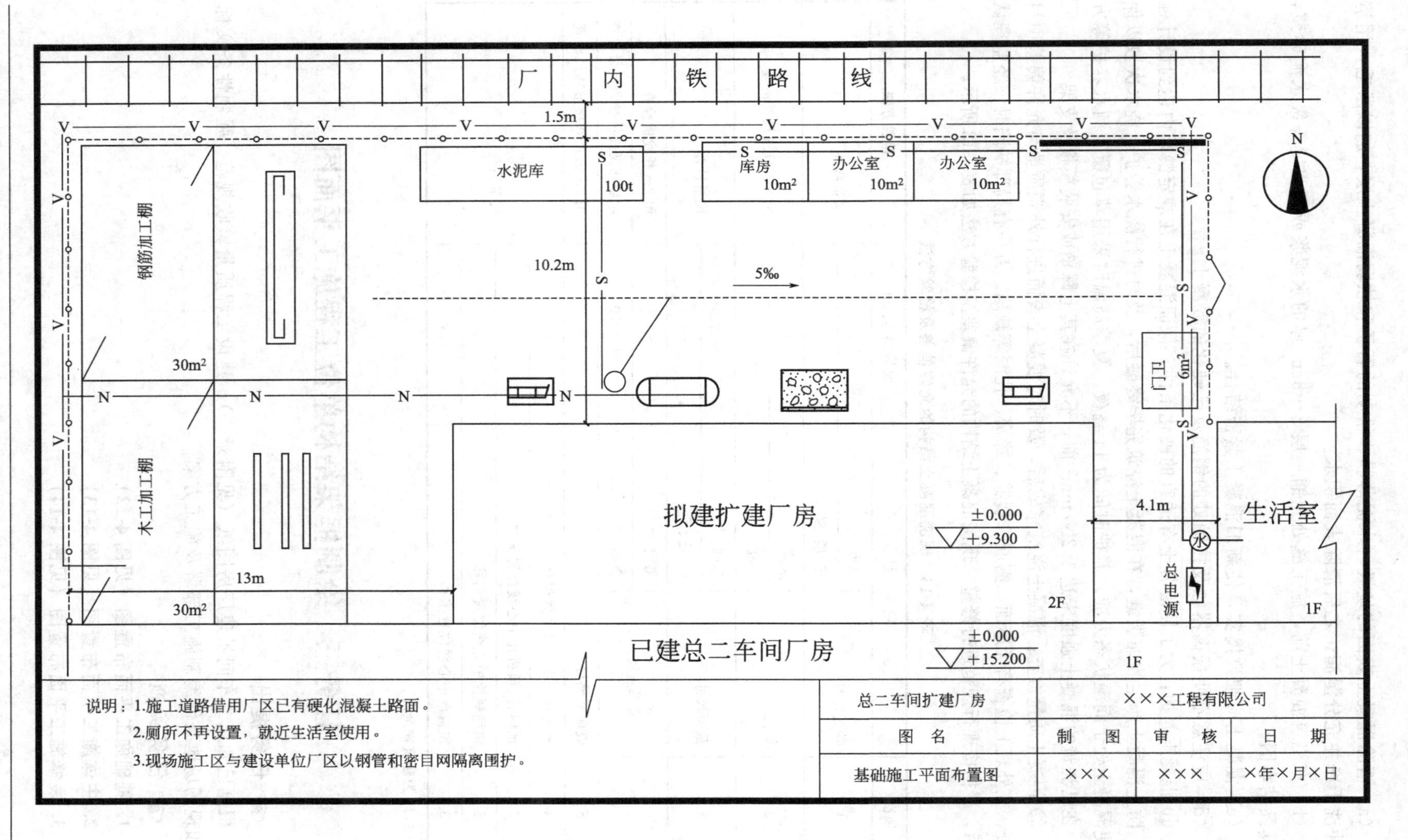

图 4-12 基础施工平面布置图

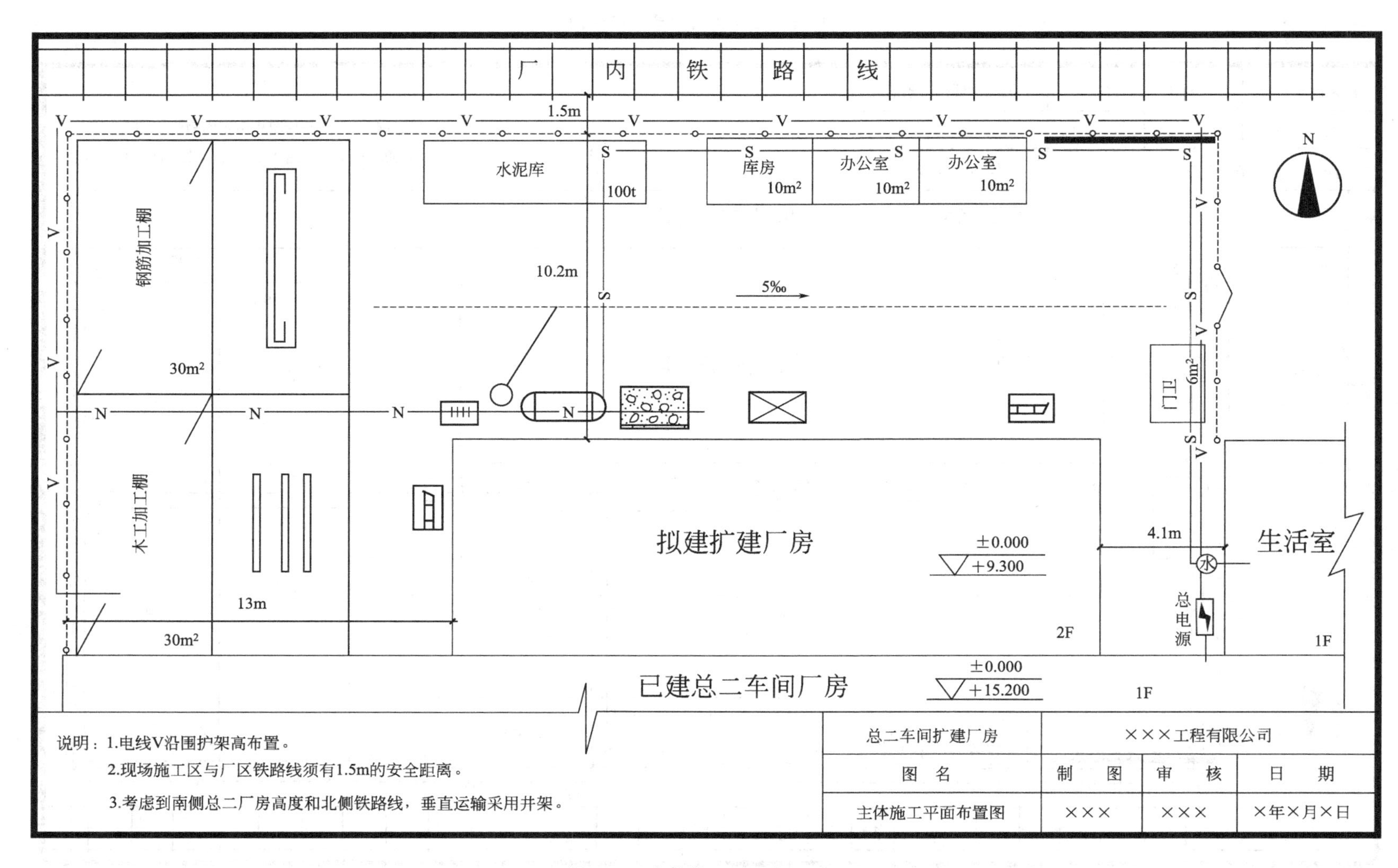

图 4-13　主体施工平面布置图

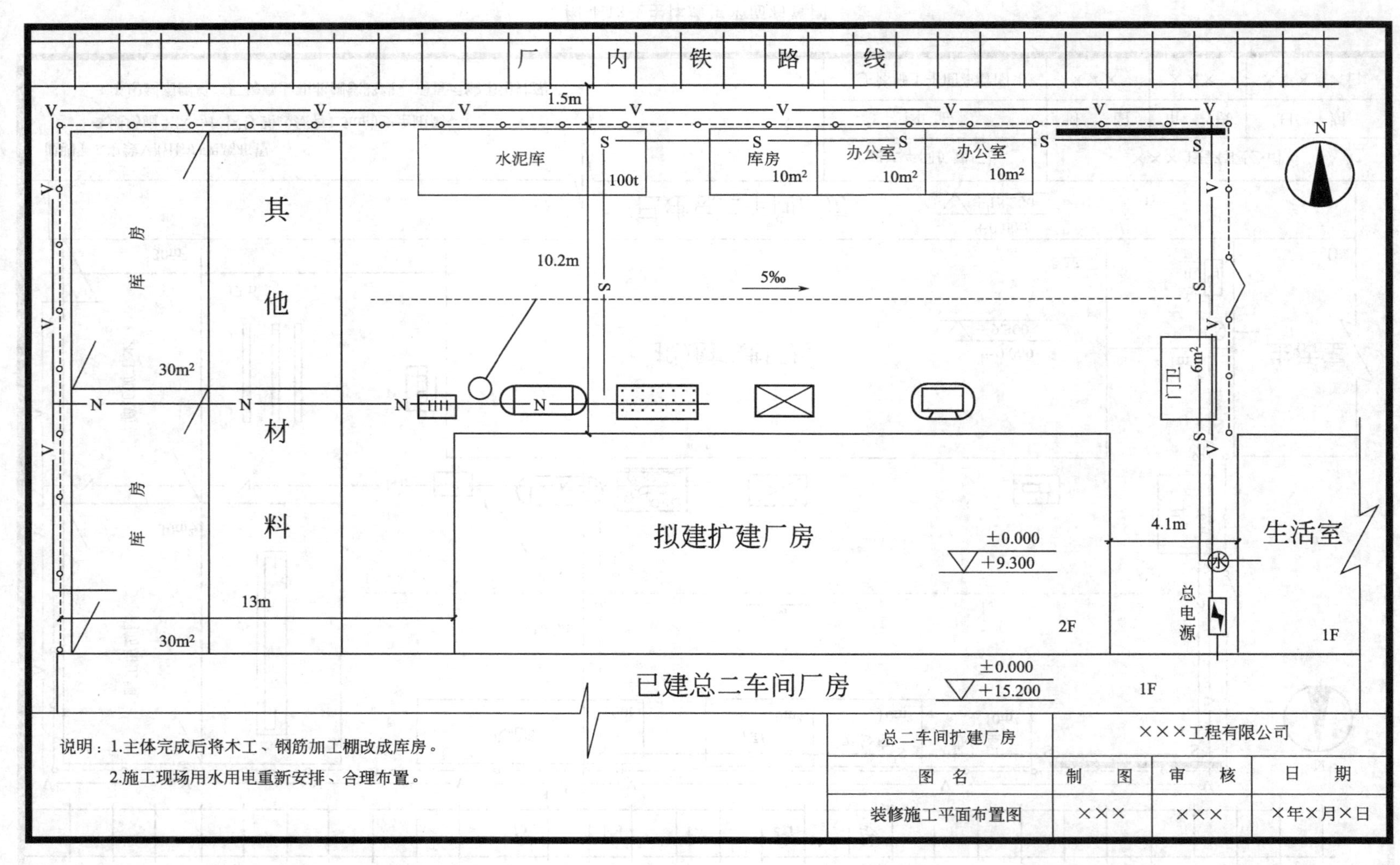

图 4-14 装修施工平面布置图

任务四　制定框架结构单位工程施工技术组织措施

☞ 任务提出

根据已知总二车间扩建厂房图纸（见附录一）。

☞ 任务实施

（一）保证工程质量的措施

（1）本工程的质量管理目标为：合格工程。

（2）保证工程质量的管理措施

1）为了达到本工程的质量目标，成立由工程项目经理为首的质量管理组织机构，并由项目经理具体负责，由项目施工工长、专职材料员、专职质量员、施工班组等各有关方面负责人参加，以此作为本工程质量的组织保证。项目质量保证体系如图 4-15 所示。

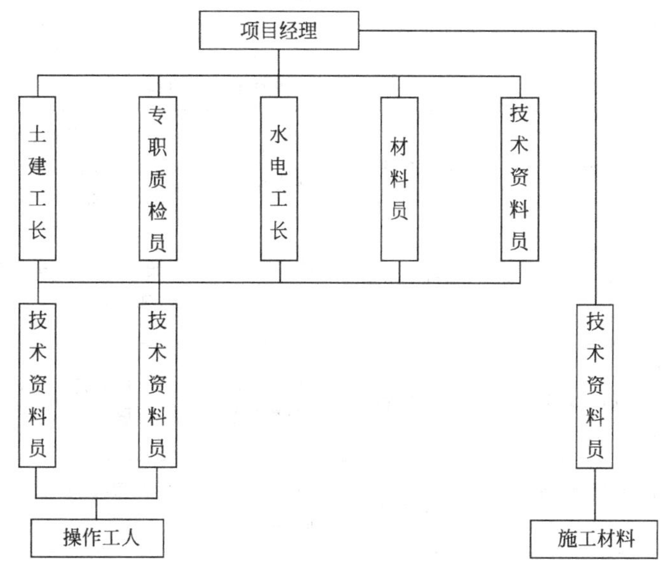

图 4-15　项目质量保证体系

2）在本工程中推选全面质量管理（TQC），即全员、全工地、全过程的管理。在施工中组织 QC 小组活动，按照 PDCA 循环的程序，在动态中进行质量控制。

3）在公司现有质量管理文件的基础上，针对本工程的具体情况，制定适合本工程的管理人员质量职责和质量责任制度，以明确各施工人员的质量职责，做到职责分明，奖罚有道。

4）为保证工程质量，对过程实行严格控制是本工程的关键措施。对原材料质量、各施工顺序的过程质量，除了严格按本工程施工组织设计中施工要点和施工注意事项执行外，还将严格按 ISO9000 质量管理体系的主要文件、本公司《质量保证手册》、《质量体系管理程序文件》以及按照工程特点制订的《质量计划》对施工全过程进行控制。关键工序、特殊工序具体见表 4-14。

（3）建立健全完整的质量监控体系

1）质量监控是确保质量管理措施、技术措施落实的重要手段。本工程采用小组自控、项目检控、公司监控的三级网络监控体系。监控的手段采用自检、互检、交接检的三级检查制度，严格把好工程质量关。本工程质量控制要点一览表见表 4-15。

表 4-14　关键工序、特殊工序和控制人一览表

序号	关键工序名称	控制人	序号	特殊工序名称	控制人
1	闪光对焊	施工工长	1	电　焊	工长、技术员
2	电渣压力焊	工长、技术员	2	涂料防水	工长、技术员
3	多孔砖施工	施工工长	注：针对本工程特殊工序、关键工序，本项目部将对其从人、机、物、料、法五个环节进行施工能力评估，并设立质量管理点		
4	混凝土施工	施工工长			
5	屋面防水	工长、技术员			

表 4-15　工程质量控制要点一览表

控制环节		控制要点		主要控制人	参与控制人	主要控制内容	质控依据
一	设计交底与图纸会审	1	图纸文件会审	项目工程师	施工工长 钢筋翻样	图纸资料是否齐全	施工图及设计文件
		2	设计交底会议	项目工程师	施工工长 钢筋翻样	了解设计意图，提出问题	施工图及设计文件
		3	图纸会审	项目工程师	施工工长 钢筋翻样	图纸的完整性、准确性、合法性、可行性进行图纸会审	施工图及设计文件
二	制定施工工艺文件	4	施工组织设计	项目工程师	施工工长 项目质量员	施工组织、施工部署、施工方法	规范、施工图、标准及 ISO9000 质量体系
		5	施工方案	项目工程师	施工工长 项目质量员	施工工艺、施工方法、质量要求	规范、施工图、标准及 ISO9000 质量体系
三	材料机具准备	6	材料设备需用计划	项目经理	项目材料员 项目机管员	组织落实材料、设备及时进场	材料预算
四	技术交底	7	技术交底	项目工程师	项目工长	组织关键工序交底	施工图、规范、质量评定标准
五	材料检验	8	材料检验	项目工程师	项目材料员 项目资料员	砂石检验，水泥钢材复试，试块试压等	规范、质检标准
六	材料	9	材料进场计划	项目工长	项目材料员	编写材料供应计划	材料预算
		10	材料试验	项目取样员	项目材料员	进场原材料取样	规范标准
		11	材料保管	项目材料员	各班组班长	分类堆放、建立账卡	材料供应计划
		12	材料发放	项目材料员	各班组班长	核对名称规格型号材质	限额领料卡
七	人员资格审查	13	特殊工种上岗	公司工程科	项目资料员	审查各特殊工种上岗证	操作规范、规程
		14	管理人员上岗	项目经理	公司办公室	组建项目部管理班子	施工规范、规程

续表

控制环节		控制要点		主要控制人	参与控制人	主要控制内容	质控依据
八	开工报告	15	确认施工条件	项目经理	项目工程师	材料、设备进场	施工准备工作计划
九	轴线标高	16	基础楼层轴线标高	项目工程师	施工工长 项目质量员	轴线标高引测	图纸、规程
十	设计变更	17	设计变更	项目工程师	施工工长 项目资料员	工艺审查、理论验算	图纸、规程
十一	基础工程施工	18	基础验槽	项目工长	项目工程师	地质情况、钎探、基槽尺寸	图纸、规程
		19	砖基础	项目工长	项目质量员	规格、品种、砂浆饱满度、基础平整度、垂直度	图纸、规程、施工组织设计
		20	钢筋制作绑扎	项目工程师 项目工长	项目质量员	规格、品种尺寸、焊接质量	图纸、规程、施工组织设计
		21	基础模板	项目工程师 项目工长	项目质量员 木工翻样	几何尺寸位置正确、稳定	施工组织设计
		22	混凝土施工	项目工程师 项目工长	项目质量员	混凝土配合比、施工缝留设	施工组织设计
十二	主体工程施工	23	砖砌体工程	项目工程师 项目工长	项目质量员	规格、品种、砂浆饱满度、墙体平整度、垂直度	图纸、规程、施工组织设计
		24	模板工程	项目工程师 项目工长	项目质量员 木工翻样	编制支模方法和组织实施	规范、施工组织设计
		25	钢筋工程	项目工程师 项目工长	项目质量员 钢筋翻样	规格、品种尺寸、焊接质量	图纸、规范、施工组织设计
		26	混凝土工程	项目工程师 项目工长	项目质量员	准确解决技术问题	验收规范、施工组织设计
十三	地面装饰屋面门窗工程	27	地面工程	项目工程师 项目工长	项目质量员 项目材料员	编制施工工艺	图纸、规范、施工组织设计
		28	屋面工程	项目工程师 项目工长	项目质量员 项目材料员	防水层的施工工艺	图纸、规范、施工组织设计
		29	外墙面	项目工程师项目工长	项目质量员项目材料员	样板处细部做法观感质量	图纸、规范、施工组织设计
		30	门窗工程	项目工程师 项目工长	项目质量员项目材料员	安装质量	图纸、规范、施工组织设计
十四	隐蔽工程	31	分部分项工程	项目工程师	项目工长	监督实施	图纸、规范

续表

控制环节		控制要点		主要控制人	参与控制人	主要控制内容	质控依据
十五	水电安装	32	略	项目工程师	施工工长 项目质量员	略	略
十六	质量评定	33	分部分项、单位工程	项目工程师	施工工长 项目质量员	实施监督评定	评定标准
十七	工程验收交工	34	验收报告资料整理	项目工程师	项目资料员	编制验收报告、审核交工验收资料的准确性	验收标准
		35	办理交工	项目经理	项目工程师	组织验收	施工图、上级文件
十八	用户回访	36	质量回访	项目工程师	施工工长 项目质量员	了解用户意见和建议，落实整改措施	国家文件规定

2）按照ISO9000《质量体系控制程序文件》中的《采购》《检验和状态》的原则，在材料进场和使用过程中着重把好如下几道关：

① 进场验收：必须由材料员、项目质量员对所有进场材料的型号、规格、数量外观质量以及质量保证资料进行检查，并按规定抽取样品送检。原材料只有在检验合格后由建设（监理）单位代表批准后方可用于工程上。

② 材料进场后要按指定地点堆放整齐，标识、标牌齐全，对材料的规格、型号以及质量检验状态标注清楚。

3）分项工程及工序间的检查与验收：分项工程的每一道工序完成之后，先由班组长及班组兼职质检员进行自检，并填写自检质量评定表，由项目专职质量员组织班组长对其进行复核。

4）隐蔽工程验收：当每进行一道工序需要对上一道工序进行隐蔽时，由项目工程师负责在班组自检和项目质量员复检的基础上填写隐蔽工程验收单，报请业主代表对其进行验收，只有在业主代表验收通过并在隐蔽工程验收单上签字认可后方可进行下道工序的施工。

5）分部工程的验收：当某分部完工后，由项目工程师组织，项目专职质量员、工长参加，对该分部进行内部检查，并填写分部工程质量评定表报公司工程科，由公司工程科组织对其进行质量核定。

6）工程验收：除项目部和公司科室对项目进行质量监控外，工程在基础分部、主体分部、屋面分部和总体竣工验收等重要环节，由项目经理、公司总工组织，由建设单位、设计单位、质监站等单位参加，根据项目的自评和公司的复核情况，对工程的分部质量进行检查核定。本工程的验收计划如表4-16所示。

表4-16　工程的验收计划

序号	隐蔽工程项目	项目组织人	外部参加单位	计划验收时间
1	基坑验槽	项目工程师	设计单位、业主代表、监理代表	根据网络计划图
2	基础钢筋	项目工程师	业主监理代表	根据网络计划图

续表

序号	隐蔽工程项目	项目组织人	外部参加单位	计划验收时间
3	基础工程	项目经理	业主监理代表、质监站、设计院	根据网络计划图
4	主体结构钢筋	项目工程师	业主监理代表	根据网络计划图
5	主体结构	项目经理	业主监理代表、质监站、设计院	根据网络计划图
6	屋面找平	项目工程师	业主监理代表	根据网络计划图
7	屋面防水	项目经理	业主监理代表、质监站	根据网络计划图
8	预埋铁件、预留洞	工长、质量员	业主监理代表	根据网络计划图
9	工程竣工初步验收	项目经理项目工程师	业主监理代表、质监站、设计院	根据网络计划图
10	工程竣工验收	项目经理项目工程师	业主监理代表、质监站、设计院、公司总工程师	根据网络计划图

（二）工程质量的技术措施

1. 一般规定

（1）所有工程材料进场都必须具有质保书，对水泥、钢材、防水材料均应按规定取样复试，合格后方可使用。材料采购先由技术部门提出质量要求交材料部门，采购中坚持“质量第一”的原则，同种材料以质量优者为选择先决条件，其次才考虑价格因素。

（2）对由甲方提供的各项工程材料，我方同样根据图纸和规范要求向甲方提供材料技术质量要求指标，对进场材料组织验收，符合有关规定后方可采用。

（3）对所进材料要提前进场，确保先复试后使用，严禁未经复试的材料、质量不明确的材料用到工程中去。

（4）模板质量是保证混凝土质量的重要基础，必须严格控制。

1）所采用的模板质量必须符合相应的质量要求，旧模板使用前一定要认真整理，去除砂浆、残余混凝土，并堆放整齐。

2）模板应注意配套使用，不同规格模板合理结合，以保证构件的几何尺寸的正确。

（5）做好工程技术资料的收集与整理工作。按照国家质量验收评定标准以及质监站对工程资料的具体规定执行。根据工程进展情况，做到及时、真实、齐全，本工程资料由项目资料员专门负责收集与整理。

2. 主要质量通病的防治（见表4-17）

表4-17　主要质量通病的防治措施

部位	质量通病	防治措施
基础工程	轴线偏移较大	① 严格对照测量方案，严把测量质量关。 ② 用J-2光学经纬仪，并用盘左盘右法提高测角精度。 ③ 用精密量距法提高主控轴线方格网精度。 ④ 切实保护主控点不受扰动
	基底持力层受扰	① 严格进行浇垫层前隐蔽验收土质。 ② 预留挖土厚度，浇混凝土前清底。 ③ 及时抽降坑内积水。 ④ 认真处理异常土质

续表

部位	质量通病	防治措施
主体工程	轴线偏移较大	① 对照测量方案，严把测量质量关。 ② 及时将下部轴线引到柱上，并复核好。 ③ 对柱、预留孔洞均实施轴线控制，按墨斗线施工。 ④ 严控柱垂直度和主筋保护层，防止纵筋位移
	结构混凝土裂缝	① 加强商品混凝土质量控制，提供混凝土性能，满足设计和施工现场要求。 ② 切实防止混凝土施工冷缝产生。 ③ 严格控制结构钢筋位置和保护层偏差。 ④ 做好混凝土二次振捣和表面收紧压实，及时进行有效覆盖养护。 ⑤ 严格控制施工堆载，严禁冲击荷载损伤结构。 ⑥ 严格按《混凝土结构工程施工质量验收规范》(GB 50204—2015)规范进行拆模，当施工效应比使用荷载效应更为不利时，进行核对，采取临时支撑
	结构梁视觉下挠	① 主次梁支模时均应按规范保持施工起拱。 ② 仔细检查梁底起拱标高数据
屋面工程	防水渗漏	① 及时检查混凝土结构有无，修好全部空洞、露筋、裂缝，达到蓄水无渗漏。 ② 做好防水各道工序，保施工质量，其是节点质量。 ③ 做好各道工序成品保护。 ④ 做好落水斗等部位的细部处理
门窗工程	门窗四周渗水	① 处理好节点防水设计。 ② 窗四周应先打发泡剂后做粉刷面层，提高嵌缝质量。 ③ 严格控制窗四周打胶质量
装饰工程	粉刷和地面脱壳、开裂	① 严格进行基层处理验收制度，包括清理、毛化、湿润。 ② 控制首层粉刷厚度，不得超过 10mm。 ③ 严格控制黄砂细度模数，严禁用细砂粉刷。 ④ 加强施工后养护和成品保护
水电安装工程	略	略

（三）夏、雨季施工技术措施

1. 雨季施工

（1）现场应存放一定数量的草包，以作覆盖用。

（2）混凝土浇捣时，必须事先密切注意天气预报，尽可能避开雨天，若不得已情况，必须及时做好防雨措施。对于来不及覆盖而经雨淋的混凝土应及时覆盖，雨停后再用同配合比细砂浆结面。

（3）基坑开挖时应设一定数量的水泵，及时抽水排出场外至厂区下水道内。

（4）基坑施工时应及时挖好，并及时浇筑垫层。如不能及时浇筑垫层时，应留置 20cm 土层不挖。

2. 夏季施工

（1）夏季施工应加强对混凝土的养护，应由专人负责浇水。

（2）对砖要隔夜浇水湿润，已完成的砖砌体和混凝土结构应加强浇水养护。

（3）夏季施工作业时，作业班组尽量避开烈日当空酷暑的条件下进行施工，宜安排早晚或晚间气候条件较适宜的情况下施工。

（四）保证工程施工安全的措施

1. 安全管理目标

实行现场标准化管理、实现安全无事故。

2. 确保施工安全的管理措施

（1）建立健全施工现场安全管理体系（见图4-16），在项目经理的领导下，各有关管理人员参加安全管理保证体系，现场设专职安全员一名，负责监督施工现场和施工过程中的安全，发现安全问题及时处理解决，杜绝各种隐患。

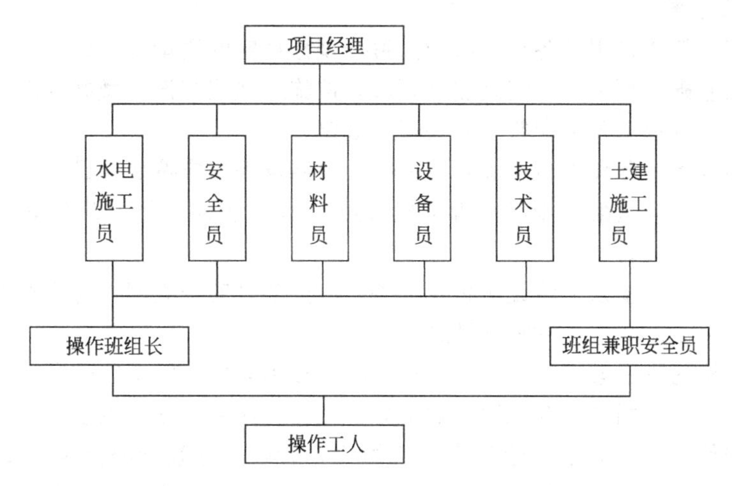

图4-16　施工现场安全管理体系图

（2）本着抓生产就必须先抓安全的原则，由项目经理主持制定本项目管理人员的安全责任制度和项目安全管理奖罚措施，张挂到工地会议室，同时发放到每一个管理人员和操作工人。

（3）由项目经理负责组织安全员、工长和班组长每天进行一次安全大检查，每天由专职安全员带领现场架子工持续对工地进行巡回检查，对不合格的安全设施、违章指挥的管理人员、违章操作的工人等由安全员及时发出书面整改通知，并落实到责任人，由安全员监督整改。

（4）由项目安全员负责，对每一个新进场的操作工人进行安全教育，并作好安全交底记录，由安全员负责按规定收集整理好项目的安全管理资料。

3. 确保施工安全的技术措施

（1）严格执行公司制定的安全管理方法，加强检查监督。

（2）施工前，应逐级做好安全技术交底，检查安全防护措施。

（3）立体交叉作业时，不得在同一垂直方向上下操作。如必须上下同时进行工作时，应设专用的防护栅或隔离措施。

（4）高处作业的走道、通道板和登高用具，应随时清扫干净，废料与余料应集中并及时清。

（5）遇有台风暴雨后，应及时采取加设防滑条等措施。并对安全设施与现场设备逐一检查，发现异常情况时，立即采取措施。

4. 高空作业劳动保护

(1) 从事高处作业的职工，必须经过专门安全技术教育和体检检查，合格才能上岗。凡患有高血压、心脏病、癫痫病、眩晕病等不适宜高处作业的人，禁止从事高处作业。

(2) 从事高处作业的人员，必须按照作业性质和等级，按规定配备个人防护用品，并正确使用。

(3) 在夏季施工时须采取降温与预防中暑的措施。

5. 基槽边坡安全防护

(1) 基槽四周设置钢管栏杆，并设置醒目标志。

(2) 土方堆放必须离开坑边 1m，堆高不超过 1.5m。

6. 脚手架安全要求

(1) 搭设脚手架所采用的各种材料均需符合规范规定的质量要求。

(2) 脚手架基础必须牢固，满足载荷要求，按施工规范搭设，做好排水措施。

(3) 脚手架搭设技术要求应符合有关规范规定。

(4) 必须高度重视各种构造措施：剪刀撑、拉结点等均应按要求设置。

(5) 水平封闭：应从第二步起，脚手架每隔 10m 均满铺竹笆，并在里立杆与墙面之间每隔一步铺设通长木板。

(6) 垂直封闭：二步以上除设防护栏杆外，应全部设安全立网；脚手架搭设应高于建筑物顶端或操作面 1.5m 以上，并加设围护。

(7) 搭设完毕的脚手架上的钢管、扣件、脚手板和连接点等不得随意拆除。施工中必要时，必须经工地负责人同意，并采取有效措施，工序完成后，立即恢复。

(8) 脚手架使用前，应由工地负责人组织检查验收，验收合格并填写交验单后方可使用，在施工过程中应有专人管理、检查和保修，并定期进行沉降观察，发现异常应采取加固措施。

(9) 脚手架拆除时，应先检查与建筑物连接情况，并将脚手架上的存留材料、杂物等清除干净，自上而下，按先装后拆、后装先拆的顺序进行；拆除的材料应统一向下传递或吊运到地面，一步一清。严禁采用踏步拆法，严禁向下抛掷或用推（拉）倒的方法拆除。

(10) 搭拆脚手架，应设置警戒区，并派专人警戒。遇有六级以上大风和恶劣气候，应停止脚手架搭拆工作。

7. 防火和防雷设施

(1) 建立防火责任制，将消防工作纳入施工管理计划。工地负责人向职工进行安全教育的同时，应进行防火教育。定期开展防火检查，发现火险隐患及时整改。

(2) 严禁在建筑脚手架上吸烟或堆放易燃物品。

(3) 在脚手架上进行焊接或切割作业时，氧气瓶和乙炔发生器放置在建筑物内，不得人在走道或脚手架上。同时，应先将下面的可燃物移走或采用非燃烧材料的隔板遮盖，配备灭火器材，焊接完成后，及时清理灭绝火种，没有防火措施，不得在脚手架上焊接或切割作业。

(五) 降低工程成本的措施

(1) 提高机械设备利用率，降低机械费用开支，管好施工机械，提高其完好率、利用率，充分发挥其效能，不但可以加快工程进度，完成更多的工作量，而且可以减少劳动量，从而降低工程成本。

(2) 节约材料消耗，从材料的采购、运输、使用以及竣工后的回收环节，认真采取措施，同时要不断地改进施工技术，加强材料管理，制定合理的材料消耗定额，有计划、合理地、积极地进行材料的综合利用和修旧利废，这样就能从材料的采购、运输、使用三个环节上节约材料的消耗。

(3) 钢筋集中下料，降低钢材损耗率，合理利用钢筋。钢筋竖向接头采用电渣压力埋弧焊连接技术，以节约钢材。

(4) 砌筑砂浆、内墙抹灰砂浆用掺加粉煤灰的技术，以节约水泥并提高砂浆、砂浆的和易性。粉煤灰具体掺入比例根据试验室提供的配合比而定。

(5) 土方开挖应严格按土方开挖技术交底进行，避免超挖、增加土方量和混凝土量。合理的调配土方，节约资金。利用挖出的土方作工区场地整平回填用，在计划上要巧作安排，使其就近挖土和填土，减少车辆运输或缩短运距。

(6) 加强平面管理、计划管理，合理配料，合理堆放，减少场内二次搬运费用。

(7) 对所有材料做好进场、出库记录，并做好日期标识，掌握场内物资数量及质保日期，减少不必要浪费。

(六) 现场文明施工的措施

1. 文明施工的管理措施

执行《建筑施工现场环境与卫生标准》(JGJ146—2013)。

(1) 管理目标：在施工中贯彻文明施工的要求，推行标准化管理方法，科学组织施工，做好施工现场的各项管理工作。本工程将以施工现场标准化工地的各项要求严格加以管理，创文明工地。

(2) 文明工地的一般要求：

1) 本着“管理施工就必须管安全，抓安全就必须从实施标准化现场管理起抓紧”的原则，本工程的文明现场管理体系同安全管理体系，所有对安全负有职责的管理人员和操作工人对文明现场的管理也负有相同的职责。

2) 在施工现场的临设布置、机械设备安装和运行、供水、供电、排水、排污等硬件设备的布置上，严格按公司有关规定执行。

3) 为保证环境安静，同时考虑到施工区域在建设单位厂区内，工人宿舍不设在施工现场，安排在本公司基地。

4) 按照施工平面图设置各项临时设施。大宗材料、成品、半成品和机具设备堆放整齐，挂号标牌，不得侵占场内道路及安全防护等设施。

5) 施工现场设置明显的标牌［“六牌一图”：工程概况牌、管理人员名单及监督电话牌、消防保卫（防火责任）牌、安全生产牌、文明施工牌、农民工权益告知牌和施工现场平面图］，标明工程项目名称、建设单位、设计单位、施工单位、项目经理和施工现场甲方代表的姓名，开、竣工日期等。施工现场的主要管理人员在施工现场佩带证明其身份的证卡。

6) 施工现场的用电线路、用电设施的安装和使用必须符合安装规范和安全操作规程，严禁任意拉线接电。施工现场必须设有保证施工安全要求的夜间照明。

7) 施工机械按照施工平面布置图规定的位置和线路设置，不得任意侵占场内道路。

8) 施工场地的各种安全设施和劳动保护器具，必须定期进行检查和维修。

9) 保证施工现场道路畅通，排水系统处于良好的使用状态；保持场容场貌的整洁，随时清理建筑垃圾。

10) 职工生活设施符合卫生、通风、照明等要求。职工的膳食、饮水供应当符合卫生要求。

11）做好施工现场安全保卫工作。现场治安保卫措施：该工程建设要严格按照工厂的有关规定，服从业主管理，加强安全治保、防火等管理，进场前应对全体职工进行安全生产、文明施工、防火等管理教育，不得随便进入周围厂区生产场所（车间），保障厂区正常的工作。设专职安全员落实做好防火、防盗、防肇事工作，认真查找隐患，及时解决问题。对门卫经常进行教育，落实防范措施，严格按公司和甲方的有关规定执行，杜绝外来闲散人员进入工地。引导职工团结友爱，互相帮助，杜绝肇事。

监督安全设施、脚手架搭设、临边洞口防护设施的规范化施工，制止和纠正进入工地施工人员赤膊、赤脚和不戴安全帽的违章行为，不服从者逐出工地。

严格落实各级文明管理责任制，做到谁管理的范围由谁负责文明施工，谁负责的范围内文明存在问题由谁负责，层层分解落实，环环相扣，做到事事有人问。

12）严格依照《中华人民共和国消防条例》的规定，在施工现场建立和执行防火管理制度，设置符合消防要求的消防设施，并保证完好的备用状态。在容易发生火灾的地区施工或储存、使用易燃易爆器材时，施工单位应当采取特殊的消防安全措施。

13）遵守国家有关环境保护的法律规定，采取措施控制施工现场的各种粉尘、废气、废水、固体废弃物以及噪声、振动对环境的污染和危害。

14）采取下列防止环境污染的措施：

① 采用沉淀池处理搅拌机清洗浆水，未经处理不得直接排入厂区排水管网。

② 不在现场熔融沥青或者焚烧油毡、油漆以及其他会产生有害烟尘和恶臭气体的物质。

③ 采取有效措施如覆盖等控制施工过程中的扬尘。

④ 厕所设在施工现场西北角、污水站附近，以便直接接入厂区污水管网。

15）搞好公共关系的协调工作，由专人负责此项工作，使工程顺利进行。

2. 文明施工现场管理的技术措施

（1）现场临时供电系统的设计：

1）执行《施工现场临时用电安全技术规范》(JGJ46—2005)。

2）施工用电量的计算（建筑工地临时供电，包括动力用电和照明用电两方面）。

① 全工地所使用的机械动力设备，其他电气工具及照明用电的数量。

② 施工进度计划中施工高峰阶段同时用电的机械设备最高数量。

③ 各种机械设备在工作中需用的情况。

④ 总用电量的计算：

$$P=1.05\sim1.10(K_1\times\Sigma P_1/\cos\varphi+K_2\Sigma P_2+K_3\Sigma P_3+K_4\Sigma P_4)$$

式中，$\cos\varphi$ 为电动机的平均功率因素；K_1、K_2、K_3、K_4 为需要系数；ΣP_1 为电动机额定功率；ΣP_2 为电焊机额定功率（电焊机施工时避开施工最高峰）；ΣP_3 为室内照明容量；ΣP_4 为室外照明。

3）电力变压器、电线截面的选择。

① 主要技术数据（额定容量，高压额定电压，低压额定电压）。

② 具体的线径选择。

4）电路埋设注意事项。

① 凡过道路线均需在地下埋设钢管，电线从地下穿管过路。

② 向上各层用电线沿钢管脚手架架设，并设分配电箱。

③ 采用三相五线制，立电杆、横杆、瓷瓶固定。

④ 电源的选择：由已建工具车间仓库接到现场装表计量使用。

5）线路布置：详见施工平面布置图。

（2）现场排水排污系统：现场排水排污系统的好坏，直接影响到其文明施工现场能否达标。因此，排水排污系统采用：在搅拌机一侧设沉淀池一个，污水经沉淀池沉淀后就近排入厂区下水道。

（3）现场临时供水：本工程现场施工用水由厂区西侧已建污水处理站就近接入现场装表计量使用。

小　结

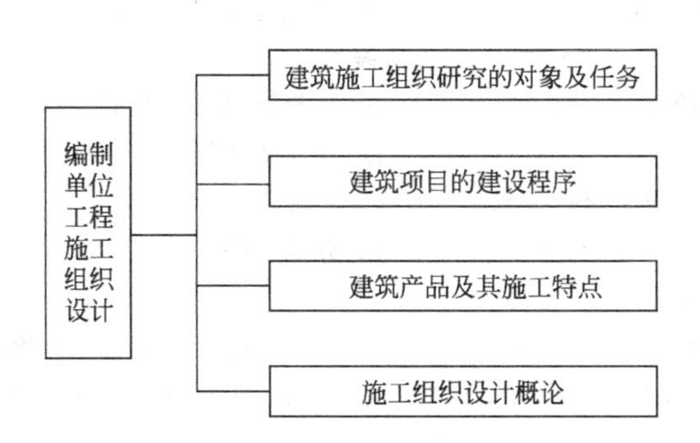

综合训练

训练目标： 编制单位工程施工组织设计。

训练准备： 见附录二中柴油机试验站辅助楼及浴室图纸。

训练步骤：

（1）编制工程概况：工程建设概况；工程设计概况；工程施工概况。

（2）编制施工方案：确定施工部署；确定施工程序、施工顺序、施工流程；选择施工机械和施工方法。

（3）编制施工平面图：选择起重机械；确定搅拌机、仓库、堆场等位置；确定运输道路位置；确定临时设施布置；布置施工用水、用电线路。

（4）编制工程施工措施：保证工程质量的措施；保证工程施工安全的措施；现场文明施工的措施；冬、雨季施工措施。

能力训练题

一、单选题

1. 建设项目的管理主体是（　　）。
   A. 建设单位　　B. 设计单位　　C. 监理单位　　D. 施工单位
2. 施工项目的管理主体是（　　）。
   A. 建设单位　　B. 设计单位　　C. 监理单位　　D. 施工单位
3. 具有独立的施工条件，并能形成独立使用功能的建筑物及构筑物称为（　　）。
   A. 单项工程　　B. 单位工程　　C. 分部工程　　D. 分项工程
4. 建筑装饰装修工程属于（　　）。
   A. 单位工程　　B. 分部工程　　C. 分项工程　　D. 检验批
5. 建设准备阶段的工作中心是（　　）。
   A. 勘察设计　　B. 施工准备　　C. 工程实施阶段

6. 施工准备工作基本完成后，具备了开工条件，应由（　　）向有关部门交出开工报告。

A. 施工单位　　B. 设计单位　　C. 建设单位　　D. 监理单位

7. 项目管理规划大纲是由（　　）在（　　）编写的。

A. 项目经理部　开工之前　　B. 企业管理层　开工之前

C. 项目经理部　投标之前　　D. 企业管理层　投标之前

8. 以一个施工项目为编制对象，用以指导整个施工项目全过程的各项施工活动的技术、经济和组织的综合性文件为（　　）。

A. 施工组织总设计　　B. 单位工程施工组织设计

C. 分部分项工程施工组织设计　　D. 专项施工组织设计

9. 项目管理实施规划是在（　　）由（　　）主持编写。

A. 项目经理部　开工之前　　B. 企业管理层　开工之前

C. 项目经理部　投标之前　　D. 企业管理层　投标之前

10. 一个学校的教学楼的建设属于（　　）。

A. 单项工程　　B. 单位工程　　C. 分部工程　　D. 分项工程

11. 一般正常情况，竣工日期是指（　　）。

A. 承包方提交竣工验收报告之日　　B. 建设工程经竣工验收合格之日

C. 发包方接受竣工验收报告之后组织验收之日　　D. 工程经发包方正式使用之日

12. 基础开挖至设计标高时，须经（　　）验槽。

A. 总经理工程师　　B. 项目经理　　C. 建设单位负责人　　D. 设计人员

13. 受力钢筋混凝土保护层厚度是指（　　）。

A. 箍筋中心至混凝土表面的距离　　B. 主筋与主筋横向之间的近距离

C. 主筋中心至混凝土表面的距离　　D. 主筋外边缘至混凝土表面的距离

14. 关于“檐高”的理解，以下（　　）是正确的。

A. 指檐口的标高　　B. 指室外设计地坪至檐口的高度

C. 突出屋面的水箱间、电梯间、亭台楼阁等应计算檐高

D. 平屋面带女儿墙者，有组织排水，檐高是指从室外地坪到屋面板底标高

15. 关于“建筑标高”的理解，以下（　　）是正确的。

A. 烟囱、避雷针、旗杆、风向器、天线等在屋顶上的突出构筑物应按规定计入建筑高度

B. 楼梯间、电梯塔、装饰塔、眺望塔、屋顶窗、水箱等建筑物之屋顶上突出部分的水平投影面积合计小于屋顶面积的30%，且高度不超过4m，不计入建筑高度

C. 坡度大于20°的坡屋顶建筑按坡顶高度一半处到室外地坪面计算建筑高度

D. 是指建筑物室外地坪面至外墙顶部的高度

16. 工地内要设消火栓，消火栓距离建筑物应不小于（　　）m，也不应大于（　　）m，距离路边不大于（　　）m。

A. 5，25，5　　B. 3，25，2　　C. 3，20，2　　D. 5，25，2

17. 下面（　　）不属于单位工程施工平面图的设计依据。

A. 施工组织设计文件

B. 各种材料、半成品、构件等的用量计划

C. 结构设计图

D. 建设单位可为施工提供原有及其他生活设施的情况

18. 运输线路最好绕建筑物布置成环形道路，道路宽度大于（　　）m。

A. 3　　B. 3.5　　C. 5　　D. 6

19. 单位工程施工平面图设计的步骤为（　　）。

①确定起重机械的位置；②确定搅拌站、仓库和材料、构件堆场以及工厂的位置；③运输道路的布置；④临时设施的布置；⑤布置水电管网

A. ①②③④⑤　　B. ②③④①⑤　　C. ④①②⑤③　　D. ⑤②④①③

20. (　　) 是"六牌一图"中新增加的内容。

A. 工程概况牌　　B. 消防保卫（防火责任）牌

C. 安全生产牌　　D. 农民工权益告知牌

21. 建筑业企业必须按照工程设计图纸和施工技术标准施工，不得偷工减料。工程设计的修改由（　　）负责。

A. 建设单位　　B. 原设计单位　　C. 施工技术管理人员　　D. 监理单位

22. 在正常使用条件下，房屋建筑工程中屋面防水工程的最低保修期限为（　　）。

A. 10 年　　B. 8 年　　C. 5 年　　D. 3 年

23. (　　) 全面负责施工过程的现场管理，他应根据工程规模、技术复杂程度和施工现场的具体情况，建立施工现场管理责任制，并组织实施。

A. 项目经理　　B. 技术人员　　C. 总工程师　　D. 法人代表

24. 以下各选项说法不正确的是（　　）。

A. 堆放大宗材料、成品、半成品和机具设备，不得侵占场内道路及安全防护等设施

B. 施工机械应当按照施工总平面布置图规定的位置和线路设置，不得任意侵占场内道路

C. 施工单位应该保证施工现场道路畅通，排水系统处于良好的使用状态，保持场容场貌的整洁，随时清理建筑垃圾

D. 施工现场的主要管理人员在施工现场可以不佩戴证明其身份的证卡

25. 施工成本受多种因素影响而发生变动，作为项目经理应将成本分析的重点放在（　　）的因素上。

A. 外部市场经济　　B. 业主项目管理　　C. 项目自身特殊　　D. 内部经营管理

26. 施工单位应当采取防止环境污染的措施中不包括（　　）。

A. 妥善处理泥浆水，未经处理不得直接排入城市排水设施和河流

B. 采取有效措施控制施工过程中的扬尘

C. 不要将含有碎石、碎砖的用作土方回填

D. 对产生振动、噪声的施工机械，应采取有效控制措施，减轻噪声扰民

27. 项目经理全面负责施工过程的现场管理，他应根据工程规模、技术复杂程度和施工现场的具体情况，建立（　　），并组织实施。

A. 安全管理责任制　　B. 质量管理责任制

C. 施工现场管理责任制　　D. 材料质量责任制

28. 质量缺陷，是指房屋建筑工程的质量不符合（　　）以及合同的约定。

A. 质量保证体系认证　　B. 工程建设强制性标准

C. 安全标准　　D. 质量保修标准

29. 构件跨度大于 2m，小于等于 8m 的板的底模拆除时，混凝土强度应大于等于设计的混凝土立方体抗压强度标准值的（　　）。

A. 30%　　B. 50%　　C. 75%　　D. 85%

30. 当室外日平均气温连续（　　）稳定低于（　　）时，即进入冬期施工。

A. 3 天，5℃　　B. 3 天，0℃　　C. 5 天，5℃　　D. 5 天，0℃

二、多选题

1. 建筑产品的特点是（　　）。

A. 固定性　　B. 流动性　　C. 多样性

D. 综合性　　E. 单件性

2. 建筑施工准备包括（　　）。

A. 工程地质勘察　　B. 完成施工用水、电、通信及道路等工程

C. 征地、拆迁和场地平整　　D. 劳动定员及培训　　E. 组织设备和材料订货

3. 建设项目的组成（　　）。

A. 工程项目　　B. 单位工程　　C. 分部工程
D. 分项工程　　E. 检验批

4. 建设程序可划分为（　　）。
A. 项目建议书　　B. 可行性研究　　C. 建设准备阶段
D. 工程实施阶段　　E. 竣工验收

5. 施工项目管理程序由（　　）各环节组成。
A. 编制施工组织设计　　B. 编制项目管理实施规划　　C. 验收、交工与竣工结算
D. 项目考核评价　　E. 项目风险管理

6. 建设项目按专业特征划分包括（　　）。
A. 工程项目　　B. 公路工程　　C. 咨询项目
D. 港口工程　　E. 维修项目

7. 设计单位对“四新”的要求中，“四新”包括（　　）。
A. 新技术　　B. 新规范　　C. 新设备
D. 新材料　　E. 新工艺

8. 工程建设概况主要包括（　　）。
A. 工程建设概况　　B. 工程设计概况　　C. 施工特点分析与施工条件
D. 工程施工概况　　E. 施工质量验收规范规定

9. 施工方案主要包括（　　）。
A. 制定主要技术组织措施　　B. 特殊部分施工技术措施
C. 选择适用的施工方法和机械　　D. 现场施工条件
E. 工程建设施工程序、施工顺序、施工流程的确定

10. 单位工程施工平面图主要包括（　　）。
A. 起重机械的确定　　B. 仓库及材料堆场位置的确定
C. 临时设施的布置　　D. 全部拟建的建筑物、构筑物和其他设施位置和尺寸
E. 运输道路的布置

11. 工程施工中，“三通一平”很重要，“三通一平”包括（　　）。
A. 水通　　B. 道路　　C. 电通
D. 网络通　　E. 土地平整

12. 塔式起重机的安装位置，主要取决于（　　）。
A. 建筑物的平面布置　　B. 建筑物的形状　　C. 建筑物的高度
D. 吊装方法　　E. 起重机的数量

13. 施工现场的生产性临时设施内容包括（　　）。
A. 钢筋加工棚　　B. 水泥库　　C. 生产管理办公室
D. 搅拌机棚　　E. 木工加工棚

14. 单位工程施工平面图的设计内容有（　　）。
A. 施工范围内已建建筑物的平面尺寸及位置
B. 现场硬化地坪的区域
C. 施工道路的布置、现场出入口位置
D. 拟建工程所需的垂直运输设备、搅拌机等机械的布置位置
E. 生产性及非生产性临时设施的名称、面积、位置的确定

15. 施工现场必须设置明显的标牌，标明工程项目名称、建设单位、设计单位、施工单位、（　　）的姓名、开、竣工日期、施工许可证批准文号等。
A. 技术质量负责人　　B. 施工单位技术质量负责人
C. 施工现场总代表人　　D. 勘察、设计单位工程项目负责人
E. 项目经理

16. 建筑业企业必须按照（　　）对建筑材料、建筑构配件和设备进行检验，不合格的不得使用。

A. 工程设计要求　　B. 施工技术标准　　C. 合同的约定

D. 监理单位要求　　E. 业主要求

17. 项目经理全面负责施工过程的现场管理，他应根据（　　），建立施工现场管理责任制，并组织实施。

A. 工程规模　　B. 工程投资　　C. 设备配置

D. 技术复杂程度　　E. 施工现场的具体情况

18. 建设单位和施工单位应当在工程质量保修书中约定（　　）等，必须符合国家有关规定。

A. 保修责任人　　B. 保修范围　　C. 保修单位

D. 保修期限　　E. 保修责任

19. 总监理工程师组织分部工程质量验收时应参加的人员有（　　）。

A. 施工单位项目负责人　　B. 施工单位技术、质量负责人

C. 具体施工人员　　D. 勘查、设计单位工程项目负责人

E. 上级主管部门的领导

附　录

附录一　实例一　总二车间扩建厂房

一、总二车间扩建厂房图纸

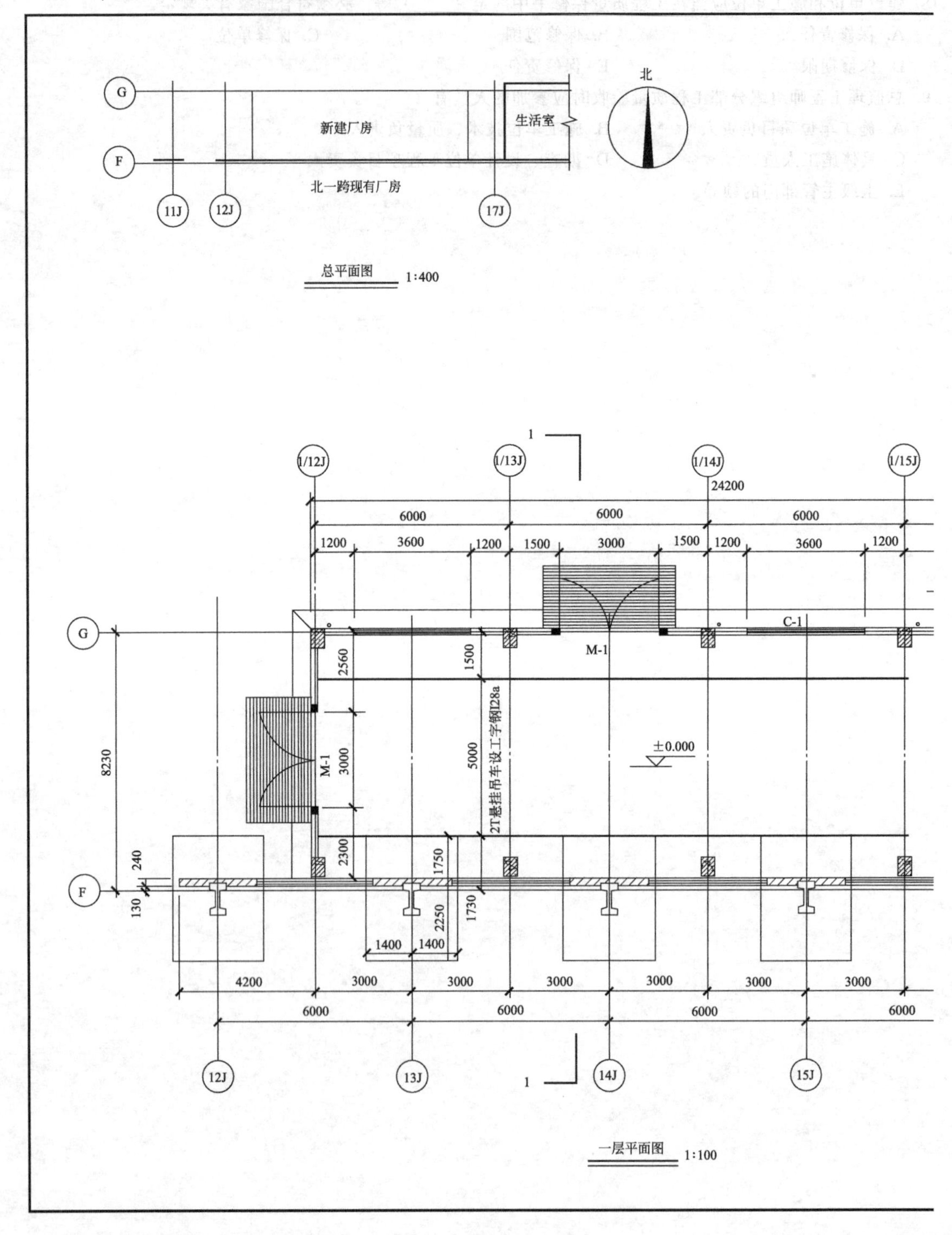

门窗表

类别	编号	洞口尺寸/mm		数量	过梁选用		备注
		洞口宽度	洞口高度		标准图集	编号	
洞	D-1	1500		1	见结构图		
窗	C-1	3600	3000	2	见结构图		塑钢窗,上封闭下推拉
	C-2	1500	900	2	03G322-1	GL-4152	塑钢窗,上封闭下推拉
	C-3	3600	1800	4	见结构图		塑钢窗,上封闭下推拉
	C-4	1800	1800	4	03G322-1	GL-4182	塑钢窗,上封闭下推拉
	C-5	900	1800	1	03G322-1	GL-4102	塑钢窗,上封闭下推拉
门	M-1	3000	4420	2	02J611-1	ML4A-302A	平开钢大门,参见02J611-1,M11-3339,门樘参见MT4-42A
	M-2	1800	2100	1	参见 02J611-1	参见 ML4A-1824A	平开钢大门,参见02J611-1,M11-2124,门樘参见MT4-21A

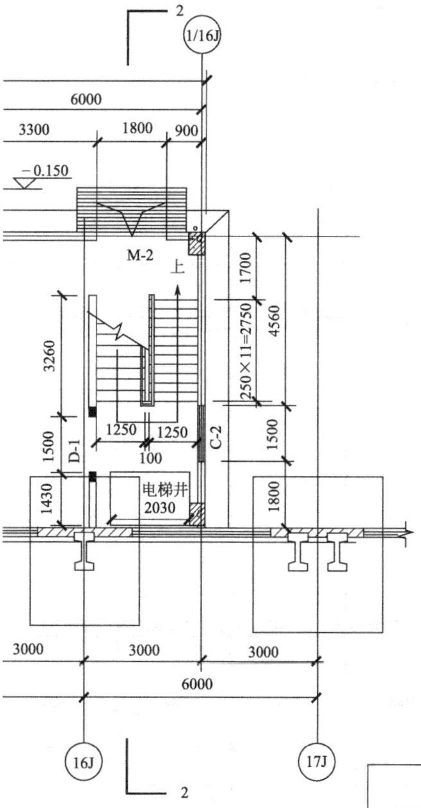

建筑施工说明

一、本工程为××厂内机分厂总二车间贴建厂房工程,采用钢筋混凝土框架结构,本工程耐久等级按二级设计,结构设计使用耐久年限为50年。抗震设防类别为丙类,设防烈度为7度。

二、建筑物室内地坪标高为±0.000,相当于北一跨车间地面标高。

三、施工图中除标高以m为单位外,其余均以mm为单位,所用轴线编号均根据所靠老厂房编号标注。

四、建筑用料

1.墙基防潮 20厚1:2水泥砂浆掺5%避水浆,位置在-0.060标高处。

2.砌体:±0.000以下:MU10标准实心黏土砖,M5水泥砂浆砌筑。
±0.000以上:除注明外均为200厚KP1空心砖,M5混合砂浆砌筑。
当图纸无专门标明时,一般轴线位于各墙厚的中心。

3.地面:(1)耐磨地坪,下铺150厚C25混凝土。
(2)人行道:耐磨地坪,道两边铺120宽黄色地砖。

4.楼面:选用水磨石楼面,见苏J01-2005,3-5。
楼梯:选用水泥砂浆,见苏J01-2005,3-2。

5.屋面:(1)屋面采用Ⅲ级防水屋面:做法见图集苏J01-2005,7-12,54页。
(2)屋面板底喷白色涂料(二度)。

6.内墙:采用混合砂浆粉面(包括F轴老墙体):15厚1:6:6水泥石灰砂浆打底,5厚1:0.3:3水泥石灰砂浆粉面,刷白色内墙涂料。

7.外墙:外墙面采用乳胶漆墙面:12厚1:3水泥砂浆打底,6厚1:2.5水泥砂浆粉面压实抹光,水刷带出小麻面。刷外墙用乳胶漆,位置及颜色见立面图。

8.门窗:本工程窗采用90系列塑料窗,白色框料,5mm白色玻璃;所有门窗洞口尺寸及数量均请施工单位现场核实。

9.落水管:采用白色UPVC管,规格ϕ100,屋面落水口见屋面平面图。

10.坡道:选用水泥防滑坡道,见图集苏J01—2005,11-8。

11.所有埋入墙内构件均需作防腐处理,木构件涂满柏油铁构件刷红丹二度。

12.新旧建筑物交接处缝用沥青麻丝填充,26#白铁皮盖缝。

五、其他说明

1.设计图中采用标准图、通用图,重复使用图纸时均应按相应图集图纸的要求施工。

2.所有预留孔及预埋件(水、电、暖)施工时应与各工种密切配合,避免遗漏。

3.本工程所有材料及施工要求除注明外,请遵行《建筑安装工程施工验收规范》执行。

4.所有涉及颜色的装修材料,施工单位均应先提供样品及小样,待设计人员认可后方能施工。

5.建筑物地面、楼面、屋面荷载取值见国家现行的《建筑结构荷载规范》。

证书等级:	证书编号:	工程名称	图名	建施
		总二车间扩建厂房	图号	1/3

总工程师		设计计算		图纸内容	一层平面图	总平面图
室主任		制图				
审核		校对			建筑施工说明	门窗表
专业负责人		复核				

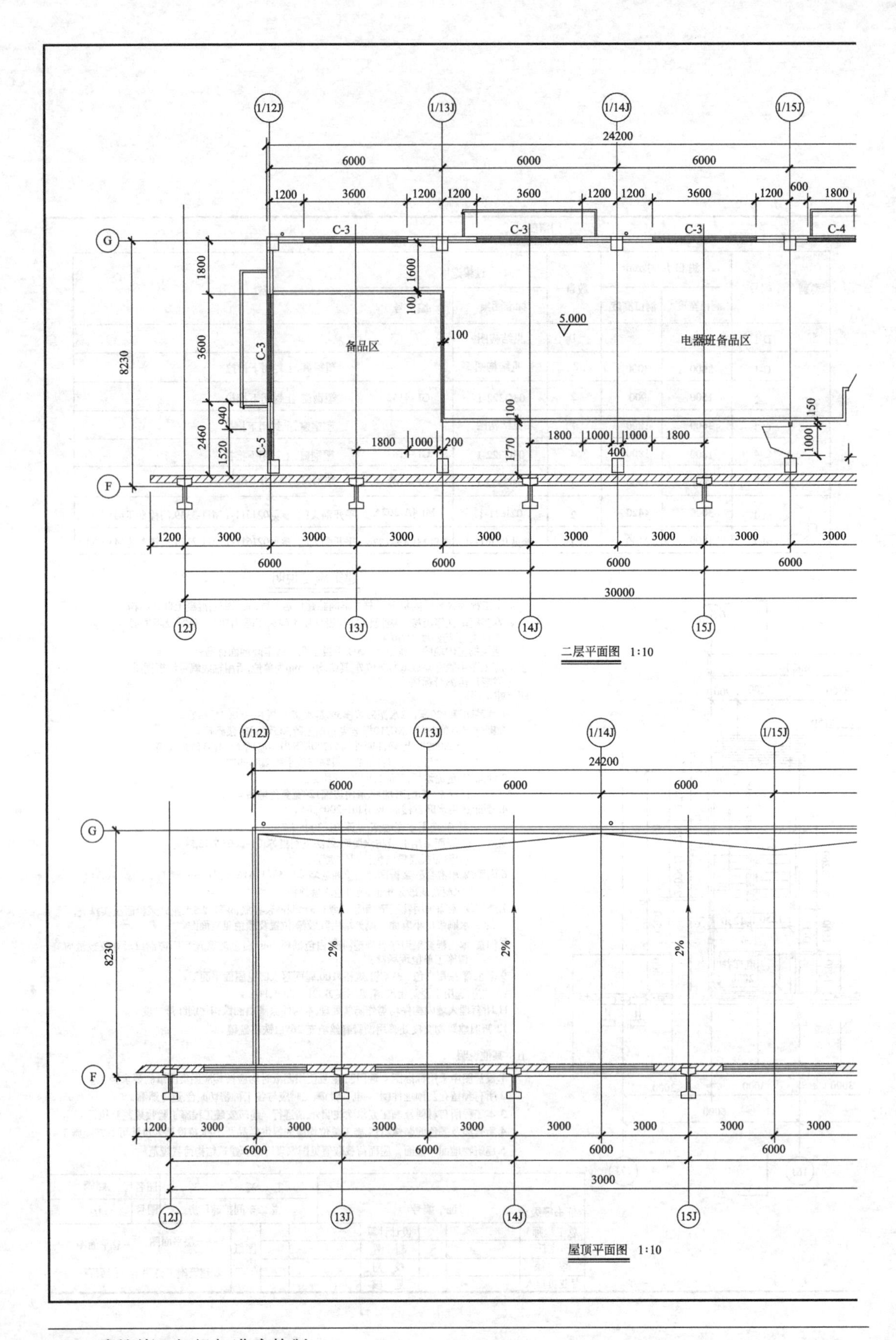
1/12J
1/13J
1/14J
1/15J
24200
6000
6000
6000
1200
3600
1200
1200
3600
1200
1200
3600
1200
600
1800
C-3
C-3
C-3
C-4
G
1800
1600
100
5.000
备品区
电器班备品区
100
8230
3600
C-3
940
2460
1520
C-5
100
1770
1800
1000
200
1800
1000
1000
1800
400
150
1000
F
1200
3000
3000
3000
3000
3000
3000
3000
3000
6000
6000
6000
6000
30000
12J
13J
14J
15J
二层平面图 1:10
1/12J
1/13J
1/14J
1/15J
24200
6000
6000
6000
G
8230
2%
2%
2%
F
1200
3000
3000
3000
3000
3000
3000
3000
6000
6000
6000
3000
12J
13J
14J
15J
屋顶平面图 1:10

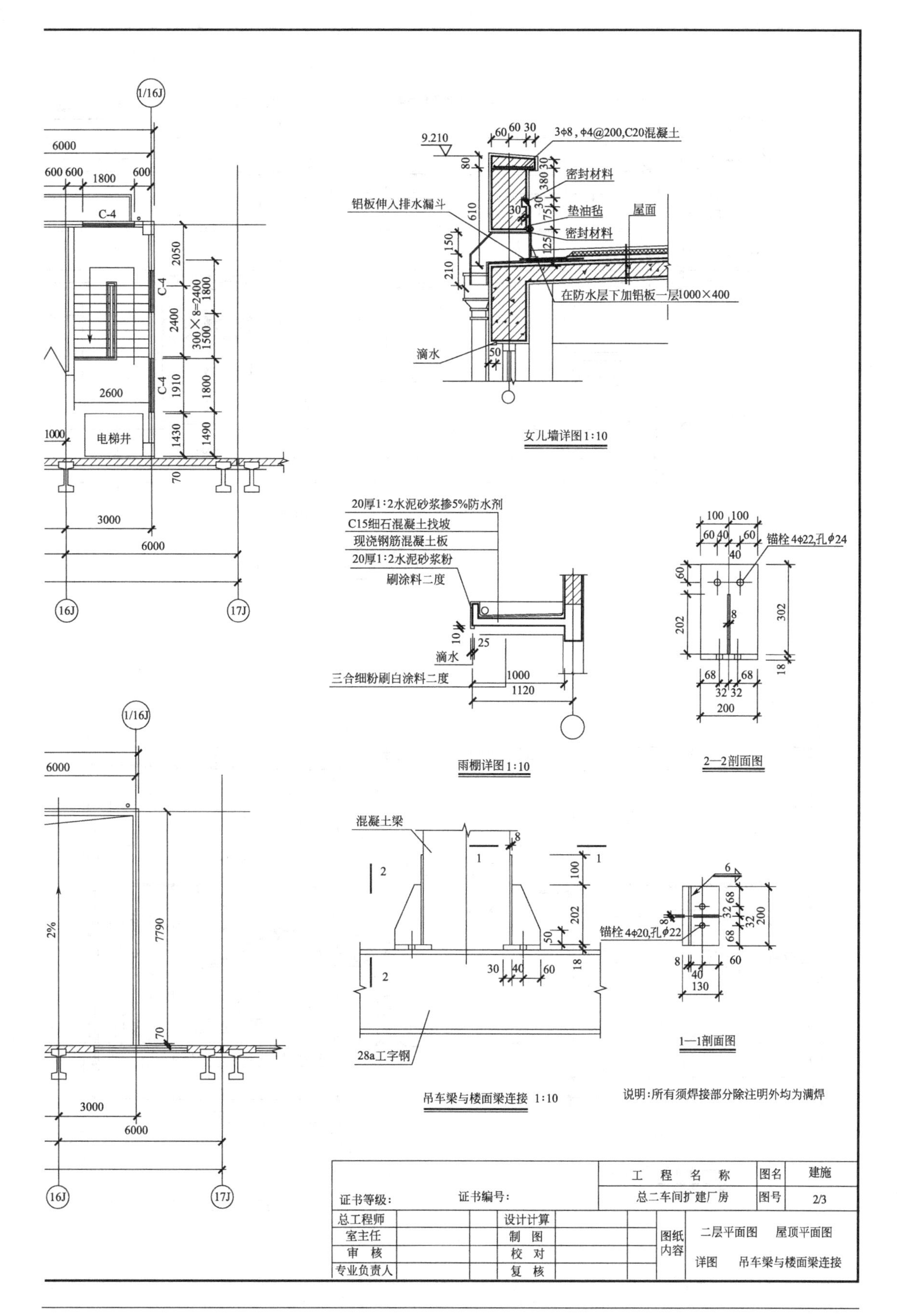
3Φ8，Φ4@200,C20混凝土
密封材料
垫油毡
屋面
铝板伸入排水漏斗
密封材料
在防水层下加铝板一层1000×400
滴水
女儿墙详图1:10
20厚1:2水泥砂浆掺5%防水剂
C15细石混凝土找坡
现浇钢筋混凝土板
20厚1:2水泥砂浆粉
刷涂料二度
滴水
三合细粉刷白涂料二度
雨棚详图1:10
锚栓4Φ22,孔Φ24
2—2剖面图
混凝土梁
锚栓4Φ20,孔Φ22
28a工字钢
1—1剖面图
吊车梁与楼面梁连接 1:10
说明：所有须焊接部分除注明外均为满焊
电梯井
工程名称
总二车间扩建厂房
图名
建施
图号
2/3
证书等级：
证书编号：
总工程师
室主任
审核
专业负责人
设计计算
制图
校对
复核
图纸内容
二层平面图 屋顶平面图
详图 吊车梁与楼面梁连接

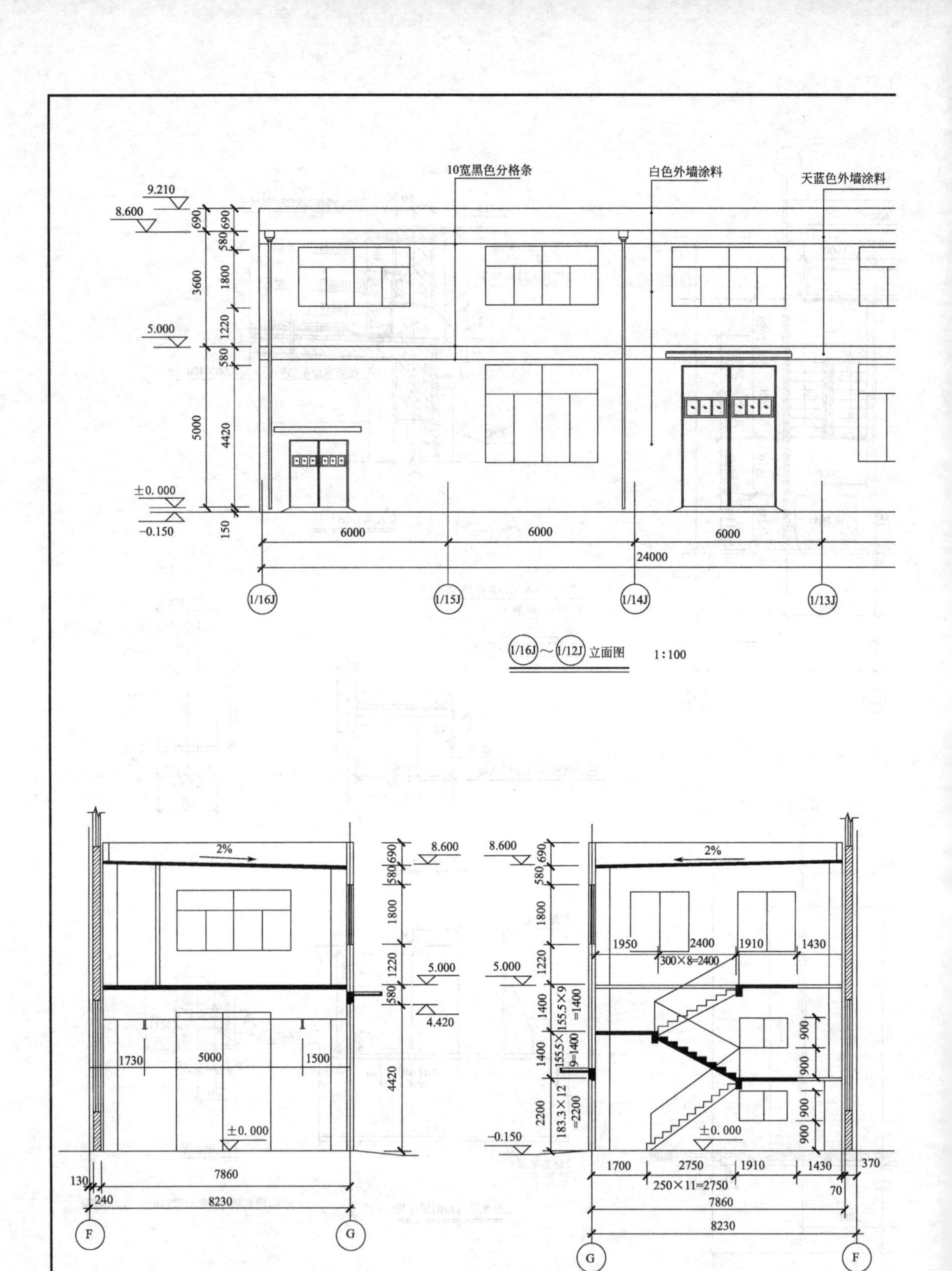
10宽黑色分格条
白色外墙涂料
天蓝色外墙涂料
9.210
8.600
5.000
±0.000
-0.150
6000
6000
6000
24000
1/16J
1/15J
1/14J
1/13J
1/16J ~ 1/12J 立面图 1:100
2%
4.420
1730
5000
1500
7860
8230
130
240
F
G
1—1剖面图 1:100
1950
2400
1910
1430
300×8=2400
155.5×9=1400
183.3×12=2200
1700
2750
250×11=2750
370
70
2—2剖面图 1:100

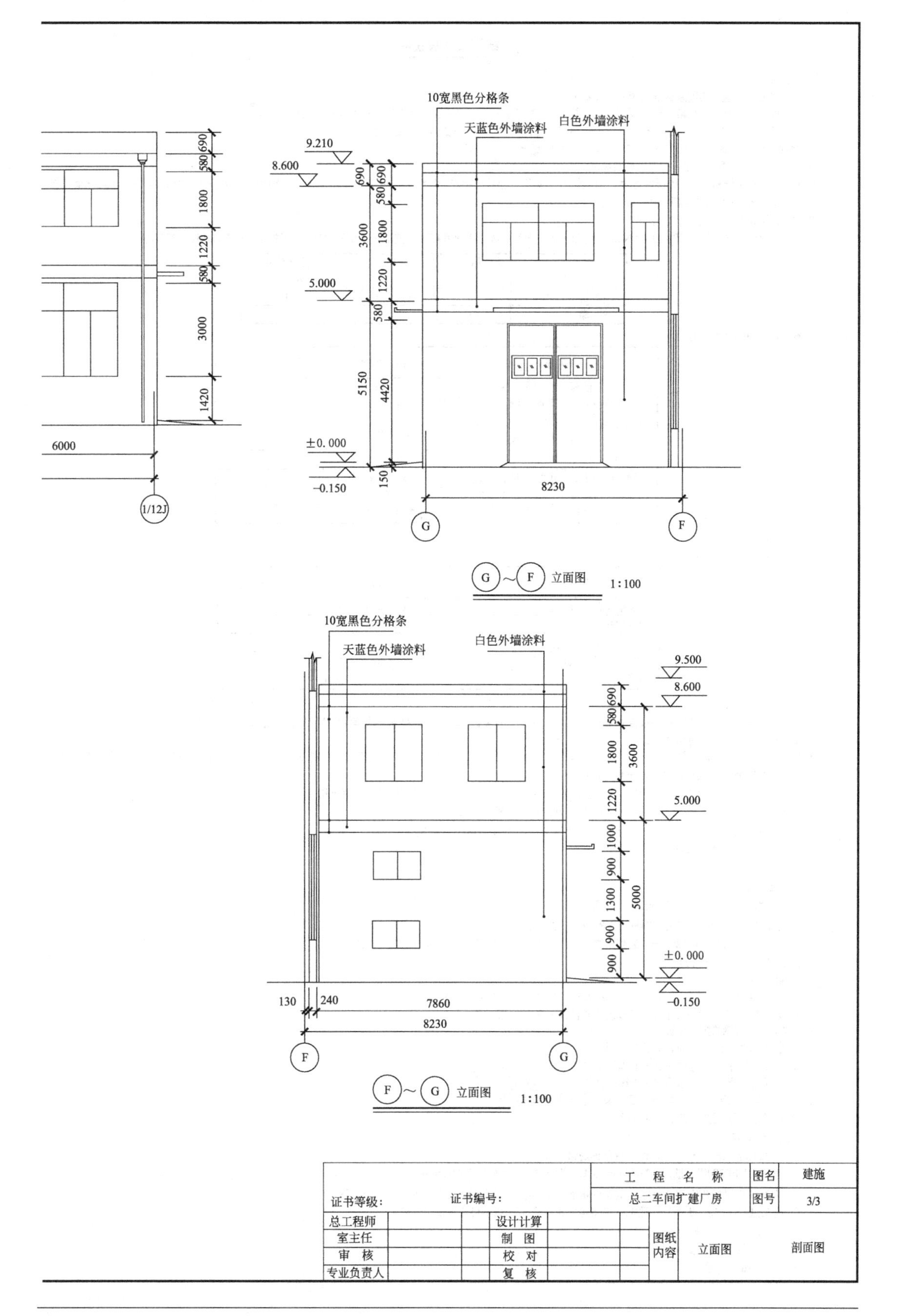

10宽黑色分格条
天蓝色外墙涂料
白色外墙涂料
9.210
8.600
5.000
±0.000
-0.150
690
580
1800
1220
3000
1420
6000
3600
5150
4420
150
8230
1/12J
G
F
G～F 立面图 1:100
9.500
1000
900
1300
5000
130
240
7860
F～G 立面图 1:100
工 程 名 称
总二车间扩建厂房
图名
建施
图号
3/3
证书等级:
证书编号:
总工程师
室主任
审 核
专业负责人
设计计算
制 图
校 对
复 核
图纸内容
立面图
剖面图

结构设计总说明

一、一般说明

1. 本工程设计按现行的国家标准及国家行业标准进行。
2. 本工程所用的材料、规格、施工要求及验收标准等,除注明者外,均按国家现行的有关施工及验收规范、规程执行。
3. 本工程施工图按《混凝土结构施工图平面整体表示方法制图规则和构造详图》进行设计。
4. 除注明者外,标高以米(m)为单位,其余所有尺寸均以毫米(mm)为单位。
5. 本工程±0.000相当于北一跨室内地面标高。
6. 本工程为框架结构,按7度抗震设防,属丙类建筑,(0.10g第一组)建筑物安全等级为二级,框架抗震等级为3级,场地类别为Ⅲ类,结构混凝土临土临水面抗渗基本要求按环境二a类控制。其余按一类控制。
7. 本工程结构的合理使用年限为50年。
8. 本工程设计基本风压为:W_0= 0.40kN/m²,地面粗糙度为B类。部分活荷载标准值按下表采用不得超载,未注部分按国家荷载规范取用。

项 目	荷载标准值/(kN/m²)	项 目	荷载标准值/(kN/m²)
楼 面	5.0	不上人屋面	0.7
楼 梯	2.5		

9. 本工程采用的标准图有

图 集 名 称	图集编号	备 注
混凝土结构施工图 平面整体表示方法制图规则和构造详图	03G101 -1,-2	
KP1型承重多孔砖及KM1型非承重空心砖砌体节点详图集	苏J9201	
建筑物抗震构造详图	苏G02-2004	
小型空心砌块框架填充墙构造图集	苏G9409	
轻质隔墙、墙身、楼地面变形缝	苏G09—2004	
建筑结构常用节点图集	苏G01—2003	

10. 未经技术鉴定或设计许可,不得改变结构的用途和使用环境。
11. 本工程采用的结构设计规范

规 范 名 称	规范编号	备 注
建筑结构荷载规范	GB 50009—2012	
砌体结构设计规范	GB 50003—2011	
混凝土结构设计规范	GB 50010—2010	
建筑地基基础设计规范	GB 50007—2011	
建筑抗震设计规范	GB 50011—2010	

二、地基基础工程

1. 本工程基础因无岩土工程勘察报告,故参照相临内机联合车间接长工程地质资料,按地基承载力特征值为f_{ak}=200kPa设计。
2. 本工程地基基础设计等级为丙级。
3. 基坑开挖至设计标高未到老土时,开挖至老土后用C10混凝土回填至设计标高。基坑开挖时要特别注意对相临厂房柱基的保护,在开挖前请施工单位做好有效保护措施,并建议该区域吊车暂停使用。
4. 基础施工时,应使基础下的土层保持原状,避免挠动。若采用机械挖土,应在基底以上留300厚土用人工挖除。
5. 在基坑施工过程中,应及时做好基坑排水工作。开挖过程中应注意边坡稳定。
6. 室内地坪回填土(基础底面标高以上至地坪垫层以下)必须分层回填压实,压实系数不小于0.94。
7. 其余说明见本工程"基础平面布置图"。

三、钢筋混凝土工程

1. 混凝土强度等级
   (1)凡选用标准图的构件按相应图集要求施工。
   (2)基础混凝土:C25;除特别注明外所有梁、板、柱均为C25。
2. 本工程混凝土坍落度≤120mm。混凝土浇筑后二周内必须充分保水养护,宜用薄膜养护的方法。
3. 受力钢筋最小保护层厚度
   (1)基础为40
   (2) 混凝土结构的环境类别:基础及室外露天构件为二类a,其余均为一类。
   (3) 板,墙,梁,柱受力钢筋最小保护层厚度详见图集03G101-1第33页。
4. 钢筋交叉时的钢筋排放位置
   (1)楼板板底筋:沿板跨短向的钢筋置于下排。
   (2) 梁顶面平齐时,梁上主筋置于上排的优先顺序如 ①～③。
   (3) 梁顶面平齐时,梁底纵筋置于下排的优先顺序如 ①～③。
   ① 该梁为框架梁; ② 该梁为悬挑梁; ③ 主梁或较大断面梁。
   (4)梁与柱边平齐时,梁纵筋放置如图1所示。
5. 钢筋设计强度
   钢材质量标准应符合冶金部标准,符号及钢筋强度表示如下:
   (1) ϕ 表示HPB300级钢筋,f_y=270N/mm²; ⌀表示HRB335级钢筋,f_y=300N/mm²。
   (2) 为保证现浇板负钢筋及板厚到位保证钢筋质量,本工程的现浇板负筋优先采用焊接钢筋网片。
   (3) 施工过程中,未经设计人员同意,不得擅自更改钢筋规格,也不得随意增减钢筋。
6. 钢筋接头,钢筋弯折详见图集03G101—1中有关构造详图。
7. 钢筋的锚固长度及搭接长度
   (1) 钢筋的锚固长度L_a

钢筋种类	C20	C25	C30	C35	C40
ϕ	$31d$	$27d$	$24d$	$22d$	$20d$
Φ	$39d$	$34d$	$30d$	$27d$	$25d$

注: 1. 直径大于25mm时,锚固长度应乘 1.1。

2. 锚固长度不应小于250mm。对一、二级抗震L_{aE}=1.15L_a; 三级L_{aE}=1.05L_a; 四级L_{aE}=L_a。

(2) 钢筋的锚固长度L_1

锚固长度	同一混凝土截面搭接25%	同一混凝土截面搭接50%
$L_1 = \xi L_a$	ξ=1.2	ξ=1.4

抗震时搭接长度为$L_{lE}=\xi L_{aE}$。

(3) 其余见图集03G101—1。

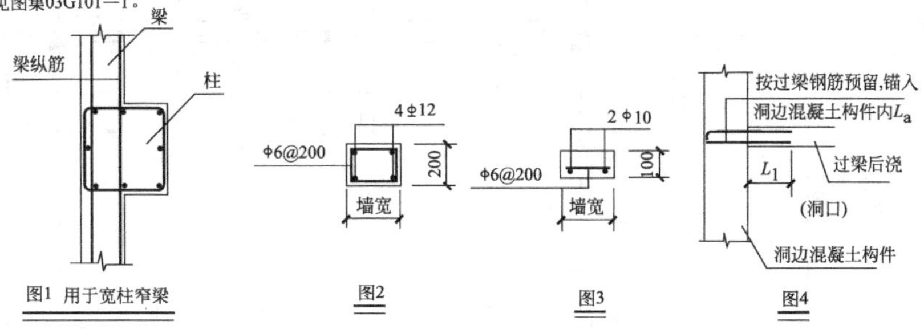

图1 用于宽柱窄梁　图2　图3　图4

8. 梁

(1) 当梁腹板高度大于450时,梁两侧放置2Φ12构造钢筋,间距不大于200。

(2) 梁配筋平面图中,当示出<2Φ12(或其他规格)>时,表示该筋一端(或两端)伸到梁端并弯入支座L_a或表示与支座负钢筋搭接,搭接长度为0.85L_a。

四、砌体工程(砌体工程施工质量控制等级为B级)

1. 墙体规格

(1) 墙体材料其材料强度及相关指标应符合国家有关规定。

(2) ±0.000以下采用MU10标准实心黏土砖、M5水泥砂浆砌浆。±0.000以上采用KM1型非承重多孔砖200厚M5混合砂浆砌筑。

2. 墙体与周边构件的拉结

(1) 所有内外非承重砖墙均应后砌。墙与梁底或板底的连接节点详见G01—2003第22页。

(2) 凡钢筋混凝土柱(包括构造柱)及墙板与填充墙连接处做法详见G01—2003第20页。

(3) 墙高度超过4m时于墙腰处增设圈梁,墙腰圈梁遇门窗时,一般通过门窗洞顶。墙体长度超过8m时,应每隔3～4m增设构造柱,构造柱纵筋锚入上下梁内L_a,且应后浇。圈梁截面及配筋见图2。构造柱见结构平面布置。

(4) 外墙通长窗台压顶做法详见图3,窗台墙长超过4m时应增设构造柱,构造柱见结构平面布置。

3. 除黏土空心砖外,其余轻质墙体上不应悬挂重物。

五、现浇板配筋

1. 凡图中未表示的支座负筋的分布筋均采用ϕ6@200。

2. 板底钢筋锚入梁内至梁中心线,且不少于$5d$。板面钢筋锚入混凝土梁或墙内L_a,I级钢末端加弯钩。

3. 现浇板跨中有轻质墙时,应在墙底部位的板底放置附加钢筋。若未注明,则均放2ϕ16。

4. 电线管在现浇板中应在上下两层钢筋中穿行,且应避开板负筋密集区。

六、过梁

混凝土墙柱边的过梁做法详见图4。

七、埋件及钢构件

1. 所有预埋件的钢板及其他型钢均采用Q235。

2. 角钢型号按热轧等边和不等边角钢品种(YB 1666—167—65)选用;槽钢按(GB 707—65)选用。

3. 钢结构的钢材抗拉强度实测值与屈服强度实测值的比值不应小于1.2,应有明显的屈服台阶,伸长率应大于20%,且应有良好的可焊性和冲击韧性。

4. 采用普通电弧焊时,若设计未作说明,HPB300,HRB335级钢筋之间及与钢板、型钢之间焊接采用E4303焊条;HRB400级钢筋之间采用E5003焊条。三种钢材的坡口焊、塞焊等分别用E4303、E5003、E5503。

5. 未注明焊缝长度者,均为满焊。未注明焊缝高度者,不小于5mm。

6. 所有外露钢构件必须认真除锈,焊缝处须先除去焊渣,并涂防锈漆二度,面漆二度。

八、其他

1. 凡悬挑部分的梁、板,当混凝土强度达到100%设计强度,并在稳定荷载作用下,方可拆模。当以结构构件为施工脚手支撑点时,必须经过验算,在采取相应措施后方可进行。

2. 各层楼面,当施工堆载超过设计荷载时,应先征得设计单位的同意并采取有效的支撑措施。

3. 电梯基坑、设备管井、电梯机房等所有预埋铁件、管线、孔洞等详见相应设备图,结构施工时应与其他各专业施工图密切配合,避免结构的后凿洞。

4. 大体积混凝土浇筑时,应采取有效措施以减小混凝土的内外温差(<25℃),防止产生温度裂缝。且应尽量避免在气温高于35℃时浇筑混凝土。

证书等级:	证书编号:			工程名称	图名	结施
				总二车间扩建厂房	图号	1/5
总工程师		设计计算		图纸内容	结构设计总说明	
室主任		制图				
审核		校对				
专业负责人		复核				

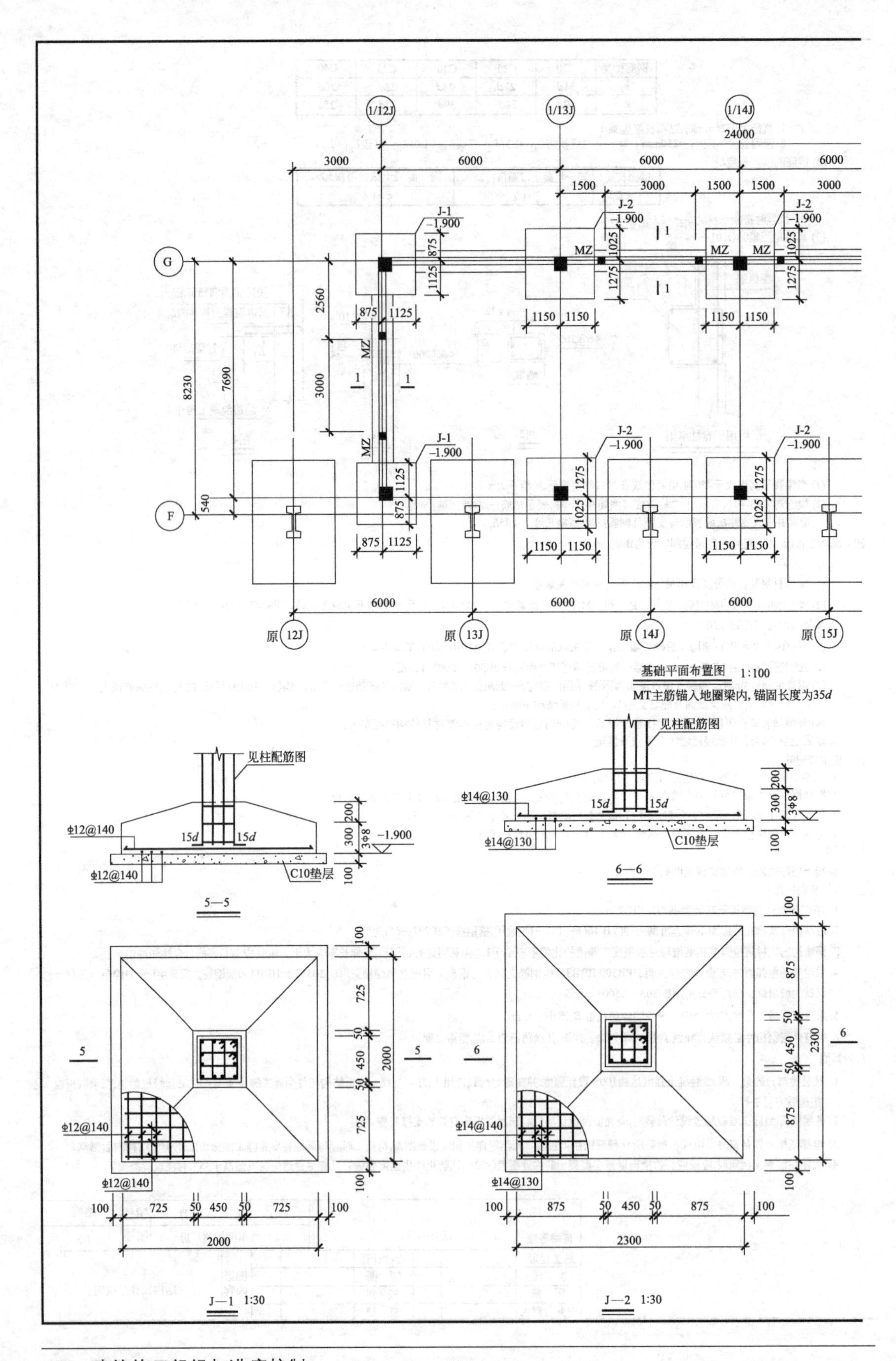

基础平面布置图 1:100
MT主筋锚入地圈梁内，锚固长度为35d
见柱配筋图
C10垫层
5—5
6—6
J—1 1:30
J—2 1:30

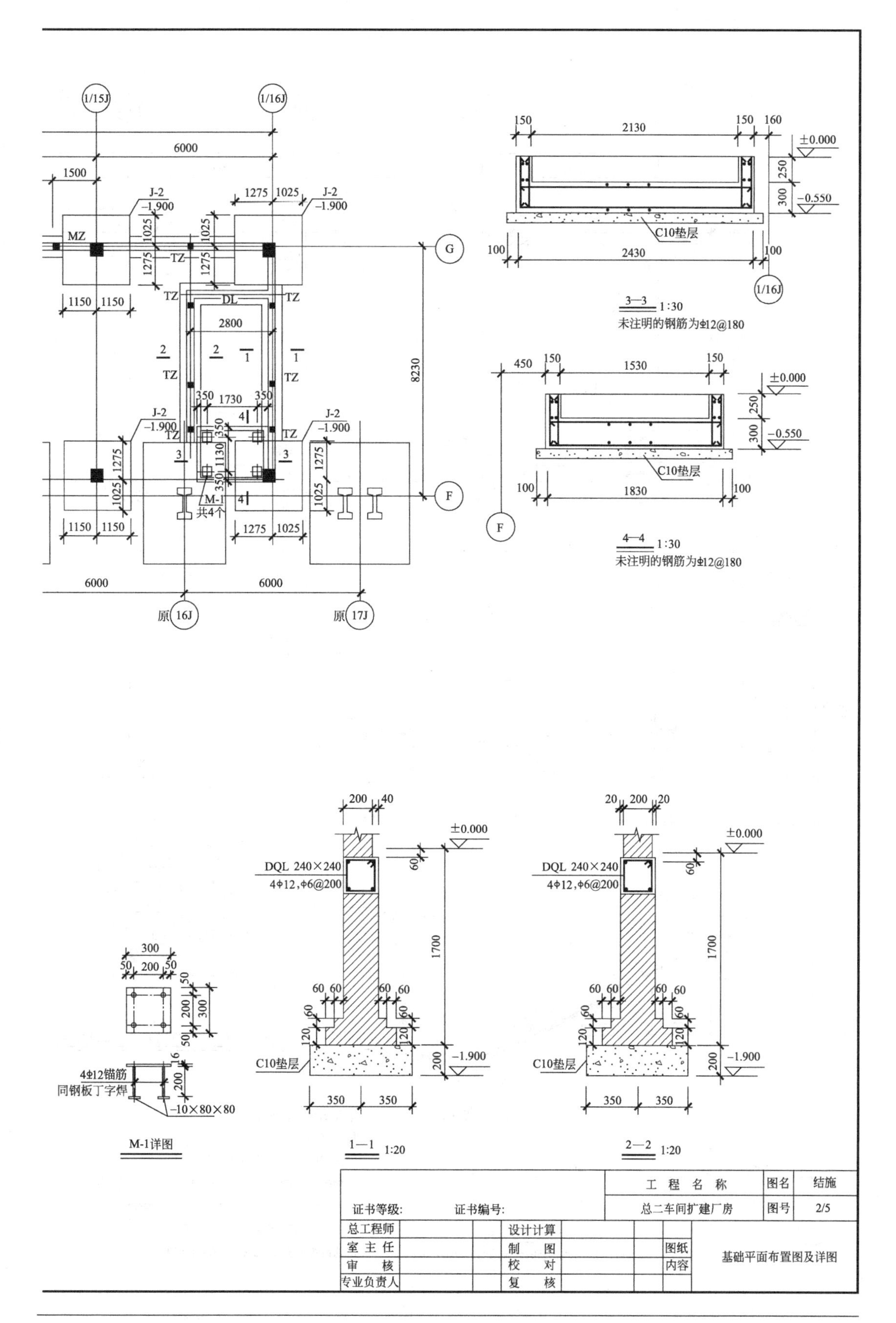

1/15J
1/16J
6000
1500
J-2
-1.900
1275 1025
MZ
TZ
DL
2800
1150 1150
8230
G
F
350 1730 350
M-1
共4个
6000
原 16J
原 17J
3—3 1:30
未注明的钢筋为⌀12@180
C10垫层
2130
2430
±0.000
-0.550
4—4 1:30
1530
1830
DQL 240×240
4⌀12,⌀6@200
1700
-1.900
350 350
4⌀12锚筋
同钢板丁字焊
-10×80×80
M-1详图
1—1 1:20
2—2 1:20
工 程 名 称
总二车间扩建厂房
图名 结施
图号 2/5
证书等级:
证书编号:
总工程师
室主任
审核
专业负责人
设计计算
制图
校对
复核
图纸内容
基础平面布置图及详图

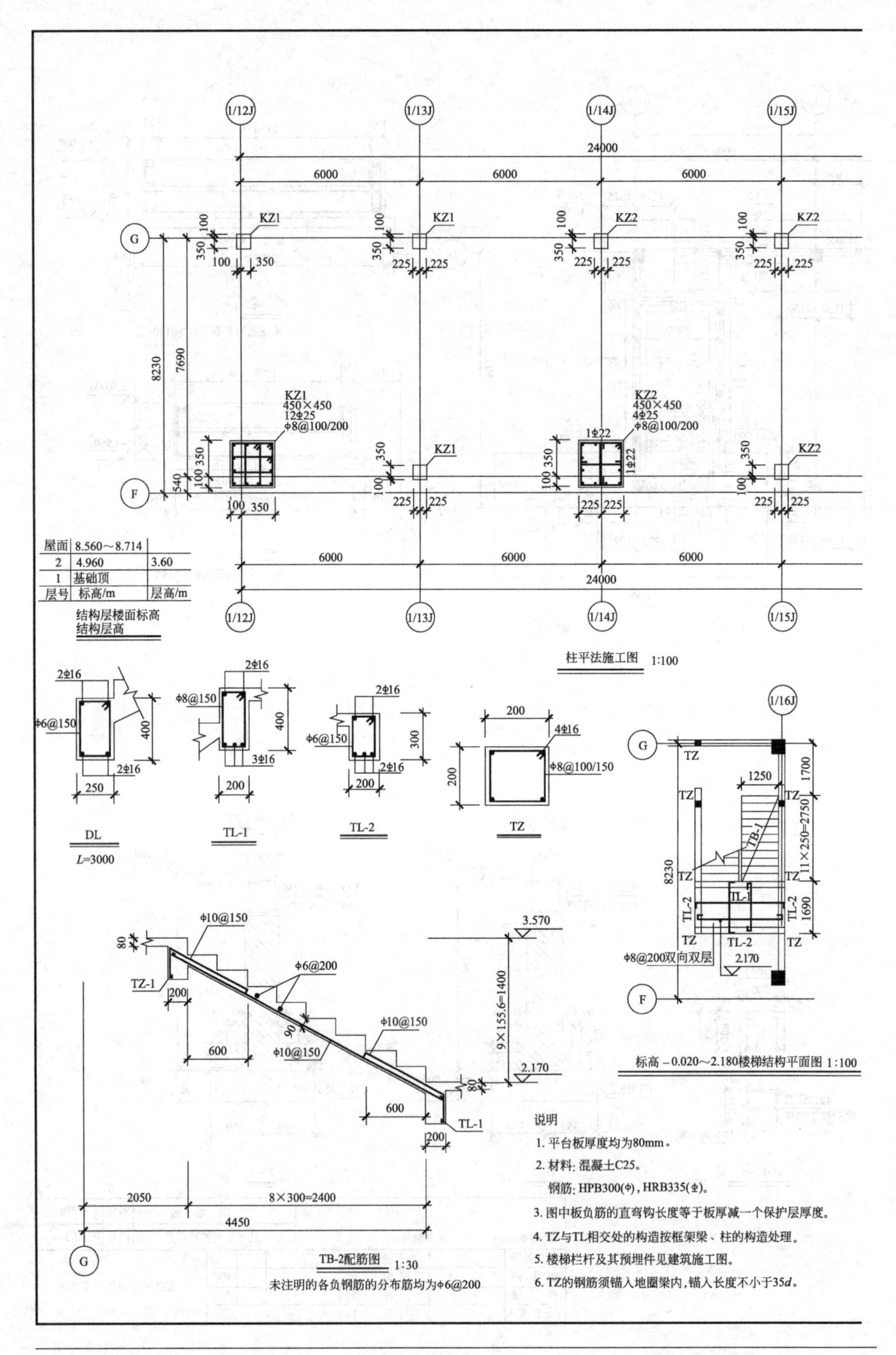

柱平法施工图 1:100
结构层楼面标高
结构层高
TB-2配筋图 1:30
未注明的各负钢筋的分布筋均为φ6@200
标高 -0.020～2.180楼梯结构平面图 1:100
说明
1. 平台板厚度均为80mm。
2. 材料：混凝土C25。
钢筋：HPB300(φ)，HRB335(Φ)。
3. 图中板负筋的直弯钩长度等于板厚减一个保护层厚度。
4. TZ与TL相交处的构造按框架梁、柱的构造处理。
5. 楼梯栏杆及其预埋件见建筑施工图。
6. TZ的钢筋须锚入地圈梁内，锚入长度不小于35d。

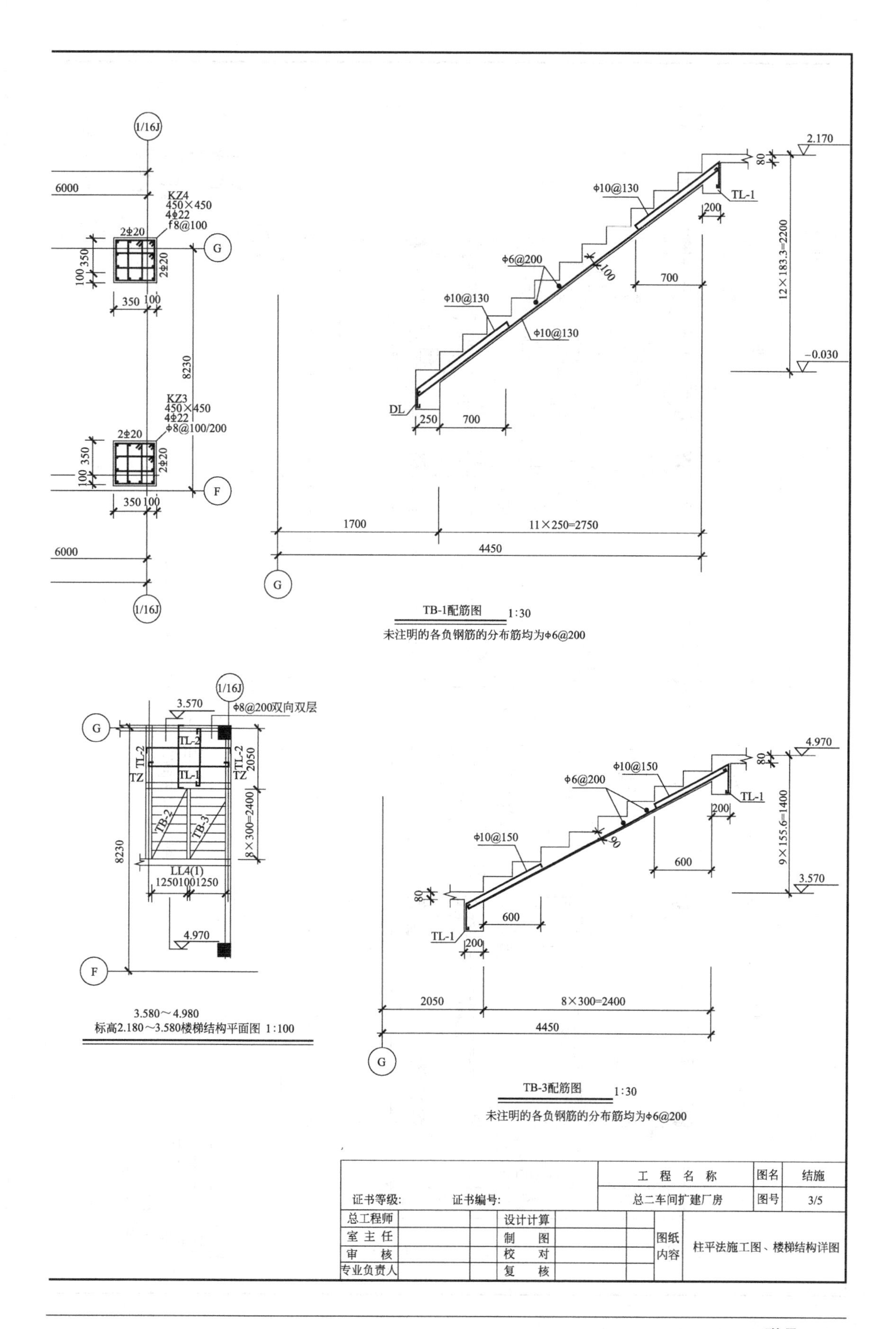

TB-1配筋图 1:30
未注明的各负钢筋的分布筋均为Φ6@200
标高2.180～3.580楼梯结构平面图 1:100
3.580～4.980
TB-3配筋图 1:30
未注明的各负钢筋的分布筋均为Φ6@200
证书等级:
证书编号:
工 程 名 称
总二车间扩建厂房
图名
结施
图号
3/5
总工程师
室 主 任
审 核
专业负责人
设计计算
制 图
校 对
复 核
图纸内容
柱平法施工图、楼梯结构详图

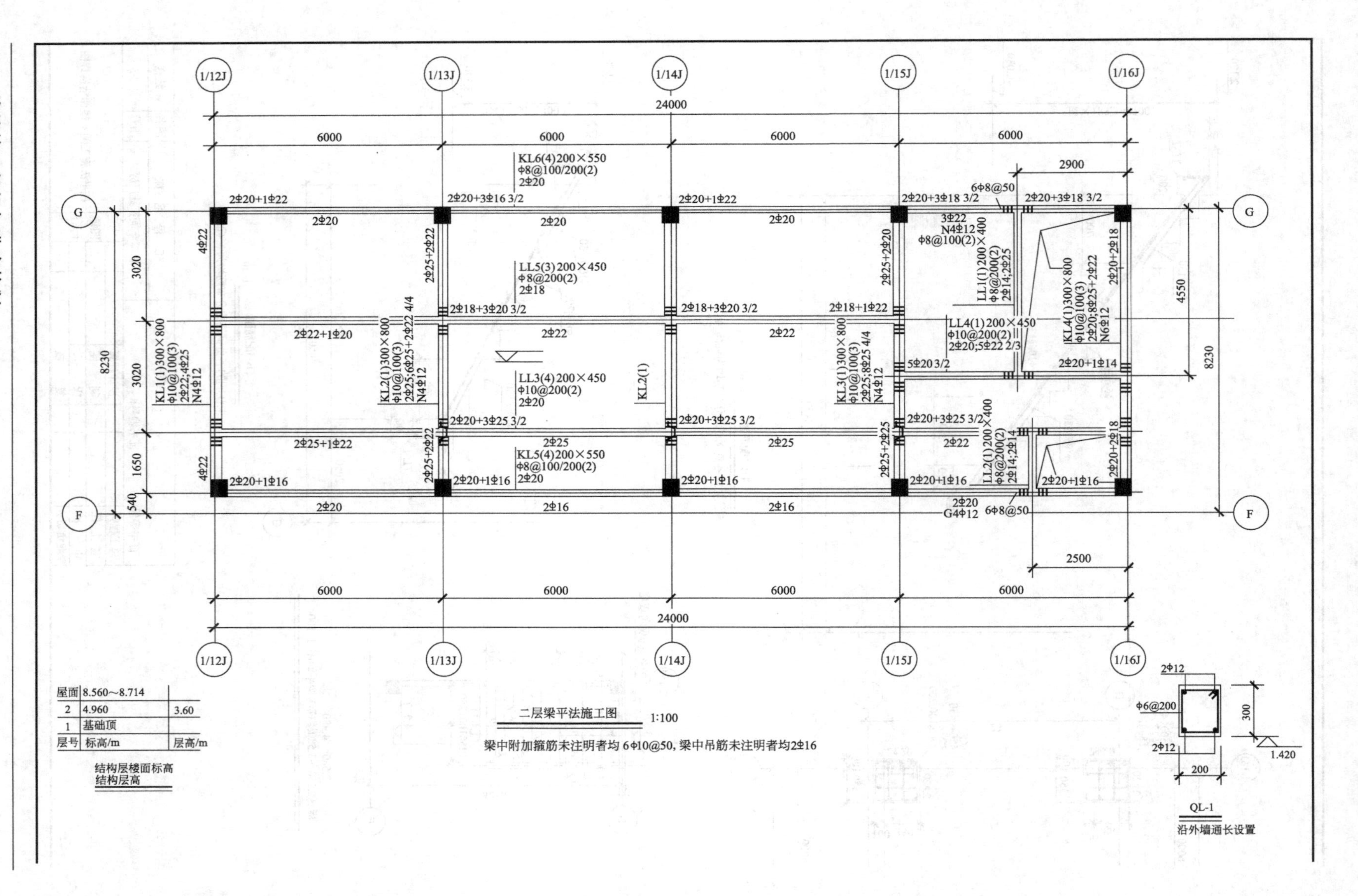
KL6(4)200×550
Φ8@100/200(2)
2Φ20
LL5(3)200×450
Φ8@200(2)
2Φ18
LL3(4)200×450
Φ10@200(2)
2Φ20
KL5(4)200×550
Φ8@100/200(2)
2Φ20
KL1(1)300×800
Φ10@100(3)
2Φ22;4Φ25
N4Φ12
KL2(1)300×800
Φ10@100(3)
2Φ25;6Φ25+2Φ22 4/4
N4Φ12
KL3(1)300×800
Φ10@100(3)
2Φ25;8Φ25 4/4
N4Φ12
KL2(1)
LL1(1)200×400
Φ8@200(2)
2Φ14;2Φ25
LL4(1)200×450
Φ10@200(2)
2Φ20;5Φ22 2/3
KL4(1)300×800
Φ10@100(3)
2Φ20;8Φ25+2Φ22
N6Φ12
LL2(1)200×400
Φ8@200(2)
2Φ14;2Φ14
二层梁平法施工图 1:100
梁中附加箍筋未注明者均6Φ10@50，梁中吊筋未注明者均2Φ16
QL-1
沿外墙通长设置
屋面 8.560～8.714
2 4.960 3.60
1 基础顶
层号 标高/m 层高/m
结构层楼面标高
结构层高

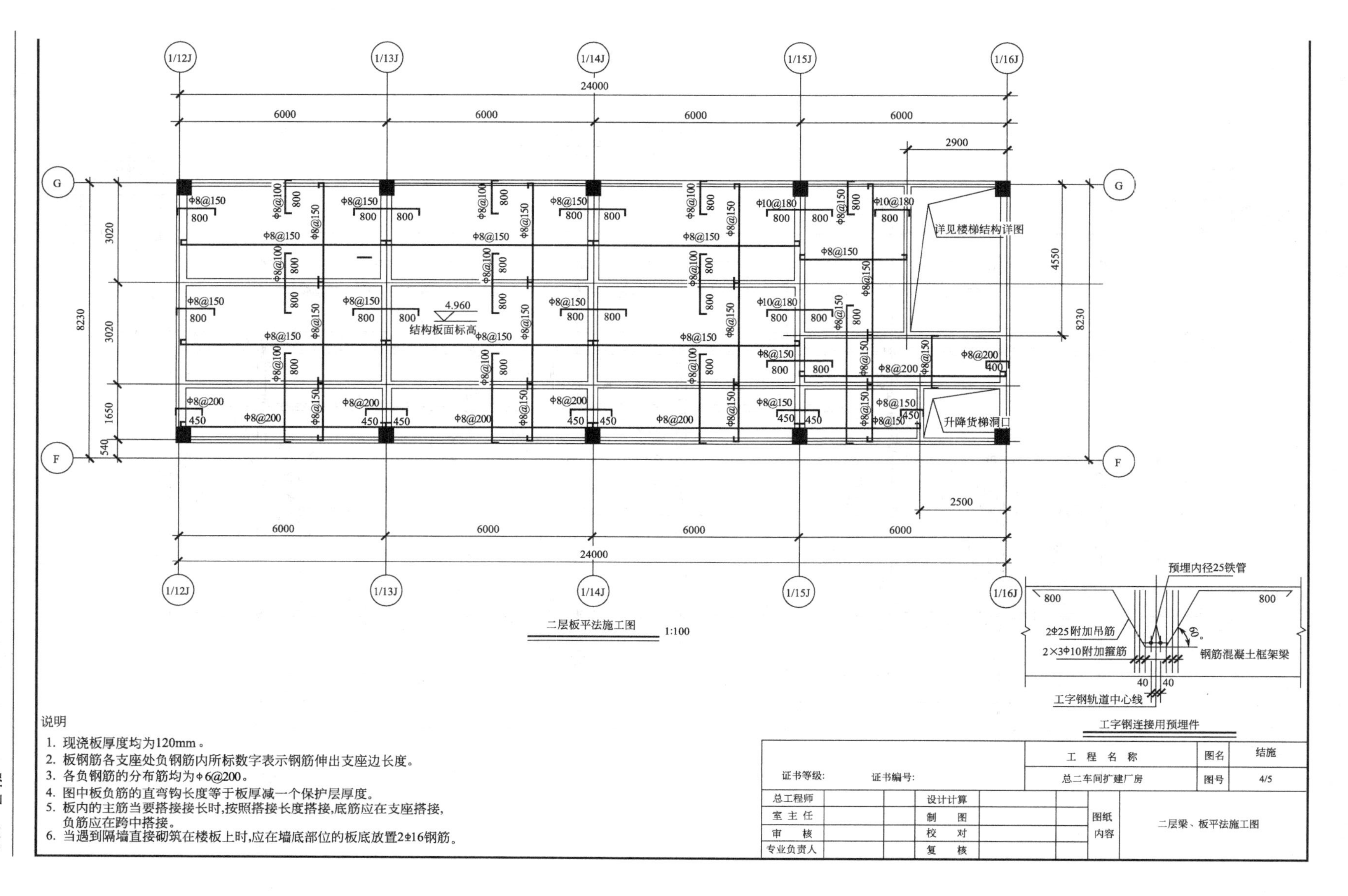

1/12J
1/13J
1/14J
1/15J
1/16J
G
F
24000
6000
2900
2500
8230
4550
3020
1650
540
Φ8@150
Φ8@100
Φ8@200
Φ10@180
800
450
400
4.960
结构板面标高
详见楼梯结构详图
升降货梯洞口
二层板平法施工图
1:100
预埋内径25铁管
2Φ25附加吊筋
2×3Φ10附加箍筋
钢筋混凝土框架梁
60°
40
工字钢轨道中心线
工字钢连接用预埋件
说明
1. 现浇板厚度均为120mm。
2. 板钢筋各支座处负钢筋内所标数字表示钢筋伸出支座边长度。
3. 各负钢筋的分布筋均为Φ6@200。
4. 图中板负筋的直弯钩长度等于板厚减一个保护层厚度。
5. 板内的主筋当要搭接接长时,按照搭接长度搭接,底筋应在支座搭接,负筋应在跨中搭接。
6. 当遇到隔墙直接砌筑在楼板上时,应在墙底部位的板底放置2Φ16钢筋。
证书等级:
证书编号:
工 程 名 称
总二车间扩建厂房
图名
结施
图号
4/5
总工程师
室 主 任
审 核
专业负责人
设计计算
制 图
校 对
复 核
图纸内容
二层梁、板平法施工图

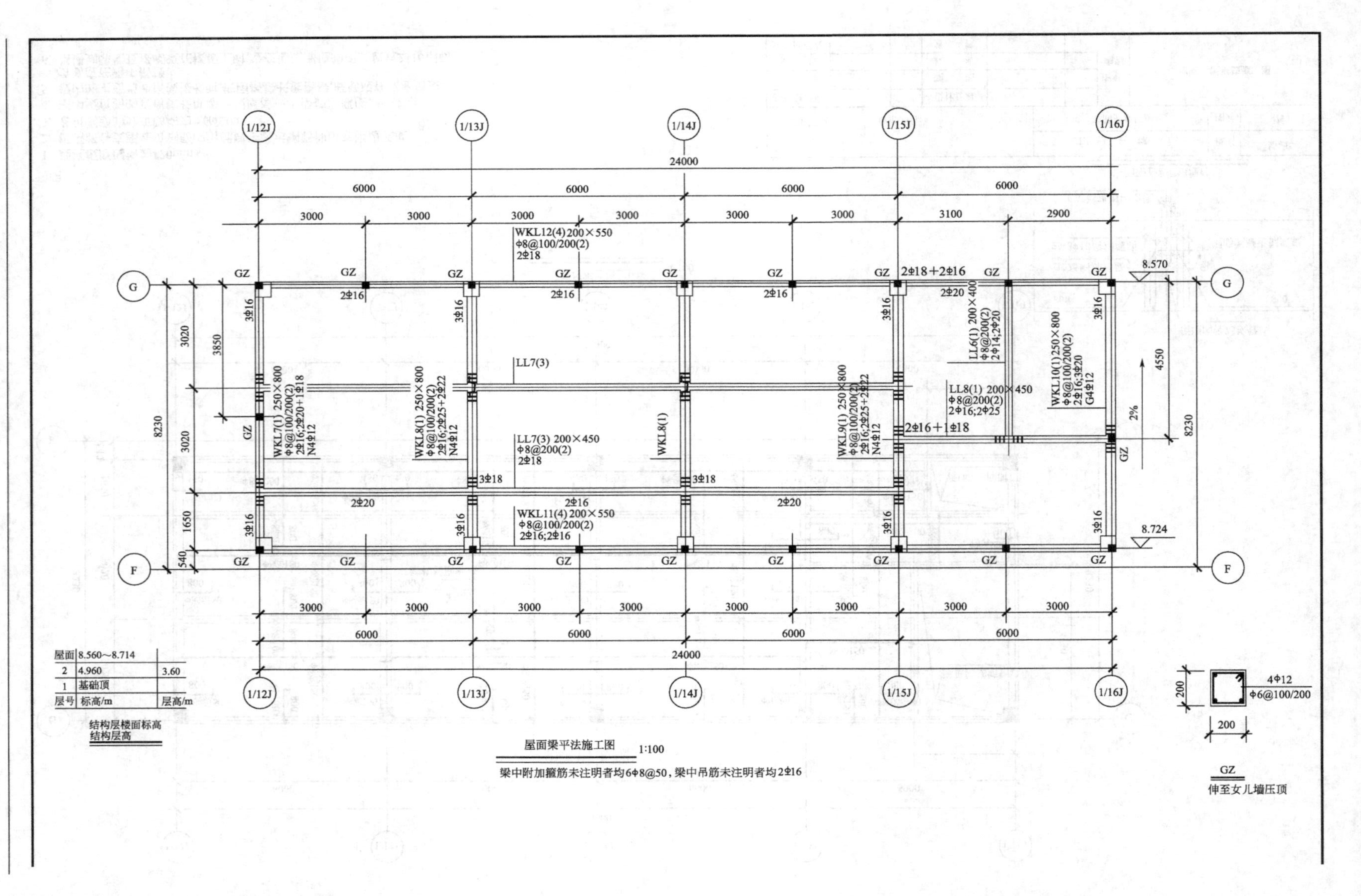

屋面梁平法施工图 1:100

梁中附加箍筋未注明者均6Φ8@50，梁中吊筋未注明者均2Φ16

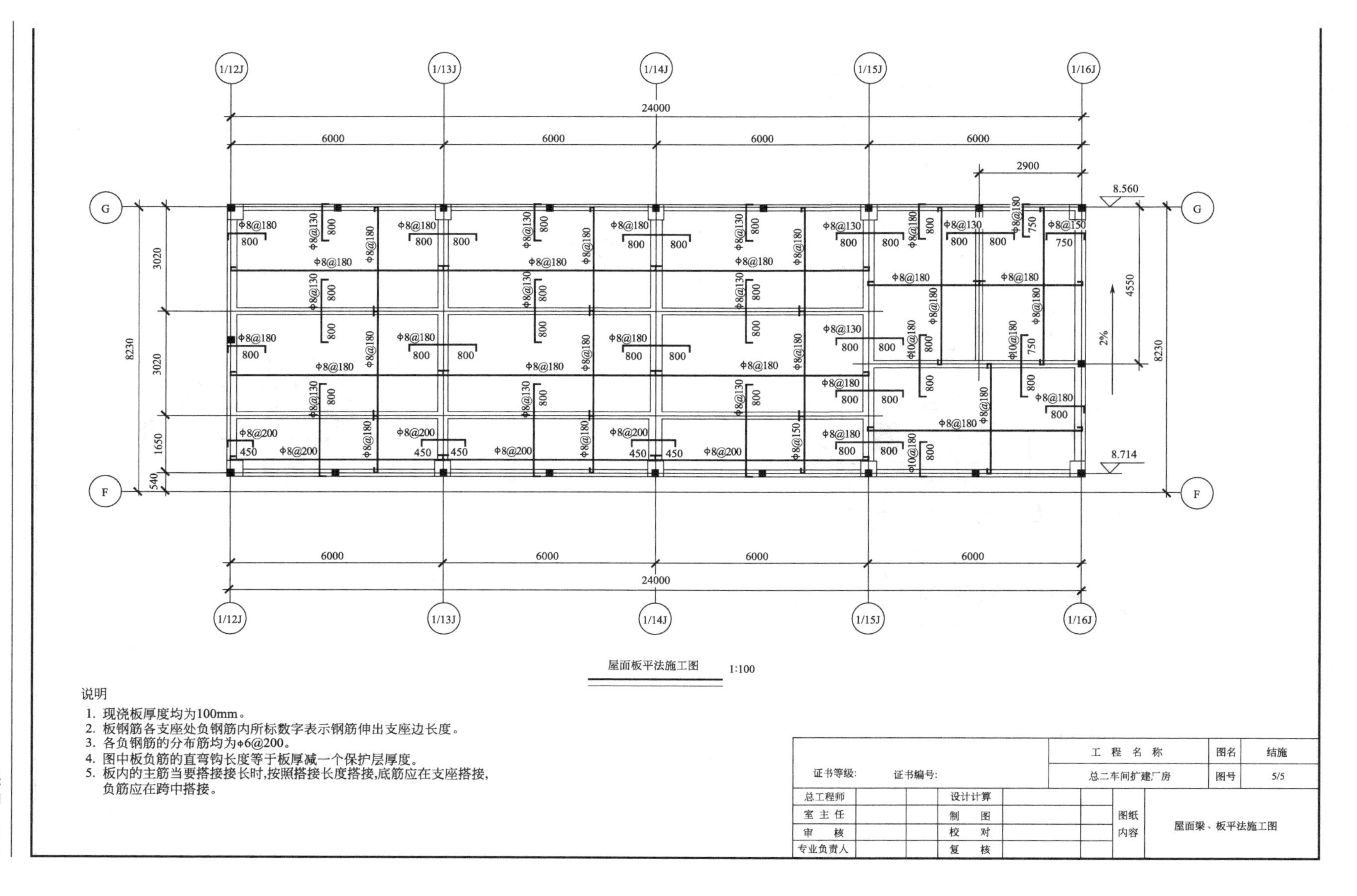
屋面板平法施工图
1:100
说明
1. 现浇板厚度均为100mm。
2. 板钢筋各支座处负钢筋内所标数字表示钢筋伸出支座边长度。
3. 各负钢筋的分布筋均为φ6@200。
4. 图中板负筋的直弯钩长度等于板厚减一个保护层厚度。
5. 板内的主筋当要搭接接长时,按照搭接长度搭接,底筋应在支座搭接,
负筋应在跨中搭接。
证书等级:
证书编号:
工 程 名 称
总二车间扩建厂房
图名
结施
图号
5/5
总工程师
室 主 任
审 核
专业负责人
设计计算
制 图
校 对
复 核
图纸内容
屋面梁、板平法施工图

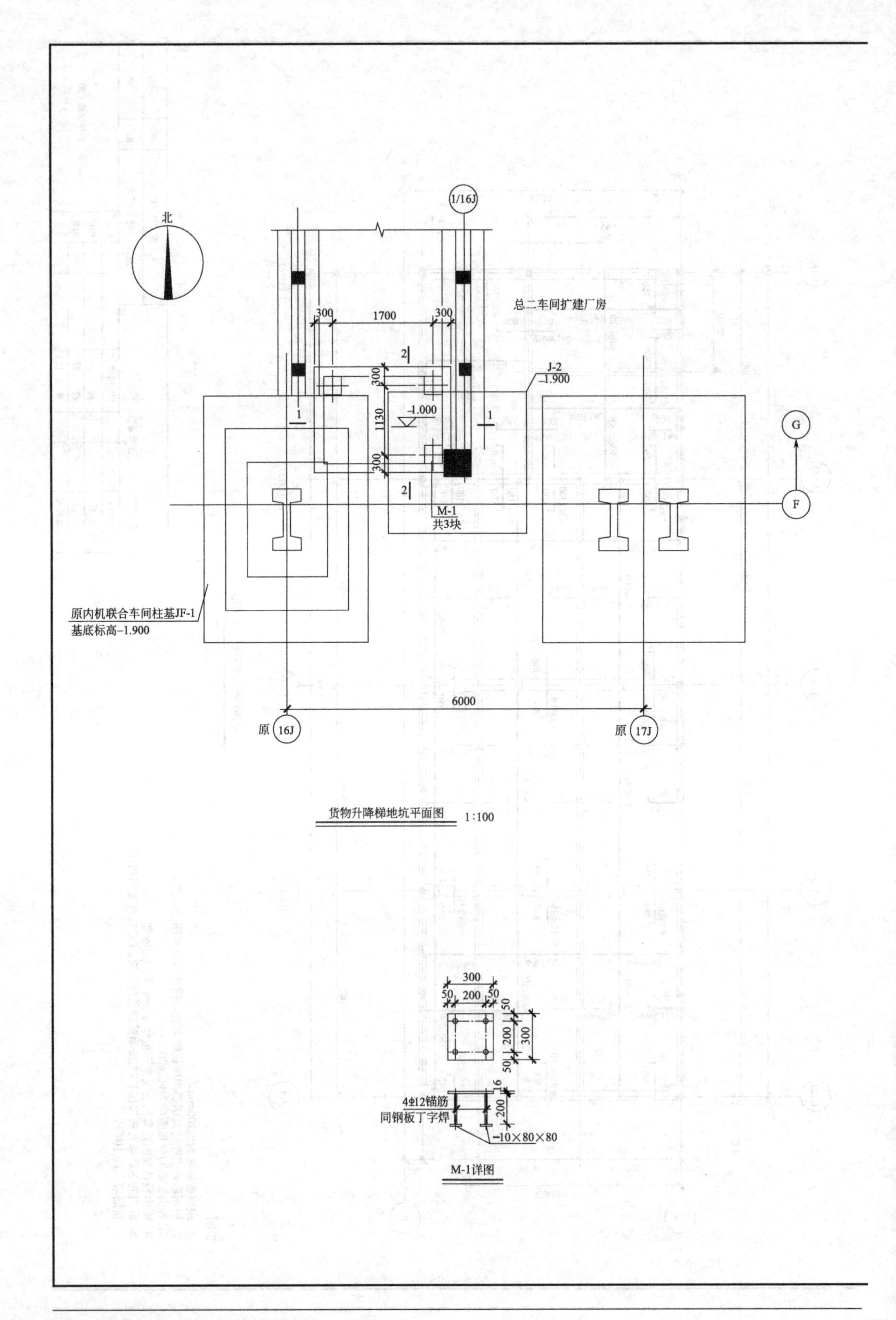

货物升降梯地坑平面图 1:100

M-1详图

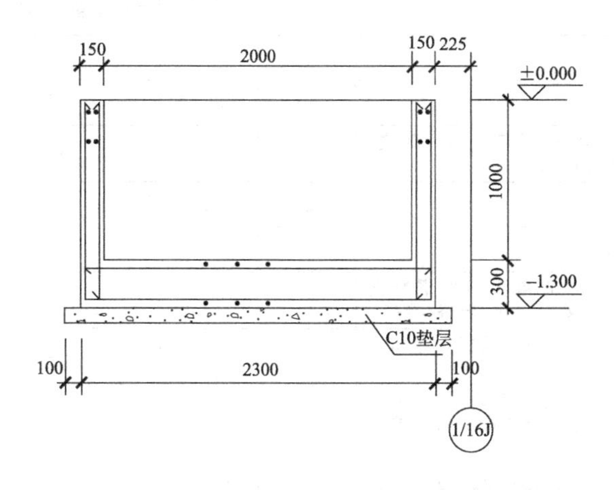

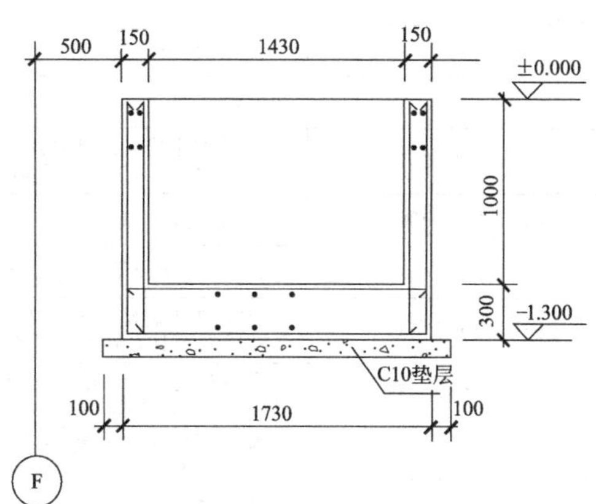

1—1 1:30
未注明的钢筋为Φ12@180

2—2 1:30
未注明的钢筋为Φ12@180

施工说明

1. 本工程为总二车间辅助厂房货物升降梯地坑基础。
2. 基础设计依据为车间工艺师提供的相关资料。
3. 本工程±0.000为车间室内地坪面标高。
4. 基础用材:基础混凝土强度等级采用C25,垫层采用C10。
   Φ—HPB300级钢筋,Φ—HPB335级钢筋,保护层厚度为40mm。
   钢筋搭接长度48*d*,锚固长度为34*d*。须考虑抗渗,抗渗等级为S6,不得有渗水现象。
5. 二层楼面升降货梯洞口靠北一侧设置安全护栏,具体做法详见钢梯图集02(03)J401中的LG1-12。
6. 地坑坑壁内侧四周预埋L70×7角钢护边,锚筋Φ6@300,长150。
7. 原老地坑凿除,凿除时须轻敲轻凿。基础开挖至设计标高未到老土时,开挖至老土后用C10混凝土回填至设计标高。基础开挖时要特别注意对临近厂房柱基的保护,在开挖前请施工单位做好有效保护措施,并建议该区域吊车暂停使用。厂房柱基础与本基础基底高差部分用C10混凝土回填捣实。
8. 基础施工放线时请车间工艺师现场复核其准确位置。
9. 地坑如遇老厂房柱基时,严禁破坏老柱基,在保证地坑内壁尺寸的情况下直接从老柱基上浇筑。基础混凝土表面浇筑要平整,坑壁垂直,坑底水平,坑底高差不得超过3mm,预埋件位置必须准确。
10. 所有钢构件均须除锈,表面涂刷油漆:防锈漆一度;刮腻子;灰色调和漆二度。
11. 基础施工过程中破损地面按原样恢复。
12. 与其他各专业施工图配合预埋管线。

					工程名称	图名	设施
					总二车间扩建厂房	图号	1/1
总工程师		设计			图纸内容	货物升降梯地坑基础图	
室主任		制图					
审核		校对					
专业负责人		复核					

二、总二车间扩建厂房工程预算书

1. 分部分项工程量清单计价表

附表 1-1 分部分项工程量清单计价表（实例一）

序号	项目编号	项目名称	计量单位	工程数量	金额/元	
					综合单价	合价
		一、土石方工程				
1	010101001001	场地平整	m^2	380.81		
2	010101003001	挖基础土方：土壤类别为三类土，基础类型为基坑，挖土深度－1.75m，弃土运距3000m	m^3	484.34		
3	010103001001	土(石)方回填	m^3	446.46		
		二、混凝土及钢筋混凝土工程				
1	010401002001	现浇独立基础：垫层材料种类、厚度为100，混凝土强度等级C10，混凝土拌和材料要求浇筑、振捣、养护	m^3	13.71		
2	010401002001	现浇独立基础：混凝土强度等级C25，混凝土拌和材料要求浇筑、振捣、养护	m^3	19.47		
3	010401001001	现浇带形基础：垫层材料种类、厚度为700mm×200mm，混凝土强度等级C10，混凝土拌和材料要求为浇筑、振捣、养护	m^3	4.58		
4	010403004001	地圈梁：截面积204mm×204mm，混凝土强度等级C25	m^3	2.53		
5	0104	现浇满堂基础	m^3	1.33		
6	010404001001	现浇直形墙	m^3	0.36		
7	010402001001	现浇矩形柱：柱高度为8.677m，柱截面尺寸450mm×450mm，混凝土强度等级C25，混凝土拌和材料要求为浇筑、振捣、养护	m^3	20.41		
8	010402001002	现浇矩形柱：柱截面尺寸240mm×240mm，混凝土强度等级C25，混凝土拌和材料要求为浇筑、振捣、养护	m^3	3.59		
9	010403004002	现浇圈梁：梁截面240mm×240mm，混凝土强度等级C25，混凝土拌和材料要求为浇筑、振捣、养护	m^3	2.36		
10	010604002001	钢吊车梁	t	1.65		
11	010405001001	现浇有梁板：板厚度120mm/100mm，混凝土强度等级C25	m^3	66.29		
12	010405008001	现浇雨篷、阳台板：混凝土强度等级C25	m^3	1.2		
13	010406001001	现浇直行楼梯：混凝土强度等级C25	m^2	17.36		
14	010407002001	现浇散水：面层20厚1：2水泥砂浆，混凝土强度等级C15	m^2	18.31		
15	010407002002	现浇坡道：面层20厚1：2水泥砂浆，混凝土强度等级C15	m^2	19.36		
16	010606008001	钢梯：钢梯形式为爬梯	t	0.23		
17	010417002001	预埋铁件	t	0.3428		
18	010606012001	钢盖板	t	0.2912		
19	010416001001	现浇混凝土钢筋：钢筋种类、规格为ϕ12mm以内	t	6.33		
20	010416001002	现浇混凝土钢筋：钢筋种类、规格为ϕ25mm以内	t	12.67		
21	010416001003	现浇混凝土钢筋	t	0.214		
		三、砌筑工程				
1	010301001001	砖基础：M10.0水泥砂浆，MU10基础	m^3	17.16		
2	010302001001	实心砖墙：砖品种、规格、强度等级为KP1，墙体厚度240mm，砂浆强度等级、配合比为M5混合砂浆	m^3	59.74		
3	010302001002	实心砖墙：砖品种、规格、强度等级KP1，墙体厚度120mm，砂浆强度等级、配合比为M5.0混合砂浆	m^3	11.94		

序号	项目编号	项　目　名　称	计量单位	工程数量	金额/元	
					综合单价	合价
4	010407001001	现浇其他构件：构件类型为压顶，混凝土强度等级C25，混凝土拌和料要求为浇筑、浇捣、养护	m^3	0.33		
5	010703004001	变形缝：26＃镀锌铁皮	m	18.88		
		四、楼地面工程				
1	020105003001	水泥砂浆楼地面：垫层材料种类、厚度为150厚C25混凝土，面层厚度、砂浆配合比为耐磨地坪	m^2	246.17		
2	020105003001	块料踢脚线：踢脚线高度200mm，面层材料品种、规格、品牌、颜色为300mm×300mm以上	m^2	6.66		
3	020101002001	现浇水磨石地面	m^2	163.76		
4	020105003002	块料踢脚线：踢脚线高度200mm，面层材料品种、规格、品牌、颜色为300mm×300mm以上	m^2	206.8		
5	020108003001	水泥砂浆楼梯面	m^2	17.36		
		五、墙、柱面工程				
1	020201001001	外墙面抹灰	m^2	283.63		
2	020201001002	内墙面抹灰：底层厚度、砂浆配合比为15厚1∶1∶6，面层为5厚1∶0.3∶3水泥砂浆，装饰面材料种类为内墙	m^2	741.26		
3	020202001001	柱梁面一般抹灰	m^2	260.92		
4	020301001001	天棚抹灰	m^2	369.38		
5	020507001001	外墙乳胶漆	m^2	283.63		
6	020507001002	内墙涂料	m^2	741.126		
7	020507001003	天棚涂料	m^2	381.86		
8	020507001004	柱、梁涂料	m^2	260.92		
9	020203001001	雨篷抹灰	m^2	12		
10	020107001001	楼梯栏杆	m	11.69		
11	020401002001	企口木板门	樘	3		
12	020406007001	塑钢窗	樘	13		
13	020604002001	木质装饰线	m	110.7		
		六、屋面及防水工程				
1	020101001002	屋面找平线	m^2	184.56		
2	010702003001	屋面刚性防水40mm	m^2	184.56		
3	010802001001	隔离层	m^2	184.56		
4	010801005001	聚氯乙烯板面层(30mm)	m^2	184.56		
5	010703004001	屋面排水管、落水斗、落水口	m	26.25		
6	010703004002	变形缝	m	24.2		
7	040501002001	混凝土管道铺设	m	30.48		
8	010303003001	窨井：ϕ700，铸铁盖板	座	4		
		七、厂库房大门，特种门，木结构工程				
1	010501003001	全钢板大门	樘	3		
2	修缮1-147换	拆除混凝土地板混凝土垫层	$10m^2$	27.677		
3	修缮1-148换	拆除混凝土地坪 碎石垫层	$10m^2$	27.677		
4	0-0换	签证人工	工日	4		

2. 乙供材料、设备表

附表 1-2　乙供材料、设备表（实例一）

序号	材料编码	材料名称	规格型号等特殊要求	单位	数量	单位/元
1	C000000	其他材料费		元	23418.710	
2	C101021	细砂		t	0.572	
3	C101022	中砂		t	235.886	
4	C102003	白石子		t	3.910	
5	C102011	道渣 40～80mm		t	2.069	
6	C102039	碎石 5～31.5mm		t	25.492	
7	C102040	碎石 5～16mm		t	9.542	
8	C102041	碎石 5～20mm		t	147.927	
9	C102042	碎石 5～40mm		t	56.513	
10	C105012	石灰膏		m^3	3.448	
11	C201008	标准砖 240mm×115mm×53mm		百块	116.271	
12	C201016	多孔砖 KP1 240mm×115mm×90mm		百块	220.408	
13	C204054P1	人行道标志线地砖 100mm×100mm		块	582.645	
14	C204056	同质地砖 600mm×600mm		块	85.995	
15	C206002	玻璃 3mm		m^2	6.807	
16	C206038	磨砂玻璃 3mm		m^2	4.363	
17	C207040	聚氯乙烯胶泥		kg	20.159	
18	C208004	金刚石(三角形)75mm×75mm×50mm		块	49.128	
19	C208005	金刚石 200mm×75mm×50mm		块	4.913	
20	C301002	白水泥		kg	639.706	
21	C301023	水泥 32.5 级		kg	101016.536	
22	C302055	混凝土管 ϕ250mm		m	33.223	
23	C401029	普通木材		m^3	0.389	
24	C401031	硬木成材		m^3	0.111	
25	C401035	周转木材		m^3	0.698	
26	C402005	圆木		m^3	0.009	
27	C405015	复合木模板 18mm		m^2	193.736	
28	C405054	红松阴角线 60mm×60mm		m	121.770	
29	C405098	木砖与拉条		m^3	0.241	
30	C406002	毛竹		根	7.283	
31	C407007	锯(木)屑		m^3	0.232	
32	C407012	木材		kg	133.102	
33	C501009	扁钢－30mm×4mm～50mm×5mm		kg	55.878	
34	C501014	扁钢		t	0.021	
35	C501074	角钢		t	0.630	
36	C501114	型钢		t	2.810	
37	C502018	钢筋(综合)		t	19.380	
38	C502047	钢丝绳		kg	0.038	
39	C502112	圆钢 ϕ15～24mm		kg	63.582	
40	C502120	成型冷轧扭钢筋(弯曲成型)		t	0.214	
41	C503079	镀锌铁皮 26#		m^2	19.529	
42	C503101	钢板 1.5mm		t	0.321	
43	C504098	钢支撑(钢管)		kg	507.312	
44	C504177	脚手钢管		kg	287.106	
45	C505655	铸铁弯头出水口		套	3.030	

续表

序号	材料编码	材料名称	规格型号等特殊要求	单位	数量	单位/元
46	C507042	底座		个	1.602	
47	C507108	扣件		个	47.977	
48	C508238	铸铁盖板 ϕ700mm		套	4.000	
49	C509006	电焊条　结 422		kg	333.494	
50	C509015	焊锡		kg	0.611	
51	C510049	插销 100mm		百个	0.030	
52	C510122	镀锌铁丝 8#		kg	120.946	
53	C510124	镀锌铁丝 12#		kg	0.352	
54	C510127	镀锌铁丝 22#		kg	73.582	
55	C510142	钢丝弹簧 L=95mm		个	2.424	
56	C510165	合金钢切割锯片		片	0.103	
57	C510220	拉手 150mm		百个	0.030	
58	C510358	折页 100mm		百个	0.060	
59	C511076	带帽螺栓		kg	1.182	
60	C511205	对拉螺栓(止水螺栓)		kg	2.095	
61	C511366	零星卡具		kg	147.725	
62	C511421	木螺钉		百只	1.216	
63	C511441	木螺钉 19mm		个	39.000	
64	C511443	木螺钉 25mm		个	12.000	
65	C511448	木螺钉 38mm		个	48.000	
66	C511533	铁钉		kg	85.870	
67	C511565	专用螺母垫圈 3 型		个	2.182	
68	C513041	垫铁		kg	0.511	
69	C513105	钢珠 32.5		个	9.393	
70	C513109	工具式金属脚手		kg	3.468	
71	C513199	铁搭扣		百个	0.030	
72	C513237	钢嵌条 2mm×15mm		m	532.904	
73	C513287	组合钢模板		kg	7.839	
74	C601020	彩色聚氨酯漆(685)0.8:0.8kg/组		kg	0.479	
75	C601031	调和漆		kg	24.190	
76	C601036	防锈漆(铁红)		kg	23.016	
77	C601041	酚醛清漆各色		kg	0.238	
78	C601043	酚醛无光调和漆(底漆)		kg	3.308	
79	C601057	红丹防锈漆		kg	15.188	
80	C601106	乳胶漆(内墙)		kg	411.437	
81	C601125	清油		kg	0.961	
82	C603026	煤油		kg	6.550	
83	C603030	汽油		kg	391.195	
84	C603045	油漆溶剂油		kg	9.403	
85	C604019	沥青木丝板		m^2	3.993	
86	C604032	石油沥青 30#		kg	1442.316	
87	C604038	石油沥青油毡 350#		m^2	193.788	
88	C605014	PVC 管 ϕ20mm		m	1.090	
89	C605024	PVC 束接 ϕ100mm		只	10.253	
90	C605110	聚苯乙烯泡沫板		m^3	5.651	
91	C605154	塑料抱箍(PVC)ϕ100mm		副	30.885	
92	C605155	塑料薄膜		m^2	393.945	
93	C605280	塑料水斗(PVC 水斗)ϕ100mm		只	3.060	
94	C605291	塑料弯头(PVC 水斗)ϕ100mm135 度		只	1.496	

续表

序号	材料编码	材料名称	规格型号等特殊要求	单位	数量	单位/元
95	C605356	增强塑料水管(PVC水管)ϕ100mm		m	26.775	
96	C606138	橡胶板 2mm		m^2	5.303	
97	C606139	橡胶板 3mm		m^2	1.212	
98	C607018	石膏粉 325		kg	77.179	
99	C607045	石棉粉		kg	33.240	
100	C608003	白布		m^2	0.137	
101	C608049	草袋子 1m×0.7m		m^2	4.743	
102	C608097	麻袋		条	0.215	
103	C608101	麻绳		kg	0.033	
104	C608104	麻丝		kg	0.238	
105	C608110	棉纱头		kg	2.188	
106	C608128	牛皮纸		m^2	1.331	
107	C608144	砂纸		张	40.712	
108	C608191	纸筋		kg	2.333	
109	C609032	大白粉		kg	78.007	
110	C610029	玻璃密封胶		kg	0.727	
111	C610039	高强 APP 嵌缝膏		kg	68.103	
112	C611001	防腐油		kg	5.341	
113	C613003	801 胶		kg	312.433	
114	C613028	草酸		kg	1.638	
115	C613056	二甲苯		kg	0.058	
116	C613098	胶水		kg	0.554	
117	C613106	聚醋酸乙烯乳液		kg	2.037	
118	C613145	煤		kg	266.758	
119	C613184	乳胶		kg	0.470	
120	C613206	水		m^3	355.947	
121	C613249	氧气		m^3	47.632	
122	C613253	乙炔气		m^3	20.683	
123	C613256	硬白蜡		kg	4.422	
124	C901114	回库修理,保修费		元	174.571	
125	C901167	其他材料费		元	1982.024	

三、总二车间扩建厂房合同

附表 1-3 建筑安装施工合同（实例一）

×××-98-001

建筑安装施工合同

建设单位×××有限公司　　（以下简称　甲方）　　合 同 编 号________

合同签订地址　××公司

施工单位×××建设工程有限公司　　（以下简称　乙方）　　签 订 日 期　2006年2月3日

根据《中华人民共和国合同法》、《中华人民共和国建筑法》双方本着平等互利、互信的原则，签订本施工合同。

第一条　工程项目及范围：

工程项目及范围	结构	层数	建筑面积/m^2	承包形式	工程造价	工程地点
总二车间扩建厂房（土建、水电）	框架	二层		双包	约50万元	×××厂
合同总造价（大写）约伍拾万元（以决算最终审定价为准）						

第二条　工程期限：

本工程自　2006　年　2　月　3　日至　2006　年　4　月　30　日完工。

第三条 质量标准：

依照本工程施工详图、施工说明书及中华人民共和国住房和城乡建设部颁发的建筑安装工程施工及验收暂行技术规范与有关补充规定办理。做好隐蔽工程，分项工程的验收工作。对不符合工程质量标准的要认真处理，由此造成的损失由乙方负责。

第四条 甲乙双方驻工地代表：

甲方驻工地代表名单：×××

乙方驻工地代表名单：×××

第五条 材料和设备供应：

凡包工包料工程，由甲方提供材料计划，乙方负责采购调运进场，凡包工不包料工程，甲方应根据乙方施工进度要求，按质按量将材料和设备及时进场，并堆放在指定地点，如因甲方材料和设备供应脱节而造成乙方待料窝工现象，其损失由甲方负责。

第六条 付款办法：本工程预决算按《江苏省建筑与装饰工程计价表》编制。

1. 基建项目按省建工局和建设银行规定办法付款。

2. 工程费用按下列办法付款：

工程开工前甲方预付工程款 %计 / 元

工程完成 / 时甲方付进度款 %计 / 元

工程完成至4月份时甲方付进度款60%计 30万 元

工程竣工经验收合格，且结算经审定后工程款付至95%，余款待保修期满一年后15天内付清。

第七条 竣工验收：

工程竣工后，甲、乙双方应会同有关部门进行竣工验收，在验收中提出的问题，乙方要限期解决。工程经验收签证、盖章并结算材料财务手续后准许交付使用。

第八条 其他。

1. 甲方在开工前应做好施工现场的“三通”（路通、水通、电通）。

2. 单包工程甲方应帮助乙方解决住宿和用膳问题。

3. 施工中如甲方提出工程变更，应由甲方提请设计部门签发变更通知书，由于工程变更造成的损失由甲方负责。

4. 本工程设计预算如有漏列项目或差错，在本合同有效期内审查修正，竣工结算时以工程决算书为准。

第九条 本合同一式 肆 份，在印章齐全后，至工程竣工验收，款项结清前有效。

本合同未尽事宜，双方协商解决。

第十条 违约责任： 执行《中华人民共和国合同法》 。

第十一条 解决合同纠纷的方式由当事人从下列方式中选择一种：

1. 协商解决不成的提交××仲裁委员会仲裁。

2. 协商解决不成的依法向××人民法院起诉。

第十二条 其他约定事项：1. 乙方必须遵守甲方有关职业健康、安全、环境保护、治安管理、红黄牌考核的协议规定和要求，如发生安全事故，责任一律由乙方负责。2. 施工前，乙方必须将主要材料的价格报甲方审核。主要材料进场必须经甲方验收，报验不及时罚款500元/次。3. 如延误工期（非甲方原因），罚款1000元/天。4. 措施项目及其他项目费计算标准：①临时设施费，土建装饰1%、安装0.6%计；②检验试验费，土建装饰0.18%、安装0.15%计；③现场安全文明施工措施费，土建装饰2%、安装0.7%计。5. 工艺变更、设计变更及图纸外的工程内容办理签证。

甲方：	乙方：
法定代表人：	法定代表人：
委托代理人：	委托代理人：
电话：	电话：
开户银行：	开户银行：
账号：	账号：
经办人：	经办人：
建管处见证：	建管处见证：
年 月 日	年 月 日
监制部门：×××工商行政管理局	印制单位：×××印刷有限公司

附录二 实例二 柴油机试验站辅助楼及浴室

一、柴油机试验站辅助楼及浴室图纸

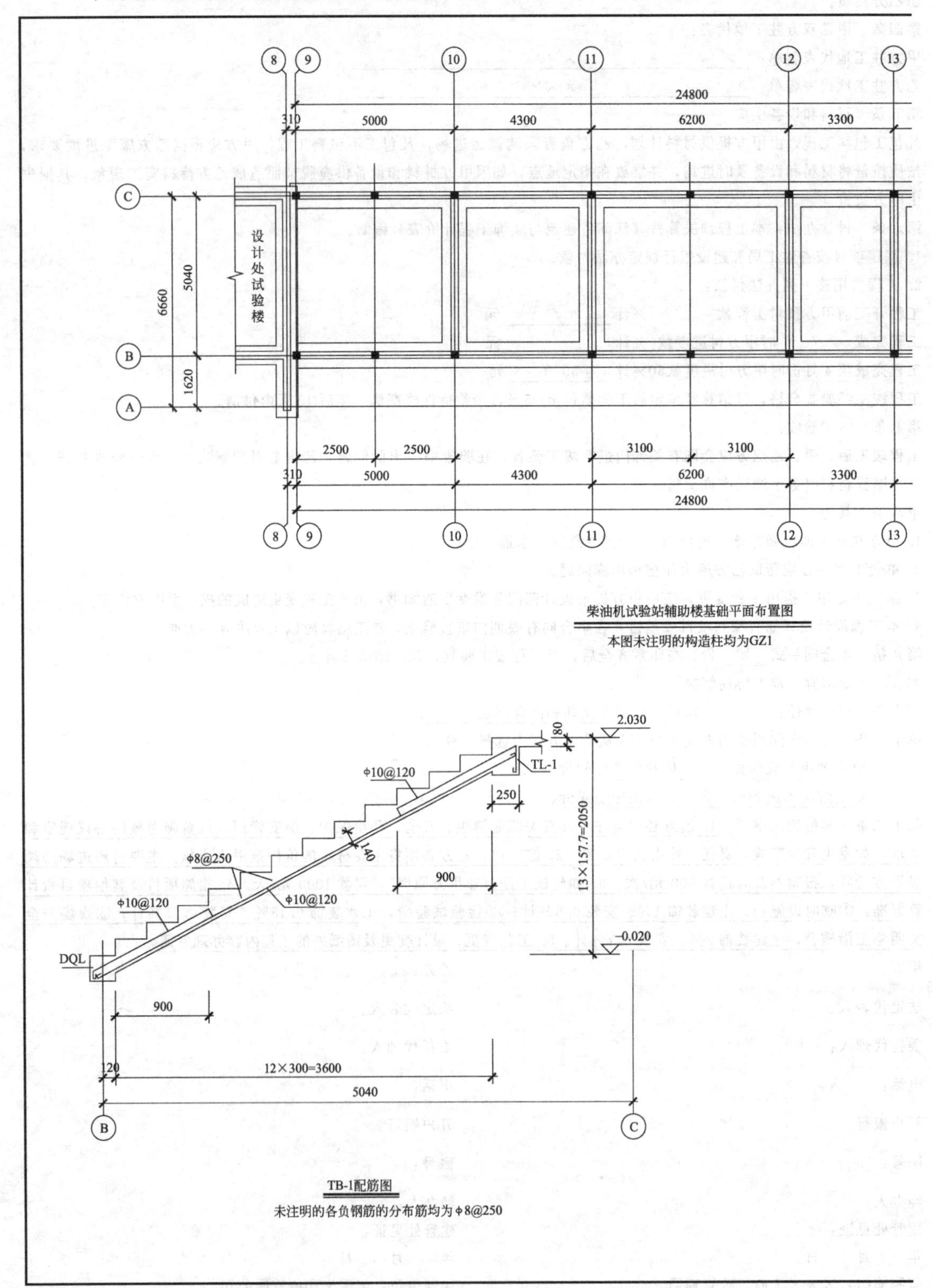

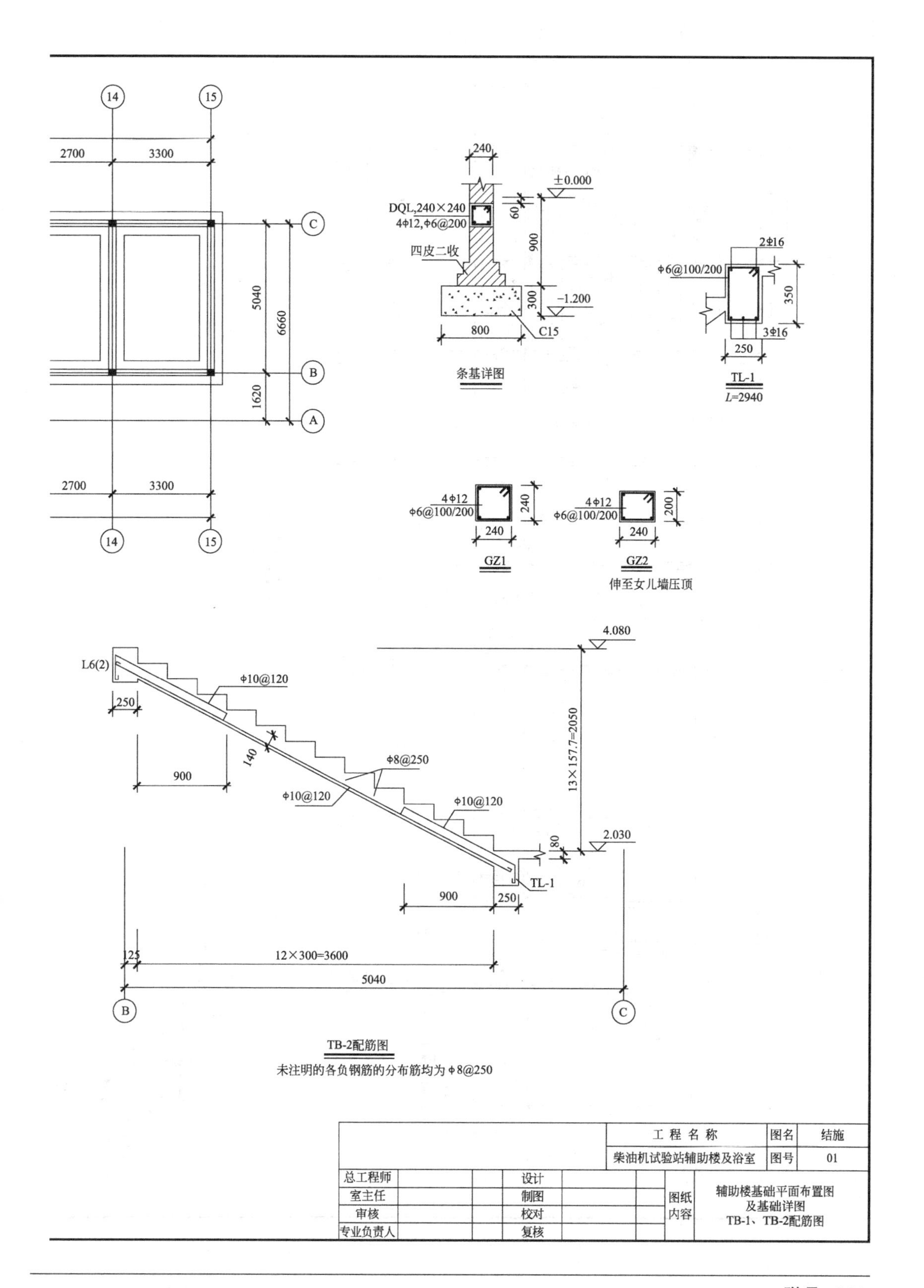

14
15
2700
3300
C
B
A
5040
6660
1620
240
±0.000
DQL,240×240
4Φ12,Φ6@200
60
900
四皮二收
300
-1.200
800
C15
条基详图
2Φ16
Φ6@100/200
350
3Φ16
250
TL-1
L=2940
4Φ12
Φ6@100/200
240
GZ1
200
GZ2
伸至女儿墙压顶
4.080
L6(2)
Φ10@120
250
140
900
Φ8@250
Φ10@120
Φ10@120
13×157.7=2050
80
2.030
TL-1
900
250
125
12×300=3600
5040
B
C
TB-2配筋图
未注明的各负钢筋的分布筋均为Φ8@250
工 程 名 称
图名
结施
柴油机试验站辅助楼及浴室
图号
01
总工程师
设计
室主任
制图
审核
校对
专业负责人
复核
图纸内容
辅助楼基础平面布置图
及基础详图
TB-1、TB-2配筋图

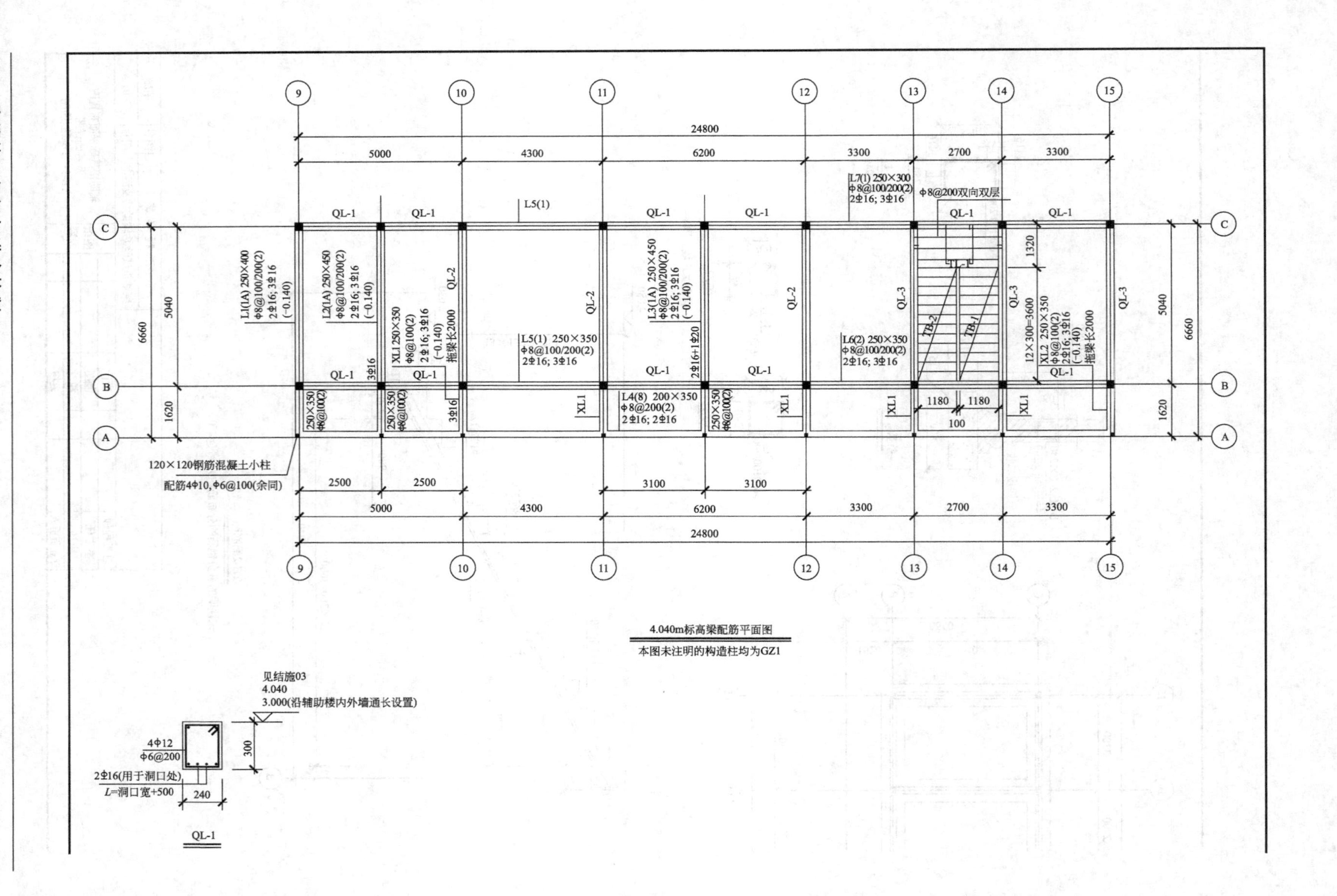

L7(1) 250×300
Φ8@100/200(2)
2Φ16; 3Φ16
Φ8@200双向双层
L5(1)
L1(1A) 250×400
Φ8@100/200(2)
2Φ16; 3Φ16
(−0.140)
L2(1A) 250×450
Φ8@100/200(2)
2Φ16; 3Φ16
(−0.140)
XL1 250×350
Φ8@100(2)
2Φ16; 3Φ16
(−0.140)
挑梁长2000
L5(1) 250×350
Φ8@100/200(2)
2Φ16; 3Φ16
L3(1A) 250×450
Φ8@100/200(2)
2Φ16; 3Φ16
(−0.140)
2Φ16+1Φ20
L4(8) 200×350
Φ8@200(2)
2Φ16; 2Φ16
L6(2) 250×350
Φ8@100/200(2)
2Φ16; 3Φ16
12×300=3600
XL2 250×350
Φ8@100(2)
2Φ16; 3Φ16
(−0.140)
挑梁长2000
120×120钢筋混凝土小柱
配筋4Φ10，Φ6@100(余同)
4.040m标高梁配筋平面图
本图未注明的构造柱均为GZ1
见结施03
4.040
3.000(沿辅助楼内外墙通长设置)
4Φ12
Φ6@200
2Φ16(用于洞口处)
L=洞口宽+500
QL-1

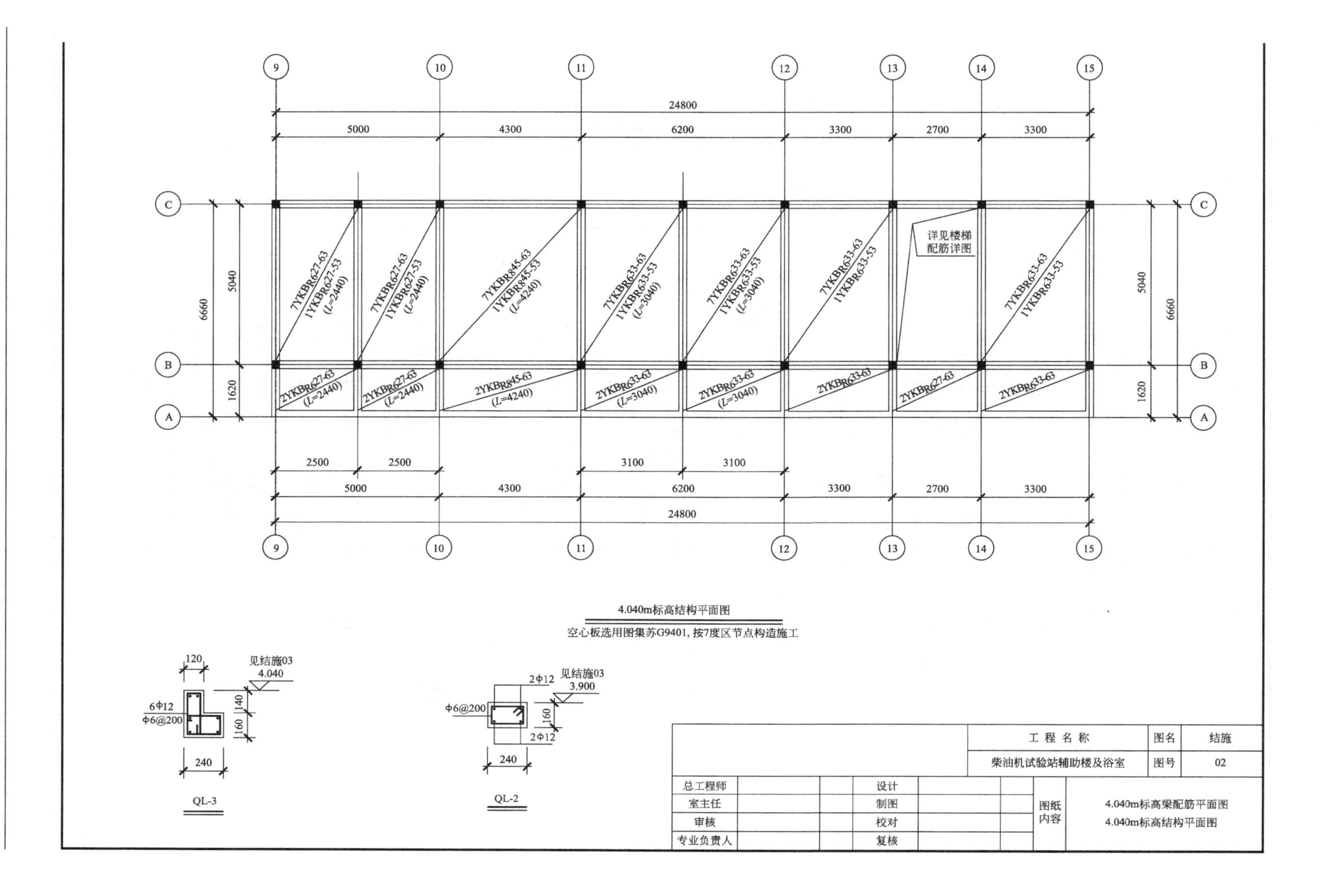

24800
5000
4300
6200
3300
2700
6660
5040
1620
7YKBR627-63
1YKBR627-53
(L=2440)
7YKBR845-63
1YKBR845-53
(L=4240)
7YKBR633-63
1YKBR633-53
(L=3040)
详见楼梯配筋详图
2YKBR627-63
2YKBR845-63
2YKBR633-63
2500
3100
4.040m标高结构平面图
空心板选用图集苏G9401，按7度区节点构造施工
120
见结施03
4.040
6Φ12
Φ6@200
140
160
240
QL-3
2Φ12
3.900
QL-2
工程名称
柴油机试验站辅助楼及浴室
图名
结施
图号
02
总工程师
室主任
审核
专业负责人
设计
制图
校对
复核
图纸内容
4.040m标高梁配筋平面图
4.040m标高结构平面图

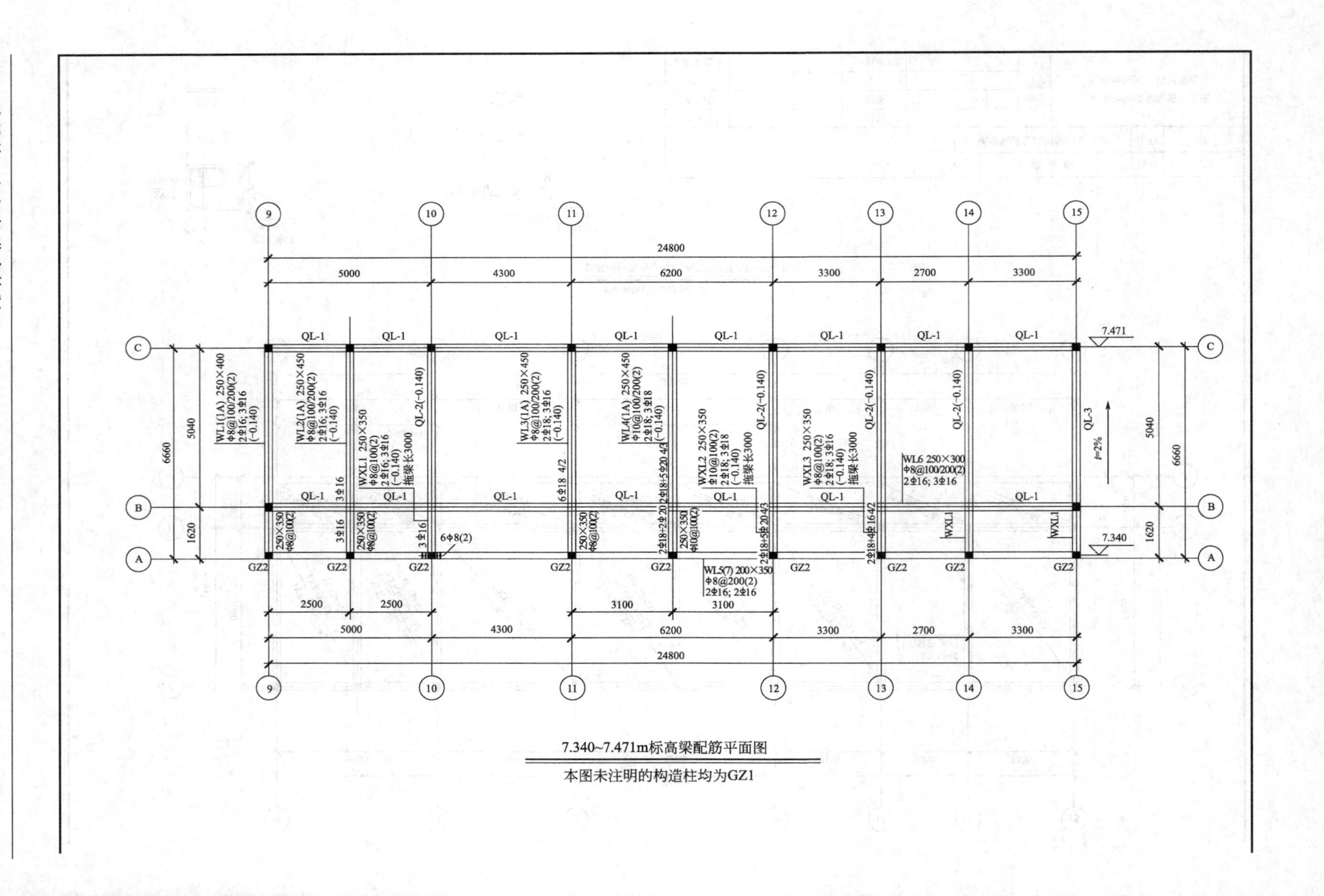

7.340~7.471m标高梁配筋平面图

本图未注明的构造柱均为GZ1

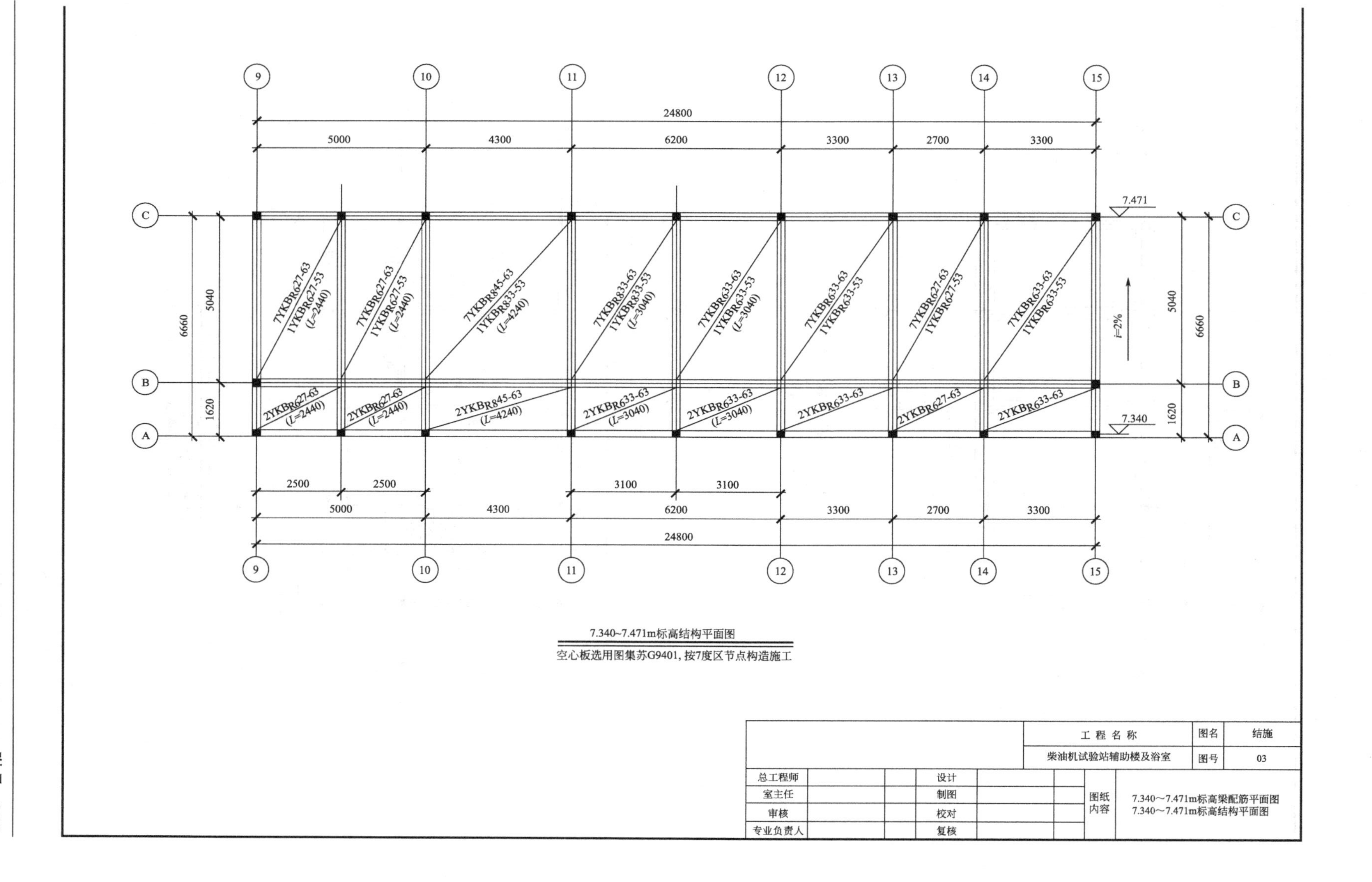
24800
5000
4300
6200
3300
2700
2500
3100
6660
5040
1620
7.471
7.340
i=2%
7YKBR627-63
1YKBR627-53
(L=2440)
2YKBR627-63
7YKBR845-63
1YKBR833-53
(L=4240)
2YKBR845-63
7YKBR833-63
(L=3040)
7YKBR633-63
1YKBR633-53
2YKBR633-63
7.340~7.471m标高结构平面图
空心板选用图集苏G9401，按7度区节点构造施工
工 程 名 称
柴油机试验站辅助楼及浴室
图名
结施
图号
03
总工程师
室主任
审核
专业负责人
设计
制图
校对
复核
图纸内容
7.340~7.471m标高梁配筋平面图
7.340~7.471m标高结构平面图

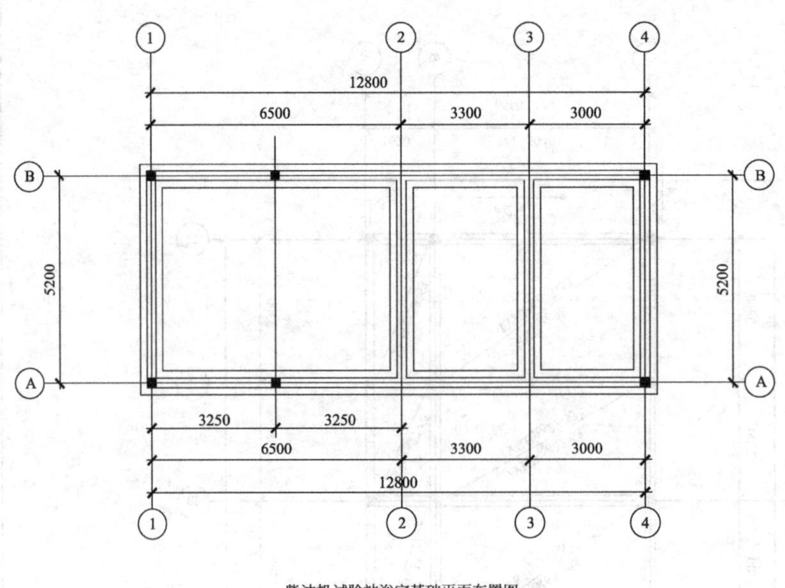

柴油机试验站浴室基础平面布置图

本图未注明的构造柱均为GZ1

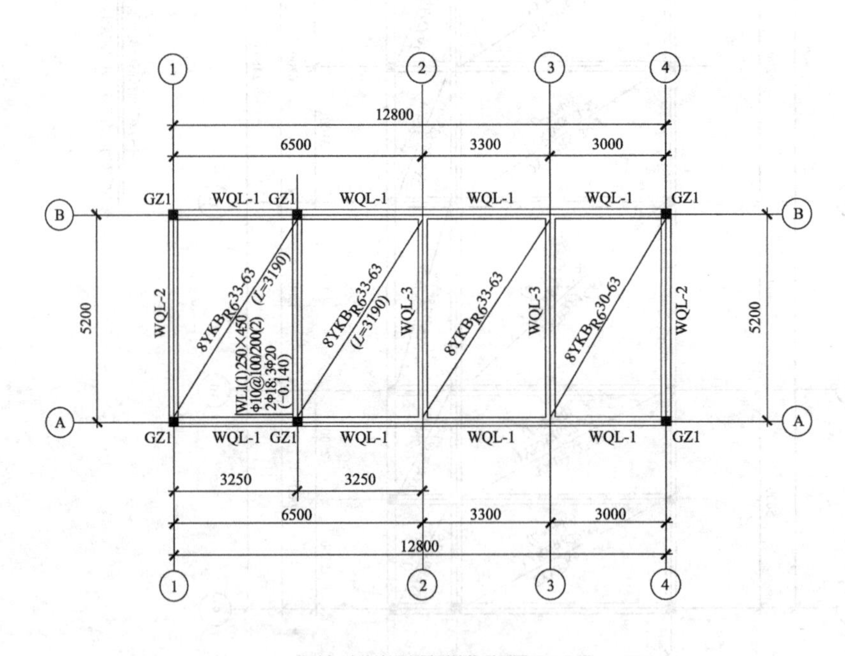

柴油机试验站浴室屋顶结构平面图

注:1.屋面结构标高为2.970。
2.空心板选用图集苏G9401,按7度区节点构造施工。

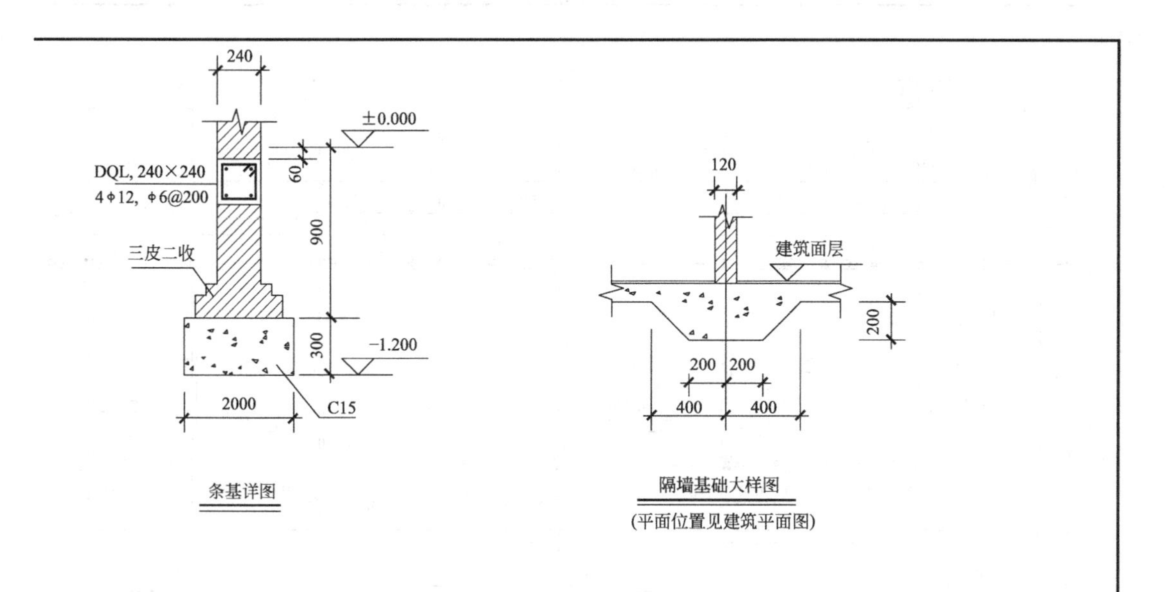

条基详图

隔墙基础大样图

(平面位置见建筑平面图)

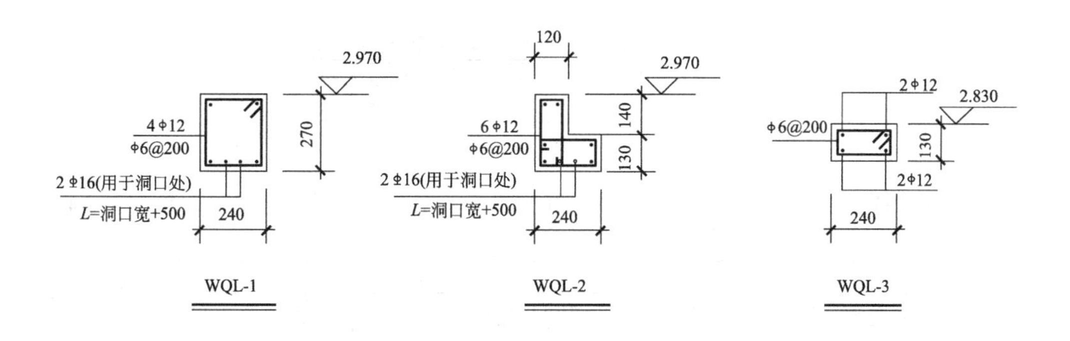

WQL-1

WQL-2

WQL-3

	工程名称	图名	结施
	柴油机试验站辅助楼及浴室	图号	04

总工程师		设计		图纸内容	浴室基础平面布置图及基础详图、屋顶结构平面图
室主任		制图			
审核		校对			
专业负责人		复核			

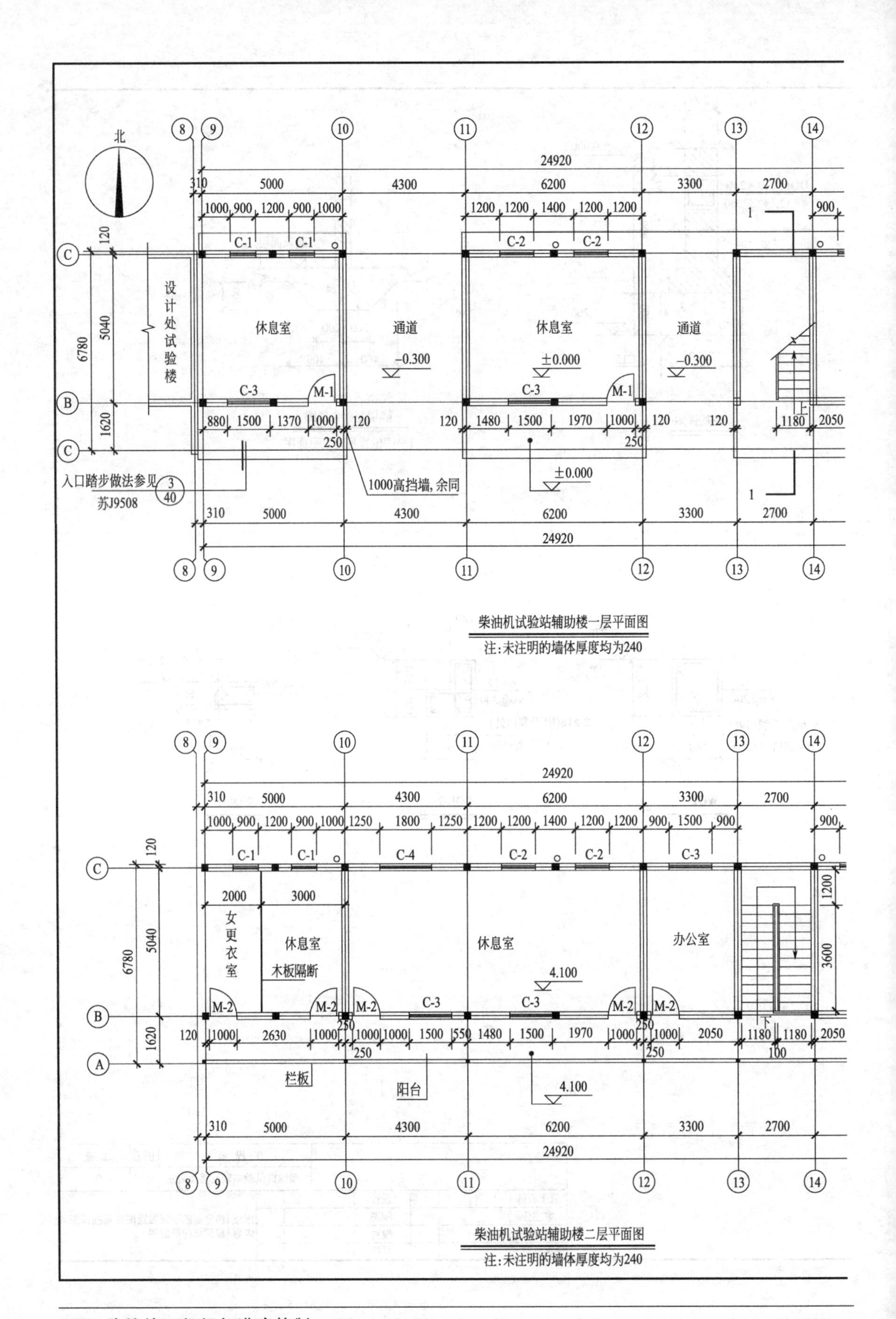
北
设计处试验楼
休息室
通道
-0.300
±0.000
入口踏步做法参见
苏J9508
1000高挡墙，余同
柴油机试验站辅助楼一层平面图
注：未注明的墙体厚度均为240
女更衣室
木板隔断
办公室
4.100
栏板
阳台
柴油机试验站辅助楼二层平面图
注：未注明的墙体厚度均为240

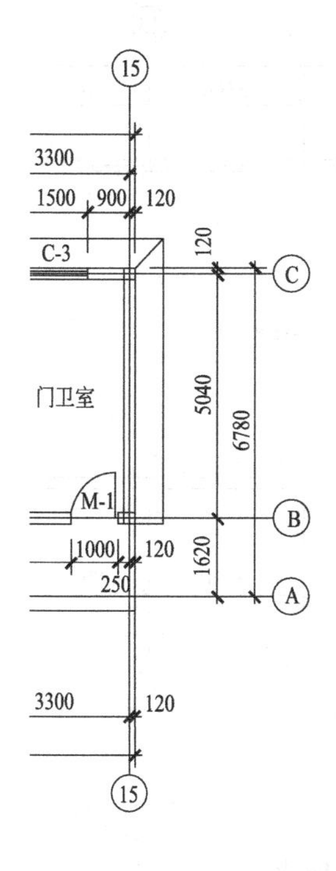

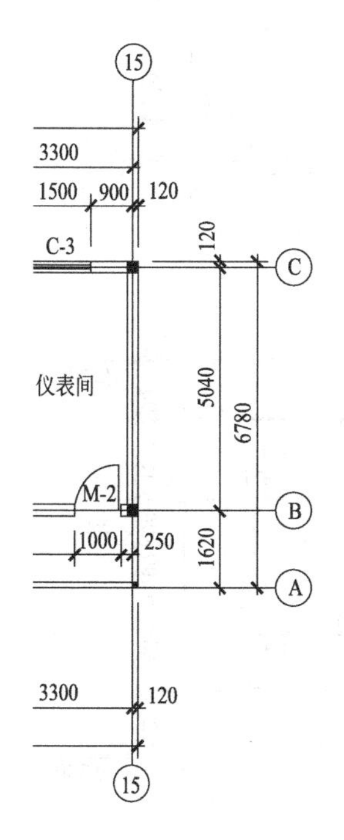

设 计 总 说 明

一、建筑部分

1.本工程为柴油机试验站辅助楼及浴室。

2.本工程室内地坪标高为±0.000。

3.墙身砌体　±0.000以下: 240厚MU10标准实心黏土砖, M5水泥砂浆砌筑。

±0.000以上:除注明外均采用MU10KP1多孔砖, M5混合砂浆砌筑。

阳台栏板:120厚标准实心黏土砖, M5混合砂浆砌筑。

4.地砖地面　10厚深色地面砖, 干水泥擦缝; 撒素水泥面(洒适量清水); 20厚1∶2干硬性水泥砂浆粘接层; 刷素水泥浆一道; 60厚C15混凝土; 100厚碎砖夯实; 素土夯实(注:需做宽缝时用1∶1水泥砂浆勾缝)。

5.地砖楼面　10厚深色地砖楼面, 干水泥擦缝; 5厚1∶1水泥细砂浆结合层;20厚1∶3水泥砂浆找平层; 40厚C20细石混凝土垫层, 预制钢筋混凝土楼面。

6.内墙面

a.混合砂浆墙面: 刷白色内墙涂料;10厚1∶0.3∶3水泥石灰膏砂浆粉面; 15厚1∶1∶6水泥石灰膏砂浆打底。

b.瓷砖墙面(男女浴室及厕所距地面2000高): 5厚釉面砖白水泥浆擦缝; 6厚1∶0.1∶2.5水泥石灰膏浆结合层; 12厚1∶3水泥砂浆打底。

7.乳胶漆外墙面　刷水灰色乳胶漆(外墙用); 6厚1∶2.5水泥砂浆粉面, 水刷带出小麻面; 12厚1∶3水泥砂浆打底。

8.屋面

a.高分子或高聚物改性沥青卷材防水屋面(浴室屋面): 40厚C20细石混凝土, 内配ф4@150双向钢筋, 粉平压光; 20厚1∶3水泥砂浆找平层; 30厚挤塑聚苯板(XPS); 1.3厚高分子防水层; 20厚1∶3水泥砂浆找平层; 150厚水泥焦渣找坡2%, 最薄处20厚; 40厚C20细石混凝土整浇层,内配ф4@150双向钢筋; 预制钢筋混凝土屋面板。

b.高分子或高聚物改性沥青卷材防水屋面(辅助楼屋面): 40厚C20细石混凝土,内配ф4@150双向钢筋, 粉平压光; 20厚1∶3水泥砂浆找平层;30厚挤塑聚苯板(XPS); 1.3厚高分子防水层; 40厚C20细石混凝土整浇层, 内配ф4@150双向钢筋;预制钢筋混凝土屋面板。

9.喷涂平顶: 刷白色涂料; 3厚细纸筋(麻刀)灰粉面; 7厚1∶1∶6石灰纸筋(麻刀)石灰砂浆打底(板底先刷纯水泥浆一道);钢筋混凝土板,用1∶0.3∶3水泥石灰膏砂浆打底, 板底抹缝(板底用水加10%火碱清洗油腻)。

10.散水:房屋周边做散水600宽, 做法见苏J9508-3/39。

11.落水管:选用UPVC ϕ100落水管。水斗选用同雨水管配套的水斗。

12.现试验站1-8台位水阻箱东侧的进风口全部铲除并整平。

13.现设计处试验办公楼一楼男厕所内新增2个蹲位并整修。

14.施工图中除标高以米为单位外, 其余均以毫米为单位。

二、结构部分

1.活荷载　屋面: 0.7kN/m^2; 走廊: 2.5kN/m^2; 其余房间: 2.0kN/m^2。

2.混凝土强度等级: C25; 基础垫层: C10。

3.钢筋:ф—HPB300级钢筋, f_y=270N/mm^2,Φ—HRB335级钢筋, f_y=300N/mm^2。

4.混凝土保护层　基础:40mm, 梁:30mm, 柱:30mm, 板为20mm。

5.基础开挖至设计标高未到老土时, 开挖至老土后用C10混凝土回填至设计标高, 基础开挖时要特别注意对临近建筑基础的保护, 在开挖前请施工单位做好有效保护措施。

6.除注明外GZ纵筋由地圈梁伸出, 构造柱与墙连接处, 沿墙高设2ф6@500入墙内1000或至洞边, 锚入柱内200。

7.箍筋端部应做135度弯钩, 平直段长10d。

8.本工程施工图采用平面整体表示方法, 选用图集号为03G101-1。

9.标准图集　建筑结构常用节点图集: 苏G01—2003; 建筑物抗震构造详图: 苏G02—2004。

				工 程 名 称	图名	建施
				柴油机试验站辅助楼及浴室	图号	01
总工程师		设 计		图纸内容	柴油机试验站辅助楼一、二层平面图 设计总说明	
室主任		制 图				
审核		校 对				
专业负责人		复 核				

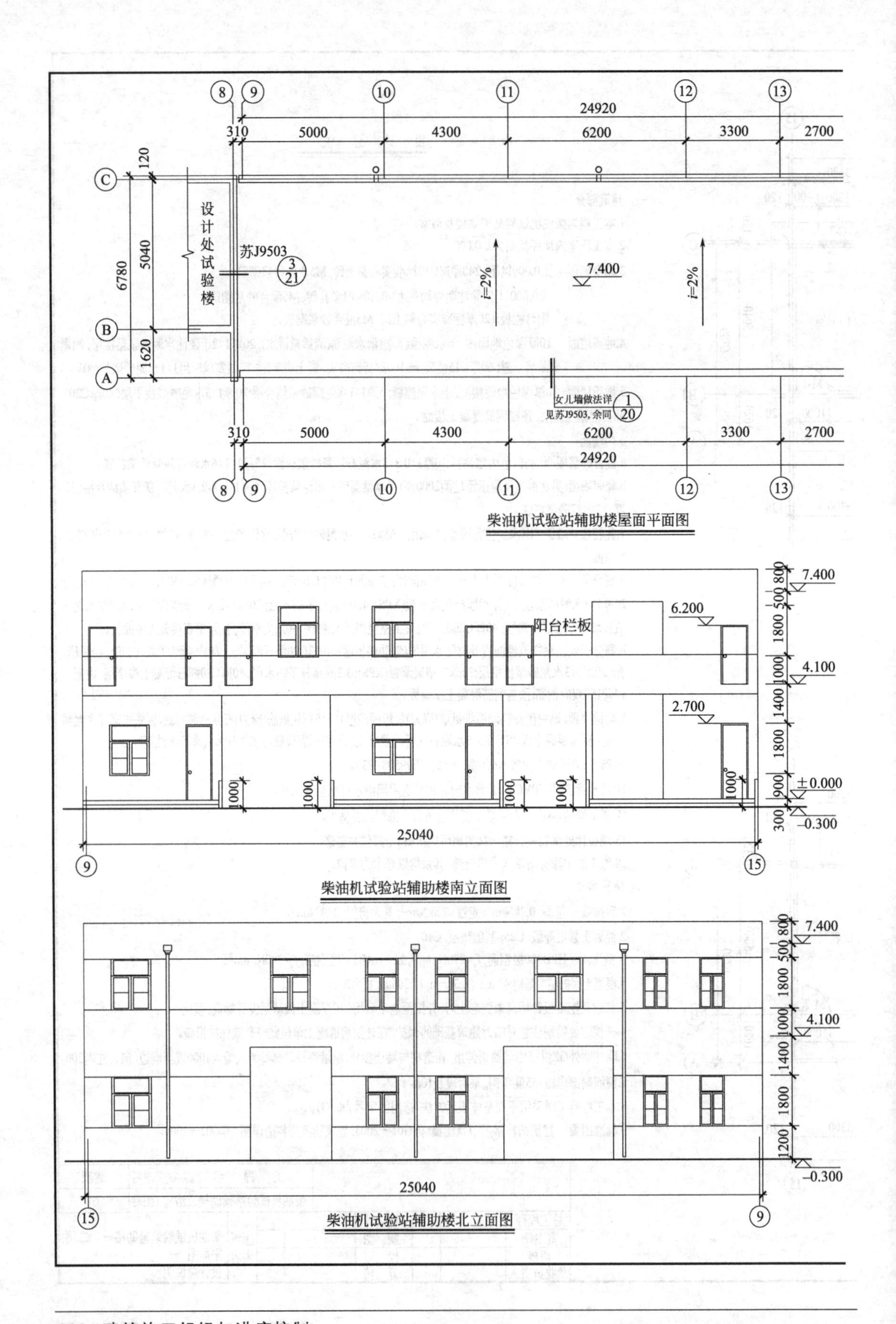

24920
310
5000
4300
6200
3300
2700
120
6780
5040
1620
设计处试验楼
苏J9503
3
21
7.400
i=2%
女儿墙做法详
见苏J9503，余同
1
20
柴油机试验站辅助楼屋面平面图
阳台栏板
6.200
4.100
2.700
±0.000
−0.300
25040
柴油机试验站辅助楼南立面图
柴油机试验站辅助楼北立面图

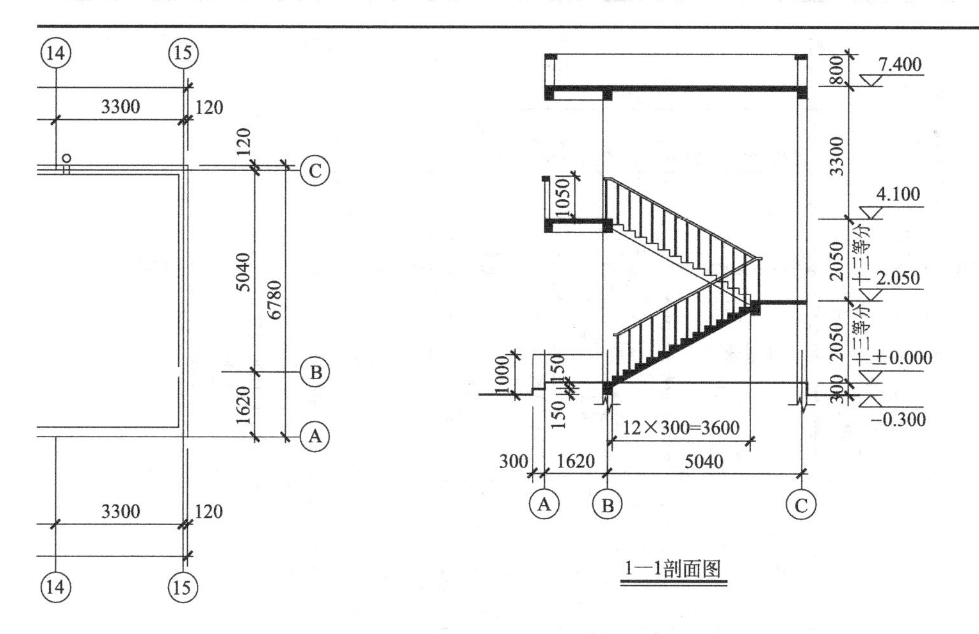

1—1剖面图

门　窗　表

类别	编号	洞口尺寸/mm		数量	门窗选用		过梁选用		备注
		洞口宽度	洞口高度		标准图集	编号	标准图集	编号	
门	M-1	1000	2700	3	现配实木平开门		03G322-1	GL-4102	
	M-2	1000	2100	9	现配实木平开门		03G322-1	GL-4102	
窗	C-1	900	1800	4	苏J002-2000	CST-51	03G322-1	参见GL-4102	现配塑料窗
	C-2	1200	1800	5	苏J002-2000	CST-52	03G322-1	GL-4122	现配塑料窗
	C-3	1500	1800	7	苏J002-2000	CST-53	03G322-1	GL-4152	现配塑料窗
	C-4	1800	1800	1	苏J002-2000	CST-54	03G322-1	GL-4182	现配塑料窗
	C-5	1200	900	3	苏J002-2000	CST-12	圈梁代		现配塑料窗
	C-6	1500	900	1	苏J002-2000	CST-13	圈梁代		现配塑料窗

注:本工程采用80系列塑料窗,白色框料,5厚白玻。

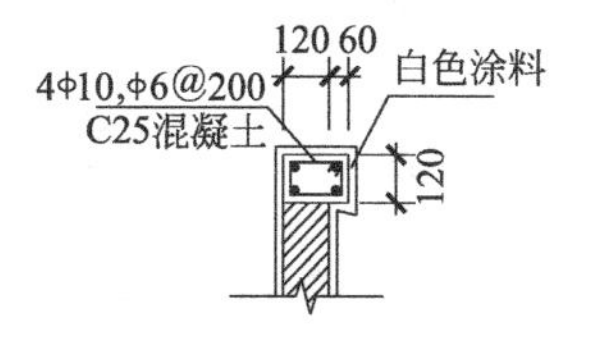

栏板压顶详图

	工　程　名　称	图名	建施
	柴油机试验站辅助楼及浴室	图号	02

总工程师		设计		图纸内容	柴油机试验站辅助楼屋面平面图 立面图　剖面图及门窗表
室主任		制图			
审核		校对			
专业负责人		复核			

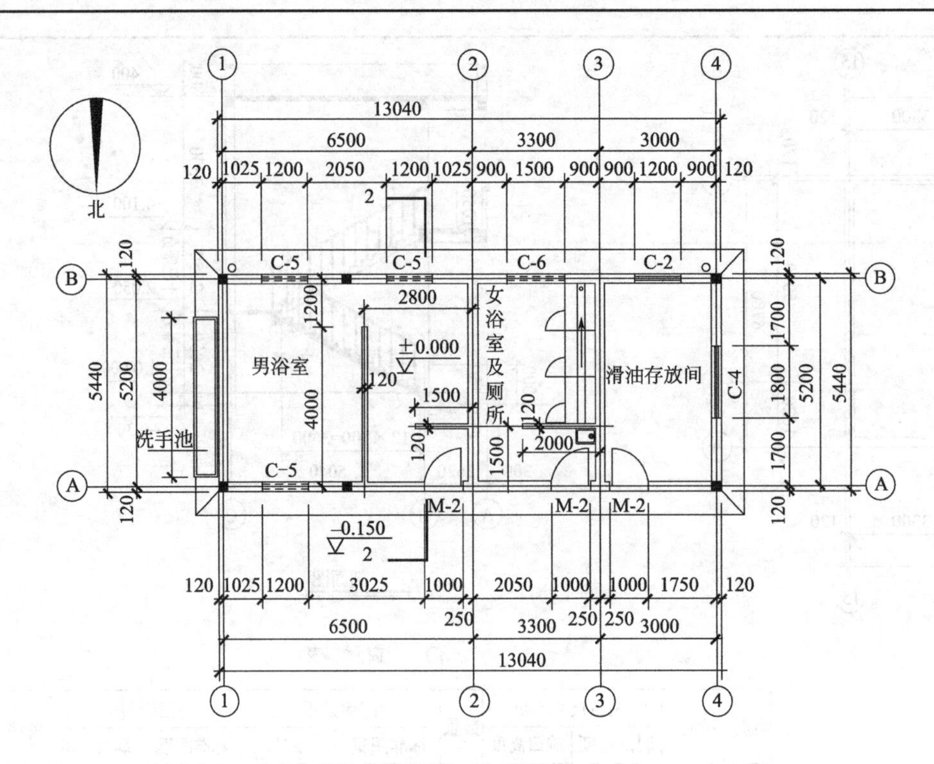

柴油机试验站浴室一层平面图

注：1. 未注明的墙体厚度均为240。

2. 厕所采用木隔断，做法见图集苏J9506-22。

3. 洗手池，具体做法见苏J9506-⑥/37，YB-1不做，深色瓷砖贴面。

4. 在汽包安装就位以及管道对接完工后，在汽包及水池上方现配彩钢板遮雨棚。

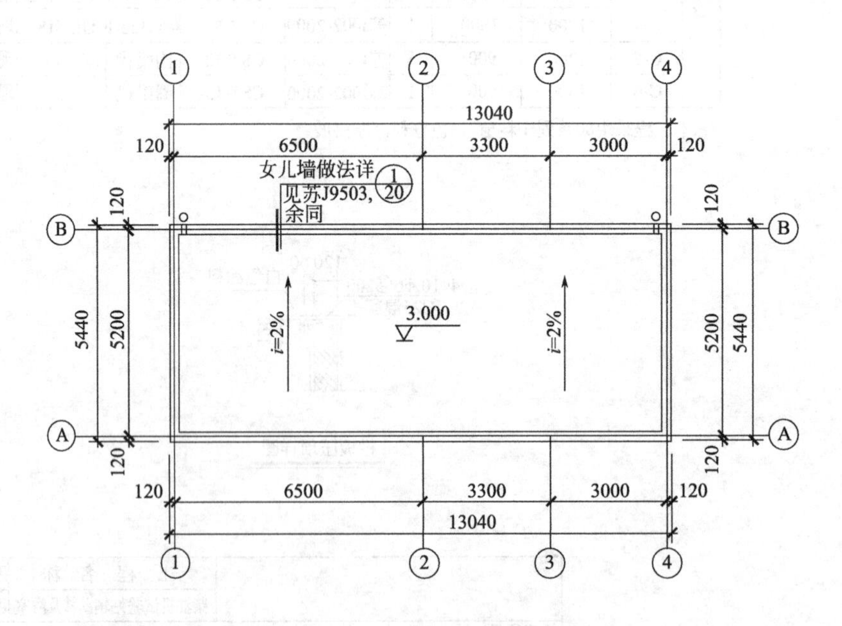

柴油机试验站浴室屋面平面图

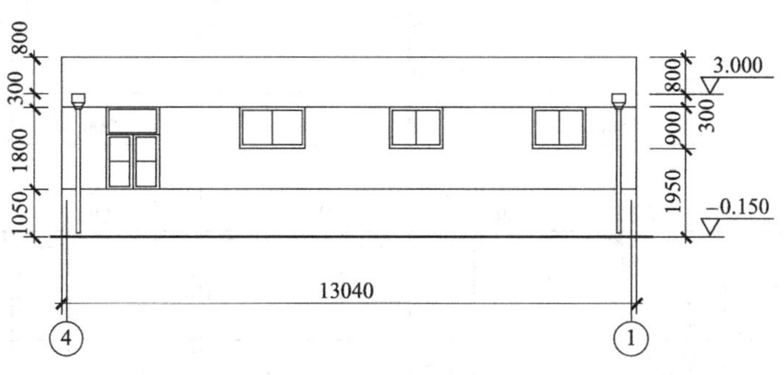

柴油机试验站浴室南立面图

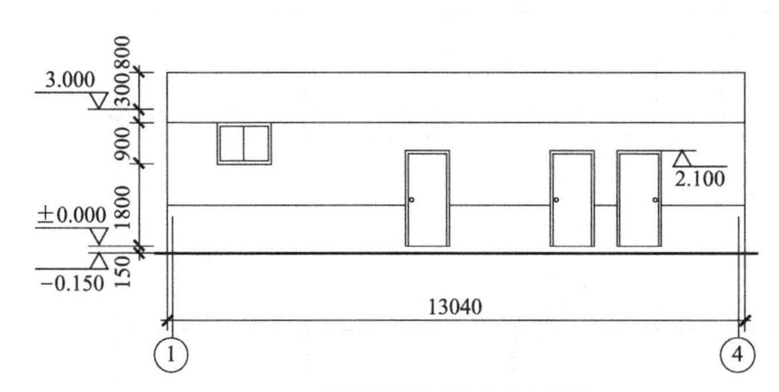

柴油机试验站浴室北立面图

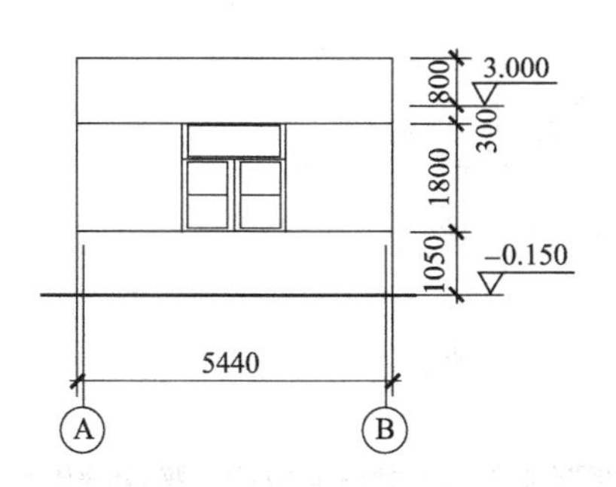

柴油机试验站浴室西立面图

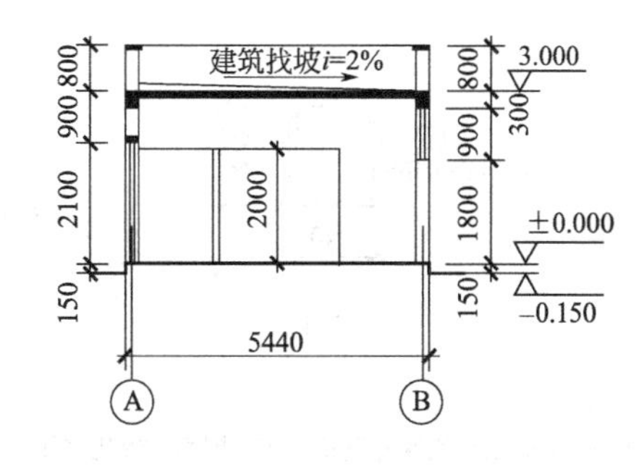

2—2剖面图

	工程名称	图名	建施
	柴油机试验站辅助楼及浴室	图号	03

总工程师			设计			图纸内容	柴油机试验站浴室一层平面图 屋面平面图 立面图及剖面图
室主任			制图				
审核			校对				
专业负责人			复核				

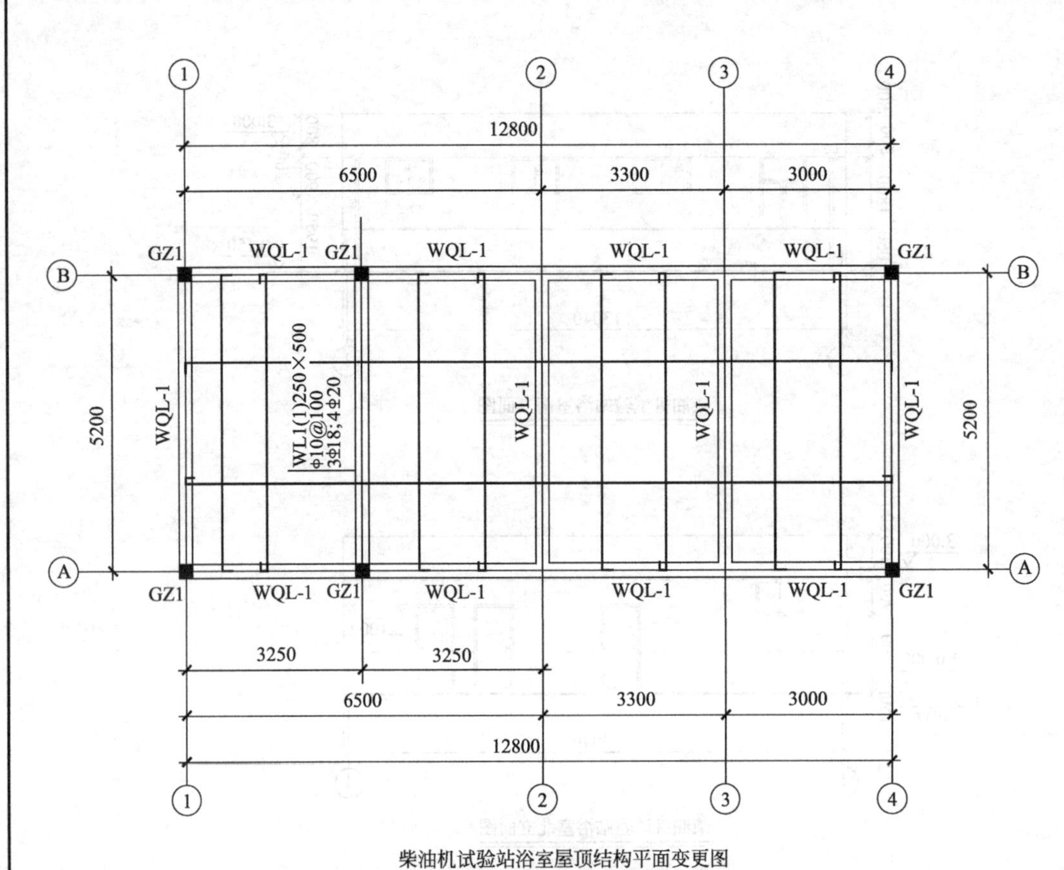

柴油机试验站浴室屋顶结构平面变更图

注:1.屋面结构标高为2.970。

2.现浇板厚度均为120mm。

3.未注明板配筋均为φ12@150。

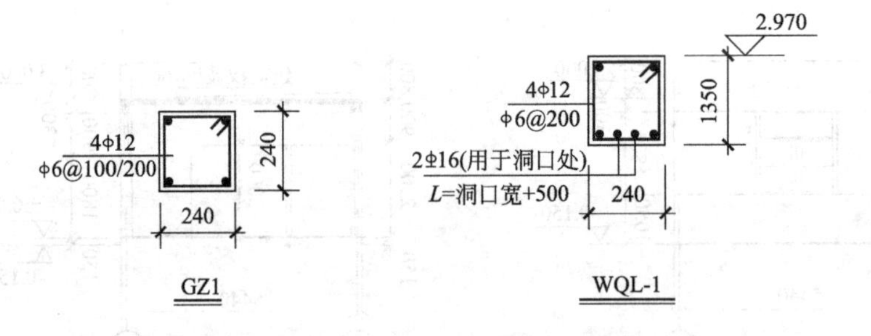

屋面说明:

高分子或高聚物改性沥青卷材防水屋面(浴室层面):40厚C20细石混凝土,内配φ4@150双向钢筋,粉平压光;20厚1:3水泥砂浆找平层;30厚挤塑聚苯板(XPS);1.3厚改性氰丁橡胶防水卷材;20厚1:3水泥砂浆找平层;水泥焦渣找坡2%,最薄处40厚;20厚1:3水泥砂浆找平层,现浇钢筋混凝土屋面板。

					工程名称	图名	变更
					柴油机试验站辅助楼及浴室	图号	01
总工程师			设计		图纸内容	浴室屋顶结构平面变更图	
室主任			制图				
审核			校对				
专业负责人			复核				

二、柴油机试验站辅助楼及浴室工程预算书

1. 分部分项工程量清单计价表

附表 2-1　分部分项工程量清单计价表（实例二）

序号	项目编号	项　目　名　称	计量单位	工程数量	金额/元	
					综合单价	合价
		一、辅助楼				
		(一)土、石方工程				
1	1-98	平整场地	$10m^2$	31.1758		
2	1-198	反铲挖掘机挖土(斗容量 $0.3m^3$ 以内)装车	$1000m^3$	0.070986		
3	1-240 换	自卸汽车运土、运距 3km 以内	$1000m^3$	0.676514		
4	1-104	基(槽)坑回填土	m^3	33.346		
		(二)砌筑工程				
1	3-1	M5 水泥砂浆砌直形基础	m^3	15.286		
2	3-27.6	M5 混合砂浆砌 1/2 标准砖外墙	m^3	3.668		
3	3-22	M5 混合砂浆砌 KP1 黏土多孔砖墙(240mm×115mm×90mm),1 砖(外墙)	m^3	71.698		
4	3-22	M5 混合砂浆砌 KP1 黏土多孔砖墙(240mm×115mm×90mm),1 砖(内墙)	m^3	19.008		
5	3-22	M5 混合砂浆砌 KP1 黏土多孔砖墙(240mm×115mm×90mm),1 砖(女儿墙)	m^3	10.802		
6	13-164	隔墙轻钢龙骨,中距:竖 0.6m 横 1.5m		1.5264		
7	13-216	墙面石膏板		3.0528		
		(三)混凝土工程				
1	5-285 换	C15 非泵送商品混凝土现浇无梁式混凝土条形基础	m^3	18.202		
2	5-298 换	C25 非泵送商品混凝土现浇构造柱(基础)	m^3	1.166		
3	5-302 换	C25 非泵送商品混凝土现浇圈梁(基础)	m^3	4.28		
4	5-298 换	C25 非泵送商品混凝土现浇构造柱	m^3	6.68		
5	5-302 换	C25 非泵送商品混凝土现浇圈梁	m^3	7.914		
6	5-300 换	C25 非泵送商品混凝土现浇单梁、框架梁、连续梁	m^3	11.658		
7	5-86 换	C30 混凝土加工厂预制圆孔板(3.6 以下)	块	132		
8	5-86 换	C30 混凝土加工厂预制圆孔板(3.6 以上)	块	20		
9	5-331 换	C25 非泵送商品混凝土现浇压顶	m^3	2.561		
10	5-319 换	C25 非泵送商品混凝土现浇直形楼梯	$10m^2$ 水平投影	1.2398		
11	5-51.2	C25 混凝土现浇台阶	$10m^2$ 水平投影	3.2256		
		(四)构件运输及安装工程				
1	7-2	Ⅰ类预制混凝土构件运输,运距 5km 以内	m^3	20.959		
2	7-87	安装圆孔板、槽(肋)形板,履带式起重机	m^3	20.959		
3	7-107	C30 混凝土构件接头灌缝,圆孔板	m^3	20.959		
		(五)屋、平、立面防水及保温隔热工程				
1	9-31	SBS 改性沥青防水卷材屋面,冷贴法,双层	$10m^2$	17.0302		

序号	项目编号	项 目 名 称	计量单位	工程数量	金额/元	
					综合单价	合价
2	9-72	刚性防水细石混凝土屋面,有分格缝,40mm厚	$10m^2$	16.2192		
3	12-16	1∶3水泥砂浆找平(厚20mm)在填充材料上	$10m^2$	16.2192		
4	9-216	屋面、楼地面保温隔热,聚苯乙烯泡沫板	m^3	4.866		
5	9-86－9×87×0.4	聚氨酯防水层,1.33mm厚	$10m^2$	17.0302		
6	9-72	刚性防水细石混凝土屋面,有分格缝,40mm厚	$10m^2$	16.2192		
7	9-155	油浸麻丝伸缩缝,平面	10m	0.678		
8	9-171	铁皮盖面,平面	10m	0.678		
9	9-156	油浸麻丝伸缩缝,立面	10m	0.954		
10	9-170	木板盖面,立面	10m	0.74		
11	9-188	PVC水落管直径100mm	10m	2.31		
12	9-190	PVC水斗直径100mm	10只	0.3		
13	9-201	女儿墙铸铁弯头落水口	10只	0.3		
		(六)楼地面工程				
1	12-7	碎砖干铺垫层	m^3	13.821		
2	12-14.1	C15非泵送商品混凝土垫层分格	m^3	5.204		
3	12-14.2换	C25非泵送商品混凝土垫层分格(通道)	m^3	7.729		
4	12-94	600mm×600mm地砖楼地面水泥砂浆	$10m^2$	8.6688		
5	12-18	C20细石混凝土找平层(厚40mm)	$10m^2$	15.0089		
6	12-15	1∶3水泥砂浆找平层(厚20mm)混凝土或硬基层上	$10m^2$	15.0089		
7	12-94	600mm×600mm地砖楼地面水泥砂浆	$10m^2$	15.0089		
8	12-24	1∶3水泥砂浆楼梯面层	$10m^2$(水平投影)	1.2398		
9	12-100	地砖楼梯面层水泥砂浆	$10m^2$	1.7433		
10	12-102	地砖踢脚线面层水泥砂浆	10m	17.872		
11	12-172	C15混凝土散水	$10m^2$(水平投影)	1.4064		
12	12-101	地砖台阶面层水泥砂浆	$10m^2$	3.7632		
		(七)墙柱面工程				
1	13-30	砖外墙面抹混合砂浆	$10m^2$	54.1185		
2	13-31	砖内墙面抹混合砂浆	$10m^2$	52.3668		
3	13-11	砖外墙面、墙裙抹水泥砂浆(女儿墙内侧)	$10m^2$	6.4688		
		(八)天棚工程				
	14-116	预制混凝土天棚混合砂浆面	$10m^2$	32.4384		
		(九)油漆工程				
1	16-308换	内墙抹灰上批、刷两遍乳胶漆801胶白水泥腻子	$10m^2$	52.3668		
2	16-308换	内墙抹灰上批、刷两遍乳胶漆801胶白水泥腻子(天棚)	$10m^2$	32.4384		
3	16-321换	外墙弹性材料两遍	$10m^2$	54.1185		

续表

序号	项目编号	项目名称	计量单位	工程数量	金额/元	
					综合单价	合价
		(十)门窗工程				
1	15-27 换	成品实木门	$10m^2$	2.7		
2	15-208	三冒头镶板门(无腰单扇)门框制作 框料断面 $55cm^2$	$10m^2$	2.7		
3	15-210	三冒头镶板门(无腰单扇)门框安装	$10m^2$	2.7		
4	16-1	底油一遍、打腻子、调和漆两遍,单层木门	$10m^2$	5.4		
5	0-0 换	塑钢窗	m^2	44.01		
6	0-0 换	不锈钢楼梯栏杆	m	10.944		
7	15-346	安装球形执手锁	把	11		
8	4-1	现浇混凝土构件钢筋,直径 12mm 以内	t	4.346		
9	4-2	现浇混凝土构件钢筋,直径 25mm 以内	t	1.618		
		二、浴室				
		(一)土、石方工程				
1	1-98	平整场地	$10m^2$	16.0858		
2	1-198	反铲挖掘机挖土(斗容量 $0.3m^3$ 以内)装车	$1000m^3$	0.019584		
3	1-240 换	自卸汽车运土、运距 3km 以内	$1000m^3$	0.037239		
4	1-104	基(槽)坑回填土	m^3	32.697		
		(二)砌筑工程				
1	3-1	M5 水泥砂浆砌直形基础	m^3	8.797		
2	3-22	M5 混合砂浆砌 KP1 黏土多孔砖墙(240mm×115mm×90mm),1 砖(外墙)	m^3	19.512		
3	3-22	M5 混合砂浆砌 KP1 黏土多孔砖墙(240mm×115mm×90mm),1 砖(内墙)	m^3	3.25		
4	3-21	M5 混合砂浆砌 KP1 黏土多孔砖墙(240mm×115mm×90mm),1/2 砖(内墙)	m^3	2.339		
5	3-22	M5 混合砂浆砌 KP1 黏土多孔砖墙(240mm×115mm×90mm),1 砖(女儿墙)	m^3	6.912		
		(三)混凝土工程				
1	5-285 换	C15 非泵送商品混凝土现浇无梁式混凝土条形基础	m^3	4.896		
2	5-298 换	C25 非泵送商品混凝土现浇构造柱(基础)	m^3	0.389		
3	5-302 换	C25 非泵送商品混凝土现浇圈梁(基础)	m^3	2.562		
4	5-298 换	C25 非泵送商品混凝土现浇构造柱	m^3	1.296		
5	5-302 换	C25 非泵送商品混凝土现浇圈梁	m^3	2.882		
6	5-316 换	C25 非泵送商品混凝土现浇平板	m^3	0.471		
7	5-331 换	C25 非泵送商品混凝土现浇压顶	m^3	1.296		
		(四)屋、平、立面防水及保温隔热工程				
1	9-31	SBS 改性沥青防水卷材屋面,冷贴法,双层	$10m^2$	6.9888		
2	9-72	刚性防水细石混凝土屋面,有分格缝,40mm 厚	$10m^2$	6.656		
3	12-15	1∶3 水泥砂浆找平(厚 20mm)在填充材料上	$10m^2$	6.656		
4	9-216	屋面、楼地面保温隔热,聚苯乙烯泡沫板	m^3	1.997		

续表

序号	项目编号	项目名称	计量单位	工程数量	金额/元	
					综合单价	合价
5	9-86—87×0.4	聚氨酯防水层,1.33mm厚	$10m^2$	6.9888		
6	12-16	1∶3水泥砂浆找平(厚20mm)在填充材料上	$10m^2$	6.656		
7	9-188	PVC水落管直径100mm	10m	0.624		
8	9-190	PVC水斗直径100mm	10只	0.2		
9	9-201	女儿墙铸铁弯头落水口	10只	0.2		
		(五)楼地面工程				
1	12-7	碎砖干铺垫层	m^3	6.656		
2	12-14.1	C15非泵送商品混凝土垫层分格	m^3	3.994		
3	12-94	600mm×600mm地砖楼地面水泥砂浆	$10m^2$	6.656		
4	12-102	地砖踢脚线面层水泥砂浆	10m	3.3		
5	12-172	C15混凝土散水	$10m^2$ 水平投影	2.3616		
		(六)墙柱面工程				
1	13-30	砖外墙面抹混合砂浆	$10m^2$	13.9494		
2	13-31	砖内墙面抹混合砂浆	$10m^2$	9.0281		
3	13-11	砖外墙面、墙裙抹水泥砂浆(女儿墙内侧)	$10m^2$	3.6442		
4	13-177.1	内墙面、墙裙瓷砖152mm×152mm以上,素水泥砂浆粘贴	$10m^2$	9.9694		
		(七)天棚工程				
	14-116	预制混凝土天棚混合砂浆面	$10m^2$	6.656		
		(八)油漆工程				
1	16-308换	内墙抹灰上批、刷两遍乳胶漆801胶白水泥腻子	$10m^2$	8.79		
2	16-308换	内墙抹灰上批、刷两遍乳胶漆801胶白水泥腻子(天棚)	$10m^2$	6.656		
3	16-321换	外墙弹性材料两遍	$10m^2$	13.9494		
4	4-1	现浇混凝土构件钢筋,直径12mm以内	t	2.693		
5	4-2	现浇混凝土构件钢筋,直径25mm以内	t	0.066		
		三、签证(辅助楼和浴室)				
		(一)2008-02-01				
1	1-B25	破碎机HB20G混凝土(1)	$1000m^3$	0.014377		
2	1-310	挖掘机挖渣(斗容量$0.5m^3$),装车(1)	$1000m^3$	0.014377		
3	1-317	自卸汽车运土,运距3km以内(2)	$1000m^3$	0.014377		
4	1-198	反单挖掘机挖土(斗容量$0.5m^3$以内),装车(2)	$1000m^3$	0.0093		
5	1-240换	自卸汽车运土,运距3km以内(2)	$1000m^3$	0.0093		
6	2-122	非泵送C10无筋商品混凝土垫层	m^3	9.3		
7	3-22	M5混合砂浆砌KP1黏土多孔砖墙(240mm×150mm×90mm),1砖(3)	m^3	0.389		
8	13-31	砖内墙面抹混合砂浆(3)	$10m^2$	0.324		
9	15-27换	成品实木门(3)	$10m^2$	0.27		

续表

序号	项目编号	项目名称	计量单位	工程数量	金额/元	
					综合单价	合价
10	15-208	三冒头镶板门(无腰单扇)门框制作框料断面55cm²(3)	10m²	0.27		
11	15-210	三冒头镶板门(无腰单扇)门框安装(3)	10m²	0.27		
12	16-1	底油一遍、刮腻子、调和漆两遍,单层木门(3)	10m²	0.54		
13	1-B25	破碎机 HB20G 混凝土(5)	1000m³	0.0144		
14	1-310	挖掘机挖渣(斗容量0.5m³),装车(5)	1000m³	0.0144		
15	1-317	自卸汽车(载重4.5t以内)运渣,3km以内(5)	1000m³	0.0144		
16	5-293换	C25非泵送商品混凝土现浇设备基础,混凝土块体20m³以内(5)	m³	14.4		
17	2-122	非泵送C10无筋商品混凝土垫层(6)	m³	0.72		
18	3-47.1	M5水泥砂浆砌标准小型砌体(6)	m³	2.203		
19	13-24	零星项目抹水泥砂浆(6)	10m²	0.8064		
20	0-0换	隔断(6)	只	6		
21	13-117.1	内墙面、墙裙瓷砖152mm×152mm以上,素水泥砂浆粘贴(6)	10m²	3.33		
22	12-90	300mm×300mm地砖楼地面水泥砂浆(6)	10m²	1.98		
		(二)2008-03-28				
1	0-0换	男浴室增加塑钢隔断(1)	m²	3.51		
2	0-0换	女浴室增加塑钢隔断(1)	m²	3.2		
3	0-0换	更衣室(2)	m²	6.4		
4	0-0	C-4取消见前面结算中扣除(3)		0		
5	0-0换	不锈钢防盗窗(4)	m²	5.94		
6	0-0换	不锈钢防盗门(4)	m²	2.7		
7	6-25	制作爬式钢梯子(5)	t	0.468		
8	16-260	调和漆两遍,其他金属面(5)	t	0.468		
9	0-0换	彩铝门(6)	m²	10		
10	0-0换	铸铁栏杆(6)	m²	15.81		
11	0-0换	氟碳漆(7)	m²	217.083		
12	13-321换	外墙弹性涂料两遍(7)	10m²	−21.7083		

2. 乙供材料、设备表

附表2-2 乙供材料、设备表(实例二)

序号	材料编码	材料名称	规格型号等特殊要求	单位	数量	单位/元
1	C000000	不锈钢防盗窗		元	1039.500	
2	C000000	不锈钢防盗门		元	427.500	
3	C000000	不锈钢楼梯栏杆		元	2024.640	
4	C000000	彩铝门		元	5400.000	
5	C000000	成品小孔板3.6以上		元	9389.600	

续表

序号	材料编码	材 料 名 称	规格型号等特殊要求	单位	数量	单位/元
6	C000000	成品小孔板 3.6 以下		元	58325.520	
7	C000000	氟碳漆		元	27135.375	
8	C000000	隔断		元	1500.000	
9	C000000	更衣室		元	1920.000	
10	C000000	男浴室增加塑钢隔断		元	772.200	
11	C000000	女浴室增加塑钢移门		元	704.000	
12	C000000	其他材料费		元	2466.360	
13	C000000	塑钢窗		元	10782.450	
14	C101008	绿豆砂		t	1.201	
15	C101021	细砂		t	1.212	
16	C101022	中砂		t	171.026	
17	C101021	道渣 40～80mm		t	4.258	
18	C102040	碎石 5～16mm		t	29.412	
19	C102041	碎石 5～20mm		t	9.443	
20	C105012	石灰膏		m^3	7.168	
21	C201008	标准砖 240mm×150mm×53mm		百块	178.322	
22	C201016	多孔砖 KP1 240mm×115mm×90mm		百块	450.265	
23	C201043	碎砖		t	33.787	
24	C204020	瓷砖 200mm×300mm		百块	22.742	
25	C204054	同质地砖 300mm×300mm		块	1238.621	
26	C204056	同质地砖 600mm×600mm		块	879.703	
27	C301002	白水泥		kg	731.412	
28	C301023	水泥 32.5 级		kg	40345.494	
29	C301026	水泥 42.5 级		kg	937.119	
30	C302164	预制混凝土块		m^3	0.419	
31	C303062.4	商品混凝土 C10(非泵送)粒径≤40mm		m^3	10.170	
32	C303063.2	商品混凝土 C10(非泵送)粒径≤20mm		m^3	9.336	
33	C303063.4	商品混凝土 C10(非泵送)粒径≤40mm		m^3	23.560	
34	C303065.2	商品混凝土 C10(非泵送)粒径≤20mm		m^3	42.252	
35	C303065.3	商品混凝土 C10(非泵送)粒径≤31.5mm		m^3	11.891	
36	C303063.4	商品混凝土 C10(非泵送)粒径≤40mm		m^3	14.688	
37	C401029	普通木材		m^3	0.686	
38	C401035	周转木材		m^3	1.142	
39	C405015	复合木模板 18mm		m^2	98.972	
40	C405071P1	成品实木门		m^2	29.997	
41	C405098	木砖与拉条		m^3	0.195	
42	C406002	毛竹		根	13.135	
43	C407007	锯(木)屑		m^3	2.460	
44	C407012	木柴		kg	75.229	
45	C501114	型钢		t	0.491	

续表

序号	材料编码	材 料 名 称	规格型号等特殊要求	单位	数量	单位/元
46	C502018	钢筋(综合)		t	8.897	
47	C502047	钢丝绳		kg	0.629	
48	C503079	镀锌铁皮 26#		m^2	4.075	
49	C503152	钢压条		kg	12.490	
50	C504098	钢支撑(钢管)		kg	139.072	
51	C504177	脚手钢管		kg	392.567	
52	C505655	铸铁弯头出水口		套	5.050	
53	C507042	底座		个	2.169	
54	C507095	钢支架、平台及连接件		kg	4.401	
55	C507108	扣件		个	67.047	
56	C507139	轻钢龙骨 75mm×40mm		m	15.981	
57	C507140	轻钢龙骨 75mm×50mm		m	27.613	
58	C506006	电焊条 E422		kg	40.988	
59	C509015	焊锡		kg	0.129	
60	C500122	镀锌铁丝 8#		kg	141.758	
61	C510127	镀锌铁丝 20#		kg	53.427	
62	C510165	合金钢切割锯片		片	1.402	
63	C510174	合金纤头直径 135mm		个	0.004	
64	C510226	铝合金球形锁 5791A/C		把	11.110	
65	C510286	射钉		百个	0.229	
66	C511213	钢钉		kg	0.721	
67	C511366	零星卡具		kg	40.061	
68	C511379	铝拉铆钉 LD-1		百个	0.275	
69	C511476	膨胀螺栓 8mm×80mm		百套	0.382	
70	C511533	铁钉		kg	56.546	
71	C511580	自攻螺钉		百只	10.532	
72	C513109	工具式金属脚手		kg	17.860	
73	C513287	组合钢模板		kg	11.890	
74	C601031	调和漆		kg	16.026	
75	C601036	防锈漆(铁红)		kg	2.714	
76	C601041	酚醛清漆各色		kg	1.069	
77	C601043	酚醛无光调和漆(底漆)		kg	14.850	
78	C601048	高渗透性表面底漆		kg	46.360	
79	C601106P1	乳胶漆(内墙)BC102		kg	343.862	
80	C601125	清漆		kg	0.149	
81	C602050P1	外墙 BC200 乳胶漆		kg	203.982	
82	C603030	汽油		kg	400.113	
83	C603045	油漆溶剂油		kg	7.693	
84	C604032	石油沥青 30#		kg	834.274	
85	C604038	石油沥青油毡 350#		m^2	410.491	

续表

序号	材料编码	材 料 名 称	规格型号等特殊要求	单位	数量	单位/元
86	C605024	PVC束接直径100mm		只	13.139	
87	C605104	聚氨酯甲料		kg	222.752	
88	C605106	聚氨酯乙料		kg	350.629	
89	C605110	聚苯乙烯泡沫板		m^3	7.000	
90	C605154	塑料抱箍(PVC)直径100mm		副	36.200	
91	C605155	塑料薄膜		m^2	180.040	
92	C605280	塑料水斗(PVC水斗)直径100mm		只	5.100	
93	C605291	塑料弯头(PVC)直径100mm、135度		只	1.672	
94	C605356	增强塑料水管(PVC)直径100mm		m	29.927	
95	C606227	橡皮垫圈		百个	0.382	
96	C607018	石膏粉325目		kg	67.131	
97	C607045	石棉粉		kg	41.178	
98	C607072	纸面石膏板(龙牌)1200mm×3000mm×9.5mm		m^2	33.581	
99	C608003	白布		m^2	0.192	
100	C608077	划线无纺布		m^2	58.847	
101	C608097	麻袋		条	0.042	
102	C608101	麻绳		kg	0.210	
103	C608104	麻丝		kg	8.976	
104	C608110	棉纱头		kg	5.430	
105	C608144	砂纸		张	54.168	
106	C609032	大白粉		kg	64.161	
107	C610001	APP及SBS基层处理剂		kg	85.267	
108	C610006	改性沥青黏结剂		kg	643.709	
109	C610016	SBS封口油膏		kg	26.421	
110	C610019	SBS聚酯胎乙烯膜卷材厚度3		m^2	564.447	
111	C610039	高强APP嵌缝膏		kg	144.258	
112	C611001	防腐油		kg	10.263	
113	C613003	801胶		kg	329.946	
114	C613056	二甲苯		kg	31.225	
115	C613098	胶水		kg	0.663	
116	C613145	煤		kg	151.145	
117	C613184	乳胶		kg	0.178	
118	C613206	水		m^3	273.508	
119	C613249	氧气		m^3	144.1	
120	C613253	乙炔气		m^3	0.627	
121	C901030	场内运输费		元	629.399	
122	C901114	回库修理、保养费		元	62.639	
123	C901167	其他材料费		元	1835.256	

三、柴油机试验站辅助楼及浴室工程合同

附表 2-3　建筑安装施工合同（实例二）

×××-98-001　　　　建筑安装施工合同

建设单位×××有限公司　　（以下简称　甲方）　　合　同　编　号______

合同签订地址　××公司

施工单位×××建设工程有限公司　　（以下简称　乙方）　　签　订　日　期 2007 年 11 月 5 日

根据《中华人民共和国合同法》、《中华人民共和国建筑法》双方本着平等互利、互信的原则，签订本施工合同。

第一条　工程项目及范围：

工程项目及范围	结构	层次	建筑面积/m^2	承包形式	工程造价	工程地点
柴油机试验站辅助楼	砖混	一层	408.6	双包	约 60 万元	××公司
柴油机试验站浴室		二层				
合同总造价（大写）约陆拾万元（以决算最终审定价为准）						

第二条　工程期限：

本工程自 2007 年 11 月 5 日至 2008 年 1 月 31 日完工。

第三条　质量标准：

依照本工程施工详图、施工说明书及中华人民共和国住房和城乡建设部颁发的建筑安装工程施工及验收暂行技术规范与有关补充规定办理。做好隐蔽工程，分项工程的验收工作。对不符合工程质量标准的要认真处理，由此造成的损失由乙方负责。

第四条　甲乙双方驻工地代表：

甲方驻工地代表名单：　×××

乙方驻工地代表名单：　×××

第五条　材料和设备供应：

凡包工包料工程，由甲方提供材料计划，乙方负责采购调运进场，凡包工不包料工程，甲方应根据乙方施工进度要求，按质按量将材料和设备及时进场，并堆放在指定地点，如因甲方材料和设备供应脱节而造成乙方待料窝工现象，其损失由甲方负责。

第六条　付款办法：本工程预决算按《江苏省建筑与装饰工程计价表》编制。

1. 基建项目按省建工局和建设银行规定办法付款。

2. 工程费用按下列办法付款：

工程开工前甲方预付工程款　　%计　/　元

工程完成 / 时甲方付进度款　　%计　/　元

工程完成 / 时甲方付进度款　　%计　/　元

工程竣工经验收合格，且结算经审定后工程款付至 95%，余款待保修期满一年后 15 天内付清。

第七条　竣工验收：

工程竣工后，甲、乙双方应会同有关部门进行竣工验收，在验收中提出的问题，乙方要限期解决。工程经验收签证、盖章并结算材料财务手续后准许交付使用。

第八条　其他：

1. 甲方在开工前应做好施工现场的“三通”（路通、水通、电通）。

2. 单包工程甲方应帮助乙方解决住宿和用膳问题。

3. 施工中如甲方提出工程变更，应由甲方提请设计部门签发变更通知书，由于工程变更造成的损失由甲方负责。

4. 本工程设计预算如有漏列项目或差错，在本合同有效期内审查修正，竣工结算时以工程决算书为准。

第九条　本合同一式 肆 份，在印章齐全后，至工程竣工验收，款项结清前有效。

本合同未尽事宜，双方协商解决。

第十条　违约责任：执行《中华人民共和国合同法》。

第十一条　解决合同纠纷的方式由当事人从下列方式中选择一种：

1. 协商解决不成的提交××仲裁委员会仲裁。

2. 协商解决不成的依法向××人民法院起诉。

第十二条　其他约定事项：1. 乙方必须遵守甲方有关职业健康、安全、环境保护、治安管理、红黄牌考核的协议规定和要求，如发生安全事故，责任一律由乙方负责。2. 施工前，乙方必须将主要材料的价格报甲方审核。主要材料进场必须经甲方验收，报验不及时罚款500元/次。3. 如延误工期（非甲方原因），罚款1000元/天。4. 措施项目及其他项目费计算标准：①临时设施费，土建装饰1%、安装0.6%计；②检验试验费，土建装饰0.18%、安装0.15%计；③现场安全文明施工措施费，土建装饰2%、安装0.7%计。5. 工艺变更、设计变更及图纸外的工程内容办理签证。

甲方：	乙方：
法定代表人：	法定代表人：
委托代理人：	委托代理人：
电话：	电话：
开户银行：	开户银行：
账号：	账号：
经办人：	经办人：
建管处见证：	建管处见证：
年　月　日	年　月　日
监制部门：×××工商行政管理局	印制单位：×××印刷有限公司

附录三　监理最新表式

附表 3-1　总监理工程师任命书

工程名称：　　　　　　　　　　　　　　　　　　　　　　　　编号：

致：________________________________（建设单位）

兹任命______（注册监理工程师注册号：__________）为我单位__________________项目总监理工程师。负责履行建设工程监理合同、主持项目监理机构工作。

工程监理单位（盖章）

法定代表人（签字）

年　　月　　日

注：本表一式三份，项目监理机构、建设单位、施工单位各一份。

附表 3-2 工程开工令

工程名称： 编号：

致：____（施工单位）

经审查，本工程已具备施工合同约定的开工条件，现同意你方开始施工，开工日期为：______年____月____日。

附件：工程开工报审表

项目监理机构（盖章）

总监理工程师（签字、加盖执业印章）

年 月 日

注：本表一式三份，项目监理机构、建设单位、施工单位各一份。

附表 3-3 监理通知单

工程名称： 编号：

致：____（施工项目经理部）

事由：____

内容：

项目监理机构（盖章）

总/专业监理工程师（签字）

年 月 日

注：本表一式三份，项目监理机构、建设单位、施工单位各一份。

附表 3-4 监理报告

工程名称： 编号：

致：____（主管部门）

由____________________（施工单位）施工的____________________（工程部位），存在安全事故隐患。我方已于______年______月______日发出编号为______的《监理通知单》/《工程暂停令》，但施工单位未整改/停工。

特此报告

附件：□监理通知单

□工程暂停令

□其他

项目监理机构（盖章）

总监理工程师（签字）

年 月 日

注：本表一式四份，主管部门、建设单位、工程监理单位、项目监理机构各一份。

附表 3-5 工程暂停令

工程名称： 编号：

<table>
<tr><td>
致：____（施工项目经理部）
由于________________________原因，现通知你方于______年______月______日______时起，暂停______________部位（工序）施工，并按下述要求做好后续工作。
要求：

项目监理机构（盖章）

总监理工程师（签字、加盖执业印章）

年　月　日
</td></tr>
</table>

注：本表一式三份，项目监理机构、建设单位、施工单位各一份。

附表 3-6 旁站记录

工程名称： 编号：

<table>
<tr><td>旁站的关键部位、关键工序</td><td colspan="2"></td></tr>
<tr><td colspan="2">施 工 单 位</td><td></td></tr>
<tr><td colspan="2">旁站开始时间</td><td>年　月　日　时　分</td></tr>
<tr><td colspan="2">旁站结束时间</td><td>年　月　日　时　分</td></tr>
<tr><td colspan="3">旁站的关键部位、关键工序施工情况：</td></tr>
<tr><td colspan="3">发现的问题及处理情况：

旁站监理人员（签字）

年　月　日</td></tr>
</table>

注：本表一式一份，项目监理机构留存。

×××××工程项目

建设监理工作月报

第　　期

从________年____月____日至________年____月____日

内容提要：

本月工程形象进度完成情况（实际完成、原因分析）

工程签证情况（会议、签证、通知指令、提出的各种报告）

本月工程情况评述（进度、质量、安全、费用、存在问题等）

本月监理工作小结（本月工作总结）

下月监理工作计划（下月工作打算）

监理机构（章）：________________________________

总监理工程师：________________________________

附表 3-7　×××××工程项目监理月报

<table>
<tr><td colspan="2">工程名称</td><td colspan="2"></td><td>设计单位</td><td></td></tr>
<tr><td colspan="2">建设单位</td><td colspan="2"></td><td>施工单位</td><td></td></tr>
<tr><td rowspan="2">形象进度完成情况</td><td>实际完成</td><td colspan="4"></td></tr>
<tr><td>原因分析</td><td colspan="4"></td></tr>
<tr><td rowspan="5">工程签证情况</td><td>专题报告
例会纪要</td><td></td><td>内容
简要</td><td colspan="2"></td></tr>
<tr><td>工程质量
签　证</td><td></td><td>内容
简要</td><td colspan="2"></td></tr>
<tr><td>向施工单位发出的
通知、指示、指令</td><td></td><td>内容
简要</td><td colspan="2"></td></tr>
<tr><td>施工单位提出的
各种报告</td><td></td><td>内容
简要</td><td colspan="2"></td></tr>
<tr><td>工程付款
签　证</td><td></td><td>内容
简要</td><td colspan="2"></td></tr>
</table>

一、工程进度 本月完成情况：   下月计划完成：
二、工程质量
三、安全、环保、文明生产
四、费用支付
五、存在的问题
六、监理工作小结
七、下月工作计划

附表 3-8 工程复工令

工程名称：　　　　　　　　　　　　　　　　　　　　　　　　　　　　　　编号：

致：____(施工项目经理部)

我方发出的编号为________________《工程暂停令》,要求暂停施工的______________部位(工序),经查已具备复工条件。经建设单位同意,现通知你方于_______年_______月_______日_______时起恢复施工。

附件:工程复工报审表

项目监理机构(盖章)

总监理工程师(签字、加盖执业印章)

年　　月　　日

注：本表一式三份，项目监理机构、建设单位、施工单位各一份。

附表 3-9 工程款支付证书

工程名称：　　　　　　　　　　　　　　　　　　　　　　　　　　　　　　编号：

致：____(施工单位)

根据施工合同约定,经审核编号为________工程款支付报审表,扣除有关款项后,同意支付工程款共计(大写)__________________(小写:__________________)。

其中:

1. 施工单位申报款为:
2. 经审核施工单位应得款为:
3. 本期应扣款为:
4. 本期应付款为:

附件:工程款支付报审表及附件

项目监理机构(盖章)

总监理工程师(签字、加盖执业印章)

年　　月　　日

注：本表一式三份，项目监理机构、建设单位、施工单位各一份。

附表 3-10 施工组织设计/（专项）施工方案报审表

工程名称： 编号：

<table>
<tr><td>致：________________________________（项目监理机构）
我方已完成__________工程施工组织设计/(专项)施工方案的编制和审批,请予以审查。
附件:□施工组织设计
□专项施工方案
□施工方案
施工项目经理部(盖章)
项目经理(签字)
年 月 日</td></tr>
<tr><td>审查意见：
专业监理工程师(签字)
年 月 日</td></tr>
<tr><td>审核意见：
项目监理机构(盖章)
总监理工程师(签字、加盖执业印章)
年 月 日</td></tr>
<tr><td>审批意见(仅对超过一定规模的危险性较大的分部分项工程专项施工方案)：
建设单位(盖章)
建设单位代表(签字)
年 月 日</td></tr>
</table>

注：本表一式三份，项目监理机构、建设单位、施工单位各一份。

附表 3-11 工程开工报审表

工程名称： 编号：

<table>
<tr><td>致：________________________________（建设单位）
________________________________（项目监理机构）
我方承担的__________________工程,已完成相关准备工作,具备开工条件,申请于______年______月______日开工,请予以审批。
附件:证明文件资料
施工单位(盖章)
项目经理(签字)
年 月 日</td></tr>
<tr><td>审核意见：
项目监理机构(盖章)
总监理工程师(签字、加盖执业印章)
年 月 日</td></tr>
<tr><td>审批意见：
建设单位(盖章)
建设单位代表(签字)
年 月 日</td></tr>
</table>

注：本表一式三份，项目监理机构、建设单位、施工单位各一份。

附表 3-12　分包单位资格报审表

工程名称：　　　　　　　　　　　　　　　　　　　　　　　　　　　编号：

致：________________________________（项目监理机构）

经考察，我方认为拟选择的________（分包单位）具有承担下列工程的施工或安装资质和能力，可以保证本工程按施工合同第____条款的约定进行施工或安装。请予以审查。

分包工程名称（部位）	分包工程量	分包工程合同额
合计		

附件：1. 分包单位资质材料

2. 分包单位业绩材料

3. 分包单位专职管理人员和特种作业人员的资格证书

4. 施工单位对分包单位的管理制度

施工项目经理部（盖章）

项目经理（签字）

年　　月　　日

审查意见：

专业监理工程师（签字）

年　　月　　日

审核意见：

项目监理机构（盖章）

总监理工程师（签字）

年　　月　　日

注：本表一式三份，项目监理机构、建设单位、施工单位各一份。

附表 3-13 工程复工报审表

工程名称： 编号：

<table>
<tr><td>致：____(项目监理机构)

编号为__________《工程暂停令》所停工的__________部位(工序)，已满足复工条件，我方申请于______年______月______日复工，请予以审批。

附件：证明文件资料

施工项目经理部(盖章)
项目经理(签字)
年 月 日</td></tr>
<tr><td>审核意见：

项目监理机构(盖章)
总监理工程师(签字)
年 月 日</td></tr>
<tr><td>审批意见：

建设单位(盖章)
建设单位代表(签字)
年 月 日</td></tr>
</table>

注：本表一式三份，项目监理机构、建设单位、施工单位各一份。

附表 3-14 施工控制测量成果报验表

工程名称： 编号：

<table>
<tr><td>致：____(项目监理机构)
我方已完成____________________的施工控制测量，经自检合格，请予以查验。

附件：1. 施工控制测量依据资料
2. 施工控制测量成果表

施工项目经理部(盖章)
项目技术负责人(签字)
年 月 日</td></tr>
<tr><td>审查意见：

项目监理机构(盖章)
专业监理工程师(签字)
年 月 日</td></tr>
</table>

注：本表一式三份，项目监理机构、建设单位、施工单位各一份。

附表 3-15 工程材料、构配件、设备报审表

工程名称： 编号：

<table>
<tr><td>致：________________________________（项目监理机构）
于____年___月___日进场的拟用于工程__________部位的__________，经我方检验合格，现将相关资料报上，请予以审查。
附件：1. 工程材料、构配件、设备清单
2. 质量证明文件
3. 自检结果

施工项目经理部（盖章）
项目经理（签字）
年 月 日</td></tr>
<tr><td>审查意见：

项目监理机构（盖章）
专业监理工程师（签字）
年 月 日</td></tr>
</table>

注：本表一式二份，项目监理机构、施工单位各一份。

附表 3-16 ________报审、报验表

工程名称： 编号：

<table>
<tr><td>致：________________________________（项目监理机构）
我方已完成__________________工作，经自检合格，请予以审查或验收。

附件：□隐蔽工程质量检验资料
□检验批质量检验资料
□分项工程质量检验资料
□施工试验室证明资料
□其他

施工项目经理部（盖章）
项目经理或项目技术负责人（签字）
年 月 日</td></tr>
<tr><td>审查或验收意见：

项目监理机构（盖章）
专业监理工程师（签字）
年 月 日</td></tr>
</table>

注：本表一式二份，项目监理机构、施工单位各一份。

附表 3-17 分部工程报验表

工程名称： 编号：

<table>
<tr><td>致：________________________________（项目监理机构）
我方已完成________________（分部工程），经自检合格，请予以验收。

附件：分部工程质量资料

施工项目经理部（盖章）
项目技术负责人（签字）
年 月 日</td></tr>
<tr><td>验收意见：

专业监理工程师（签字）
年 月 日</td></tr>
<tr><td>验收意见：

项目监理机构（盖章）
总监理工程师（签字）
年 月 日</td></tr>
</table>

注：本表一式三份，项目监理机构、建设单位、施工单位各一份。

附表 3-18 监理通知回复单

工程名称： 编号：

<table>
<tr><td>致：________________________________（项目监理机构）
我方接到编号为________________的监理通知单后，已按要求完成相关工作，请予以复查。

附件：需要说明的情况

施工项目经理部（盖章）
项目经理（签字）
年 月 日</td></tr>
<tr><td>复查意见：

项目监理机构（盖章）
总/专业监理工程师（签字）
年 月 日</td></tr>
</table>

注：本表一式三份，项目监理机构、建设单位、施工单位各一份。

附表 3-19　单位工程竣工验收报审表

工程名称：　　　　　　　　　　　　　　　　　　　　　　　　　　　　　　　　编号：

<table>
<tr><td>致：____（项目监理机构）
　　我方已按施工合同要求完成______________________工程，经自检合格，现将有关资料报上，请予以验收。
　　附件：1. 工程质量验收报告
　　　　　2. 工程功能检验资料
　　　　　　　　　　　　　　　　　　　　　　施工单位（盖章）
　　　　　　　　　　　　　　　　　　　　　　项目经理（签字）
　　　　　　　　　　　　　　　　　　　　　　　　　　　年　　月　　日</td></tr>
<tr><td>预验收意见：
经预验收，该工程合格/不合格，可以/不可以组织正式验收。
　　　　　　　　　　　　　　　　　　　　　　项目监理机构（盖章）
　　　　　　　　　　　　　　　　　　　　　　总监理工程师（签字、加盖执业印章）
　　　　　　　　　　　　　　　　　　　　　　　　　　　年　　月　　日</td></tr>
</table>

注：本表一式三份，项目监理机构、建设单位、施工单位各一份。

附表 3-20　工程款支付报审表

工程名称：　　　　　　　　　　　　　　　　　　　　　　　　　　　　　　　　编号：

<table>
<tr><td>致：____（项目监理机构）
　　根据施工合同约定，我方已完成______________________工作，建设单位应在______年____月____日前支付工程款共计（大写）______________（小写：______________），请予以核审。
　　附件：□已完成工程量报表
　　　　　□工程竣工结算证明材料
　　　　　□相应支持性证明文件
　　　　　　　　　　　　　　　　　　　　　　施工项目经理部（盖章）
　　　　　　　　　　　　　　　　　　　　　　项目经理（签字）
　　　　　　　　　　　　　　　　　　　　　　　　　　　年　　月　　日</td></tr>
<tr><td>审查意见：
　　1. 施工单位应得款为：
　　2. 本期应扣款为：
　　3. 本期应付款为：
　　附件：相应支持性材料
　　　　　　　　　　　　　　　　　　　　　　专业监理工程师（签字）
　　　　　　　　　　　　　　　　　　　　　　　　　　　年　　月　　日</td></tr>
<tr><td>审核意见：
　　　　　　　　　　　　　　　　　　　　　　项目监理机构（盖章）
　　　　　　　　　　　　　　　　　　　　　　总监理工程师（签字、加盖执业印章）
　　　　　　　　　　　　　　　　　　　　　　　　　　　年　　月　　日</td></tr>
<tr><td>审批意见：
　　　　　　　　　　　　　　　　　　　　　　建设单位（盖章）
　　　　　　　　　　　　　　　　　　　　　　建设单位代表（签字）
　　　　　　　　　　　　　　　　　　　　　　　　　　　年　　月　　日</td></tr>
</table>

注：本表一式三份，项目监理机构、建设单位、施工单位各一份；工程竣工结算报审时本表一式四份，项目监理机构、建设单位各一份，施工单位两份。

附表 3-21 施工进度计划报审表

工程名称： 编号：

致：__________(项目监理机构) 根据施工合同约定,我方已完成__________工程施工进度计划的编制和批准,请予以审查。 附件:□施工总进度计划 □阶段性进度计划 施工项目经理部(盖章) 项目经理(签字) 年 月 日
审查意见： 专业监理工程师(签字) 年 月 日
审核意见： 项目监理机构(盖章) 总监理工程师(签字) 年 月 日

注：本表一式三份，项目监理机构、建设单位、施工单位各一份。

附表 3-22 费用索赔报审表

工程名称： 编号：

致：__________(项目监理机构) 根据施工合同__________条款,由于__________的原因,我方申请索赔金额(大写)__________,请予批准。 索赔理由：__________ 附件:□索赔金额计算 □证明材料 施工项目经理部(盖章) 项目经理(签字) 年 月 日
审核意见： □不同意此项索赔。 □同意此项索赔,索赔金额为(大写)__________ 同意/不同意索赔的理由：__________ 附件:□索赔审查报告 项目监理机构(盖章) 总监理工程师(签字、加盖执业印章) 年 月 日
审批意见： 建设单位(盖章) 建设单位代表(签字) 年 月 日

注：本表一式三份，项目监理机构、建设单位、施工单位各一份。

附表 3-23　工程临时/最终延期报审表

工程名称：　　　　　　　　　　　　　　　　　　　　　　　　编号：

<table>
<tr><td>致：______________________________________(项目监理机构)
　　根据施工合同________________(条款)，由于____________________
原因，我方申请工程临时/最终延期__________(日历天)，请予批准。
　　附件：1. 工程延期依据及工期计算
　　　　　2. 证明材料

施工项目经理部(盖章)
项目经理(签字)
年　　月　　日</td></tr>
<tr><td>审核意见：
　　□同意工程临时/最终延期__________(日历天)。工程竣工日期从施工合同约定的____年___月___日延迟到____年___月___日。
　　□不同意延期，请按约定竣工日期组织施工。

项目监理机构(盖章)
总监理工程师(签字、加盖执业印章)
年　　月　　日</td></tr>
<tr><td>审批意见：

建设单位(盖章)
建设单位代表(签字)
年　　月　　日</td></tr>
</table>

注：本表一式三份，项目监理机构、建设单位、施工单位各一份。

附表 3-24　工作联系单

工程名称：　　　　　　　　　　　　　　　　　　　　　　　　编号：

<table>
<tr><td>致：________________

发文单位
负责人(签字)
年　　月　　日</td></tr>
</table>

附表 3-25 工程变更单

工程名称： 编号：

<table>
<tr><td colspan="2">致：____________________
由于____________________原因，兹提出____________________工程变更，请予以审批。
附件：
□变更内容
□变更设计图
□相关会议纪要
□其他
变更提出单位：
负责人：
年 月 日</td></tr>
<tr><td>工程量增/减</td><td></td></tr>
<tr><td>费用增/减</td><td></td></tr>
<tr><td>工期变化</td><td></td></tr>
<tr><td>施工项目经理部(盖章)
项目经理(签字)</td><td>设计单位(盖章)
设计负责人(签字)</td></tr>
<tr><td>项目监理机构(盖章)
总监理工程师(签字)</td><td>建设单位(盖章)
负责人(签字)</td></tr>
</table>

注：本表一式四份，建设单位、项目监理机构、设计单位、施工单位各一份。

附表 3-26 索赔意向通知书

工程名称： 编号：

<table>
<tr><td>致：____________________
根据施工合同____________________(条款)约定，由于发生了____________________事件，且该事件的发生非我方原因所致。为此，我方向____________________(单位)提出索赔要求。
附件：索赔事件资料
提出单位(盖章)
负责人(签字)
年 月 日</td></tr>
</table>

附录四　进度控制案例

【案例 1】 某网络图有 A～M 共 13 项工作，其中的工作 K 是 J 的前一时段的紧后工作，K 又是 H 后一时段的紧前工作。根据逻辑关系绘出双代号网络图，如附图 4-1 所示，其中节点编号 1～7 是正确的。

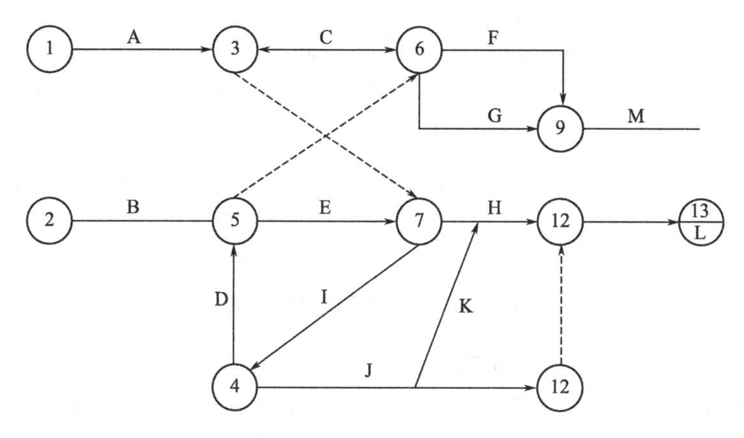

附图 4-1　双代号网络图

问题：

1. 逐条列出并说明网络图中的错误。
2. 绘出正确的网络图（工作项目不能少，逻辑关系不改变）。

【案例 2】 某工程项目在施工单位向监理方提交的施工组织设计中，基础工程分三段进行施工，其相应的横道图（附表 4-1）和网络计划（附图 4-2）已给出。

附表 4-1　基础工程横道图计划

施工过程	施工进度/d														
	1	2	3	4	5	6	7	8	9	10	11	12	13	14	15
挖土方															
垫层															
墙基础															
回填土															

问题：

1. 监理工程师发现横道图与网络图在工序时间表示上不同，为什么？
2. 监理工程师发现网络图绘制有问题，参数计算不完整，请指出。
3. 如果垫层需要拖延一天时间，在横道图和网络图上对工期有什么影响？监理工程师

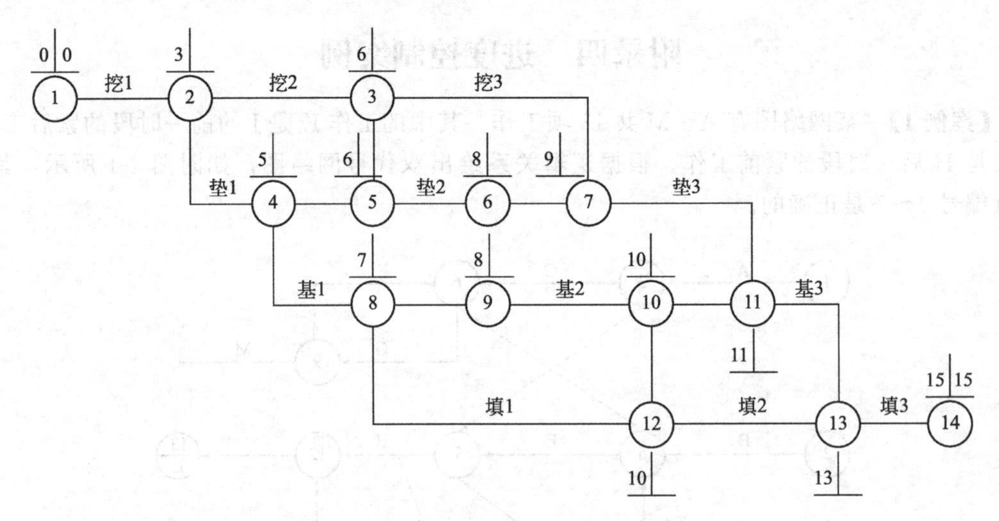

附图 4-2　基础工程网络计划

应如何控制这一天时间，使之对工期影响最小？

4. 施工过程中，网络图中垫层 1 拖延了一天，此时业主要求 12d 基础做完，监理工程师如何对工期进行优化？

【案例 3】 某工程项目的施工进度计划如附图 4-3 所示，该图均按各项工作的正常持续时间，按最早时间参数绘制的双代号时标网络计划，图中箭线上方括号内数字为工期优化调整计划时压缩工作持续时间的次序号，箭线下方括号外数字为该工作的正常持续时间，括号内的数字为该工作的最短持续时间，若工作日第五天下班后检查施工进度完成情况，发现 A 工作已完成，D 工作尚未开始，C 工作进行 1d，B 工作进行 2d。

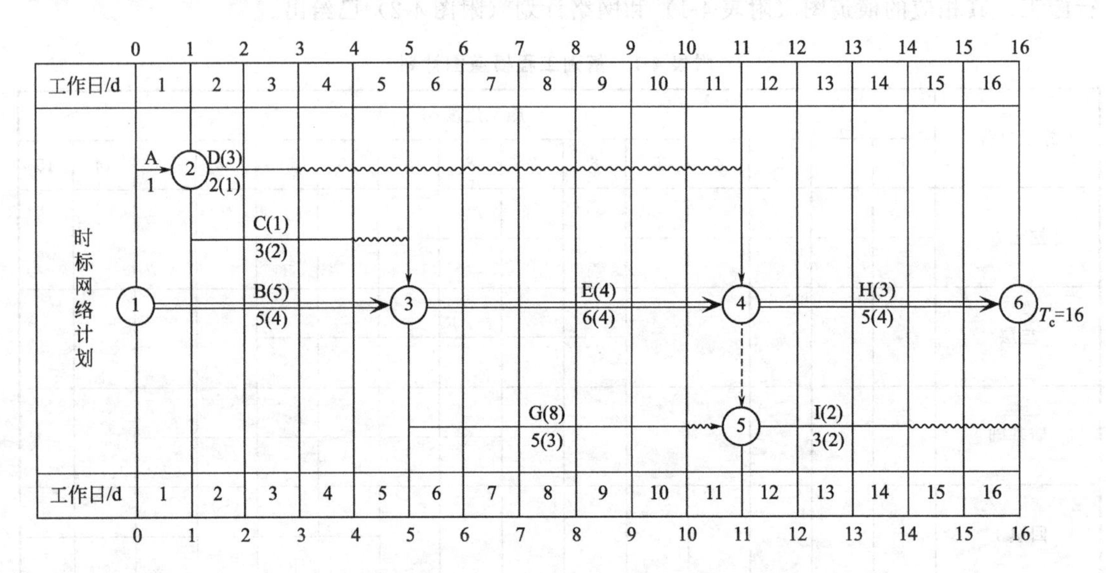

附图 4-3　施工进度计划网络图

问题：

1. 绘制实际进度前锋线记录实际进度执行情况，并说明前锋线的绘制方法

2. 对实际进度与计划进度对比分析，填写网络计划检查结果分析表（附表 4-2）。

附表 4-2　网络计划检查结果分析表

工作代号	工作名称	检查计划时尚需作业天数/d	到计划最迟完成时尚有天数/d	原有总时差/d	尚有总时差/d	情况判断
①	②	③	④	⑤	⑥	⑦

注：1. 表中③、④、⑤栏必须有数据的来源及计算式。

2. 表中⑦栏写明“正常”和“影响工期多少天”。

3. 根据检查结果分析数据，绘制未调整前的双代号时标网络计划。

4. 本例要求按原工期目标完成，不允许拖延工期，根据工期优化的思路，按各工作的压缩次序调整计划，绘制调整后的双代号时标网络计划，并说明其调整计划的基本思路。

【案例 4】 某工程项目的时标网络计划如附图 4-4 所示，当计划执行到第六周及第十二周末时，检查实际进度如附图 4-4 中前锋线所示。

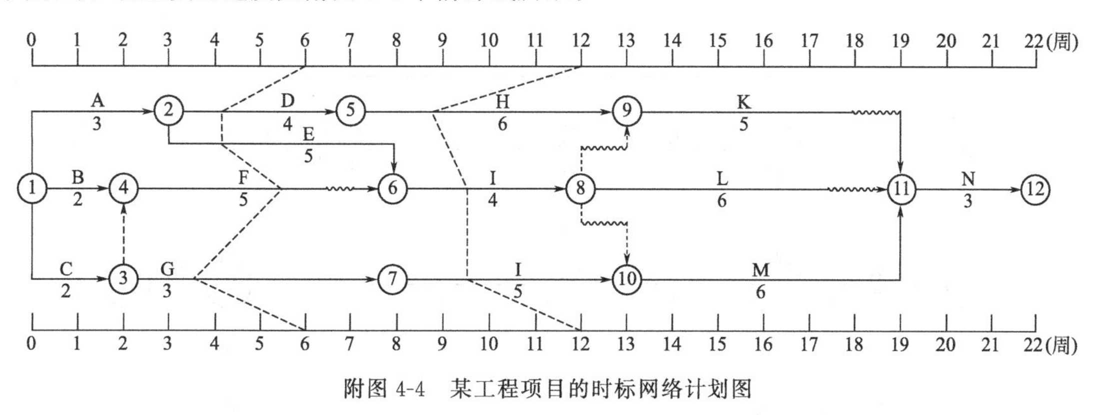

附图 4-4　某工程项目的时标网络计划图

问题：

1. 在第 6 周末检查时，D、E、F、G 工作实际进度各拖后多少周？

2. 在第 6 周末检查时，D、E、F、G 工作各影响工期多少周？

3. 在第 6 周末检查时，实际总工期拖长多少周？

根据第 12 周末的检查情况，化简此时的网络图得附图 4-5，其中箭线上方数字为工作缩短一天需增加的费用（千元/周），箭线下括弧外数字为工作正常施工时间，箭线下括弧内数字为工作最快施工时间。

4. 前述条件下哪些工作是关键工作？

5. 当第 12 周末时如何对计划进行调整，使其既经济又能保证在原计划工期 22 周内完成（假定此时 H、I、J 工作已经不能再压缩）？

【案例 5】 某项建设工程可分解为 15 个工作，根据工作的逻辑关系绘成的双代号时标网络如附图 4-6 所示。工程实施至第 12 天末进行检查时，A、B、C 三项工作已完成，D 和 G 工作分别实际完成 5d 的工作量，E 工作完成了 4d 的工作量，请分析判断下列问题。

问题：

1. 按工作最早完成时刻计，D、E、G 三项工作是否推迟？各为多少天？

2. 哪一个工作对工程如期完成会构成威胁？工期是否要推迟？可能推迟多少天？

3. 当 J、K、L 三个工作不能缩短持续时间的情况下，要调整哪些工作的持续时间最有可能使工期如期竣工？

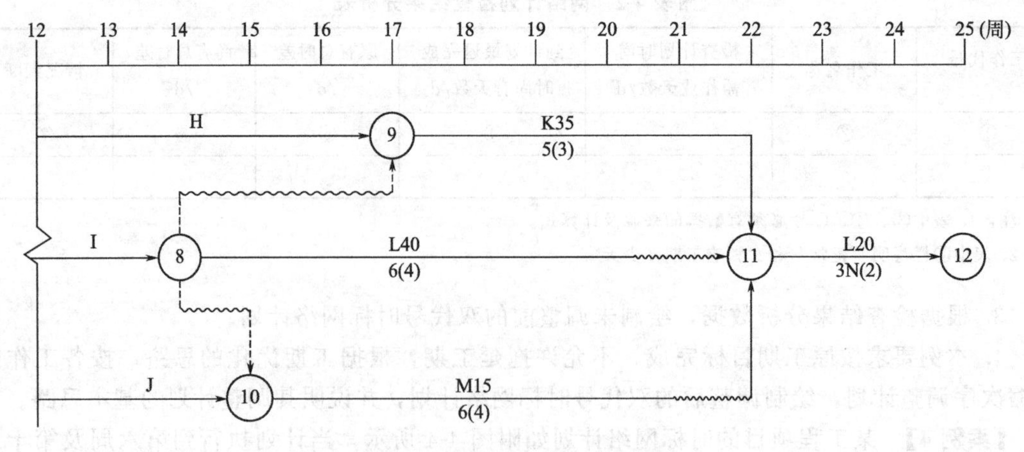

附图 4-5 化简后的工程网络图

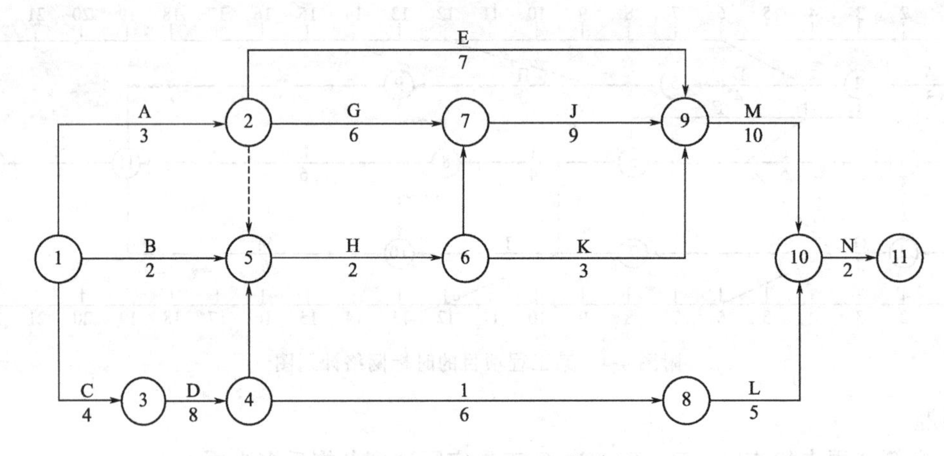

附图 4-6 双代号时标网络计划

4. 分析工程现状发现：A 工作期间，因暴风雨停工 3d；B 工作期间，因烧毁吊车电机停工 4d；C 工作期间，因施工图变更，停工 2d。如果后续工作都不可能缩短持续时间，那么工期推迟的责任该谁承担？施工方有无提出工期索赔的可能？

【案例 6】 某单项工程，按附图 4-7 所示的进度计划正在进行。箭线上方数字为工作缩短一天需增加的费用（元/天），箭线下括弧外数字为正常施工时间，箭线下括弧内数字为工作最快施工时间。原计划工期是 170d，在第 75 天检查时，工作 1-2（基础工程）已全部完成，工作 2-3（构件安装）刚刚开工。由于 2-3 是关键工作，所以它拖后 15d，将导致总工期延长 15d。为使计划按原工期完成，则必须赶工，调整原计划。

问题：

应如何调整原计划，使之既经济又保证计划在 170d 内完成？

【案例 7】 网络计划原始数据如附表 4-3 所示。第 9 天检查计划执行情况，实际进度如附表 4-4 所示。

问题：

试对检查结果进行分析和评价，若有偏差，请提出调整意见。

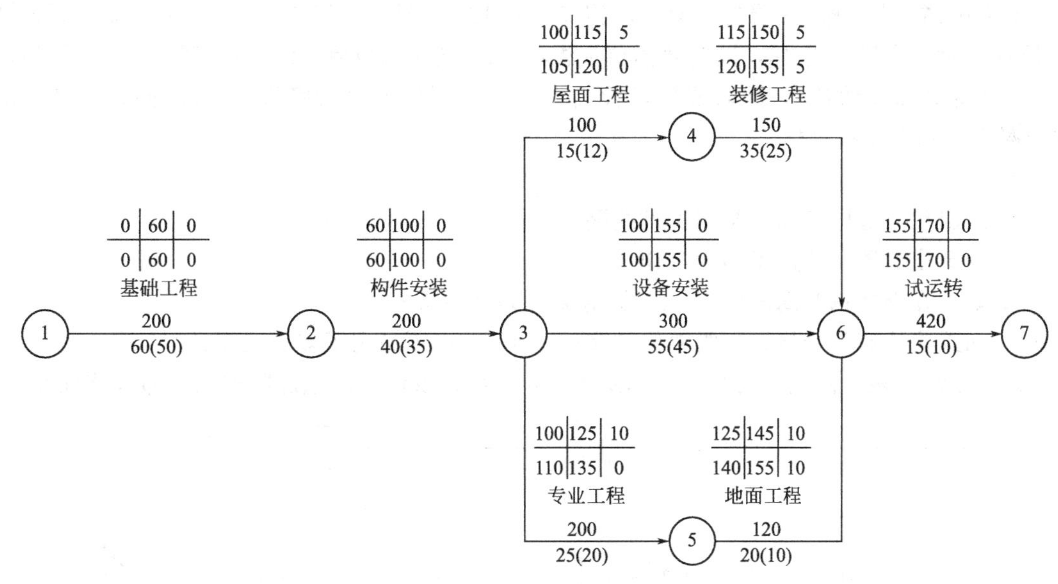

附图 4-7　网络进度计划

附表 4-3　网络计划原始数据

序号	工作名称	紧后工作	节点编号	正常持续时间/d	最短持续时间/d	备注
1	A	D、E	1-2	3	3	
2	B	F、G	1-3	4	3	
3	C	H	1-4	5	3	
4	D	J	2-6	3	2	
5	E	H	2-4	5	4	
6	F	I	3-5	5	3	可与紧后工作 I 分段流水作业
7	G	J	3-6	6	4	
8	H	K、L	4-7	2	2	
9	I	M	5-8	7	6	可与紧前工作 F 分段流水作业
10	J	M	6-8	4	3	
11	K	M	7-8	4	3	
12	L	—	7-9	6	5	
13	M	—	8-9	4	3	

附表 4-4　计划完成情况表

序号	工作名称	检查时尚需作业时间/d	完成情况	备注
1	A	0	已完成	
2	B	0	已完成	
3	C	0	已完成	
4	D	1	已完成	
5	E	0	已完成	
6	F	2	进行中	
7	G	2	进行中	
8	H	2	未开始	

【案例8】 有一幢12层的框架楼，施工到第122天时完成了11层的结构工程，开始第12层施工时，支摸板需4d，同时要预留模板洞2d，支完模板后，绑扎钢筋需用5d（钢筋接头的方法采用锥螺纹法），同时要预埋管线3d，完成后同时进行隐检要1d时间，合格后浇注混凝土达到封顶的目标。

问题：

1. 绘出双代号网络图，画出关键线路。
2. 计算出封顶一共用了多少工作日？
3. 如果在绑扎钢筋期间停工1d，计算封顶是多少天？
4. 如果隐检有不合格地方需要修整多用了1d，封顶又用了多少工作日？

【案例9】 某工程施工网络计划如附图4-8所示，该计划已经过监理工程师审核批准。

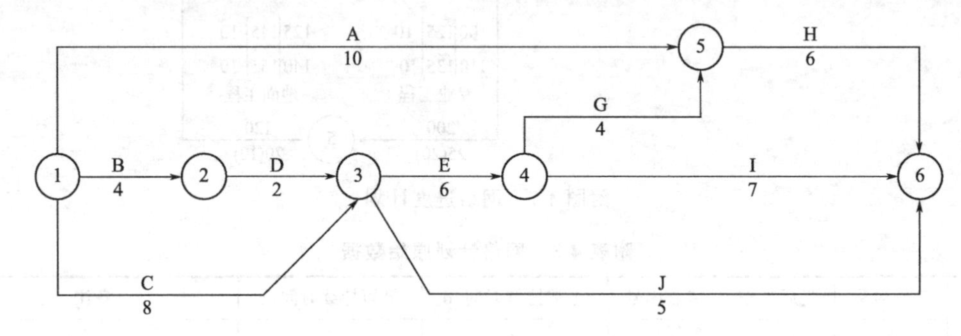

附图 4-8 施工网络进度计划

问题：

1. 当计划执行到第5天结束时检查，如果发现A工作已完成4d的工作量，工作B已完成2d的工作量，工作C已完成3d的工作量，设各项工作为匀速进展，试绘制时标网络计划及实际进度前锋线，并判断实际进度状况对后续工作及总工期的影响。

2. 如果在开工前监理工程师发出工程变更指令，要求增加一项工作K（持续时间为5d)，该工作必须在工作D之后和工作G、I之前进行。试对原网络计划进行调整，画出调整后的双代号网络计划，并判别是否发生工程延期事件。

【案例10】 某建设工程合同工期为25个月，其双代号网络计划如附图4-9所示。该计划已经被监理工程师批准。

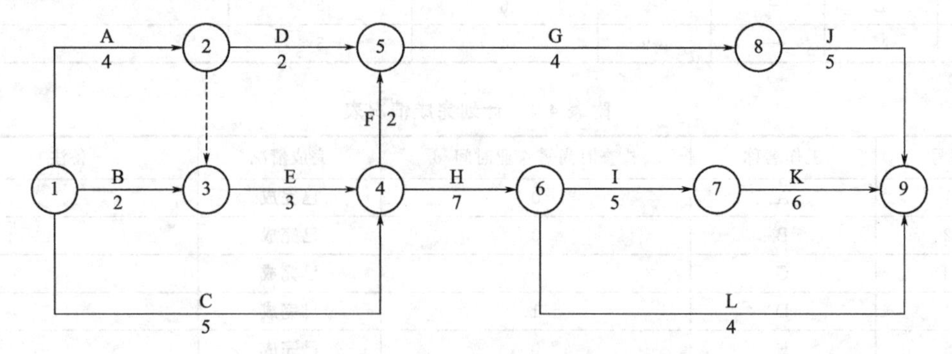

附表 4-9 某建设工程的双代号网络计划图

问题：

1. 该网络计划的计算工期是多少？为保证工期按期完工，哪些施工过程应作为重点控制对象？为什么？

2. 当该计划执行 7 个月后，经监理工程师检查发现，施工过程 C 和施工过程 D 已完成，而施工 E 将拖后 2 个月。此时施工过程 E 的实际进度是否影响总工期？为什么？

3. 如果施工过程 E 的拖后 2 个月是由于 20 年一遇的大雨造成的，那么承包单位可否向建设单位索赔工期及费用？为什么？

4. 如果实际进度确实影响到总工期，为保证总工期不延长，对原计划有如下两种调整方案。

(1) 组织施工过程 H、I、J、K 进行流水施工。各施工过程中的施工段及流水节拍如附表 4-5 所示。按照原计划中的逻辑关系，组织施工过程 H、I、J、K 进行流水施工的方案有哪些？试比较各方案的流水施工工期，并判断调整后的计划能否满足合同工期的要求？

附表 4-5　各施工过程中的施工段及流水节拍

施工过程	施工段及其流水节拍/月		
	①	②	③
H	2	3	2
I	1	2	2
J	2	1	2
K	2	3	1

(2) 压缩某些施工过程的持续时间。各施工过程的直接费用率及最短持续时间如附表 4-6 所示。在不改变各施工过程逻辑关系的前提下，进度计划的最优调整方案是什么？为什么？此时的直接费用将增加多少万元？

附表 4-6　各施工过程的直接费用率及最短持续时间

施工过程	F	G	H	I	J	K	L
直接费用率/(万元/月)	—	10、0	6、0	4、5	3、5	4、0	8、5
最短持续时间/月	2	3	5	3	3	4	3

【案例 11】 某住宅小区开发三栋结构类型相同、工程量相等的砖混结构住宅楼，±0.000以下为刚性条形基础的施工，每栋住宅楼作为一个施工区段，按挖地槽 (A)、混凝土垫层 (B)、砖墙基 (C) 和回填土 (D) 4 个施工过程顺序施工，施工单位向监理工程师提交的双代号时标网络计划如附图 4-10 所示。

问题：

该计划关键线路有几条？哪些工作是监理工程师进度控制的重点对象？为什么？该计划是否体现基础施工要求快速施工的特点？

【案例 12】 某工程施工网络计划如附图 4-11 所示。

问题：

1. 该网络计划的计算工期为多少天？哪些工作为关键工作？

2. 如果由于工作 A、D、J 共用一台施工机械而必须顺序施工时，该网络计划应如何调整？调整后网络计划中的关键工作有哪些？

3. 如果没有施工机械的限制，在按原计划执行过程中，由于业主原因使工作 B 拖延 6d，不可抗力原因使工作 H 拖延 5d，承包商自身原因使工作 G 拖延 10d，承包商提出工程延期申请，监理工程师应批准工程延期多少天？为什么？

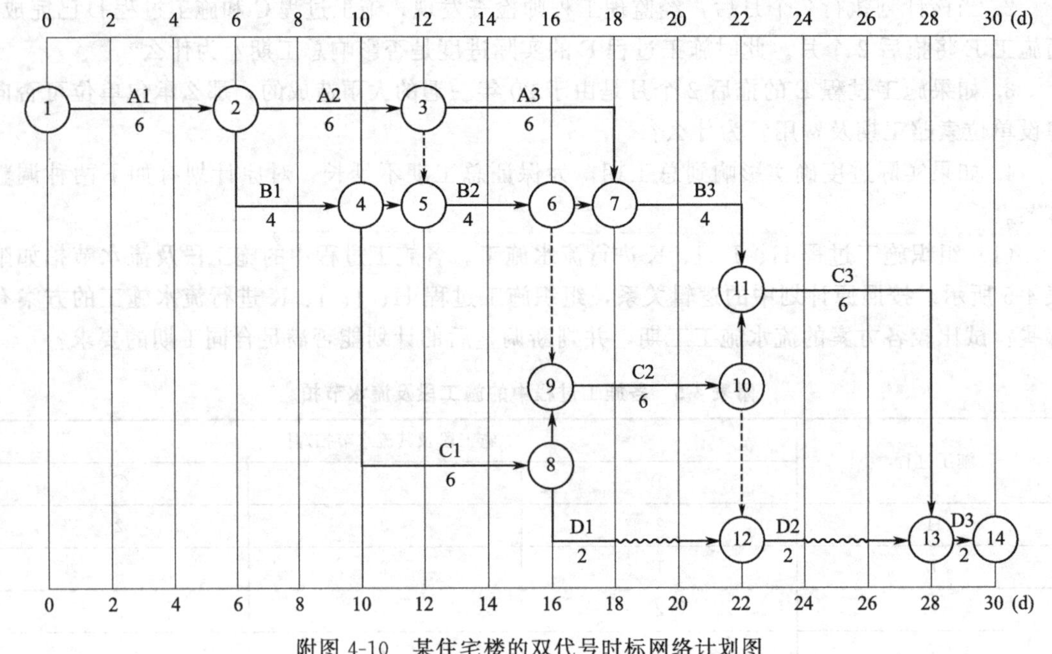

附图 4-10　某住宅楼的双代号时标网络计划图

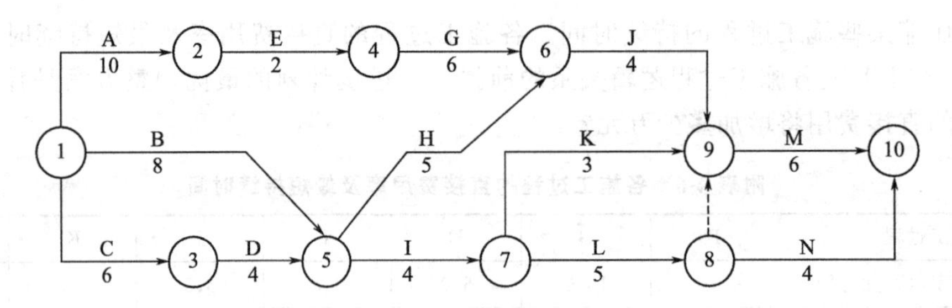

附图 4-11　施工网络进度计划

4. 在上述问题 3 中，如果工作 G 拖延 10d 是由于与承包商签订了供货合同的材料供应商未能按时供货而引起的话（其他条件同上），监理工程师应批准工期延期多少天？为什么？

【案例 13】 某工程的分部工程网络进度计算工期要求工期为 29d，网络计划如附图 4-12 所示。该工程施工中各工作的持续时间发生改变，具体变化及原因见附表 4-7。该分部工程接近要求工期时，承包商提出工期延期 19d 的索赔要求并符合索赔程序。

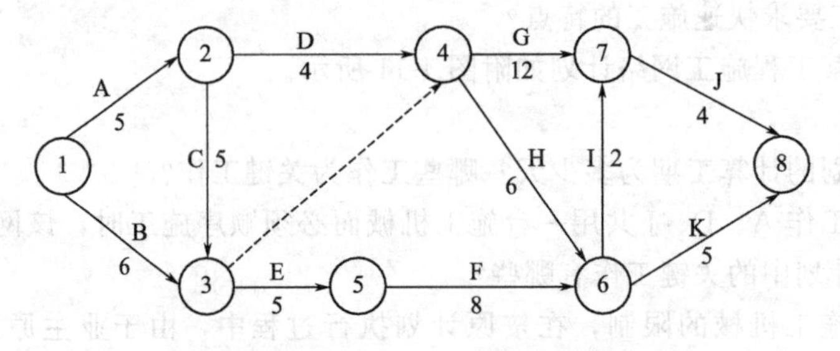

附图 4-12　分部工程网络进度计划

附表 4-7　各工作持续时间改变及变化原因表

工作代号	持续时间延长原因及天数/d			持续时间延长值/d
	业主原因	不可抗力	承包商原因	
A	1	1	1	3
B	2	1	0	3
C	0	1	0	1
D	1	0	0	1
E	1	0	2	3
F	0	1	0	1
G	2	4	0	6
H	0	0	2	2
I	0	0	1	1
J	2	0	0	1
K	1	1	1	4

问题：

监理工程师批准的工期延期是多少天？为什么？

【案例 14】 某工程网络计划如附图 4-13 所示，合同工期采用计算工期。开工后，由于工作 A、E 工程量增加使各工作持续时间延长 5d；工作 B、C 因延期交图各延长 3d；工作 D 因业主未及时提供场地而延期 3d；发现化石使工作 J 延长 3d；业主干扰使工作 K 停工 2d；由于承包商劳动力不足使工作 C、J 各增加 2d。工期进行到 20d，承包商向监理工程师提出工期延期意向通知，完工后提出详细申述报告，要求工期延期 5d。

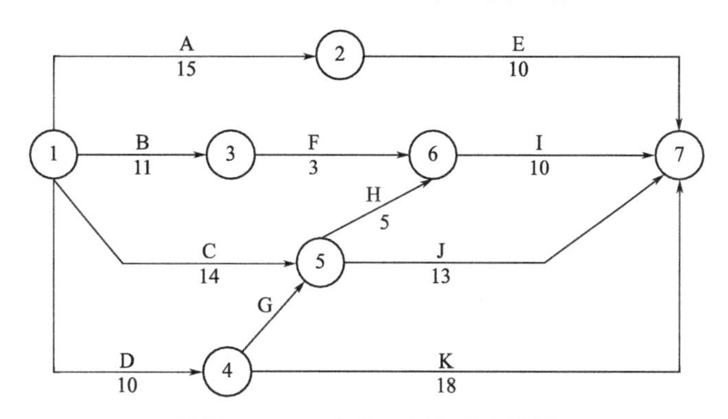

附图 4-13　工程施工网络进度计划

问题：

监理工程师如何公正合理处理该工程的工期拖延问题？

【案例 15】 某工程由 3 个车间组成，其基础工程、结构安装工程、维护结构及装修工程分别由不同的施工单位承包，该工程施工期总进度计划如附图 4-14 所示。

注：箭杆下括号外数字为正常作业持续时间，括号内数字为最短作业持续时间。其中，结构安装工程施工合同工期为 9d，该计划在执行到第 30d 时，工作 1-2、工作 2-4 按原计划完成，工作 2-3 刚完成，其他工作尚未开始，这是结构安装公司向监理工程师提出延期 5d 的索赔要求，并出具了索赔理由和证据，但监理工程师在接到索赔通知后 10d 内予答复。

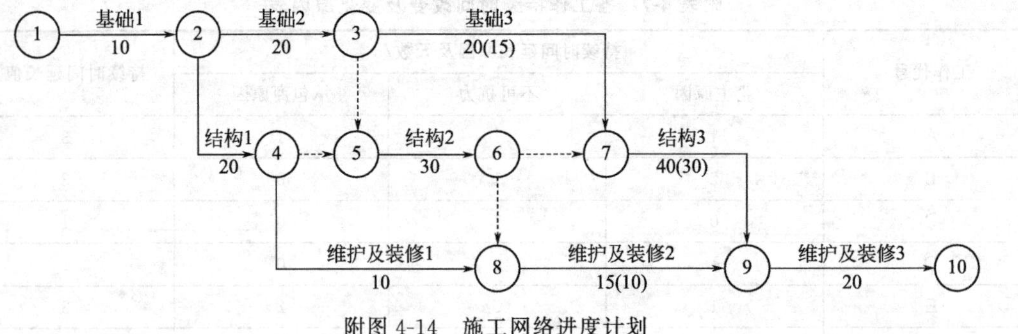

附图 4-14　施工网络进度计划

问题：

1. 结构安装公司提出的索赔理由是否成立，为什么？

2. 该项索赔应（　　）。

A. 视为无效　　B. 视为已批准　　C. 进一步补充索赔理由和证据

3. 结构安装公司提出的索赔要求（　　）。

A. 符合索赔程序　　B. 不符合索赔程序　　C. 超过了索赔期限

4. 如果结构安装公司同时提出经济索赔要求，其索赔金额如何确定？

5. 如果总进度不允许拖延，监理工程师应如何调整该进度计划？是否引起潜在的索赔要求？

参考文献

[1] 蔡雪峰．建筑工程施工组织管理．北京：高等教育出版社，2002.
[2] 周国恩．建筑施工组织与管理．北京：高等教育出版社，2005.
[3] 彭圣浩．建筑工程施工组织设计实例应用手册．北京：中国建筑工业出版社，1999.
[4] 瞿焱．工程造价辅导与案例分析．北京：化学工业出版社，2008.
[5] 潘全祥．建筑工程施工组织设计编制手册．北京：中国建筑工业出版社，1996.
[6] 蔡雪峰．建筑施工组织．武汉：武汉工业大学出版社，1999.
[7] 丁晓欣，聂凤得．建设项目．北京：中国时代经济出版社，2004.
[8] 吴怀俊，马楠．工程造价管理．北京：人民交通出版社，2007.
[9] 郝永池．建筑施工组织．北京：机械工业出版社，2012.
[10] 周建国．建筑施工组织．北京：中国电力出版社，2011.
[11] 柳邦兴．建筑施工组织．北京：化学工业出版社，2009.
[12] 张廷瑞．建筑施工组织与进度控制．北京：北京大学出版社，2012.
[13] 张迪．建筑工程进度控制．郑州：黄河水利出版社，2010.
[14] 2016 建设工程进度控制经典题解．北京：中国建筑工业出版社，2016.